T0219484

Mathematik Primarstufe und Sekundarstufe I + II

Herausgegeben von
Friedhelm Padberg, Universität Bielefeld, Bielefeld
Andreas Büchter, Universität Duisburg-Essen, Essen

Die Reihe „Mathematik Primarstufe und Sekundarstufe I + II" (MPS I+II) ist die führende Reihe im Bereich „Mathematik und Didaktik der Mathematik". Sie ist schon lange auf dem Markt und mit aktuell rund 60 bislang erschienenen oder in konkreter Planung befindlichen Bänden breit aufgestellt. Zielgruppen sind Lehrende und Studierende an Universitäten und Pädagogischen Hochschulen sowie Lehrkräfte, die nach neuen Ideen für ihren täglichen Unterricht suchen.

Die Reihe MPS I+II enthält eine größere Anzahl weit verbreiteter und bekannter Klassiker sowohl bei den speziell für die Lehrerausbildung konzipierten Mathematikwerken für Studierende aller Schulstufen als auch bei den Werken zur Didaktik der Mathematik für die Primarstufe (einschließlich der frühen mathematischen Bildung), der Sekundarstufe I und der Sekundarstufe II.

Die schon langjährige Position als Marktführer wird durch in regelmäßigen Abständen erscheinende, gründlich überarbeitete Neuauflagen ständig neu erarbeitet und ausgebaut. Ferner wird durch die Einbindung jüngerer Koautorinnen und Koautoren bei schon lange laufenden Titeln gleichermaßen für Kontinuität und Aktualität der Reihe gesorgt. Die Reihe wächst seit Jahren dynamisch und behält dabei die sich ständig verändernden Anforderungen an den Mathematikunterricht und die Lehrerausbildung im Auge.

Konkrete Hinweise auf weitere Bände dieser Reihe finden Sie am Ende dieses Buches und unter http://www.springer.com/series/8296

Hans-Dieter Sill · Grit Kurtzmann

Didaktik der Stochastik in der Primarstufe

Hans-Dieter Sill
Universität Rostock
Rostock, Deutschland

Grit Kurtzmann
Martha-Müller-Grählert-Schule
Franzburg, Deutschland

Mathematik Primarstufe und Sekundarstufe I + II
ISBN 978-3-662-59267-0   ISBN 978-3-662-59268-7 (eBook)
https://doi.org/10.1007/978-3-662-59268-7

Die Deutsche Nationalbibliothek verzeichnet diese Publikation in der Deutschen Nationalbibliografie; detaillierte bibliografische Daten sind im Internet über http://dnb.d-nb.de abrufbar.

Springer Spektrum
© Springer-Verlag GmbH Deutschland, ein Teil von Springer Nature 2019

Planung und Lektorat: Ulrike Schmickler-Hirzebruch

Springer Spektrum ist ein Imprint der eingetragenen Gesellschaft Springer-Verlag GmbH, DE und ist ein Teil von Springer Nature.
Die Anschrift der Gesellschaft ist: Heidelberger Platz 3, 14197 Berlin, Germany

Hinweis der Herausgeber

Dieser Band von Hans-Dieter Sill und Grit Kurtzmann thematisiert vielseitig und aspektreich den Stochastikunterricht in der Grundschule. Der Band erscheint in der Reihe Mathematik Primarstufe und Sekundarstufe I + II. In dieser Reihe eignen sich insbesondere die folgenden Bände zur Vertiefung unter mathematikdidaktischen sowie mathematischen Gesichtspunkten:

- P. Bardy: Mathematisch begabte Grundschulkinder – Diagnostik und Förderung
- C. Benz/A. Peter-Koop/M. Grüßing: Frühe mathematische Bildung
- M. Franke/S. Reinhold: Didaktik der Geometrie in der Grundschule
- M. Franke/S. Ruwisch: Didaktik des Sachrechnens in der Grundschule
- K. Hasemann/H. Gasteiger: Anfangsunterricht Mathematik
- K. Heckmann/F. Padberg: Unterrichtsentwürfe Mathematik Primarstufe, Band 1
- K. Heckmann/F. Padberg: Unterrichtsentwürfe Mathematik Primarstufe, Band 2
- F. Käpnick: Mathematiklernen in der Grundschule
- G. Krauthausen: Digitale Medien im Mathematikunterricht der Grundschule
- G. Krauthausen: Einführung in die Mathematikdidaktik – Grundschule
- F. Padberg/C. Benz: Didaktik der Arithmetik
- P. Scherer/E. Moser Opitz: Fördern im Mathematikunterricht der Primarstufe
- A.-S. Steinweg: Algebra in der Grundschule
- M. Helmerich/K. Lengnink: Einführung Mathematik Primarstufe – Geometrie
- T. Leuders: Erlebnis Arithmetik
- F. Padberg/A. Büchter: Einführung in die Arithmetik
- F. Padberg/A. Büchter: Arithmetik/Zahlentheorie
- F. Padberg/A. Büchter: Elementare Zahlentheorie
- E. Rathgeb-Schnierer/Ch. Rechtsteiner: Rechnen lernen und Flexibilität entwickeln

Bielefeld/Essen
Mai 2019

Friedhelm Padberg
Andreas Büchter

Vorwort

Mit diesem Buch wollen wir vor allem die Arbeit von Lehrpersonen in der Primarstufe unterstützen. Wir stellen ein theoretisch begründetes und mit vielen praktischen Unterrichtsbeispielen versehenes Konzept zur schrittweisen Herausbildung stochastischer Kompetenzen von Kindern der ersten bis vierten Jahrgangsstufe vor. Unsere Vorschläge entsprechen der Leitidee „Daten, Häufigkeit und Wahrscheinlichkeit" der aktuellen Bildungsstandards für die Primarstufe sowie der daran anknüpfenden Leitidee „Daten und Zufall" der Bildungsstandards für die Sekundarstufe I.

Grundlage unserer Vorschläge sind Arbeiten zur Didaktik der Stochastik in der Primarstufe von Varga, Heitele, Winter, Müller und Wittmann sowie die zahlreichen fachdidaktischen Artikel und Erfahrungsberichte von Lehrpersonen in Fachzeitschriften. Wir beziehen aber auch eigene Unterrichtserfahrungen sowie Erfahrungsberichte von Teilnehmern zahlreicher von uns durchgeführter, schuljahresbegleitender Fortbildungsveranstaltungen zum Stochastikunterricht in der Primarstufe ein. Unsere Unterrichtsideen, die sich oft von den gegenwärtig dominierenden Unterrichtsvorschlägen unterscheiden, wurden von den Teilnehmerinnen und Teilnehmern der Fortbildungsveranstaltungen sehr positiv aufgenommen, erfolgreich in ihrem Unterricht erprobt und durch viele Anregungen von ihnen immer weiter verbessert. Dies hat uns sehr zum Schreiben dieses Buches ermutigt.

Wir verstehen in diesem Buch unter **Stochastik** eine Zusammenfassung der relativ selbstständigen mathematischen Teildisziplinen Beschreibende Statistik, Explorative Datenanalyse, Wahrscheinlichkeitsrechnung und Mathematische (auch Beurteilende oder Schließende) Statistik. Für die Primarstufe sind nur Elemente der Beschreibenden Statistik und der Wahrscheinlichkeitsrechnung relevant. Anstelle von Stochastik kann man deshalb im Unterricht der Primarstufe in Anlehnung an die Leitidee der Bildungsstandards auch vom Umgang mit Daten und Wahrscheinlichkeiten sprechen. Wir verwenden zur Verkürzung aber weiterhin den Begriff Stochastik, alle allgemeinen Ausführungen beziehen sich dabei nur auf die genannten beiden Teildisziplinen.

Eine besondere Rolle kommt der Kombinatorik zu. Sie zählt zwar nicht zur Stochastik, es gibt aber viele Berührungspunkte in fachlicher und unterrichtlicher Hinsicht, sodass wir uns entschlossen haben, Hinweise und Empfehlungen zu Problemen der Bestimmung von Anzahlen ebenfalls in das Buch aufzunehmen.

Neben den konkreten Unterrichts- und Stoffverteilungsvorschlägen erläutern wir ausgewählte fachliche Grundlagen.

Wir verwenden durchgehend die Bezeichnung „Primarstufe" für die Jahrgangsstufen
1 bis 4. Bei der in der Literatur für diese Jahrgangsstufen oft zu findende Bezeichnung
„Grundschule" entsteht das Problem, dass in den Bundesländern Berlin und Brandenburg
die Schulart „Grundschule" die Jahrgangsstufen 1 bis 6 umfasst.

Wir bedanken uns bei Herrn Dr. Guder für die Hinweise während der Konzipierung
des Buches sowie bei den Studierenden Frau Cordt, Frau Krause und Herrn Pilgermann
für die Erarbeitung von Unterrichtsmaterialien, die erstellten Fotos aus dem Unterricht
und die durchgeführten Schulbuchanalysen. Weiterhin bedanken wir uns bei Frau Bänsch,
die durch das Einbringen ihrer Erfahrungen als Primarstufenlehrerin mit ihren Ideen und
kritischen Hinweisen die Fertigstellung des Buches unterstützt hat.

Rostock
März 2019

Inhaltsverzeichnis

Konzeptionelle Überlegungen und Vorschläge zum Stochastikunterricht in der Primarstufe

▶ Bis zum Beschluss der Bildungsstandards für die Primarstufe im Jahre 2004 (KMK 2005) war der Umgang mit Daten und Wahrscheinlichkeiten in der Primarstufe nur selten Bestandteil des Unterrichts. Obwohl seitdem zahlreiche Unterrichtserfahrungen gesammelt wurden, ist die Tradition stochastischer Bildung in der Primarstufe erst noch im Entstehen. Unter Didaktikerinnen und Didaktikern gibt es unterschiedliche Vorstellungen zu einem sinnvollen Stochastikunterricht in der Primarstufe. Wir halten einen offenen Diskurs von erfahrenen und engagierten Lehrpersonen mit Vertretern der Fachdidaktik für dringend erforderlich.

In diesem Kapitel stellen wir unsere konzeptionellen Überlegungen für einen Stochastikunterricht vor, die die Besonderheiten in der Primarstufe, die Ausgangslage bei den Kindern und die Weiterführung des angelegten stochastischen Wissens und Könnens in den Sekundarstufen berücksichtigen.

In einem kurzen geschichtlichen Rückblick auf Vorschläge und Aktivitäten zur Integration von Elementen der Stochastik in den Primarstufenunterricht wollen wir darstellen, auf welche Ansätze sich unsere Vorschläge stützen. Wir wollen weiterhin verdeutlichen, wie die aktuelle Situation des Stochastikunterrichts in der Primarstufe aus historischer Sicht zu verstehen ist.

1.1 Besonderheiten des Stochastikunterrichts in der Primarstufe

Die Bearbeitung stochastischer Inhalte bereits ab der 1. Klasse ist nicht unumstritten. Spätestens mit der Verbindlichkeit der Bildungsstandards (KMK 2005) sind diese aber aus dem Unterricht der Primarstufe nicht mehr wegzudenken. Dabei bietet gerade dieser Bereich der Mathematik vielfältige Lernchancen, und das nicht nur im Mathematikunterricht, sondern auch außerhalb des Faches. Wir schließen uns der Auffassung von Krüger et al. (2015, S. 6) an und verstehen unter **Stochastikunterricht** „alle Unterrichtsphasen, in denen sich die Schülerinnen und Schüler explizit stochastisches Wissen und Können

© Springer-Verlag GmbH Deutschland, ein Teil von Springer Nature 2019
H.-D. Sill, G. Kurtzmann, *Didaktik der Stochastik in der Primarstufe*,
Mathematik Primarstufe und Sekundarstufe I + II,
https://doi.org/10.1007/978-3-662-59268-7_1

aneignen. Stochastikunterricht ist insofern nicht nur ein Bestandteil des Mathematikunterrichts, sondern auch anderer Unterrichtsfächer."

Das Unterrichten von Elementen der Stochastik in der Primarstufe weist gegenüber einem Unterricht in Arithmetik und Geometrie eine Reihe von Besonderheiten auf. Winter (1976) hat auf der Grundlage seiner Erfahrungen zur Stochastik in der Grundschule, womit er die Jahrgangsstufen 1 bis 6 meint, folgende Forderungen an diesen Unterricht gestellt (S. 27 ff.):

1. Die stochastischen Erfahrungen müssen unmittelbar einen Beitrag zur Welterschließung liefern. (. . .)
2. Die Schüler müssen die Möglichkeit erhalten, durch eigenes praktisches Tun stochastische Erfahrungen zu sammeln und zu ordnen. (. . .)
3. Der Lernbereich Stochastik sollte in der Grundschule kein eigenständiges Stoffgebiet darstellen, sondern primär als ein Aspekt (als Unterrichtsprinzip) den gesamten Mathematikunterricht durchziehen.

Zur Begründung der dritten Forderung führt Winter an, dass bei einem eigenständigen Stoffgebiet die Gefahr bestünde, dass „längs einer (vermeintlichen) Fachsystematik ‚eingeführt', ‚eingeübt' und ‚angewandt' wird, abfragbares Wissen eingetrichtert und kontrollierbare Fertigkeiten eingeübt werden und damit dem Unternehmen die Seele ausgetrieben wird" (S. 33).

Dies ist eine nicht zu unterschätzende Gefahr, gerade wenn sich die Inhalte des Stochastikunterrichts nicht an der Erfahrungswelt der Schülerinnen und Schüler orientieren, sondern nur eine Vereinfachung der Inhalte der Sekundarstufe I und II unter Verwendung kindgerechter Hilfsmittel sind. Eine Besonderheit des Stochastikunterrichts besteht darin, dass ein systematisches Lernen in den üblichen didaktischen Stufenfolgen wie etwa in der Arithmetik nicht immer möglich ist. Aber eigenständige Stoffgebiete haben auch Vorteile. Die Aufmerksamkeit der Lehrpersonen und der Kinder wird auf die spezifischen Anforderungen konzentriert, die Projekte erfordern ein zusammenhängendes Zeitvolumen.

Die Vorschläge von Winter (1976) für stochastische Problemstellungen in der Arithmetik und Geometrie laufen in der Regel auf Spielsituationen hinaus und bilden damit die Stochastik nur einseitig ab. Weitere Möglichkeiten ergeben sich im fächerübergreifenden Unterricht. Hier finden sich besonders Anknüpfungspunkte im Sachunterricht, aber auch im Deutschunterricht. Neben den Möglichkeiten der Integration in arithmetische und geometrische Inhalte ist insbesondere in der Statistik ein zumindest teilweiser systematischer Aufbau von Wissen und Können möglich.

Die ersten beiden Forderungen von Winter sind auch in diesem Buch Leitideen der dargestellten Vorschläge. Mit unseren erprobten Vorschlägen für den Unterricht werden viele Bezüge zum alltäglichen Leben der Kinder hergestellt, wozu natürlich auch – aber nicht ausschließlich oder vorrangig – Glücksspiele gehören. Die Durchführung eigener statistischer Untersuchungen und stochastischer Experimente ist für uns ein wesentlicher Bestandteil des Stochastikunterrichts.

Auf die Gefahren einer frühzeitigen Formalisierung weisen Müller und Wittmann (1984, S. 240) hin: „Für die Grundschule kann es nur darum gehen, die stochastischen Ideen auf intuitivem Niveau unter Verzicht auf jeden formalen Apparat einzuführen, und zwar innerhalb des Kontextes einzelner (möglichst beziehungsreicher) Beispiele. Von einer solchen Basis aus kann in der SI und ggf. in der SII eine systematischere Herausarbeitung der Begriffe und Sätze erfolgen."

Diese Ansichten wurden durch vielfältige Erprobungen in den unterschiedlichen Klassenstufen im Kontext von Lehrerfortbildungen in Mecklenburg-Vorpommern bestätigt. Dies führte uns zu folgenden Standpunkten zur Gestaltung des Stochastikunterrichts in der Primarstufe (Kurtzmann und Sill 2012, S. 1007):

- Der Unterricht bewegt sich im Wesentlichen auf der Ebene der Phänomene, also der realen Vorgänge, die zu den Daten bzw. Ergebnissen führen.
- Es erfolgen keine expliziten Formalisierungen durch Begriffe bzw. Modelle wie Zufallsexperiment, Ereignis, Urne u. a.
- Es werden inhaltliche Vorstellungen und Prototypen zu wesentlichen Inhalten des Stochastikunterrichts in der Sekundarstufe I vermittelt.
- Dem Unterricht liegt ein spiralförmiges Curriculum von Klasse 1 bis 4 zugrunde, das mit dem übrigen Unterricht eng verzahnt ist.
- Das Wissen und Können im Anfertigen und Lesen grafischer Darstellungen wird vor allem im Rahmen des Sachrechnens und im Sachunterricht gefestigt.
- Statistische Untersuchungen werden vor allem zu Vorgängen durchgeführt, deren Verlauf und Faktoren für die Lernenden fassbar sind.
- Bei Betrachtungen zur Wahrscheinlichkeit von Ergebnissen werden neben Vorgängen aus dem Bereich der Glücksspiele vor allem Vorgänge in der Natur und dem Alltag untersucht.

Der Stochastikunterricht stellt in vielen Fällen an die Lehrenden besonders hohe fachliche Anforderungen. Insbesondere in Glücksspielsituationen gibt es viele Fragestellungen, die nur mit anspruchsvollen Mitteln der Wahrscheinlichkeitsrechnung oder der mathematischen Statistik beantwortet werden können und deshalb aus unserer Sicht zu anspruchsvoll für die Primarstufe sind. Sie kommen aber in aktuellen Unterrichtvorschlägen recht häufig vor. Ein typisches Beispiel sind Aufgaben zum Werfen von zwei Würfeln und dem Betrachten der Augensumme. Damit sind zahlreiche fachliche Hintergründe und Verständnisschwierigkeiten verbunden, auf die bei den Unterrichtsvorschlägen oft nicht eingegangen wird (Abschn. 5.3.6). Aber auch bei der Auswertung von Daten sind Fragen der Auswahl geeigneter Methoden und der Interpretation der ermittelten Ergebnisse oft nicht einfach zu beantworten.

Viele Lehrpersonen in der Primarstufe verfügen aufgrund ihrer Ausbildung an den Universitäten und Hochschulen nicht über solide fachliche Kenntnisse auf dem Gebiet der Stochastik (Abschn. 1.2.2). Deshalb wird der aktuelle Stochastikunterricht oft als eine fachliche Überforderung angesehen. Einen Ausweg aus dieser schwierigen Situation sehen wir neben verstärkten Angeboten von effektiven Fortbildungsveranstaltungen zu diesen Themen auch in einer konsequenten Beschränkung der stofflichen Inhalte und Aufgabenstellungen auf für Lehrpersonen überschaubare fachliche Anforderungen und Hintergründe. Diese Beschränkungen und Hinweise auf fachliche Grundlagen und mögliche Schwierigkeiten anderer Unterrichtsvorschläge ist ein Anliegen dieses Buches.

1.2   Entwicklung des Stochastikunterrichts in der Primarstufe

1.2.1   Entwicklungen bis zum Beschluss der Bildungsstandards 2004

Bei dem Rückblick wird bis zu den Jahren 1990/91 zwischen der Entwicklung in der damaligen Bundesrepublik Deutschland und in der DDR unterschieden, da dies aufgrund der verschiedenen gesellschaftlichen Bedingungen zum Verständnis der Fakten erforderlich ist. Zunächst werden jedoch gemeinsame Grundlagen beider Entwicklungen angeführt.

Anstöße aus der Entwicklungspsychologie
Ein wesentlicher Ausgangspunkt der Bestrebungen zur Aufnahme von Elementen der Stochastik in die Primarstufe waren die Ergebnisse und Vorschläge von Psychologen zur geistigen Entwicklung von Kindern. So schrieb 1959 Bärbel Inhelder im Ergebnis ihrer empirischen Untersuchungen mit Kindern: „Interesse an Fragen der Wahrscheinlichkeitstheorie könnte leicht erweckt und entwickelt werden, bevor irgendwelche statistischen Berechnungen eingeführt werden. Statistische Überlegungen und Berechnungen sind lediglich Werkzeuge, die man nur gebrauchen kann, nachdem intuitives Verständnis erreicht wurde. Wenn das rechnerische Drum und Dran als erstes unterrichtet wird, dann wird es wohl die Entwicklung des Wahrscheinlichkeitsdenkens eher hemmen oder völlig unterdrücken." (Inhelder und Piaget 1959, S. 112) Inhelder, eine Mitarbeiterin Piagets, äußerte dies in einem Memorandum für die Woods-Hole-Konferenz, die nach dem „Sputnik-Schock" eine grundlegende Reform des Mathematikunterrichts unter dem Namen „New Math" in den USA einleitete. Diese Aussage korrespondiert mit der lerntheoretischen Auffassung des Entwicklungspsychologen Bruner von einer spiralförmigen Entwicklung des Denkens und damit der Notwendigkeit eines Spiralcurriculums (Bruner 1970). Auch im Didaktiklehrbuch für die Primarstufe von Müller und Wittmann (1984, S. 237) wird dieser Ansatz aufgegriffen: „Nach dem Spiralprinzip ist es nicht sinnvoll, das Thema ‚Stochastik' bis in die Sekundarstufe aufzuschieben. Die Kinder sollen vielmehr bereits in der Grundschule Gelegenheit erhalten, sich mit stochastischen Phänomenen ihres Erfahrungsbereiches auseinanderzusetzen und dabei intuitive Ideen zum Ordnen, Beschreiben und Erklären stochastischer Phänomene zu erwerben."
   Neben der Forschergruppe um den Schweizer Psychologen Piaget hat sich auch eine Gruppe von Wissenschaftlern um den israelischen Psychologen Fischbein beginnen in den 70er Jahren mit Problemen der Entwicklung stochastischen Denkens im Kindesalter beschäftigt (Fischbein 1975). Sie führten empirische Untersuchungen im Schulunter-

richt durch (Fischbein et al. 1978). Dabei wurde der Wahrscheinlichkeitsbegriff in einer
4. Klasse eingeführt, allerdings nur mit der Formel von Laplace für gleich wahrscheinliche
Ergebnisse. Damit sei aus ihrer Sicht der Wahrscheinlichkeitsbegriff klar fixiert worden
(S. 145).

Entwicklungen in der Bundesrepublik Deutschland bis 1990/91
Kütting (1981) hat in einer sehr ausführlichen Synopse die Geschichte der Aufnahme von
Elementen der Wahrscheinlichkeitsrechnung und Statistik in den Mathematikunterricht
in Deutschland seit Ende des 19. Jahrhunderts bis 1980 dargestellt. Bei den zahlreichen
Lehrplanreformen in dieser Zeit spielten Elemente der beiden Theorien immer nur eine
untergeordnete Rolle bzw. wurden gar nicht in die Pläne aufgenommen. Nach 1945 erfolgte die Verankerung zuerst in zentralen Plänen für die Abiturstufe. 1958 war das Gebiet
Wahrscheinlichkeitsrechnung und Statistik eines von vier und 1975 eines von zwei Wahl-
themen für die Abiturprüfung. Der entsprechende Lernzielkatalog im KMK-Beschluss
von 1975 (KMK 1975) zeigt, dass es um ein Arbeiten mit Wahrscheinlichkeiten auf theoretischer Ebene und um Elemente der mathematischen Statistik ging. Das Gebiet wurde
entsprechend der Auswahl der Lehrpersonen in der Abiturstufe in einem gesamten Schul-
halbjahr unterrichtet. Dies ermöglichte eine sehr gründliche und tiefgründige Behandlung.
Schrittweise wurden dann einige Themen bis in die unteren Klassen der Sekundarstufe I
ausgedehnt. Die in der Abiturstufe vorherrschende Orientierung an theoretischen Begriffen wie Zufallsexperiment und Ereignis als auch die Dominanz von Glücksspielgeräten
wie Würfel und Münze wurden dabei mit übernommen.

Einen großen Einfluss auf die Integration von Elementen der Stochastik in den Mathematikunterricht in der Bundesrepublik Deutschland hatte der langjährige Gymnasiallehrer
und Mathematiker Arthur Engel. Er hat bereits 1966 vorgeschlagen, propädeutische Wahrscheinlichkeitstheorie in die Unterstufe aufzunehmen (Engel 1966). Allerdings meinte
er die Unterstufe des Gymnasiums (Jahrgangsstufen 5 bis 7) und nicht die Primarstufe. Arthur Engel hat sich herausragende Verdienste auf dem Gebiet der mathematischen
Wettbewerbe für Hochbegabte, insbesondere der internationalen Mathematikolympiaden,
erworben, für die er zahlreiche Aufgaben entwickelte. Seine Bücher zur Wahrscheinlichkeitsrechnung (Engel 1976, 1983) hatten nachhaltigen Einfluss auf den Stochastikunterricht in gymnasialen Bildungsgängen. Sie enthalten neben kurzen Fachtexten eine Fülle
interessanter und origineller Beispiele und Aufgaben, die nach seinen Worten aus langjäh-
rigen Unterrichtserfahrungen hervorgegangen sind. Seine stofflichen Vorschläge und das
Anforderungsniveau der Aufgaben liegen aber in der Regel weit über dem, was im normalen Mathematikunterricht möglich ist. So werden etwa die von ihm vorgeschlagenen
Themen für eine propädeutische Wahrscheinlichkeitstheorie in den Jahrgangsstufen 5 bis
7 (Engel 1966) heute teilweise noch nicht einmal in der gymnasialen Oberstufe realisiert
und sind somit für die Primarstufe nicht geeignet. Seine Orientierung auf das Lösen von
meist formalen Aufgaben oder solchen zu fiktiven Situationen und die Vernachlässigung
von Überlegungen zu inhaltlichen Aspekten grundlegender Begriffe haben den gymnasialen Mathematikunterricht erheblich beeinflusst. Dies scheint auch einer der Gründe dafür

zu sein, dass im aktuellen Stochastikunterricht in der Primarstufe, insbesondere in der Wahrscheinlichkeitsrechnung, formale Aufgaben in Glücksspielsituationen dominieren.

Einfluss auf die Entwicklung in beiden deutschen Staaten hatten auch die Vorschläge und empirischen Ergebnisse in Experimentalklassen des ungarischen Mathematikers Tamás Varga (1972). Er hatte großen Einfluss auf die Integration von Elementen der Stochastik in den ungarischen Lehrplan für die Primarstufe (Hilsberg 1991). Varga benutzte erstmalig eine **Wahrscheinlichkeitsskala** als grundlegendes didaktisches Mittel zum intuitiven Verständnis von Wahrscheinlichkeiten. Engel und Varga haben diese auch in ihrem gemeinsamen Buch mit Vorschlägen für die Primarstufe verwendet (Engel et al. 1974). In Ungarn wurde im Zuge einer Bildungsreform ab 1974 ein neuer Mathematiklehrplan für die Klassen 1 bis 4 mit stochastischen Inhalten schrittweise eingeführt, in dem bis 1978 immer mehr Schulen erfasst wurden. Dahinter stand die Einsicht, dass eine Reform den Schulen nicht aufgezwungen werden kann, sondern dass schrittweise das Interesse geweckt, eine gemeinsame Sprache gefunden und sich die Philosophie der Stochastik zu eigen gemacht werden muss. Varga ging davon aus, dass dies eine Aufgabe für Generationen sei (Hilsberg 1991, S. 17 f.).

Für den Stochastikunterricht in der Primarstufe in Deutschland war die schon erwähnte, sich in vielen Ländern auswirkende Reform des Mathematikunterrichts unter dem Namen „New Math" von Bedeutung. In den 60er und 70er Jahren vollzog sich eine davon angeregte Reform des Mathematikunterrichts in der Bundesrepublik Deutschland, die vor allem zu Konsequenzen für den Primarstufenunterricht führte. Ziel dieser Reform war eine deutliche Wissenschaftsorientierung und eine methodische Neugestaltung des Mathematikunterrichts. Als Wissenschaftsorientierung wurde dabei vor allem eine Orientierung an den mengentheoretischen und algebraischen Grundlagen der modernen Mathematik verstanden. Mit einem Beschluss der KMK im Jahre 1968 wurde eine Revision aller Grundschulpläne in Gang gesetzt (KMK 1968). Zu den inhaltlichen Neuerungen gehörten u. a. (nach Lindenau und Schindler 1978, S. 15 f.):

- Einführung der Mengensprache bei der Erarbeitung von Begriffen und logischen Zusammenhängen,
- Betonung des Strukturbegriffs,
- Rechnen in verschiedenen Stellenwertsystemen,
- Behandlung von Gleichungen und Ungleichungen,
- einfache Probleme zur Wahrscheinlichkeit und Kombinatorik,
- Benutzung neuer Ordnungsschemata (Bäume, freie Diagramme usw.).

Weiterhin sollten auch neue Unterrichtsmethoden eingeführt werden, wie die stärkere Betonung des entdeckenden Lernens, Stärkung der Eigenaktivität der Schüler durch selbstständigen Umgang mit Problemen, die an Material gebunden sind, stärkere Beachtung der mathematischen Begriffsbildung und Abstraktionsprozesse sowie häufigerer Wechsel von Sozialformen. Die inhaltlichen Neuerungen erwiesen sich als eine Fehlentwicklung des Primarstufenunterrichts und wurden nach Protesten von Eltern und Lehrern sowie

Kritiken einiger Didaktiker durch einen KMK-Beschluss 1975 wieder abgeschafft (vgl. Graumann 2002, S. 29 f.).

Im Zusammenhang mit der Reform entstanden neue Lehrbücher mit stochastischen Inhalten für die Primarstufe wie das Lehrbuchwerk „Neue Mathematik" von Winter und Ziegler (1970–1973). Sie integrierten erstmals durchgehend stochastische Inhalte in ein Schullehrbuch (außer Band 1 und 5, nach Kinski 1981, S. 66). Für die Grundschule verwendeten sie einen komparativen Wahrscheinlichkeitsbegriff und benutzten eine Wahrscheinlichkeitsskala mit den Stufen „unmöglich, fast unmöglich, wenig wahrscheinlich, ‚so oder so', recht wahrscheinlich, fast sicher, sicher" (Winter 1976, S. 36). Außerdem entstanden in dieser Zeit zwei fachdidaktische Lehrbücher zum Stochastikunterricht, die auch Vorschläge zum Unterricht in der Primarstufen enthalten (Panknin 1974; Lindenau und Schindler 1977).

Bei Panknin nehmen Vorschläge und Überlegungen zu kombinatorischen Aufgaben einen großen Raum ein. Diese sollten aus seiner Sicht Hauptinhalt des Stochastikunterrichts in den Klassenstufen 3/4 sein und werden bereits durch Aufgaben zum kartesischen Produkt in den Klassenstufen 1/2 vorbereitet. Neben der Produktregel als Grundregel des Zählens geht er ausführlich auf die Aufgabentypen Permutationen, Kombinationen und Variationen ein. Es finden sich nur sehr wenige Aufgaben zum Erfassen und Darstellen von Daten für die Klassen 1 bis 4. Bei seinen Vorschlägen zum Umgang mit Wahrscheinlichkeiten weist er darauf hin, dass Schüler bereits in der Klassenstufe 1/2 in der Lage sind, Wahrscheinlichkeiten qualitativ schätzen zu können, und dass in der deutschen Sprache qualitative Differenzierungsmöglichkeiten des Wahrscheinlichkeitsgrades verwendet werden (Panknin 1974, S. 23). Zur Illustration gibt er als Beispiel eine Situation an, bei der Schüler beim Fußballspiel die Zeit vergessen haben und schon längst zum Mittagessen zuhause sein sollten. Er formuliert dann qualitative Aussagen zur Wahrscheinlichkeit, dass die Kinder von ihrer Mutter ausgeschimpft werden. Anschließend schlägt er Aufgaben zum Vergleichen von Wahrscheinlichkeiten in Alltagssituationen vor, wobei allerdings Grundlage der Entscheidungen nicht Einschätzungen zu den Situationen, sondern allein Überlegungen zu den logischen Operatoren „und", „oder", „mindestens" und „höchstens" sowie zur Negation erforderlich sind. Dieser qualitative Umgang mit Wahrscheinlichkeiten in Alltagssituationen wird dann aber nicht weitergeführt. Die folgenden Beispiele beziehen sich vielmehr auf das Würfeln mit einem und zwei Würfeln (Augensumme) und das Ziehen von Spiel- oder Zahlenkarten. Dabei werden Gewinnwahrscheinlichkeiten durch das Vergleichen von Möglichkeiten bestimmt.

Das Lehrbuch „Wahrscheinlichkeitsrechnung in der Primarstufe und Sekundarstufe I" (1977) von Volkmar Lindenau und Manfred Schindler ist im Zeitgeist der „Neuen Mathematik" geschrieben. Viele Aussagen und Herangehensweisen in dem Buch, die sich größtenteils mit den Ansichten von Panknin (1974) decken, sind auch heute noch in der didaktischen Literatur zum Anfangsunterricht in der Wahrscheinlichkeitsrechnung und als Intentionen für Unterrichtsvorschläge zu finden. Deshalb sollen sie hier dargestellt und kurz kommentiert werden. Eine gründliche Auseinandersetzung erfolgt an den genannten Stellen.

1. Als Ausgangspunkt sollten im Unterricht die Begriffe „Zufall" und „zufällig" gewählt werden. Weiterhin werden sofort die Begriffe „Zufallsexperiment", „zufälliges Ereignis" und als zentrale Kategorie „Urnenexperiment" im Unterricht verwendet.

   Kommentar: Aufgrund der sehr großen Bedeutungsvielfalt des Begriffs „Zufall" ist dieser als Einstieg in die Stochastik ungeeignet (Abschn. 5.1). Die weiterhin genannten Begriffe gehören zur theoretischen Ebene der Modellierung, sind ebenfalls sehr vieldeutig und aus diesem Grund nicht für den propädeutischen Stochastikunterricht geeignet.

2. Bereits in Klasse 3 sollten Experimente zum empirischen Gesetz der großen Zahlen durchgeführt werden.

   Kommentar: Die Experimente sind für Lehrpersonen und Kinder nicht in sinnvoller Weise plan- und auswertbar. Die damit verbundenen Probleme werden im Abschn. 5.2.7 dargestellt.

3. In den Vorschlägen für die Klassen 3 bis 6 finden sich lediglich Glücksspiele. Dabei wird nicht zwischen den tatsächlichen Spielen und ihrer Modellierung unterschieden.

   Kommentar: Dies bedeutet eine wesentliche Einschränkung des Anwendungsfeldes stochastischer Situationen auf Laplace-Situationen und führt zu einem eingeschränkten Bild von Stochastik als ein Spielen mit oft auch konstruierten Objekten.

4. Der Begriff Wahrscheinlichkeit wird erst in Klasse 6 als Verhältnis eingeführt.

   Kommentar: Das Wort „wahrscheinlich" ist Kindern der Primarstufe bereits aus dem Alltag bekannt. Daran anknüpfend können zentrale Aspekte des Wahrscheinlichkeitsbegriffs ohne eine Quantifizierung ausgebildet werden.

5. Als Motivierung für den Einstieg in die Wahrscheinlichkeitsrechnung werden sehr anspruchsvolle Situationen vorgeschlagen wie Aufgaben zu abzählbar unendlichen Grundgesamtheiten oder eine Paradoxie beim Zeichnen einer Sehne in einen Kreis. Auf diese wird dann bei den folgenden Unterrichtsvorschlägen aber nicht weiter eingegangen.

   Kommentar: Viele Aufgaben mit überraschendem Ergebnis, wie etwa das Ziegenproblem oder stochastische Paradoxien, lassen sich nicht mit elementaren Mitteln im Unterricht erklären und sollten deshalb nicht als Einstieg verwendet werden, was leider oft der Fall ist.

6. Kombinatorische Aufgaben werden über die Verwendung von Aufgabentypen gelöst.

   Kommentar: Diese Lösungsmethode ist für den Unterricht generell und den Anfangsunterricht im Besonderen ungeeignet, da es in der Primarstufe nicht um eine Unterscheidung der kombinatorischen Grundsituationen und den Einsatz des dann passenden Modells geht, sondern es sollten inhaltliche Vorstellungen entwickelt und unterschiedliche Problemlösestrategien für das Lösen der Aufgaben betrachtet werden.

7. Es finden keine Bezüge zum Arbeiten mit Daten statt.

   Kommentar: Eine enge Verbindung von Daten und Wahrscheinlichkeit ist ein wesentliches Element eines jeden Stochastikunterrichts. Vor allem eigene Daten stellen eine anschauliche Grundlage für die Verbindung beider Teilbereiche dar.

Insgesamt kann festgestellt werden, dass die Vorschläge von Lindenau und Schindler (1977) durch eine sehr starke Orientierung an der Struktur und an Termini der Wahrscheinlichkeitsrechnung als mathematischer Disziplin gekennzeichnet sind und einen geringen Bezug zur Spezifik des Primarstufenunterrichts aufweisen. Diese Entwicklung spiegelt in großem Maße die Gefahr wider, die Müller und Wittmann (1984) bei der Entwicklung des Stochastikunterrichts in der Primarstufe gesehen haben (Abschn. 1.1).

Im Lehrbuch von Kütting (1994b) zur Didaktik der Stochastik werden die Ideen aus den 70er Jahren zum großen Teil wieder aufgegriffen. Kütting schlägt vier Stufen zur Einführung in die Wahrscheinlichkeitsrechnung in der Schule vor, die er mit den Begriffen „Zufallsexperimente", „Ergebnismengen", „Ereignisse" und „Wahrscheinlichkeit" bezeichnet, wobei die Stufen 1 bis 3 unter Einbeziehung eines qualitativen Wahrscheinlichkeitsbegriffs für die Grundschule und die Stufe 4 für den Unterricht ab Klasse 5/6 vorgesehen sind. Als Zufallsexperimente kommen bei ihm ausschließlich Spielsituationen vor. Ereignisse können nach seinen Vorschlägen schon als Teilmengen der Ergebnismenge erklärt werden. Alle genannten Begriffe sollten in der Primarstufe eingeführt werden.

Die konkreten Unterrichtsvorschläge in den fachdidaktischen Publikationen aus dieser Zeit sind inhaltlich meist sehr umfangreich und besitzen oft ein hohes Anforderungsniveau. So schlägt Winter (1976) auf der Grundlage eigener Unterrichtserfahrungen unter anderem vor, Korrelationen zwischen metrischen und Rangdaten mithilfe von Vierfeldertafeln zu untersuchen, Experimente zur Normalverteilung und zur Wahrscheinlichkeit unbekannter Zustände (Zusammensetzung von Urnen) durchzuführen. Allerdings wird nicht klar, ob es sich um Vorschläge für die Primarstufe oder den Unterricht in den Klassen fünf und sechs handelt. Panknin (1974) geht bei seinen Vorschlägen für die Klassenstufen 5/6 ebenfalls sehr weit über das hinaus, was heute als angemessenes Niveau in den Rahmenplänen angesehen wird. So sollten nach seinen Vorstellungen neben der Einführung der Begriffe „Zufallsexperiment", „Grundereignismenge", „Ereignis" und „Ereignisraum" auch die Normalverteilung, das Galton-Brett, Korrelationen, die mittlere Abweichung und Stichprobenprobleme behandelt werden.

Heitele (1977) hat in Auswertung der Veröffentlichungen von Engel, Varga, Fischbein und anderen Autoren Thesen zum Stochastikunterricht in der Primarstufe aufgestellt, von denen wir folgende Aussagen für zutreffend halten: „Der Einstieg in die Stochastik soll problemorientiert vorwiegend aus der Welt des Kindes erfolgen. (...) Ein vorgeschaltetes Stadium, in dem man sich mit qualitativen bzw. komparativen Wahrscheinlichkeiten beschäftigt, scheint günstig. (...) Begriffsexplikationen, wie etwa was ein Zufallsexperiment oder die Wahrscheinlichkeit nun wirklich ist (...) sind inadäquat" (Heitele 1977, S. 305).

Entwicklungen in der DDR bis 1989/90

In der DDR wurden bereits in den 60er Jahren Vorschläge zur Aufnahme von Elementen der Wahrscheinlichkeitsrechnung in den Mathematikunterricht unterbreitet (Lange 1967). Die Vorschläge kamen von Mathematikern und es wurden nur stoffliche Inhalte in „didaktischer Vereinfachung" diskutiert. Später gab es aber dann eine Reihe wissenschaftlicher Arbeiten mit didaktischem Charakter und empirischen Anteilen, die zu insgesamt zwölf

Dissertationen führten. Vier dieser Dissertationen beschäftigten sich auch mit dem Stochastikunterricht in der Grundschule (Klasse 1 bis 4) der DDR (Grünewald 1984; Hilsberg 1987; Bohrisch und Mirwald 1988; Wenau 1991).

In den Publikationen mit Bezügen zum Grundschulunterricht wird an Arbeiten von Engel, Winter, Varga, Fischbein u. a. Autoren angeknüpft, sodass sich eine Reihe von Gemeinsamkeiten mit Vorschlägen in der Bundesrepublik zur damaligen Zeit ergibt. Es wird von der Notwendigkeit eines spiralförmigen Aufbaus des Stochastikcurriculums mit einer propädeutischen Phase in den unteren Klassen ausgegangen. Ein Hauptanliegen in dieser Phase ist das Sammeln von Erfahrungen mit stochastischen Erscheinungen auf möglichst anschauliche, gegenständliche und auch spielerische Art und Weise. Es wird betont, dass der mathematische Kalkül nur vorsichtig entwickelt und kein Wissen auf Vorrat produziert werden sollte (Hilsberg und Warmuth 1991, S. 598). Konsequenterweise wird in den Arbeiten auf die Begriffe „Zufallsexperiment", „zufälliges Ereignis", „Ereignisfeld" und andere theoretische Begriffe verzichtet. Zur Modellierung stochastischer Erscheinungen werden die Begriffe „zufälliger Vorgang" (Hilsberg und Warmuth 1991) oder „Vorgang mit zufälligem Ergebnis" (Grünewald 1991b) verwendet.

Bis auf die Arbeit von Wenau (1991) sind Elemente der Kombinatorik Bestandteil der Vorschläge zum Stochastikunterricht. Grünewald (1984) beschäftigt sich sogar ausschließlich mit der Einbeziehung kombinatorischer Inhalte in den Mathematikunterricht der Klassen 1 bis 10. Kombinatorische Überlegungen werden als notwendig für die Entwicklung des Wahrscheinlichkeitsbegriffs angesehen, da erst damit qualitative und quantitative Aussagen zu Wahrscheinlichkeiten ermöglicht würden. Als zweiten Zugang zum Wahrscheinlichkeitsbegriff werden Experimente und Überlegungen zur Häufigkeit von Ergebnissen in langen Versuchsreihen vorgeschlagen (Grünewald 1991a). Die Mehrzahl der vorgeschlagenen Aufgaben bezieht sich auf den Glücksspielbereich. Nur Wenau (1991) betrachtet Vorgänge im Alltag, im Sport oder in der Natur. In ihren Untersuchungen treffen die Schülerinnen und Schüler qualitative Aussagen zur Wahrscheinlichkeit möglicher Ergebnisse eines Vorgangs auf der Grundlage ihrer Kenntnisse zu den Bedingungen des Vorgangs. Zur Darstellung der Schätzungen verwendet Wenau wie auch die anderen Autoren eine Wahrscheinlichkeitsskala nach Varga.

Es treten in den Publikationen häufig Aufgaben zu mehrstufigen Vorgängen wie das Werfen von zwei Würfeln oder das Ziehen von zwei Kugeln aus einem Behälter auf. In der Arbeit von Hilsberg und Warmuth (1991) wird vorgeschlagen, von Anfang an Wahrscheinlichkeitsrechnung und Statistik miteinander zu verbinden, um die Beziehung zwischen Modell und Realität erlebbar zu gestalten. Die Autoren beschränken sich dabei aber auf Experimente zu langen Versuchsserien im Glücksspielbereich.

Empirische Untersuchungen zu den Unterrichtsvorschlägen wurden häufig nur außerhalb des normalen Unterrichts in Arbeitsgemeinschaften oder in zusätzlichen Stunden durchgeführt. Bohrisch und Mirwald (1988) führten Erprobungen in vier 2. Klassen und Wenau (1991) in fünf 3. Klassen durch.

Bis zum Ende der DDR kam es aus verschiedenen Gründen (vgl. Hilsberg und Warmuth 1991, S. 595) außer einer Unterrichtseinheit in Klasse 4 zum Anfertigen und Lesen von Streckendiagrammen sowie der Behandlung grafischer Darstellungen im Rahmen der Prozentrechnung in Klasse 7 nicht zur Einführung von Elementen der Stochastik in den obligatorischen Mathematikunterricht. Lediglich für den fakultativen Mathematikunterricht in den Jahrgangsstufen 9 und 10 wurde ein Rahmenprogramm für einen Kurs zur elementaren Statistik sowie für die Jahrgangsstufen 11 und 12 ein Programm zur Wahrscheinlichkeitsrechnung entwickelt. Diese Kurse wurden allerdings nur sehr selten an Schulen durchgeführt, sodass insgesamt die Schülerinnen und Schüler und damit auch die künftigen Lehrerinnen und Lehrer sehr wenig eigene Unterrichtserfahrung zur Stochastik erworben haben.

Entwicklungen in der Bundesrepublik Deutschland ab 1990/91
Die zahlreichen Vorschläge für die Aufnahme von Elementen der Stochastik in die Primarstufe haben bis 2004 nur in wenigen Bundesländern zu Konsequenzen für zentrale Planungsdokumente wie Rahmenrichtlinien oder Lehrpläne geführt. Dies zeigt eine Analyse der im Schuljahr 2001/02 gültigen Lehrpläne für die Primarstufe in allen Bundesländern durch den Arbeitskreis Stochastik der Gesellschaft der Didaktik der Mathematik. Es waren nur in den sieben Bundesländern Baden-Württemberg, Bayern, Bremen, Hessen, Nordrhein-Westfalen, Mecklenburg-Vorpommern und Sachsen Elemente der Beschreibenden Statistik in Lehrplänen für die Primarstufe enthalten. Dazu gehörten: Sammeln von Daten, statistische Untersuchungen, Anfertigen von Strichlisten und Tabellen, Darstellen und Interpretieren von Daten in Diagrammen sowie in zwei Bundesländern auch Häufigkeitsverteilungen. Nur in den Primarstufenplänen von Bayern und Mecklenburg-Vorpommern wurde die Durchführung von Zufallsexperimenten und in Mecklenburg-Vorpommern zusätzlich noch ein Hinweis auf qualitative Wahrscheinlichkeitsvergleiche aufgeführt. Um die Jahrtausendwende waren also in der Hälfte der Bundesländer in Bezug auf Beschreibende Statistik und in 14 Bundesländern in Bezug auf den Umgang mit Wahrscheinlichkeiten keine Unterrichtserfahrungen vorhanden. Uns sind auch keine größeren Projekte bekannt, in denen entsprechende Unterrichtssequenzen erprobt wurden. Es ist davon auszugehen, dass Grundschullehrpersonen kaum neue stoffliche Inhalte in ihren Unterricht aufnehmen, wenn diese nicht in den zentralen Plänen gefordert sind. Hinzu kommt, dass in vielen lehrerbildenden Einrichtungen keine oder nur eine sehr geringe fachliche Ausbildung auf dem Gebiet der Beschreibenden Statistik und Wahrscheinlichkeitsrechnung stattfand. Dies betrifft unter anderem die Lehrerausbildung in der DDR insgesamt, aber auch die überwiegende Mehrzahl der bundesdeutschen Einrichtungen.

1.2.2 Entwicklungen nach dem Beschluss der Bildungsstandards

Winter (1976) hat aufgrund der Erfahrungen mit der Reform des Mathematikunterrichts in den 60er und 70er Jahren davor gewarnt, Stochastik in der Grundschule obligatorisch zu machen, ohne vorher vielfältige Erfahrungen zu sammeln, mögliche didaktische Grundpositionen zu diskutieren und vor allem bei den Lehrern für diese Innovation geduldig zu werben. Er sprach sich deutlich gegen eine „Reform von oben" aus (Winter 1976, S. 27). Diese Warnungen wurden nicht beachtet, als im Zusammenhang mit der Entwicklung von Bildungsstandards für die Primarstufe Elemente der Beschreibenden Statistik und Wahrscheinlichkeitsrechnung in die Standards aufgenommen wurden (KMK 2005). Dies hatte dann auch zur Folge, dass die entsprechenden Inhalte in die Pläne der Bundesländer integriert wurden. Eine Analyse sämtlicher Grundschulpläne der Bundesländer im Jahre 2012 ergab, dass alle Pläne Inhalte zur Beschreibenden Statistik und bis auf drei Bundesländer auch zur Wahrscheinlichkeitsrechnung enthielten (Kurtzmann und Sill 2012). Durch die Länderhoheit im Bildungsbereich existiert in Deutschland auch eine extreme Heterogenität in der Grundschullehrerausbildung (DMV et al. 2012). Es gibt nicht nur unterschiedliche Abschlussmöglichkeiten wie das Staatsexamen und die verschiedenen Bachelor/Master-Abschlüsse, sondern auch unterschiedliche Studiengänge wie Lehramt an Grundschulen oder kombinierte Studiengänge wie Lehramt an Grund- und Sekundarschulen. Dabei erhalten nicht alle zukünftigen Grundschullehrpersonen eine adäquate fachmathematische Ausbildung. Der Anteil der Mathematikausbildung schwankt zwischen 3 % und 33 % des Gesamtstudiums, wobei in einigen Ausbildungsgängen die Mathematik nur ein fakultativer Bestandteil ist (DMV et al. 2012, S. 2). Wenn der Anteil der Mathematik gering ist, folgt daraus, dass der Anteil der Vermittlung stochastischer Inhalte auch gering sein muss. Es gibt heute noch Bundesländer, die die Stochastik gar nicht oder nur zu einem sehr geringen Anteil als verbindlichen Ausbildungsbestandteil ausweisen (vgl. Sill 2018b).

Die Entwicklung der aktuellen Bildungsstandards erfolgte in einer kleinen Gruppe mit Vertretern aus allen Bundesländern in einer vorgegebenen, sehr kurzen Zeit. Es war nur ein Fachdidaktiker beratendes Mitglied in der Gruppe (Schipper 2005). Diese Rahmenbedingungen verhinderten, dass in Auswertung der bisherigen Forschungen und Erfahrungen eine gründliche Diskussion des Konzeptes eines Stochastikunterrichts in der Primarstufe mit fachdidaktischen und fachlichen Experten sowie Vertretern der Lehrerschaft erfolgen konnte. Es ist deshalb nicht verwunderlich, dass sich die im geschichtlichen Rückblick dargestellten Grundtendenzen in Bezug auf die Wahrscheinlichkeitsrechnung auch in den Bildungsstandards widerspiegeln.

1.3   Stochastik in den aktuellen Bildungsstandards

1.3.1   Inhaltsbezogene mathematische Kompetenzen

Der Mathematikunterricht in der Primarstufe stellt den Beginn der unterrichtlichen Beschäftigung mit mathematischen Inhalten dar. Dabei sollen Kenntnisse, Fähigkeiten und Fertigkeiten. Einstellungen und Gewohnheiten, die im Mathematikunterricht der Primarstufe erworben werden, eine Basis für das Weiterlernen im künftigen Mathematikunterricht bilden. So wird dies z. B. für die Bereiche „Zahl und Operationen" und „Größen und Messen" der Bildungsstandards nicht infrage gestellt. Hier gibt es didaktische Hand-

Tab. 1.1 Inhalte der Leitidee „Daten, Häufigkeit und Wahrscheinlichkeit" der KMK-Bildungsstandards 2004, S. 11

Daten erfassen und darstellen	– in Beobachtungen, Untersuchungen und einfachen Experimenten Daten sammeln, strukturieren und in Tabellen, Schaubildern und Diagrammen darstellen. – aus Tabellen, Schaubildern und Diagrammen Informationen entnehmen
Wahrscheinlichkeiten von Ereignissen in Zufalls-experimenten vergleichen	– Grundbegriffe kennen (z. B. „sicher", „unmöglich", „wahrscheinlich"), – Gewinnchancen bei einfachen Zufallsexperimenten (z. B. bei Würfelspielen) einschätzen

lungsabläufe für die Erarbeitung neuer Zahlenräume (Radatz und Schipper 1983, S. 91) oder didaktische Stufenfolgen für die Erarbeitung von Größen (Franke und Ruwisch 2010, S. 201; Radatz und Schipper 1983, S. 125).

Diese didaktischen Handlungsabläufe gibt es im Bereich der Stochastik weder für den Bereich Statistik noch für den Bereich Wahrscheinlichkeitsrechnung in der Primarstufe, obwohl es bereits seit den 1960er Jahren Forderungen von Didaktikern gibt, die Stochastik in der Primarstufe zu integrieren (Abschn. 1.2). „Ähnlich der Entwicklung des Zahlbegriffs wird das Verständnis für stochastische Phänomene, verbunden mit einem Konzept für Wahrscheinlichkeit, in einem langfristigen, phasenweise verlaufenden Prozess ausgebildet. Die Entwicklung stochastischen Denkens fällt weitgehend in die Zeitspanne, in welcher der Schüler die Primarstufe und Sekundarstufe I besucht" (Jäger und Schupp 1983, S. 15).

Nach dem Beschluss der Bildungsstandards wurde eine große Anzahl von Beiträgen in Fachzeitschriften für die Primarstufe publiziert, die wir als eine Grundlage unseres Lehrbuches verwendet haben. Auch die Bücher von Neubert (2012) und Plackner et al. (2015; 2016) enthalten zahlreiche Anregungen für den Unterricht.

In den von der KMK beschlossenen Bildungsstandards für den Unterricht in der Primarstufe (KMK 2005) sind die Inhalte aus der Stochastik als Leitidee „Daten, Häufigkeit und Wahrscheinlichkeit" bezeichnet worden. Die Rolle des Begriffs „Häufigkeit" bleibt dabei unklar. Mit jeweils sehr allgemein gehaltenen Angaben für die Statistik und Wahrscheinlichkeitsrechnung werden die zu erreichenden Ziele am Ende der Klassenstufe 4 beschrieben (Tab. 1.1). Dabei werden zur Datenerfassung drei Möglichkeiten benannt, nämlich Beobachtungen, Untersuchungen und einfache Experimente, aus denen Daten gesammelt und strukturiert und diese dann in Tabellen und Diagrammen dargestellt werden sollen. Ein weiterer Punkt beschreibt das Lesen von Tabellen und Diagrammen. Schülerinnen und Schüler sollen am Ende der Klassenstufe 4 in der Lage sein, aus diesen Informationen zu entnehmen. Im Bereich der Wahrscheinlichkeitsrechnung finden sich zwei knappe Darstellungen der zu entwickelnden Kompetenzen. Zum einen ist bei den Schülerinnen und Schülern eine Sicherheit im Umgang mit den Ergebnissen stochastischer Vorgänge zu entwickeln, damit sie z. B. die Wörter „sicher", „unmöglich", „wahrscheinlich" richtig einsetzen. Zum anderen sollen sie Gewinnchancen einschätzen können (KMK 2005, S. 11).

Wie schon am Ende von Abschn. 1.2 angedeutet, stehen hinter den Ausführungen zu Elementen der Wahrscheinlichkeitsrechnung Vorstellungen zum Arbeiten mit theoretischen Begriffen wie „Ereignis" und „Zufallsexperiment" und als Hauptanwendungsfeld der Glücksspielbereich. Dies zeigt sich dann auch deutlich in der Publikation zur Erläuterung der Bildungsstandards (Walther et al. 2016). In dem Beitrag zur Leitidee „Daten, Häufigkeit, Wahrscheinlichkeit" (Hasemann und Mirwald 2016) wird wie selbstverständlich der Begriff „Zufallsexperiment" sofort mit „Zufallsgeneratoren" verknüpft, von denen es zwei Arten, nämlich symmetrische wie Würfel oder Münzen und asymmetrische wie Reißzwecken oder Streichholzschachteln gäbe (S. 151). Der gesamte Beitrag beschränkt sich dann auch auf den Einsatz solcher „Zufallsgeneratoren" und damit auf den Glücksspielbereich. Dies hängt mit den verbreiteten fehlerhaften Auffassungen zum Begriff „Zufallsexperiment" zusammen (Abschn. 5.1.3).

Viele Probleme in der Literatur und in Unterrichtsmaterialien ergeben sich weiterhin aus den unklaren Formulierungen in den Bildungsstandards. So wird etwa nicht zwischen den Begriffen „Ergebnis" und „Ereignis" unterschieden, das Wort „wahrscheinlich", das kein Fachbegriff ist, wird in verschiedenen Bedeutungen verwendet (Abschn. 2.4.1) und es werden die Begriffe „Wahrscheinlichkeit" und „Chancen" als gleich angesehen (Abschn. 5.2.6).

Entgegen einigen Auffassungen in der Literatur (z. B. Ulm 2009, S. 8) werden in den Bildungsstandards Elemente der Kombinatorik in richtiger Weise nicht als ein Teil der Leitidee „Daten, Häufigkeit und Wahrscheinlichkeit" angeführt, sondern sind Bestandteil der Leitidee „Zahl".

1.3.2 Allgemeine mathematische Kompetenzen

Neben den inhaltsbezogenen mathematischen Kompetenzen werden in den Bildungsstandards auch die zum Ende der Klassenstufe 4 auszubildenden allgemeinen mathematischen Kompetenzen beschrieben. Für die Leitidee „Daten, Häufigkeit und Wahrscheinlichkeit" lassen sich Bezüge zu allen fünf Kompetenzbereichen herstellen. Eine besondere Bedeutung kommt dabei der Modellierung zu, die ausführlich im Abschn. 1.4 mit ihren Besonderheiten im Stochastikunterricht der Primarstufe beschrieben wird.

Argumentieren und Kommunizieren
In allen Bereichen des Mathematikunterrichts der Primarstufe finden sich Lernanlässe, in denen die Kompetenzen in den Bereichen Argumentieren und Kommunizieren ausgebildet werden können. In unseren Unterrichtserprobungen hat sich gezeigt, dass insbesondere in Unterrichtsstunden zur Leitidee „Daten, Häufigkeit und Wahrscheinlichkeit" der Anteil dieser Lernanlässe besonders hoch ist. Gemeinsames Kommunizieren beim Analysieren von stochastischen Situationen und das Argumentieren beim Schätzen von Wahrschein-

lichkeiten haben den Schülerinnen und Schülern besondere Freude bereitet. Dies ist vor allem dadurch bedingt, dass bei unserer Herangehensweise zur Modellierung einer Situation auch die Bedingungen betrachtet werden, unter denen sich die Wahrscheinlichkeiten der Ergebnisse eines stochastischen Vorgangs verändern können (Abschn. 2.8).

Fetzer (2011) untersuchte das mathematische Argumentieren von Grundschulkindern. Der Argumentationsprozess erfolgt demnach in drei wesentlichen Schritten, die auch auf die Stochastik übertragbar sind. Eine gegebene Ausgangslage, z. B. Wahrscheinlichkeiten in einer stochastischen Situation, wird entsprechend belegt. Dies wird zunächst unterstützt durch Argumente, die aus der Erfahrungswelt stammen. Anschließend können dann Schlüsse auf zukünftige Situationen ähnlicher Art abgeleitet werden. Folgendes Beispiel aus dem Unterricht einer 2. Klasse soll dies noch einmal genauer darstellen.

Beispiel zum Vergleichen von Wahrscheinlichkeiten

Was ist wahrscheinlicher? Das Kaninchen frisst eine Möhre oder das Kaninchen frisst eine Nuss.

Mit dieser Frage des Vergleichs von Wahrscheinlichkeiten (Abschn. 2.5) zweier Ergebnisse, bei denen beide Ergebnisse möglich sind, aber eines wahrscheinlicher ist als das andere ist, wurde eine sehr umfangreiche Kommunikation und Argumentation in der Klasse entfacht, die dann in einer umfangreichen Recherche über Haustiere, insbesondere zur Lebensweise der Kaninchen, endete. In der ersten Argumentation kamen Aussagen vor wie z. B.:

Es ist wahrscheinlicher, dass das Kaninchen die Möhre frisst, weil

- Kaninchen immer Gemüse essen,
- in einer Möhre auch Wasser enthalten ist, denn Kaninchen brauchen das auch,
- Kaninchen Möhren gern essen,
- Kaninchen Pflanzenfresser sind …

Dann meldete sich ein Junge und meinte, dass es doch viel wahrscheinlicher sei, dass das Kaninchen die Nuss frisst, denn er wisse, dass Nüsse Leckereien für Kaninchen seien. In der weiteren Recherche haben wir dann herausgefunden, dass dies tatsächlich stimmt. Nüsse werden von Kaninchen besonders gern gegessen, aber sie enthalten viele Kalorien und dürfen nicht zu oft gefüttert werden. Die Argumentationen der Kinder gehen hier zunächst von den eigenen Erfahrungen aus. Durch die gemeinsame Kommunikation wird nicht nur der Wahrscheinlichkeitsbegriff entwickelt, sondern auch das Wissen der Kinder weiter angereichert.

Bei der Behandlung stochastischer Inhalte gibt es viele Potenziale für Argumentationsprozesse, indem Ursachen für ermittelte Daten oder aufgetretene Ergebnisse besprochen werden. Dies ist ausgehend von der Erfahrungswelt der Kinder vor allem bei der Beschäftigung mit naturwissenschaftlichen Zusammenhängen möglich. Dadurch kann auch ein Bezug zum Sachunterricht hergestellt werden.

Abb. 1.1 Beispiel für Kommunikationsanlässe (aus *Denken und Rechnen*, Arbeitsheft *Daten, Häufigkeit und Wahrscheinlichkeit*, S. 20; mit freundlicher Genehmigung von © Westermann Gruppe. All Rights Reserved)

◯ möglich

◯ unmöglich

Mithilfe eines Bildes (Abb. 1.1) können die Schülerinnen und Schüler angeregt werden, die dargestellte Situation einzuschätzen. Ein Kind kommt mit einem Eis in der Hand aus einem Bäckerladen. Die Schülerinnen und Schüler müssen mit ihrem Alltagswissen entscheiden, ob der Kauf von Eis in einem Bäckerladen möglich ist, da es in dieser Art von Geschäften eher Brot oder Kuchen zu kaufen gibt. Sie kennen aber vielleicht auch Bäcker, die Eis verkaufen. Sie könnten aber auch auf die Idee kommen, dass das Kind schon mit dem Eis in den Laden gegangen ist. Es kann durchaus Kinder geben, die „unmöglich" ankreuzen, was dann wieder Argumentationsprozesse auslösen kann.

Mit dieser Aufgabe kann erreicht werden, dass sich Kinder über ihre unterschiedlichen Lebenserfahrungen austauschen und diese vervollkommnen. Für den Aufbau von Vorstellungen zu den Begriffen „mögliches" bzw. „unmögliches Ergebnis" eines stochastischen Vorgangs (vgl. Abschn. 2.4) wird die Erkenntnis gewonnen, dass es sich bereits bei dem Vorhandensein eines einzigen eisverkaufenden Bäckers um ein mögliches Ergebnis handelt. Die Kinder können weiterhin erkennen, dass mögliche Ergebnisse selten oder häufig vorkommen können.

Manchmal können Diskussionen zur Wahrscheinlichkeit der Ergebnisse eines stochastischen Vorgangs auch zu unterschiedlichen Einschätzungen führen, weil Schülerinnen und Schüler den Vorgang subjektiv aufgrund der von ihnen gemachten Erfahrungen betrachten. So erlaubt die Frage „Wie wahrscheinlich ist es, dass in meiner Brotdose ein Schokoriegel liegt?" mit den Kindern über den Vorgang (Füllen der Brotdose durch die Mutter) zu diskutieren, der bei den Kindern unterschiedliche Ergebnisse liefern kann. Durch ein konsequentes Begründen der Einschätzung dieser Situation lernen die Kinder auch ihre Antworten zu vertreten. So kann hier eine Antwort sein, dass es wahrscheinlich ist, „weil ich Schokolade mag und meine Mutti mir fast immer etwas Süßes einpackt". Eine andere mögliche Antwort wäre auch: „Das ist unmöglich, da ich Diabetiker bin und ich keine Schokolade essen darf." Die Kinder erleben dabei, dass die Wahrscheinlichkeit eines Ergebnisses eines stochastischen Vorgangs immer auch von bestimmten Bedingungen abhängig ist. Wenn sich Bedingungen ändern, ändert sich damit auch die Wahrscheinlichkeit des Eintretens eines möglichen Ergebnisses eines Vorgangs.

Abb. 1.2 Wahrscheinlichkeits-
skala

sicher

unmöglich

Auch im Umgang mit Daten ergeben sich zahlreiche Kommunikationsanlässe. So bieten vor allem eigene statistische Untersuchungen im Sinne der dargestellten Prozessbetrachtung Anlässe, um über die Ursache der Entstehung der Daten zu diskutieren. Es ist zum Beispiel möglich, eine Befragung zu Beginn eines Schuljahres und an dessen Ende mit der gleichen Fragestellung durchzuführen.

Darstellen

Vor allem im Bereich der Statistik werden Kompetenzen im Bereich des Darstellens entwickelt. Die Schülerinnen und Schüler lernen die unterschiedlichsten Möglichkeiten kennen, wie Daten gesammelt und aufbereitet werden können. Bei der Entwicklung von Kompetenzen im Lesen und Erstellen von Diagrammen besteht ein Ziel darin, die unterschiedlichen Diagrammarten mit ihren Besonderheiten kennenzulernen. In der Statistik werden unterschiedliche Methoden für die Erfassung von Daten wie z. B. Urlisten, Strichlisten oder Häufigkeitstabellen verwendet. Es geht weiterhin darum, geeignete Darstellungen zu nutzen, aber auch darum, eine Darstellung in eine andere zu übertragen und Darstellungen miteinander zu vergleichen. Insbesondere das Zeichnen von Diagrammen stellte sich bei den Unterrichtserprobungen als nicht trivial für die Schülerinnen und Schüler dar. Hier müssen die Schülerinnen und Schüler schrittweise die einzelnen Teile des Diagramms kennenlernen.

Bei der Entwicklung des Wahrscheinlichkeitsbegriffs wird zur Darstellung der qualitativen Schätzung der Wahrscheinlichkeiten eine vertikale Wahrscheinlichkeitsskala eingesetzt (Abb. 1.2). Durch die Kennzeichnung der Schätzung auf der Skala wird angegeben, für wie wahrscheinlich das Kind das Ergebnis hält. Je höher die Markierung gesetzt wird, desto wahrscheinlicher schätzt das Kind das Ergebnis ein (Abschn. 2.7).

Für die qualitative Schätzung der Wahrscheinlichkeit eines Ergebnisses eines bestimmten Vorgangs haben wir uns bewusst für die vertikale Skala entschieden. Dies ist zum einem damit zu begründen, dass wir einer möglichen Rechts-Links-Schwäche entgegentreten wollen und zum anderen sich die Schülerinnen und Schüler an die Leiter des Wetterfrosches (vgl. Abschn. 2.7) zurückerinnern. Je höher der Frosch die Leiter hochklettert, desto wahrscheinlicher ist das Ergebnis des Vorgangs.

1.4 Modellierung stochastischer Situationen

1.4.1 Begriff der stochastischen Situation

Die Bereiche der Realität, die Gegenstand der Wissenschaft Stochastik in unserem Sinne sind, bezeichnen wir nach einem Vorschlag von Schupp (1984) als **stochastische Situationen**. Unter einer stochastischen Situation verstehen wir zum einen Situationen in der Realität, in denen Daten entstehen und erfasst werden können, und zum anderen Situationen, in denen verschiedene Ergebnisse möglich sind, aber nicht mit Sicherheit feststeht, welches eintreten wird. Mit dem Begriff der stochastischen Situation wollen wir alle Anwendungsbereiche einer Stochastik in unserem Sinne erfassen.

Das Wort „Situation" hat in der Umgangssprache im Wesentlichen zwei Bedeutungen (Kunkel-Razum et al. 2003, S. 1458). Es bezeichnet zum einen Verhältnisse und Umstände, in denen sich jemand augenblicklich befindet, wie es etwa in den Redewendungen „eine gefährliche Situation", „eine Situation meistern" oder „in eine Situation bringen" zum Ausdruck kommt. Es geht also in der Regel um eine zeitlich begrenzte, aktuelle Lage, in der sich eine Person unmittelbar befindet. Zum anderen werden mit „Situation" aber auch ein allgemeiner Zustand bzw. allgemeine Verhältnisse bezeichnet, wie z. B. die wirtschaftliche Situation in einem Land. Stochastische Situationen können beide Bedeutungen beinhalten. So haben z. B. der Weitsprung eines Schülers oder Glücksspiele einen situativen, also zeitlich begrenzten Charakter. Stochastische Situationen in der zweiten Bedeutung liegen etwa bei Überlegungen zum Wetter (der Wetterlage) vor.

Anstelle von stochastischen Situationen wird auch von „Erscheinungen mit Zufallscharakter" oder von „zufälligen Erscheinungen" gesprochen. Gegen die Verwendung dieser Bezeichnungen spricht, dass sie aufgrund der Verwendung des Zufallsbegriffs in der Mathematik (Abschn. 5.1.1) in eingeschränkter Weise oft nur mit Situationen verbunden sind, bei denen gleich wahrscheinliche Ergebnisse auftreten, wie etwa bei vielen Glücksspielen.

Stochastische Situationen finden sich in allen Bereichen von Natur und Gesellschaft:

- Beispiele aus der Natur sind die Wetterentstehung, das Pflanzenwachstum oder die körperliche Entwicklung von Menschen und Tieren.
- In der Technik gibt es stochastische Situationen im Bereich von Produktions- und Transportprozessen.
- Im persönlichen Leben eines jeden Menschen handelt es sich bei der Entwicklung von Freizeitinteressen, Kenntnissen, Fähigkeiten und Einstellungen um stochastische Situationen. Aber auch alltägliche Vorgänge wie das Schlafen, Frühstücken, Zur-Schule-Gehen, Spielen, Hausaufgabenmachen u. a. haben in der Regel einen stochastischen Charakter bezüglich bestimmter Merkmale.
- Typische stochastische Situationen gibt es beim Werfen von Münzen oder Würfeln, Drehen von Glücksrädern, Ziehen aus einem Behältnis, Lotto spielen u. a.
- Bei Forschungsarbeiten auf den Gebieten der Soziologie, Psychologie, Pädagogik oder Medizin stehen Wissenschaftler oft vor der stochastischen Situation, Schlussfolgerungen aus Daten ableiten zu müssen.

Allen stochastischen Situationen ist gemeinsam, dass es Unsicherheiten über die möglichen Ergebnisse etwa der Entwicklung des Wetters, der Aneignung von Kenntnissen durch einen Schüler oder der Überlegungen eines Wissenschaftlers gibt. Es ist prinzipiell unmöglich vorherzusagen, welches Ergebnis eintreten wird. Mit den Mitteln der Stochastik können diese Unsicherheiten aber quantifiziert werden. Auf dieser Grundlage lassen sich im Zusammenhang mit anderen Informationen begründete Entscheidungen treffen. Stochastik wird deshalb auch als das Treffen begründeter Entscheidungen im Fall von Unsicherheit bezeichnet. An dieser Stelle sei darauf hingewiesen, dass „stochastisch" und „Stochastik" teilweise synonym für „wahrscheinlichkeitstheoretisch" und „Wahrscheinlichkeitsrechnung" (oft zusammen mit mathematischer Statistik) gebraucht werden. Diese Auffassungen basieren auf dem ursprünglichen Gebrauch der Wörter in der Mathematik (Huber 2015) und sind auch in der fachdidaktischen Literatur vorhanden (Büchter und Henn 2007).

1.4.2 Modellierung stochastischer Situationen

Mit dem Begriff der stochastischen Situation wird zunächst nur eine äußere Erscheinung erfasst, deren stochastischer Charakter im Rahmen eines Modellierungsprozesses analysiert werden muss.

Bei der Modellierung stochastischer Situationen werden drei verschiedene Ebenen unterschieden, deren Zusammenwirken in der Abb. 1.3 veranschaulicht wird:

- die Ebene der realen Erscheinungen und Zustände (Realität),
- die Ebene der Realmodelle und
- die Ebene der theoretischen Modelle (Theorie).

Im Folgenden soll die Modellierung stochastischer Situationen an zwei Beispielen erläutert werden: dem Schreiben einer Mathematikarbeit und dem Werfen eines Würfels.

Für die stochastische Situation des Schreibens einer Mathematikarbeit durch den Schüler Arne können die drei Ebenen in folgender Weise beschrieben werden:

- **Realität:** Arne löst in 45 min die vorgegebenen Aufgaben in einer Klassenarbeit. Als Ergebnis liegt die konkrete Arbeit von Arne mit seinen Antworten vor. Er kann aber auch wegen einer Erkrankung die Arbeit vorzeitig beenden oder die Leistung generell verweigern. Die Arbeit hat eine Reihe real existierender Eigenschaften wie die Art der Antworten, die Lesbarkeit, vorgenommenen Korrekturen, weitere Bemerkungen oder Zeichnungen von Arne u. a.
- **Realmodell:** Bei der Korrektur der Arbeit durch die Lehrkraft wird als Merkmal nur die Richtigkeit der Antworten betrachtet. Dazu muss die Lehrkraft zunächst einen Bewertungsmaßstab festlegen. Sie ordnet den zu erwartenden Teilleistungen Punkte zu. Weiterhin muss sie eine Reihe von vereinfachenden Annahmen machen. So wird sie den aktuellen Gesundheitszustand und die Leistungsbereitschaft des Schülers nicht berücksichtigen. Wenn Arne nicht alle Teilschritte notiert hat, kann sie annehmen, dass er diese trotzdem durchdacht hat u. a. m.

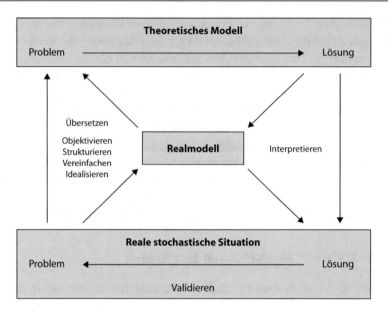

Abb. 1.3 Schematische Darstellung der Modellierung stochastischer Situationen (aus Krüger et al. 2015, S. 13; mit freundlicher Genehmigung der Springer-Verlag GmbH Deutschland. All Rights Reserved)

- **Theorie:** Bei der Entwicklung und Auswertung von zentralen Vergleichsarbeiten, wie z. B. VERA 3, wird zur Beschreibung der Leistungen der Schüler das Rasch-Modell verwendet, das nach dem dänischen Statistiker Georg William Rasch (1901–1980) benannt ist. Dabei wird vereinfachend angenommen, dass es eine eindimensionale mathematische Fähigkeit gibt, die mit der gleichen Skala wie die Schwierigkeit der Aufgaben gemessen werden kann. Dieser Fähigkeit wird dann für jede Aufgabe eine Lösungswahrscheinlichkeit zugeordnet. Im Ergebnis der Auswertung erhält man für einen Schüler keine Erfüllungsquoten, sondern nur eine Einordnung der Leistung in Kompetenzstufen.

Für den im Unterricht häufig als Standardbeispiel einer stochastischen Situation verwendeten Vorgang des Werfens eines Spielwürfels durch eine Person führt die Modellierung zu folgenden Ergebnissen:

- **Realität:** Nach dem Werfen des Spielwürfels auf einem Tisch kann der Würfel vom Tisch heruntergefallen sein und auf dem Boden liegen, er kann „auf Kippe", auf einer Ecke (z. B. bei einer genoppten Tischdecke) oder an einer bestimmten Stelle auf dem Tisch auf einer Seitenfläche liegen bleiben. Als Merkmale des eingetretenen Ergebnisses könnte der Abstand zur Tischkante, der Winkel der Seitenflächen zum Tisch oder die Punktzahl auf der oben liegenden Seite gewählt werden. Ein realer Spielwürfel ist nicht völlig homogen aufgebaut, allein schon durch die Vertiefungen für die Augenzahlen oder Abrundungen der Ecken. In Spielcasinos werden speziell angefertigte Würfel verwendet, die dem Ideal eines homogenen Würfels möglichst nahekommen. Einen (realen) Spielwürfel bezeichnen wir allgemein als ein **Glücksspielgerät** (vgl. Abschn. 5.1.3).

- **Realmodell:** Bei Schüleraufgaben zum Würfeln mit einem normalen Spielwürfel werden meist ohne explizite Nennung folgende Modellannahmen getroffen: Der Würfel fällt nicht vom Tisch und es wird auf einer glatten Unterlage gewürfelt, sodass der Würfel auf einer Seite zu liegen kommt und immer eine Augenzahl oben liegt. Weiterhin wird angenommen, dass alle sechs möglichen Ergebnisse gleich wahrscheinlich sind, wodurch Berechnungen von Wahrscheinlichkeiten erfolgen können.

- **Theorie:** Auf der theoretischen Ebene wird von einem Würfel im mathematischen Sinne (als gedankliches Objekt) ausgegangen, bei dem jeder der sechs Seiten genau eine der Zahlen 1 bis 6 zugeordnet ist. Das „Würfeln" wird in folgender Weise beschrieben: Auf der Ergebnismenge $E = \{1, 2, 3, 4, 5, 6\}$ ist mit $P(k) = 1/6$, $k \in E$ eine Wahrscheinlichkeitsverteilung definiert. Der mathematische Würfel mit den zugeordneten Zahlen heißt auch **idealer Würfel** oder **Laplace-Würfel** und allgemein kann er als **Zufallsgerät** bezeichnet werden. Dieses theoretische Würfeln ist ein Beispiel für den theoretischen Begriff **Zufallsexperiment**. In dem theoretischen Modell kann dann die Wahrscheinlichkeit eines Ereignisses (als Teilmenge der Ergebnismenge) berechnet werden. Weiterhin kann mit einem Test überprüft werden, ob die Daten aus einem realen Experiment mit einem realen Spielwürfel mit dem theoretischen Modell des Zufallsexperiments verträglich sind.

Diese drei Ebenen werden in der Literatur und auch in Unterrichtsmaterialien oft nicht auseinandergehalten. Das führt dann zu Begriffsverwirrungen oder auch dazu, dass in Unterrichtsvorschlägen für die Primarstufe bereits ein Arbeiten auf der Ebene der theoretischen Modelle erfolgt. So werden in den aktuellen Bildungsstandards für die Primarstufe die Begriffe „Ereignis" und „Zufallsexperiment" verwendet, die zur Ebene der theoretischen Modelle gehören. Wir halten es weder für sinnvoll noch notwendig, bereits in der Primarstufe bis zur Ebene der theoretischen Modelle vorzudringen.

1.4.3 Prozessbetrachtung stochastischer Situationen

Es gibt verschiedene Möglichkeiten, stochastische Situationen systematisch zu untersuchen. Eine davon ist die **Methode der Prozessbetrachtung**, die insbesondere an der Universität Rostock entwickelt, im Unterricht der Primarstufe und Sekundarstufe I erprobt und in Materialien für Schülerinnen und Schüler umgesetzt wurde. Diese Methode gestattet es, den oft unverbundenen Umgang mit statistischen Daten und Aufgabenstellungen zur Wahrscheinlichkeitsrechnung in einer einheitlichen begrifflichen Weise zu beschreiben. Weiterhin ist ein enger Lebensweltbezug möglich. Das Besondere der Prozessbetrachtung ist, dass nicht nur das betrachtet wird, was eingetreten ist, sondern auch der Prozess untersucht wird, als dessen Resultat diese Ergebnisse eintreten können.

Das zentrale Modellierungsmittel ist der Begriff **stochastischer Vorgang** und die damit im Zusammenhang stehenden Betrachtungsweisen. Ein stochastischer Vorgang ist ein Realmodell für einen tatsächlichen Vorgang in der Natur, der Gesellschaft oder dem Denken. Das einzige definierende Merkmal eines solchen Vorgangs ist die Existenz mehrerer möglicher Ergebnisse.

Auf das Adjektiv „stochastisch" sollte in der Primarstufe verzichtet werden und auch das Wort „Vorgang" braucht im Unterricht nur selten benutzt zu werden. Wir empfehlen, den tatsächlichen Vorgang konkret zu benennen (Weitsprung eines Schülers, Wachstum einer Blume, Werfen eines Würfels). Als allgemeine Bezeichnung ist es ausreichend, von einem Vorgang mit mehreren möglichen Ergebnissen zu sprechen.

Die folgenden Ausführungen richten sich an Lehrpersonen, die sich mit den Grundgedanken einer Prozessbetrachtung vertraut machen möchten. Sie sind nicht für die unmittelbare Umsetzung im Unterricht gedacht.

1.4.3.1 Aspekte des Begriffs „Vorgang"

Zu den Aspekten des Begriffs „Vorgang" gehören Gedanken, die an vier Beispielen erläutert werden sollen. Die Beispiele A und B betreffen das Arbeiten mit Daten und die Beispiele C und D das Arbeiten mit Wahrscheinlichkeiten.

Beispiele:
A. Arne schreibt eine Mathematikarbeit.
B. Ein Baum wächst im Wald.
C. Cornelius würfelt.
D. Dilara überlegt, ob sie in der Arbeit die Aufgaben richtig gelöst hat.

Merkmale des Begriffs „Vorgang"

- Vorgänge treten in allen Bereichen des Lebens auf.
- Jeder Vorgang hat einen Anfang und ein Ende.
- Es können Vorgänge betrachtet werden, die schon abgeschlossen sind (Arne hat die Arbeit geschrieben), die noch andauern (das Wachstum des Baumes) oder noch bevorstehen (der nächste Wurf von Cornelius).
- Es gibt Vorgänge, die sehr kurz sind (Würfeln), die etwas länger dauern (Schreiben einer Arbeit) und die sehr lange dauern (Wachstum eines Baumes).
- Es gibt Vorgänge, deren Ergebnis Personen nicht beeinflussen (Würfeln), und Vorgänge, bei denen die beteiligten Personen das Ergebnis beeinflussen können (Schreiben einer Mathematikarbeit).
- Es muss unterschieden werden zwischen dem, was abläuft, und dem, was nach dem Ablauf eines Vorgangs eintreten kann (Tab. 1.2).

Tab. 1.2 Beispiele zum Ablauf und zu möglichen Ergebnissen von Vorgängen

Was läuft ab?	Was könnte eintreten?
Arne schreibt eine Mathematikarbeit	Arne bekommt eine Zwei
Ein Baum wächst im Garten	Der Baum ist größer als 2 m
Cornelius würfelt	Cornelius würfelt eine Zwei
Dilara überlegt, ob sie in der Arbeit die Aufgaben richtig gelöst hat	Dilara glaubt, dass sie alle Aufgaben richtig gelöst hat

1.4.3.2 Bestandteile einer Prozessbetrachtung

Bestimmung eines einzelnen Vorgangs, der beteiligten Personen oder Objekte und der Resultate des Vorgangs

In den Formulierungen der obigen vier Beispiele sind die Vorgänge sowie die beteiligten Personen oder Objekte bereits genannt. Dies ist aber bei Aufgabenstellungen in der Stochastik oft nicht der Fall. Insbesondere wenn es um das Arbeiten mit Daten geht, werden meist nur die jeweiligen konkreten Daten genannt, wie z. B. die Ergebnisse einer Befragung zu den Lieblingstieren von Kindern. In diesen Fällen kann überlegt werden, im Ergebnis welchen Vorgangs die Daten entstanden sind. Auch bei Aufgaben zu Wahrscheinlichkeiten kann dieses Problem auftreten, wenn es in Aufgabenstellungen bereits um die Wiederholung eines Vorgangs geht bzw. wenn ein Vorgang aus mehreren Teilvorgängen besteht, wie z. B. beim Werfen mit zwei Würfeln.

Nach dem Ablauf des Vorgangs sind bestimmte **Resultate** eingetreten (der Würfel liegt in einer bestimmten Lage auf dem Tisch), haben sich bestimmte Eigenschaften von Objekten oder von Personen herausgebildet, sind neue Objekte entstanden (die Arbeit von Arne) oder haben sich Gedanken im Kopf eines Menschen gebildet (die Vermutungen von Dilara zur Richtigkeit ihrer Lösungen).

Diese Dinge existieren alle auf der Realebene (der Wirklichkeit) und sind unabhängig von Betrachtungen eines Menschen. Ein Baum wächst, auch ohne dass dies näher betrachtet oder untersucht wird.

Nach der Bestimmung des zu untersuchenden Vorgangs beginnt ein schrittweiser Prozess der Modellierung der Wirklichkeit.

Bestimmung eines zu betrachtenden Merkmals

Die nach Ablauf des Vorgangs entstandenen Zustände, Eigenschaften, Objekte oder Gedanken besitzen zahlreiche **Merkmale**. Man sagt auch, sie sind Träger von Merkmalen bzw. **Merkmalsträger**. Wenn der Vorgang mit Mitteln der Statistik oder der Wahrscheinlichkeitsrechnung näher untersucht werden soll, muss man sich zunächst entscheiden, welches Merkmal man betrachten will (Tab. 1.3).

Tab. 1.3 Beispiele zu Resultaten und interessierenden Merkmalen

Was ist eingetreten?	Was interessiert mich?
Arne hat die Arbeit geschrieben	Wie viele Punkte bekommt er?
Der Baum ist jetzt zwei Jahre gewachsen	Wie hoch ist der Baum?
Der Würfel liegt auf dem Tisch	Welche Augenzahl liegt oben?
Dilara vermutet, dass sie alles richtig gelöst hat	Wie sicher ist sich Dilara, dass alle ihre Lösungen richtig sind?

Tab. 1.4 Beispiele zur Messung von Merkmalsausprägungen

Was ist eingetreten? Was interessiert mich?	Wie können die Ausprägungen (Werte) des interessierenden Merkmals ermittelt werden?
Arne hat die Arbeit geschrieben. Mich interessiert seine Leistung in der Arbeit	Die Leistung kann mit einer Punkteskala oder mit einer Notenskala gemessen werden
Der Baum ist jetzt zwei Jahre gewachsen. Mich interessiert die Höhe des Baumes	Die Höhe des Baumes kann geschätzt oder mit einem Höhenmessgerät bestimmt werden
Der Würfel liegt auf dem Tisch. Mich interessiert die oben liegende Augenzahl	Man zählt die Punkte auf der oben liegenden Fläche
Dilara vermutet, dass sie alles richtig gelöst hat. Mich interessiert der Grad der Sicherheit ihrer Vermutungen	Der Grad der Sicherheit von Dilara kann mit einer dreistufigen oder einer fünfstufigen Ratingskala gemessen werden

Festlegung des Messverfahrens zur Bestimmung der Ausprägungen des Merkmals und Ermittlung der Ergebnisse

Nachdem ein interessierendes Merkmal des Vorgangs ausgewählt wurde, muss überlegt werden, wie die konkreten Ausprägungen (die Werte) des Merkmals bestimmt werden können. Dazu werden Geräte, Skalen oder Methoden zum Messen benötigt. Manchmal ist es möglich, für ein Merkmal unterschiedliche Skalen zum Messen zu verwenden (Tab. 1.4, Abschn. 2.1).

Nachdem die Messskala bzw. die Messmethode festgelegt wurde, können nun damit die konkreten Ausprägungen des Merkmals gemessen werden. Wir bezeichnen die dabei ermittelten Merkmalsausprägungen als **Ergebnisse des Vorgangs**. Bei statistischen Untersuchungen spricht man von **Daten**.

Bestimmung der Bedingungen des Vorgangs

Wenn man die gemessenen Werte des Merkmals (z. B. die ermittelten Daten) oder die Wahrscheinlichkeiten der möglichen Ergebnisse hinterfragen oder einschätzen will, müssen die **Bedingungen** betrachtet werden, die Einfluss auf den Vorgang haben. Man spricht anstelle von Bedingungen auch von **Einflussfaktoren** (Tab. 1.5).

Die Bedingungen eines Vorgangs können auf zwei verschiedenen Ebenen betrachtet werden: zum einen auf einer allgemeinen Ebene und zum anderen für einen konkreten Verlauf des Vorgangs. Das Wachstum eines Baumes wird z. B. durch allgemeine Bedin-

Tab. 1.5 Beispiele zu Bedingungen des Vorgangs

Was ist eingetreten? Was interessiert mich?	Wovon hängt es ab, welches Ergebnis eintritt?
Arne hat die Arbeit geschrieben. Mich interessiert seine Leistung in der Arbeit	– von seinen mathematischen Fähigkeiten – von seiner Vorbereitung auf die Arbeit – vom Anforderungsniveau der Aufgaben
Der Baum ist jetzt zwei Jahre gewachsen. Mich interessiert die Höhe des Baumes	– vom Nährstoffgehalt des Bodens – von den Wasser- und Windverhältnissen – von der Baumsorte
Der Würfel liegt auf dem Tisch. Mich interessiert die oben liegende Augenzahl	– von der Art der Unterlage – von der Art des Würfels – von der Wurftechnik
Dilara vermutet, dass sie alles richtig gelöst hat. Mich interessiert der Grad der Sicherheit ihrer Vermutungen	– von den Fähigkeiten Dilaras zur Selbsteinschätzung – von ihren Kenntnissen zur Lösung der Aufgaben

gungen wie den Nährstoffgehalt des Bodens, die Wasser- und Windverhältnisse oder die Baumsorte beeinflusst. Bei einem konkreten Baum an einem konkreten Standort müssen die Ausprägungen dieser Bedingungen betrachtet werden. Diese Ausprägungen sind die Ursachen für die Beschaffenheit des Baumes.

Mit der Einbeziehung von Bedingungen in die Prozessbetrachtung entstehen enge Bezüge zu den Betrachtungen von Gesetzen in den Naturwissenschaften, die auch stets nur unter bestimmten Bedingungen gelten.

Betrachtung von Wiederholungen des Vorgangs

In der Statistik und in der Wahrscheinlichkeitsrechnung spielen Massenerscheinungen und zahlreiche Wiederholungen eines Vorgangs eine wichtige Rolle. Ein wesentliches Ziel der Beschreibenden Statistik ist die Aufbereitung von Massendaten und in der Wahrscheinlichkeitsrechnung ist das empirische Gesetz der großen Zahlen ein fundamentaler Zusammenhang.

Bei einer Prozessbetrachtung wird dagegen zunächst immer nur ein einzelner Vorgang in der bisher beschriebenen Weise untersucht. Die Wiederholbarkeit eines Vorgangs unter gleichen Bedingungen ist im Unterschied zum Begriff „Zufallsexperiment" in der Wahrscheinlichkeitsrechnung (Abschn. 5.1.3) keine definierende Eigenschaft eines Vorgangs. Damit werden auch Vorgänge wie der Ablauf eines Fußballspiels oder die Gedanken eines Schülers zu seiner geschriebenen Arbeit als stochastische Situationen angesehen.

Ob ein Vorgang wiederholt abläuft, ob mehrere Vorgänge parallel verlaufen oder ob Vorgänge überhaupt zusammengefasst werden können, wird von uns als ein extra zu untersuchendes Problem angesehen. Eine Zusammenfassung von Vorgängen zu einer Gesamtheit ist nur sinnvoll, wenn wesentliche Bedingungen gleich bleiben oder mindestens vergleichbar sind (Tab. 1.6).

Tab. 1.6 Beispiele zur Wiederholungen von Vorgängen

Vorgang (V) Merkmal (M)	Wiederholungen Art der Wiederholungen	Bedingungen bei den Wiederholungen
V: Arne schreibt eine Mathematikarbeit. M: Note in der Arbeit	Arne schreibt mehrere Arbeiten in einem Schuljahr. wiederholter Ablauf eines Vorgangs	Die Bedingungen sind teilweise gleich (die mathematischen Fähigkeiten von Arne) und teilweise unterschiedlich (z. B. das jeweilige Thema der Arbeit). Mit dem Erteilen einer Jahresnote, werden die Bedingungen als vergleichbar angesehen
	Alle Schüler der Klasse schreiben die gleiche Arbeit. paralleler Verlauf von Vorgängen	Die Bedingungen sind teilweise gleich (z. B. die gleiche Arbeit) und teilweise unterschiedlich (z. B. Fähigkeiten der Schüler). Mit der Angabe einer Durchschnittsnote für die Arbeit werden die Bedingungen als vergleichbar angesehen
V: Ein Baum wächst. M: Höhe das Baumes	Alle Bäume eines Waldes wachsen. paralleler Verlauf von Vorgängen	Wenn die Wachstumsbedingungen im gesamten Wald und die Baumsorten etwa gleich sind, können die Bedingungen als vergleichbar angesehen werden
V: Cornelius würfelt. M: Augenzahl	Cornelius würfelt 60-mal. wiederholter Ablauf eines Vorgangs	Bei gleicher Unterlage, gleichem Würfel und gleicher Wurftechnik sind die Bedingungen gleich
V: Dilara überlegt, ob sie in der Arbeit die Aufgaben richtig gelöst hat. M: Grad der Sicherheit	Dilara schätzt in einem Schuljahr direkt nach jeder Arbeit ihre Leistung ein. wiederholter Ablauf eines Vorgangs	Die Fähigkeiten von Dilara zur Selbsteinschätzung können sich im Laufe eines Schuljahres nach ihren gesammelten Erfahrungen verändern

1.4.3.3   Stochastische und nichtstochastische Vorgänge

Bei einer Prozessbetrachtung können zwei verschiedene Fälle auftreten:

1. Ein Vorgang hat bezüglich eines Merkmals nur ein mögliches Ergebnis
2. Ein Vorgang hat bezüglich eines Merkmals mehrere mögliche Ergebnisse.

Dabei kann es sich durchaus um den gleichen Vorgang handeln (Tab. 1.7).

Der Fall, dass Vorgänge bezüglich eines Merkmals nur ein mögliches Ergebnis haben, kommt bei realen Erscheinungen sehr selten vor. Vorgänge in der Natur, der Gesellschaft und dem Leben eines Menschen haben in der Regel bezüglich der meisten Merkmale mehrere mögliche Ergebnisse. Wie lange ein Kind schläft, wie lange es die Zähne putzt, was es zum Frühstück isst, wie lange es zur Schule braucht, wen es dabei trifft, welche Zensur es in der Mathearbeit bekommt, mit wem es wie lange am Nachmittag spielt und

Tab. 1.7 Beispiele zur Anzahl der Ergebnisse eines Vorgangs

Vorgang, Bedingungen	Merkmal	Anzahl der Ergebnisse
Es wird auf einer großen und glatten Unterlage gewürfelt	Endlage das Würfels (Seitenfläche, Kante, Ecke)	Nur ein mögliches Ergebnis (Seitenfläche)
	Oben liegende Augenzahl	Sechs mögliche Ergebnisse
Einem Lehrer fällt ein Stück Kreide aus der Hand auf den Boden	Bewegungsrichtung der Kreide	Nur ein mögliches Ergebnis (nach unten)
	Anzahl der Teilstücke nach dem Auftreffen auf dem Boden	Viele mögliche Ergebnisse
1 Liter Wasser wird längere Zeit bei 100 °C unter Normalbedingungen erhitzt	Wechsel des Aggregatzustandes	Nur ein mögliches Ergebnis (von flüssig zu gasförmig)
	Zeitdauer bis zum vollständigen Verdampfen	Viele mögliche Ergebnisse, die um einen Wert streuen

wann es einschläft, sind alles Merkmale beim Ablauf eines Tages, die viele mögliche Ergebnisse haben.

Der stochastische Charakter eines Vorgangs kann nur bezüglich eines Merkmals angegeben werden. Vorgänge, die bezüglich eines Merkmals nur ein Ergebnis haben, bezeichnen wir als nichtstochastische Vorgänge bezüglich des betrachteten Merkmals.

1.4.3.4 Prozessbetrachtung bei statistischen Untersuchungen

Die in den Beispielen A und B vorgestellte Prozessbetrachtung kann im Rahmen entsprechender statistischer Untersuchungen in der Primarstufe erfolgen (Tab. 1.8).

Bei statistischen Untersuchungen geht es generell um die Erfassung von Ergebnissen bei einer großen Zahl von Vorgängen, die meist gleichzeitig ablaufen und auch nach der Erfassung der Daten weiterlaufen.

Um Daten bewerten zu können, müssen die Bedingungen, unter denen sie entstanden sind, bekannt sein. Dies wird beim Umgang mit Daten im Alltag, in der Presse und auch in der Wissenschaft oft nicht beachtet. So können etwa die Ergebnisse einer Schülerbefragung zum Kinobesuch nur zutreffend bewertet werden, wenn man die konkreten Bedingungen an den Orten kennt, wo die Befragung durchgeführt wurde.

Tab. 1.8 Beispiele zu statistischen Untersuchungen von Vorgängen

Vorgang	Mögliche statistische Untersuchung
Schreiben einer Mathematikarbeit	Jeder Schüler untersucht am Ende der Klasse 3 oder 4 seine im Schuljahr erhaltenen Noten im Fach Mathematik
Wachstum von Bäumen	Mit einem Förster werden Bäume in einem Wald untersucht. Der Förster bestimmt die Höhe von Bäumen, die alle etwa gleich alt und von der gleichen Art sind, sich aber an unterschiedlichen Stellen im Wald befinden

1.4.4   Besonderheiten der Prozessbetrachtung in der Primarstufe

Orientierung auf die Betrachtung von Vorgängen

Es sei noch einmal betont, dass die bisherigen Begrifflichkeiten und tabellarischen Darstellungen in dieser Form nicht für den Unterricht gedacht sind, sondern Lehrpersonen ermöglichen sollen, die Grundgedanken einer Prozessbetrachtung an Beispielen nachzuvollziehen. Insbesondere sollten die Begriffe „Prozessbetrachtung", „stochastischer Vorgang", „Merkmal", „Merkmalsausprägung" und „Einflussfaktoren" nicht Gegenstand des Unterrichts sein. Auch ist eine spezielle Lerneinheit zur Prozessbetrachtung nicht notwendig und sinnvoll. Die entsprechenden Überlegungen sollten immer nur im Zusammenhang mit konkreten Anwendungen in der Statistik und Wahrscheinlichkeitsrechnung erfolgen.

Die Beispiele selbst sind allerdings durchaus für den Unterricht geeignet und auch die in den Tab. 1.2–1.5 enthaltenen Fragestellungen sind für den Unterricht gedacht. Um einen Zugang zur Betrachtung von Prozessen zu finden, ist folgende Frage besonders geeignet: „Was läuft ab?" Andere mögliche Formulierungen zur Orientierung auf den ablaufenden Vorgang sind „Was geschieht?" oder „Was geht vor sich?". Die Fragestellung „Was passiert?" wäre auch möglich, allerdings sind hier Verwechslungen mit der Bedeutung im Sinne von „Was ist passiert?" denkbar, die auf die eingetretenen Ergebnisse ausgerichtet ist.

Weiterhin sind in vielen Fällen Überlegungen zu den Bedingungen, die den Vorgang beeinflussen, möglich. Wenn eine Befragung zu den Lieblingstieren durchgeführt wird, könnte untersucht werden, ob es Unterschiede zwischen Jungen und Mädchen oder zwischen Land- und Stadtkindern gibt.

Lebensweltbezug

Ein Grundgedanke unserer Vorschläge für den Stochastikunterricht in der Primarstufe ist, einen möglichst engen Bezug zur Lebenswelt der Schülerinnen und Schüler herzustellen. Sowohl bei den Vorschlägen zur Statistik als auch zum Umgang mit Wahrscheinlichkeiten wählen wir stochastische Vorgänge aus folgenden Bereichen:

- dem familiären Alltag eines Kindes, wie Zähneputzen, Frühstück essen, einkaufen gehen, in den Urlaub fahren
- dem Freizeitbereich wie Spielen, Lesen, Beschäftigung mit Tieren, sportliche Aktivitäten
- dem schulischen Bereich wie Zur-Schule-Gehen, Aktivitäten im Sportunterricht, eine Arbeit schreiben, einen Schulausflug machen
- der Natur wie das Wettergeschehen, das Wachstum von Pflanzen

Vorgänge, an denen die Kinder selbst beteiligt sind

Eine besondere Art von Vorgängen, die wir jeweils auch gesondert betrachten, sind solche, an denen die Schülerin oder der Schüler selbst beteiligt ist, die sie oder er also aus der Ich-Perspektive erlebt. In diesen Fällen kann sie oder er die möglichen Ergebnisse und

Bedingungen des Vorgangs gut erkennen. Eine Bewertung der Antworten durch die Lehrpersonen ist allerdings nur eingeschränkt möglich. Beispiele für solche Vorgänge sind:

- Ich esse Frühstück.
- Ich gehe zur Schule.
- Ich mache einen Weitsprung.
- Ich schreibe eine Arbeit.

Anforderungen an die lebensweltlichen Vorgänge
Für die bewusste Arbeit mit der dargestellten Prozessbetrachtung müssen die stochastischen Situationen bestimmte Voraussetzungen erfüllen, zu denen mindestens die folgenden gehören:

- Die Schüler kennen die Vorgänge aus ihrem unmittelbaren Erleben.
- Die Schüler können einige Ursachen für das Eintreten unterschiedlicher Ergebnisse erkennen.
- Zu den betrachteten Vorgängen lassen sich einfache statistische Erhebungen durchführen.
- Bei der Betrachtung der Vorgänge werden keine Schüler bloßgestellt.

Die letzte Forderung führt zum Ausschluss von Vorgängen, die für eine Prozessbetrachtung aus verschiedenen Gründen nicht oder weniger geeignet sind. Dazu gehören z. B.:

- Vorgang: körperliche Entwicklung; Merkmal: Körpermasse
- Vorgang: Entwicklung der Familiengröße; Merkmal: Anzahl der Kinder
- Vorgang: Einkaufen; Merkmal: Art oder Wert der gekauften Produkte

1.5   Entwicklungslinien stochastischen Wissens und Könnens in der Primarstufe

Begriffliche Grundlagen
Die in diesem Buch vorgestellten Unterrichtsvorschläge und didaktischen Stufenfolgen basieren u. a. auf einer Analyse der inhaltlichen Aspekte von Begriffen aus der Fachwissenschaft und dem Alltag. Solche Analysen wurden in der Literatur bisher nicht oder nur in Ansätzen vorgenommen. Allein die Verwendung von Wörtern, die auch in der Fachwissenschaft vorkommen, ist noch kein hinreichendes Kriterium für eine Wissenschaftsorientierung des Unterrichts. Hinzu kommt, dass das System von Gedanken zu einem Begriff schrittweise aufgebaut werden muss, wozu entsprechende Konzepte für ein geeignetes Vorgehen im Unterricht vorhanden sein müssen. In Kap. 5 stellen wir einige unserer Analysen vor.

Für die Darstellung der zu entwickelnden Kompetenzen in der Primarstufe haben wir uns für die Bezeichnung „Entwicklungslinien des Wissens und Könnens" entschieden. Pippig beschreibt aus psychologischer Sicht, dass ein Lernender für das Erbringen einer Leistung nicht nur Kenntnisse über den Sachverhalt, sondern auch über den Handlungsvollzug besitzen muss. Außerdem gehören zum Können automatisierte Handlungsabläufe, Fertigkeiten und Fähigkeiten (1985, S. 19).

Das angeeignete Wissen, das Pippig als Kenntnisse bezeichnet, sollte anwendungsbereit, solide und fest sein. Nur dann kann es seiner Funktion gerecht werden, die Umwelt adäquat widerzuspiegeln und ein zweckentsprechendes Handeln des Menschen zu ermöglichen. Es stellt sich nicht die Frage nach dem Umfang des Wissens, sondern in welcher Qualität der Lernende über Kenntnisse verfügt und dieses sachgerecht einsetzen kann (Pippig 1985, S. 33).

Auch Weinert (2014) verwendet in seinem lesenswerten Überblicksbeitrag zum Stand der Schul-, Unterrichts- und Lernforschung Ende der 90er Jahre ebenfalls die Begriffe „Wissen" und „Können". Mit Bezug zu den damals durch die internationale TIMS-Studie angeregten zentralen Leistungserhebungen verweist er auf den Vorschlag der OECD, den Leistungsbegriff durch den Begriff der Kompetenz zu ersetzen. Nach diesem Vorschlag versteht man unter Kompetenz „die bei Individuen verfügbaren oder durch sie erlernbaren kognitiven Fähigkeiten und Fertigkeiten, um bestimmte Probleme zu lösen, sowie die damit verbundenen motivationalen, volitionalen und sozialen Bereitschaften und Fähigkeiten um die Problemlösungen in variablen Situationen erfolgreich und verantwortungsvoll nutzen zu können" (Weinert 2014, S. 27). Weinert schlägt dann anschließend vor, zwischen folgenden Kompetenzbereichen zu unterscheiden:

- „fachliche Kompetenzen (z. B. physikalischer, fremdsprachlicher, musikalischer Art),
- fachübergreifende Kompetenzen (z. B. Problemlösen, Teamfähigkeit),
- Handlungskompetenzen, die neben kognitiven auch soziale, motivationale, volitionale und oft moralische Kompetenzen enthalten und es erlauben, erworbene Kenntnisse und Fertigkeiten in sehr unterschiedlichen Lebenssituationen erfolgreich, aber auch verantwortlich zu nutzen." (Weinert 2014, S. 28)

Weinert betont, dass sich „Prioritätssetzungen zwischen diesen Kompetenzen oder gar die Ablehnung einzelner Kompetenzbereiche (z. B. der fachlichen Kenntnisse) (...) im Lichte des kognitionspsychologischen Erkenntnisstandes als höchst problematisch erwiesen" haben. Schulen sollten nach seiner Meinung weder „eine Generation von Fachidioten noch eine Generation geschwätziger Dilettanten ausbilden" und ergänzt: „Was das genau heißt, bleibt umstritten" (Weinert 2014, S. 28). Leider wurden in der Folgezeit die Auffassungen von Weinert zum Kompetenzbegriff auf seinen Verweis auf den OECD-Vorschlag reduziert, in dem fachliche Kenntnisse als Bestandteil von Kompetenzen nicht enthalten sind. Dies hatte erhebliche bildungspolitische Konsequenzen, insbesondere für die Erarbeitung der Bildungsstandards, die wesentlich auf diesem reduzierten Kompetenzbegriff beruhen, der erkennbar nicht im Sinne von Weinert ist. Weinert selbst konnte sich dazu nicht äußern, da er 2001 ein Jahr vor der Erstveröffentlichung seines Aufsatzes verstarb.

Wir schließen uns der Auffassung von Feldt-Caesar an, die einen erweiterten Kompetenzbegriff verwendet, der im Sinne von Weinert auch fachliche Kenntnisse beinhaltet (Feldt-Caesar 2017, S. 60–61). Wenn es um den Bereich der fachlichen Kompetenzen geht, sprechen wir, um Missverständnisse auszuschließen, in der Regel von Wissen und Können.

Vorgehen bei der Erarbeitung der Entwicklungslinien

Der Anstoß für die Erarbeitung eines Konzeptes von Entwicklungslinien lieferten unsere Arbeiten zur Entwicklung eines Fortbildungskurses für Primarstufenlehrpersonen zu fachlichen Grundlagen der Stochastik. Dabei war es erforderlich, dass für die Wirksamkeit des Kurses ein enger Bezug zum Unterricht hergestellt wird. In der Literatur fanden wir lediglich einige Ansätze für einen spiralförmigen Stochastiklehrgang in der Primarstufe. Wir haben deshalb die Entwicklung und Erprobung des Kurses eng mit der Erarbeitung eines Unterrichtskonzeptes für einen Stochastiklehrgang verbunden. Eine Grundlage war das Konzept von Entwicklungslinien für die Sekundarstufe I in Krüger et al. (2015).

Der Fortbildungskurs wurde im Rahmen einer wissenschaftlichen Arbeit (Kurtzmann 2017) nach der Methode der konstruktiven Entwicklungsforschung von Zech und Wellenreuther (1992) als internetgestützter einjähriger Kurs entwickelt und erprobt. Er besteht aus vier Präsenzveranstaltungen und drei dazwischenliegenden Arbeitsphasen, in denen die Kursteilnehmer gemeinsam diskutierte Vorschläge für die Gestaltung des Unterrichts in ihren Klassen erprobten und Erfahrungsberichte auf einer Interplattform einstellten (Details der Fortbildungskurse in Sill und Kurtzmann 2018). Wir haben in den Schuljahren 2012/13 bis 2015/16 elf Kurse durchgeführt, an denen insgesamt 130 Lehrpersonen aus Mecklenburg-Vorpommern teilnahmen. Viele der in diesem Buch angegebenen Unterrichtsvorschläge, Hinweise sowie Schülerlösungen stammen aus den Erfahrungsberichten der Kursteilnehmer. Auf eine Angabe der Quellen sowie der Schulen und Klassen haben wir verzichtet.

Entwicklungslinien

Für den stufenweisen Aufbau stochastischen Wissens und Könnens haben wir den Stochastiklehrgang in zwei Abschnitte unterteilt: den Anfangsunterricht und den weiterführenden Unterricht. Der Begriff „Anfangsunterricht" bezeichnet dabei nicht die übliche Schuleingangsstufe, sondern den Beginn der Beschäftigung mit den stochastischen Inhalten. Bei unseren Vorschlägen sind wir davon ausgegangen, dass der Anfangsunterricht die Klassen 1 und 2 und der weiterführende Unterricht die Klassenstufen 3 und 4 umfasst. Bei einem Beginn der Beschäftigung mit den Inhalten in höheren Klassenstufen müssen die Unterrichtsvorschläge gegebenenfalls modifiziert und an die Altersstufe angeglichen werden.

1. Prozessbetrachtung stochastischer Situationen

	Ziele und Inhalte
Anfangsunterricht	– Erkennen möglicher Ergebnisse eines Vorgangs – Erkennen von möglichen Einflussfaktoren eines Vorgangs
Weiterführender Unterricht	– Anwenden der Prozessbetrachtung bei der Auswertung statistischer Untersuchungen

2. Erstellen und Lesen von Listen und Tabellen

	Ziele und Inhalte
Anfangsunterricht	– Erfassen von Daten in Urlisten und Strichlisten, dabei Nutzung von passenden enaktiven Materialien (z. B. Steckwürfel) – Umwandeln von Urlisten in Häufigkeitstabellen – Lesen von Strichlisten und einfachen Häufigkeitstabellen
Weiterführender Unterricht	– Einsatz von Häufigkeitstabellen bei Befragungen, Beobachtungen und Experimenten – Lesen komplexer Häufigkeitstabellen

3. Erstellen und Lesen von grafischen Darstellungen

	Ziele und Inhalte
Anfangsunterricht	– Erstellung eines Häufigkeitsdiagramms als Streifendiagramm ohne Bezeichnung der Achsen und Überschrift – Lesen einfacher Streifendiagramme
Weiterführender Unterricht	– Lesen und Erstellen vollständiger Häufigkeitsdiagramme als Streifendiagramme – Entwicklung von Teilhandlungen zur Achsenbeschriftung und zum Bilden einer Überschrift für Häufigkeitsdiagramme – Erstellen von Rohdatendiagrammen als Streifendiagramme – Lesen anderer Diagrammarten (Piktogramm, Kreisdiagramm, Liniendiagramm)

4. Ermitteln und Interpretieren statistischer Kenngrößen

	Ziele und Inhalte
Anfangsunterricht	– Ermitteln des Modalwertes aus Häufigkeitstabellen und Diagrammen
Weiterführender Unterricht	– Bestimmen des arithmetischen Mittels als Ausgleichswert – Interpretation des arithmetischen Mittels – Ermitteln des Medians und der Spannweite

5. Vergleichen von Wahrscheinlichkeiten

	Ziele und Inhalte
Anfangsunterricht	– Unterscheiden sicherer, möglicher und unmöglicher Ergebnisse – Vergleichen von Wahrscheinlichkeiten mit ersten verbalen Interpretationen
Weiterführender Unterricht	– Begründen der Entscheidung des Wahrscheinlichkeitsvergleichs – aus Häufigkeitsverteilungen Schlussfolgerungen auf den Vergleich von Wahrscheinlichkeiten zukünftiger Ergebnisse ziehen – Vergleichen von Gewinnwahrscheinlichkeiten bei einfachen Glücksspielen – Vergleichen von Wahrscheinlichkeiten unbekannter Zustände

6. Schätzen und Interpretieren von Wahrscheinlichkeiten

	Ziele und Inhalte
Anfangsunterricht	– Entwicklung von Vorstellungen zu den Begriffen „wahrscheinlich", „unwahrscheinlich", „sicher", „unmöglich" – Darstellen geschätzter Wahrscheinlichkeiten auf einer Wahrscheinlichkeitsskala und Interpretieren der Wahrscheinlichkeiten
Weiterführender Unterricht	– aus vorhandenen Daten Schlussfolgerungen auf die Wahrscheinlichkeit zukünftiger Ergebnisse ziehen – Schätzen von Wahrscheinlichkeiten unbekannter Zustände – Zusatz: Angabe von Wahrscheinlichkeiten durch Chancen

7. Erkennen und Beschreiben stochastischer Zusammenhänge

	Ziele und Inhalte
Anfangsunterricht	
Weiterführender Unterricht	– Erkennen und Beschreiben der Änderung von Wahrscheinlichkeiten von Ergebnissen durch Veränderung von Bedingungen – Vermutungen aufstellen und mithilfe einer Datenerhebung überprüfen

Vorschläge für Ziele und Inhalte im Anfangsunterricht

▶ Für die erstmalige Beschäftigung mit stochastischen Inhalten in der Primarstufe werden unter Berücksichtigung der kognitiven Entwicklung der Schülerinnen und Schüler Unterrichtsideen zu Themen der Statistik und Wahrscheinlichkeitsrechnung vorgestellt. Dabei wird zunächst auf ausgewählte fachliche und fachdidaktische Grundlagen eingegangen. Bei den Unterrichtsvorschlägen werden Elemente der in Kap. 1 beschriebenen Modellierung stochastischer Situationen mithilfe einer Prozessbetrachtung verwendet. Die Vorschläge zum Umgang mit Wahrscheinlichkeiten sind dabei so konzipiert, dass sie begrifflichen und inhaltlichen Problemen, die von uns in Kap. 5 beschrieben sind, entgegenwirken.

2.1 Erfassen von Daten

2.1.1 Fachliche und fachdidaktische Grundlagen

Statistische Untersuchungen beginnen zunächst mit einer Planungsphase, in der geklärt werden muss, für welchen Zweck die Daten benötigt werden. Anschließend werden Daten erfasst, ausgewertet und interpretiert. Bereits in der Phase der Planung, die in der Primarstufe in der Regel von der Lehrperson oder gemeinsam im Klassenverband erfolgt (Abschn. 3.1.1), müssen schon Überlegungen bezüglich einer sinnvollen Erfassung der Daten vorgenommen werden.

Ziel der Primarstufe ist die Fähigkeit der Schülerinnen und Schüler, Daten zunächst zu sammeln und zu strukturieren (KMK 2005). Dabei ist es wichtig, dass die Schülerinnen und Schüler unterschiedliche Möglichkeiten zum Dokumentieren von Daten kennenlernen. Sie sollen dabei selbst erkennen, dass Daten oft „flüchtig" sind, d. h. dass sie unwiederbringlich verloren sind, wenn man sie nicht aufzeichnet, wie z. B. Befragungen von Personen in einer Fußgängerzone (Hasemann und Mirwald 2016, S. 149).

© Springer-Verlag GmbH Deutschland, ein Teil von Springer Nature 2019
H.-D. Sill, G. Kurtzmann, *Didaktik der Stochastik in der Primarstufe*,
Mathematik Primarstufe und Sekundarstufe I + II,
https://doi.org/10.1007/978-3-662-59268-7_2

Für das Sammeln von Daten sind laut den Bildungsstandards Beobachtungen, Befragungen und einfache Experimente vorgesehen (KMK 2005, S. 13). Alle drei Möglichkeiten des Sammelns von Daten können sowohl innerhalb als auch außerhalb des Mathematikunterrichts erfolgen. Besonders bei Beobachtungen und Experimenten eignet sich eine Datenerhebung in anderen Unterrichtsfächern, die dann im Mathematikunterricht ausgewertet werden kann. So können etwa Häufigkeiten verschiedener Sportübungen (z. B. Ball an die Wand werfen und wieder auffangen) in einer bestimmten Zeit gemessen werden. Auch im Sachunterricht finden sich verschiedene Anwendungsmöglichkeiten. Es kann z. B. das Wachstum von Pflanzen beobachtet oder können Wettererscheinungen dokumentiert werden. Befragungen eignen sich vor allem dann, wenn Informationen über die eigene Klasse oder die Schülerinnen und Schüler der Schule in Erfahrung gebracht werden sollen.

Beim Erfassen von Daten werden interessierende Eigenschaften von Personen oder Objekten, den Merkmalsträgern, untersucht. In einer Datenerhebung wird von einem stochastischen Vorgang ein interessierendes Merkmal (z. B. Lieblingstier) mit den möglichen Ergebnissen (z. B. Hund, Katze usw.) betrachtet. Zunächst muss vor dem Erfassen von Daten eine Fragestellung zum interessierenden Merkmal festgelegt werden. Damit auch die Prozessbetrachtung im Unterrichtsprozess Berücksichtigung finden kann, sollten die zu erfassenden Daten immer von den Schülerinnen und Schülern selbst oder aus ihrer Erfahrungswelt stammen, sodass auch Bedingungen betrachtet werden können, unter denen diese Daten entstanden sind. Somit kann bei der Auswertung der Daten auch auf Ursachen für das Zustandekommen eines Ergebnisses einer statistischen Untersuchung eingegangen werden (Abschn. 1.4.3).

Die Ausprägungen (Werte) des jeweiligen Merkmals müssen mithilfe einer Skala gemessen werden. Die Auswahl der Skala richtet sich nach den anzuwendenden statistischen Verfahren zur Auswertung der Daten. In der Statistik werden drei Skalenarten voneinander unterschieden: die kategoriale Skala, die Rangskala und die metrische Skala. Die damit ermittelten Daten heißen kategoriale Daten oder Kategorien, Rangdaten und metrische Daten.

Mit einer **kategorialen Skala** werden unterschiedliche Kategorien (Bezeichnungen) gemessen (vgl. Tab. 2.1). Diese stehen gleichrangig nebeneinander, sie können nicht geordnet, sondern nur unterschieden werden.

Tab. 2.1 Beispiele für kategoriale Skalen

Merkmal	Mögliche Ergebnisse
Lieblingstier	Hund, Katze, Vogel, Fisch
Lieblingsfächer	Mathematik, Deutsch, Sport
Farbe der Ampel	Grün, Gelb, Rot
Brillenträger	ja, nein

Tab. 2.2 Beispiele für
Rangskalen

Merkmal	Mögliche Ergebnisse
Schulnote	sehr gut, gut, befriedigend, genügend, ungenügend, mangelhaft
Skifahren können	sehr gut, gut, mittel, schlecht, gar nicht
Freude im Mathematikunterricht	sehr viel, viel, mittel, wenig, keine
Lernaufwand für Vokabeln	gering, mittel, groß

Mit der **Rangskala** werden wie bei der kategorialen Skala auch unterschiedliche Kategorien gemessen mit dem Unterschied, dass diese einer bestimmten Reihenfolge oder Ordnung unterliegen (vgl. Tab. 2.2).

Rangskalen mit abgestuften Einschätzungen von befragten Personen wie dem selbst eingeschätzten Können im Skifahren werden auch als **Ratingskalen** bezeichnet. Innerhalb dieser Rangdaten können nun Vergleiche wie besser/schlechter oder größer/kleiner durchgeführt werden. Die angegebenen möglichen Ergebnisse auf der Rangskala unterliegen also einer Ordnung, wobei der Abstand zwischen diesen entweder nicht festgelegt ist oder unterschiedlich groß sein kann.

Mit einer **metrischen Skala** werden Messwerte (metrische Daten) mit einem Messgerät wie Lineal oder Waage gemessen. Dabei sind die Abstände zwischen den einzelnen Messwerten mathematisch interpretierbar. Metrische Skalen können diskret oder stetig sein (vgl. Tab. 2.3). Eine diskrete Skala enthält einzelne (diskrete) Werte. Bei einer stetigen Skala können alle Messwerte innerhalb eines Intervalls auftreten (Sill 2014; Krüger et al. 2015, S. 226–227). In der Literatur wird oft von stetigen und diskreten Merkmalen gesprochen. Dies ist nicht sinnvoll (vgl. Sill 2014), eine Unterscheidung von Skalenarten ist ausreichend.

Bei Auswertung der Daten, die mit einer metrischen Skala gemessen wurden, können nicht nur Vergleiche durchgeführt werden, sondern auch Berechnungen.

Tab. 2.3 Beispiele für diskrete
und stetige metrische Skalen

a) Diskrete metrische Skalen	
Merkmal	Mögliche Ergebnisse
Alter der Kinder	5, 6, 7, …
Anzahl der Seilsprünge	0, 1, 2, …

b) Stetige metrische Skalen	
Merkmal	Mögliche Ergebnisse
Masse der Schultaschen	Angabe z. B. in Gramm, Werte von 500 bis 3000 g
Zeit für einen Dribbel-Parcours	Angabe z. B. in Sekunden, Werte von 4 bis 20 s

Tab. 2.4 Übersicht über die Skalenarten am Beispiel von Sprungweiten

Skalen	Messinstrumente	Messwerte
Stetige metrische Skala	Bandmaß	Länge in Zentimeter z. B. 143 cm, 256 cm
Diskrete metrische Skala	Punktetabelle	Punkte z. B. 45, 67
Rangskala	Zensurenskala	Zensuren z. B. 1, 3
Kategoriale Skala	Bandmaß mit zwei Bereichen, Einschätzung der Sprungtechnik	Kategorien: nominiert, nicht nominiert

An einem Beispiel der Bewertung aus dem Sportunterricht werden im Folgenden nun die Unterschiede zwischen den Skalenarten dargestellt. Im Sportunterricht werden die Sprungweiten der Schüler gemessen. Der Merkmalsträger ist der einzelne Schüler, das Merkmal ist die Sprungweite. Ein und dieselbe Sprungweite kann mit unterschiedlichen Skalen gemessen werden. Wird mit einem Bandmaß mit Zentimetereinteilung gemessen, ergeben sich für die Schüler als Ergebnisse z. B. 143 cm, 188 cm oder 231 cm. Es handelt sich um eine stetige metrische Skala, auch wenn die Sprungweiten nur auf Zentimeter genau angegeben werden.

Nun gibt es für die Bewertung der Weitsprungleistungen Punktetabellen, die sowohl eine Grundlage für die Zensierung als auch für die Nominierung zu Wettkämpfen oder auch für die Auswertung von Gesamtleistungen z. B. beim Zehnkampf benutzt werden können. Somit können den Sprungweiten Punkte zugeordnet werden, wobei hier ein Informationsverlust entsteht, weil verschiedenen Weiten die gleiche Punktzahl zugeordnet wird. Es handelt es sich um eine diskrete metrische Skala, da die einzelnen Punkte den gleichen Abstand zueinander haben.

Für die Zensierung der Weitsprungleistung werden nun die erreichten Sprungweiten oder Punkte in Zensuren umgewandelt. Dafür ist für den Sportunterricht eine entsprechende Zuordnung zu Noten festgelegt. Dabei entsteht ein weiterer Informationsverlust, denn aus der Zensur ist nicht mehr die genaue Sprungweite erkennbar. Diese Messwerte sind mit einer Rangskala erfasst, sie lassen sich ordnen, aber die Abstände zwischen den einzelnen Noten sind nicht gleich.

Es ist auch möglich, die Sprungweiten der Schüler mit einer kategorialen Skala mit zwei möglichen Werten zu messen. Hier kann z. B. die Nominierung zu einem Wettkampf festgestellt werden, bei dem es nur die Ausprägungen „nominiert" und „nicht nominiert" gibt. Die Einteilung in diese beiden Ausprägungen kann nicht nur über die Messwerte, sondern auch durch eine Einschätzung der Sprungtechnik (mithilfe einer Rangskala) erfolgt sein (vgl. Tab. 2.4).

Bei der Erfassung von Daten werden bei Merkmalsträgern (z. B. Kindern) die Ausprägungen eines Merkmals (z. B. Körpergröße) unter Verwendung einer geeigneten Skala (z. B. metrische Skala eines Bandmaßes) für das Merkmal bestimmt. Die Ergebnisse einer

Abb. 2.1 Ausschnitt aus einer
Tabelle mit Primärdaten einer
Befragung

Name	Größe	Alter	Geschlecht
Michaela	131	12	w
Aaron	155	13	m
Claudia	135	13	w
Theo	165	14	m
Maria	143	12	w
Ida	132	13	w
Egon	167	12	m
Karl	145	12	m
Kaya	163	13	m

Datenerfassung werden als **Primärdaten**, **Rohdaten** oder **Urdaten** bezeichnet und häufig in einer Tabelle dargestellt. Die Zeilen dieser Tabelle enthalten die Merkmalsträger, die als Fälle bezeichnet werden, und die Spalten enthalten die bei den Merkmalsträgern untersuchten Merkmale, die als Variable bezeichnet werden. In den Zellen der Tabelle stehen dann die Daten, d. h. die Ausprägungen der Merkmale für jeden Merkmalsträger. Im Unterricht kann eine solche Tabelle mit einer Klassenliste erstellt werden, in die die Ergebnisse einer Befragung eingetragen werden (Abb. 2.1).

2.1.2 Unterrichtsvorschläge

Beim Erfassen von Daten werden interessierende Eigenschaften einer Person oder eines Objektes erfasst. Es ist sinnvoll, zu Beginn des Umgangs mit Daten diese auch zur eigenen Person oder zur Klasse zu sammeln. Dies wird in vielen Unterrichtsmaterialien auch praktiziert. Im Anfangsunterricht sollte dabei im Sinne einer schrittweisen Entwicklung und unter Berücksichtigung des Alters der Kinder sowohl bei der Erfassung von Daten als auch bei der Erstellung von Diagrammen mit einfachen Eigenschaften mit zwei möglichen Ergebnissen wie z. B. „Kannst du schon schwimmen?" begonnen werden. Die Datenerfassung kann zunächst enaktiv mit Steckwürfeln oder Plättchen erfolgen. Dabei gibt jedes Kind seine Stimme ab, indem es den Steckwürfel oder das Plättchen auf das entsprechende Ergebnis legt. Die Schülerinnen und Schüler erkennen dabei schnell, dass diese Form der Datenerfassung sehr unübersichtlich ist. Aus diesem Grund wird eine Möglichkeit der übersichtlichen Darstellung benötigt. Dazu können die Kinder dann die Steckwürfel übereinanderstellen oder die Plättchen übereinanderlegen. An der Höhe der Plättchen ist dann der größte Wert erkennbar (Abb. 2.2).

Die Datenerfassung kann auch mit der Methode der „lebendigen Statistik" (Biehler und Frischemeier 2015) erfolgen. Dabei stellen die anwesenden Personen die bei ihnen betrachteten Merkmale durch geordnetes Aufstellen selbst dar. So können sich die Schü-

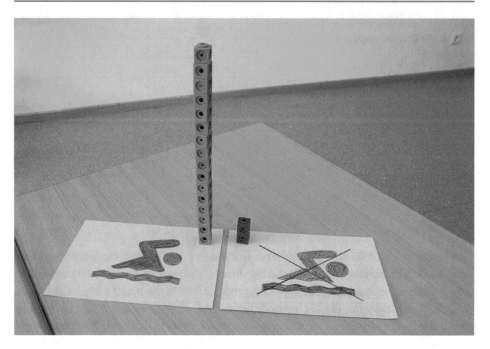

Abb. 2.2 Befragung „Kannst du schon schwimmen?"

Abb. 2.3 Möglichkeiten der
Fünfer-Strich-Bündelung

lerinnen und Schüler im Raum nach Schwimmern und Nichtschwimmern ordnen und in zwei Gruppen hintereinander aufstellen, sodass ein „lebendiges" Diagramm entsteht.

Eine weitere Möglichkeit des Erfassens von Daten ist die **Strichliste**. Dabei geben die Schülerinnen und Schüler ihre Stimme mithilfe eines Striches in einer Liste mit zwei Zeilen oder Spalten ab. Zur Motivation kann von der Lehrperson gefragt werden, wie gezählt werden könnte, wenn keine Steckwürfel oder andere Materialien vorhanden sind. Die Befragung sollte mithilfe der Strichliste an der Tafel wiederholt werden. Es wird schnell sichtbar, dass zum besseren Zählen die Striche gebündelt werden können. Dies kann zunächst durch Einkreisen von Fünfer-Bündeln erfolgen. Im nächsten Schritt ist dann zu überlegen, wie bereits beim Zählen die Bündel festgelegt werden können, und die Lehrperson gibt die Variante der Strichdarstellung als einfachere Darstellung vor. Die Bündelung der Häufigkeiten in Fünfer-Bündel ist hier übersichtlicher – und während dafür in einigen Ländern aus den fünf Strichen ein Quadrat mit einer Diagonalen gezeichnet wird (vgl. Abb. 2.3), ist es in Deutschland üblich, vier gezeichnete Striche mit einem fünften Strich schräg durchzustreichen.

Abb. 2.4 Erarbeitung der Fünfer-Bündelung

Bei dieser Darstellung müssen auch die motorischen Fähigkeiten der Schülerinnen und Schüler beachtet werden. Hier kann es zu Problemen kommen, da die Schülerinnen und Schüler die Striche häufig zu dicht nebeneinander zeichnen und dadurch die Fünfer-Bündel nicht gut auseinanderzuhalten sind. Hier sollte zunächst mit großen Strichen gearbeitet werden. Dabei ist die Lage des fünften Striches nicht entscheidend. Wichtig ist nur, dass er die anderen vier Striche durchstreicht.

Bereits bei der Erarbeitung des Zahlbegriffs kann die Strichdarstellung einer Zahl neben dem Würfelbild und der Darstellung im Zwanzigerfeld mit erarbeitet werden. Hierzu können auch die Schülerinnen und Schüler die Bündelung zunächst aktiv darstellen (vgl. Abb. 2.4). Beim Zählen von Objekten sollte die Strichdarstellung deswegen eine Rolle spielen und auch schon hier eingeführt werden. Beim Abzählen wird dann für jede Zahl jeweils ein Strich gesetzt und eine Fünfer-Bündelung vorgenommen. Diese Art der Zahldarstellung ist eine notwendige Voraussetzung für das Arbeiten mit Strichlisten, sollte aber deutlich von der Verwendung einer Strichliste als Hilfsmittel bei statistischen Untersuchungen unterschieden werden.

Beim Arbeiten mit einer Strichliste geht es nicht darum, die Gesamtanzahl zu ermitteln und danach diese als Strichbild darzustellen. Beim Erfassen von Daten ist eine Strichliste nicht nötig, wenn die Anzahl der zu zählenden Objekte auf einen Blick erfassbar ist. Dann lassen sich diese Angaben in einer Häufigkeitstabelle als Zahl angeben. Wenn z. B.

Abb. 2.5 Vorgehen beim Erstellen einer Strichliste aus
einem Wimmelbild (aus *Denken und Rechnen*, Arbeitsheft
*Daten, Häufigkeit und Wahr-
scheinlichkeit, Klasse 1/2*, S. 4;
mit freundlicher Genehmigung
von © Westermann Gruppe.
All Rights Reserved)

in der Klasse erfragt wird, wer mit dem Fahrrad zur Schule kommt, und die betreffenden Kinder melden sich, kann die Anzahl durch Zählen ermittelt werden. Dagegen ist
bei flüchtigen Daten eine Strichliste erforderlich. Werden Schülerinnen und Schüler beispielsweise auf dem Schulhof befragt, ob sie mit dem Fahrrad zur Schule kommen, kann
gezählt und die Gesamtanzahl notiert werden. Anders ist es, wenn die Befragten mehrere
Auswahlmöglichkeiten zur Verfügung haben. Hier ist dann die Verwendung der Strichliste
notwendig.

Bei Verwendung zeichnerischer Darstellungen wie Wimmelbildern oder sich überlap-
pender Objekte ist es schwieriger, Verständnis für einen zweckmäßigen Einsatz einer
Strichliste zu vermitteln, da die Daten hier nicht flüchtig sind. Das Auszählen der einzelnen Arten von Objekten führt leicht zu Fehlern. Eine bessere Vorgehensweise ist ein
zeilenweises Auszählen und Durchstreichen der erfassten Objekte mit anschließendem
Zeichnen eines Striches in der Tabelle (vgl. Abb. 2.5).

In der weiteren Übungs- und Festigungsphase können mithilfe vorgefertigter Tabellen
verschiedene Objekte etwa im Klassenraum oder außerhalb der Schule (z. B. Sammeln
von Herbstblättern von verschiedenen Laubbäumen, vgl. Jänicke und Runzheimer 2016)
unter Verwendung von Strichlisten gezählt werden.

Urlisten in Strichlisten übertragen
Eine Möglichkeit der Datenerfassung ist das Notieren der Daten in der Reihenfolge ihrer
Erfassung. Die dabei entstehende Liste wird **Urliste** genannt. In der Urliste werden die
Daten in unsortierter Form dargestellt. Die Urliste enthält im Unterschied zur Tabelle mit
den Rohdaten nicht mehr die Zuordnung der Daten zu den Merkmalsträgern. Handelt es
sich bei den Merkmalsträgern um Personen, kann man von einer anonymisierten Angabe
der Daten sprechen.

Beispiel für eine Urliste im Ergebnis einer Befragung

Ben fragt in seiner Klasse die Mitschüler nacheinander nach ihrem Lieblingsfach. Er hat sich die Ergebnisse aufgeschrieben:

Ma, D, D, Sp, Su, Ma, D, Ku, Ma, Mu, Su, D, Ma, Mu, D, D, Ku, Sp, Ma, Sp

Da diese Darstellung bei einer größeren Datenmenge sehr unübersichtlich und für eine weitere Auswertung der Daten wenig geeignet ist, wird diese in Strichlisten oder Häufigkeitstabellen übertragen. Dies im Unterricht erst dann möglich, wenn die Schülerinnen und Schüler schon Strichlisten und Häufigkeitstabellen kennen.

Für das Erstellen einer Strichliste aus der Urliste ist es günstig, wenn die Kinder mit der Nichtschreibhand immer auf das zu erfassende Ergebnis in der Urliste zeigen und dabei mit der Schreibhand den entsprechenden Strich in der Strichliste an der richtigen Stelle setzen. Das erfasste Ergebnis kann dann in der Urliste weggestrichen werden, damit die Daten nicht doppelt gezählt werden. Die Übertragung der Daten aus der Urliste in die Strichliste kann auch in Partnerarbeit erfolgen. Dabei liest ein Kind die Daten vor und das andere füllt die Strichliste aus.

Anschließend wird dann die Strichliste durch die Angabe der Häufigkeiten für jede Merkmalsausprägung ergänzt. So entsteht eine **Häufigkeitstabelle**.

Eine weitere Möglichkeit der Aufbereitung einer Urliste besteht darin, die Daten in sortierter Reihenfolge aufzuschreiben. Dies ist insbesondere bei numerischen Daten sinnvoll, da aus der Liste der sortierten Daten leicht statistische Kenngrößen wie der Median oder die Spannweite bestimmt werden können.

Mit der Übertragung von Daten aus einer Urliste in eine Häufigkeitstabelle wird die Kompetenz des Übertragens einer Darstellung in eine andere gefördert. Dabei sollten nicht nur die unterschiedlichen Möglichkeiten des Übertragens der einen Darstellung in die andere entwickelt, sondern gleichzeitig auch die Vor- und Nachteile beider Darstellungen diskutiert werden. Der Vorteil der Urliste besteht vor allem darin, dass die Daten erfasst werden können, ohne erst eine Häufigkeitstabelle entwerfen zu müssen.

2.2   Lesen und Erstellen grafischer Darstellungen

2.2.1   Fachliche und fachdidaktische Grundlagen

2.2.1.1   Begriff und Arten grafischer Darstellungen

Grafische Darstellungen von Daten werden heutzutage in vielen Bereichen des täglichen Lebens genutzt, um Informationen kompakt, übersichtlich und aussagekräftig darzustellen und zu präsentieren (Eichler und Vogel 2009, S. 39). Häufig werden in anderen Unterrichtsfächern der Primarstufe, insbesondere im Deutsch- und Sachunterricht, Kompetenzen im Lesen und Interpretieren komplexer grafischer Darstellungen gefordert. Dies setzt sich in den weiterführenden Schulen in einer Reihe von Unterrichtsfächern fort. Für den Deutschunterricht gehört das Auswerten von Diagrammen zu den zu entwickelnden

Kompetenzen nach den Bildungsstandards der Mittleren Reife (KMK 2003a). Für eine Nutzung von Kompetenzen vor allem im Lesen von Diagrammen auch in anderen Unterrichtsfächern und im außerunterrichtlichen Kontext ist eine frühe Konfrontation mit grafischen Darstellungen unabdingbar.

Eine grafische Darstellung von Daten wird als **Diagramm** bezeichnet. Es gibt aber auch zeichnerische Darstellungen, die man als Diagramm bezeichnet, die aber keine Daten enthalten, wie Mengendiagramme, Baumdiagramme oder Flussdiagramme. Schnotz (2002) unterteilt Diagramme in diesem weiten Sinne in Diagramme quantitativer Art, in denen die Daten grafisch dargestellt werden, und Diagramme qualitativer Art, in denen inhaltliche Beziehungen dargestellt werden.

Problematisch ist auch die Verwendung der Bezeichnung „Schaubild". Sie wird teilweise synonym für „grafische Darstellung von Daten" (Zelazny 2015), aber auch in einem weiten Sinne verwendet. So versteht man unter einem Schaubild auch eine thematische Zusammenstellung von Symbolen, Textelementen, Bildern und Diagrammen. Das Analysieren von solchen Schaubildern ist ein Bestandteil von Lernstandserhebungen im Deutschunterricht der Klasse 8.

Wir verwenden im Folgenden den Begriff „Diagramm" im Sinne von Diagrammen quantitativer Art nach Schnotz (2002), also von grafischen Darstellungen von Daten.

Bezüglich der Arbeit mit grafischen Darstellungen im Unterricht weist Schnotz (2002) darauf hin, dass sie aufgrund ihrer einfachen Form häufig nicht ausreichend analysiert werden und dadurch oft nur eine oberflächliche Betrachtung stattfindet. Aus diesem Grund schlägt er eine inhaltlich und formal sparsame Gestaltung vor (Schnotz 2002, S. 76). Dies bedeutet vor allem auch eine Reduzierung visueller Effekte oder Dopplung von Informationen (z. B. Angabe der Häufigkeit direkt an einer Säule bei vorhandener Häufigkeitsachse mit Skaleneinteilung).

Es gibt eine große Vielfalt an Arten grafischer Darstellungen mit oft unterschiedlichen Bezeichnungen. In Politik und Wirtschaft werden nach Gene Zelazny, dem Director of Visual Communications der internationalen Beratungsgesellschaft McKinsey & Company, vor allem folgende Grundformen von Diagrammen verwendet: Säulendiagramm, Balkendiagramm, Kreisdiagramm, Kurvendiagramm und Punktediagramm (Zelazny 2015, S. 21). Zu den ersten vier Arten können bereits in der Primarstufe erste Vorstellungen und Kenntnisse vermittelt werden.

Säulen- und Balkendiagramme sind Spezialfälle von **Streifendiagrammen**. In der Primarstufe kann zur Vereinfachung auf diese begriffliche Unterteilung verzichtet und nur von Streifendiagrammen gesprochen werden. Zur Visualisierung von Häufigkeiten, Anzahlen oder Größen werden in einem Streifendiagramm Rechtecke benutzt. Die Rechtecke müssen alle gleich breit sein und den gleichen Abstand voneinander haben. Ein Streifendiagramm mit vertikalen (stehenden) Rechtecken heißt **Säulendiagramm** bzw. eines mit horizontalen (liegenden) Rechtecken **Balkendiagramm**. Die teilweise anstelle von „Streifendiagramm" verwendete Bezeichnung „Blockdiagramm" halten wir nicht für günstig, weil diese Bezeichnung in der Statistik und Technik für andere Diagrammarten verwendet wird und wenig instruktiv ist.

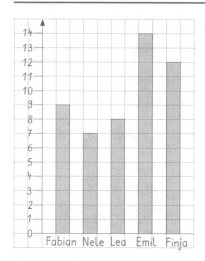

Platz	Name	Weite
1.		14 Meter
2.		
3.		
4.		
5.		

Abb. 2.6 Säulendiagramm zu den Rohdaten der Wurfweiten von fünf Kindern (aus *Denken und Rechnen*, Arbeitsheft *Daten, Häufigkeit und Wahrscheinlichkeit Klasse 1/2*, S. 12; mit freundlicher Genehmigung von © Westermann Gruppe. All Rights Reserved)

In Säulen- und Balkendiagrammen lassen sich Häufigkeiten von interessierenden Merkmalen darstellen. Die Höhe der Säule oder die Länge des Balkens gibt dabei Auskunft über die entsprechende Häufigkeit. Säulen- und Balkendiagramme können auch zur Darstellung von Rohdaten, die den Objekten oder Personen zugeordnet sind, dienen. In diesen Diagrammen wird z. B. die Zuordnung der Daten der Urliste zu den Personen oder Objekten dargestellt (vgl. Abb. 2.6).

Eine besondere Form von Säulen- und Balkendiagrammen ist eine Darstellung der Häufigkeiten mit Bildern. So lassen sich z. B. sehr anschaulich über die Wahl der Bilder im Anfangsunterricht auch erste Diagramme erstellen. In der weiteren Arbeit mit dieser Sonderform, die auch als **Piktogramm** oder **Bilddiagramm** bezeichnet wird, können dann unterschiedliche Bilder für unterschiedliche Anzahlen verwendet werden (vgl. Abb. 2.7). Dabei entfällt die Achse mit der Angabe der Häufigkeit. Diese muss durch Zählen und Addieren ermittelt werden.

In der Primarstufe sind Säulen- und Balkendiagramme als erste Diagrammform für das eigene Erstellen von grafischen Darstellungen aufgrund ihrer einfachen Form besonders geeignet. Bei den verwendeten Häufigkeiten bzw. Rohdaten muss darauf geachtet werden, dass die Schülerinnen und Schüler den ihnen bekannten Zahlenraum nicht verlassen.

Eine Sonderform von Streifendiagrammen sind **Streckendiagramme** (vgl. Abb. 2.8), bei denen anstelle von Streifen nur Strecken gezeichnet werden. Sie lassen sich leichter anfertigen, sind aber optisch nicht so wirksam wie Streifendiagramme. Streifendiagramme lassen sich zudem im Anfangsunterricht günstiger über gegenständliche Handlungen erarbeiten.

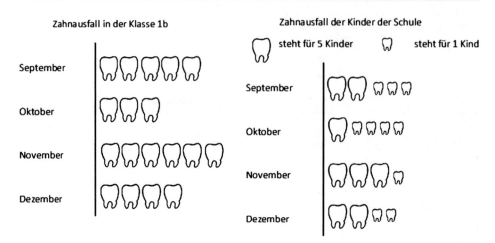

Abb. 2.7 Piktogramme, adaptiert nach Wagner (2016) (mit freundlicher Genehmigung von Franziska Kaluza. All Rights Reserved)

Abb. 2.8 Streckendiagramm zu Hausaufgabenzeiten (aus *Rechenwege 4*, S. 28; mit freundlicher Genehmigung von © Cornelsen/Katrin Tengler. All Rights Reserved)

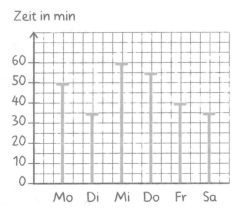

Kreisdiagramme nutzt man für die Veranschaulichung einer Untergliederung eines Ganzen in verschiedene Anteile. Für das manuelle Erstellen dieser Art von Diagrammen ist zunächst eine Umrechnung der Anteile der Kreissektor in die entsprechenden Winkelgrößen nötig. Aus diesem Grund ist das Erstellen von Kreisdiagrammen in der Primarstufe durch Berechnungen noch nicht möglich. Im weiterführenden Unterricht der Primarstufe aber können Fähigkeiten im Lesen von Kreisdiagrammen entwickelt werden.

Liniendiagramme, die auch als **Kurvendiagramme** bezeichnet werden, sind für die Darstellung von zeitlichen Entwicklungen geeignet. Zu verschiedenen Zeiten werden die entsprechenden Werte des Merkmals angegeben (z. B. Temperaturverläufe, Teilnehmer bei Wettkämpfen). Oft werden die Messwerte durch eine Linie verbunden (vgl. Tempe-

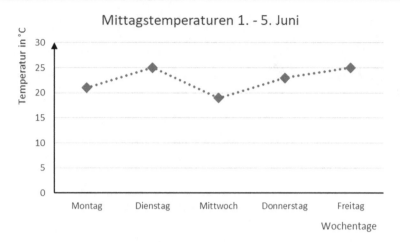

Abb. 2.9 Kurvendiagramm zur Temperaturmessung

raturverlauf an einem Tag: Krüger et al. 2015, S. 46). Wenn Werte zu weit auseinander-liegenden Zeitpunkten (Tag, Monat oder Jahr) gegeben sind, dient die Verbindung der Punkte nur zur Angabe eines Trends, es können keine Zwischenwerte abgelesen werden. So kann in dem dargestellten Diagramm in Abb. 2.9 keine Aussage zu den Temperaturen zwischen den einzelnen Messzeitpunkten (jeweils 12 Uhr mittags) getroffen werden. Eine Darstellung der Daten in einem Strecken- oder Streifendiagramm ist daher günstiger (vgl. Weiß 2018). In der Primarstufe sind Liniendiagramme nur sehr selten möglich, zeitliche Entwicklungen sollten in Strecken- oder Streifendiagrammen dargestellt werden.

2.2.1.2 Aufbau von Kompetenzen im Lesen und Erstellen grafischer Darstellungen

Kompetenzen im Lesen grafischer Darstellungen lassen sich mithilfe der drei Ebenen des Verständnisses nach Friel et al. (2001) beschreiben. Die Autoren geben folgende Ebenen der Kompetenzentwicklung an: „reading the data", „reading between the data" und „reading beyond the data" (Friel et al. 2001, S. 130). Im Folgenden werden die einzelnen Kompetenzebenen genauer dargestellt und anhand des Diagramms in der Abbildung Abb. 2.10 mögliche Verständnisfragen formuliert.

Die elementarste Stufe („reading the data") ist das Lesen der Daten in der grafischen Darstellung. In dieser Stufe der Entwicklung werden einfache Informationen aus der grafischen Darstellung entnommen. Zum Beispiel können folgende Fragen gestellt werden:

- Was wird in diesem Diagramm für jeden Tag dargestellt?
- Wie viele Seiten hat Anne am Montag gelesen?
- An wie vielen Wochentagen hat sie Seiten im Buch gelesen?
- An welchem Wochentag hat sie 24 Seiten gelesen?

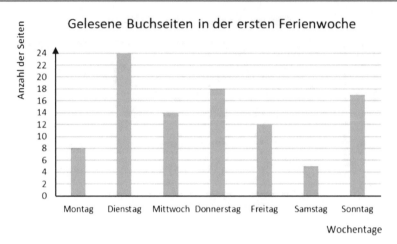

Abb. 2.10   Gelesene Seiten eines Buches von der Schülerin Anne in der ersten Ferienwoche

In dieser Stufe geht es darum, dass Schülerinnen und Schüler zunächst erkennen, was in diesem Diagramm veranschaulicht wurde. Sie machen sich zunächst mit der Darstellung vertraut, erkennen den dargestellten Sachverhalt und lesen einfache Informationen ab. Zusammenhänge zwischen den einzelnen Daten werden hier noch nicht betrachtet.

In der nächsten Stufe („reading between the data") geht es nun um das Finden von Zusammenhängen und Beziehungen zwischen den Daten. Hierzu müssen die Daten miteinander in Beziehung gesetzt werden, um dann etwa folgende Fragen beantworten zu können:

- An welchen Wochentagen hat Anne mehr als 20 Seiten gelesen?
- An welchem Wochentag hat sie die meisten/die wenigsten Seiten gelesen?
- Wie viele Seiten hat sie insgesamt in der Woche gelesen?

Die letzte Kompetenzstufe („reading beyond the data") erfordert zunächst, dass Schülerinnen und Schüler Kompetenzen in den vorhergehenden Stufen ausreichend entwickelt haben, denn in dieser Stufe wird ein Blick über die Daten in der Darstellung hinaus verlangt. Die Daten werden genutzt, um sie zu hinterfragen, zu interpretieren, mithilfe der Daten Vorhersagen für künftige Ergebnisse zu machen, verschiedene Datensätze miteinander zu vergleichen oder mithilfe der Daten Verallgemeinerungen zu finden. In dieser Stufe können Fragen gestellt werden wie:

- Woran könnte es liegen, dass Anne unterschiedlich viele Seiten an den Tagen gelesen hat?
- In der zweiten Ferienwoche hat sie wieder die gelesenen Seiten notiert. Es waren weniger. Welche Ursachen könnte dies haben?

Diese Stufe der Kompetenz kann in der Primarstufe nur in Ansätzen entwickelt werden. Es lässt sich z. B. kein Vergleich mehrerer Datensätze durchführen, da dazu die Angabe relativer Häufigkeiten erforderlich wäre und diese in der Primarstufe nicht berechnet werden können.

Eine Möglichkeit, die Daten in dieser Stufe des Verständnisses dennoch zu betrachten, bietet die Prozessbetrachtung (Abschn. 1.4.3), die hier durch die Betrachtung von Bedingungen zu einem Blick hinter die Daten führt und als „reading behind the data" bezeichnet werden könnte (vgl. Abschn. 2.2.2.1).

2.2.2 Unterrichtsvorschläge

2.2.2.1 Lesen von Diagrammen

Nach dem Modell nach Friel et al. (2001) sollte das Lesen der Diagramme mit der elementarsten Stufe begonnen werden. In vielen Lehrbüchern wird diese Stufe häufig übersprungen. Dabei spielt diese Stufe für das Diagrammverständnis eine wichtige Rolle. Es ist zunächst wichtig herauszufinden, was in dem entsprechenden Diagramm dargestellt wird. Notwendigerweise muss zunächst besprochen werden, welche Daten in dem Diagramm wie dargestellt wurden. In dem Lehrbuchbeispiel (Abb. 2.11) sollten zuerst Fragen auf der ersten Stufe „reading the data" gestellt werden.

Ähnlich wie bei Sachaufgaben müssen sich die Schülerinnen und Schüler hier zunächst mit dem Inhalt des Diagramms auseinandersetzen und dessen Aufbau und Inhalt verstehen. Anschließend können Fragen bezüglich der zweiten Stufe „reading between the data"

③ a) Welche Klasse hat die meisten 1. Plätze bei den Wettkämpfen belegt? Ein Kästchen bedeutet 1 Kind.

b) Stimmt es, dass die Klassen 2a und 2d gleich viele 1. Plätze belegt haben?

c) Wie viele Kinder haben insgesamt einen 1. Platz belegt?

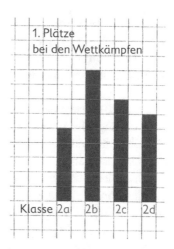

Abb. 2.11 Lesen von Diagrammen (aus *Mathefreunde 2*, S. 120; mit freundlicher Genehmigung von © Cornelsen/Daniel Müller. All Rights Reserved)

Tab. 2.5 Mögliche Fragestellungen der Stufe „reading the data" zum Diagramm in Abb. Abb. 2.11

Frage	Antwort
Was wird in dem Diagramm dargestellt?	Es wird die Anzahl der 1. Plätze bei Wettkämpfen dargestellt
Wie viele Klassen der Stufe 2 wurden befragt?	Es wurden vier Klassen befragt
Wie viele 1. Plätze belegte die Klasse 2a?	Die Klasse 2a belegte fünf 1. Plätze
Welche Klasse belegte sieben 1. Plätze?	Die Klasse 2c belegte sieben 1. Plätze

Tab. 2.6 Mögliche Fragestellungen der Stufe „reading between the data" zum Diagramm in Abb. Abb. 2.11

Kategorie	Frage	Antwort
Ablesen	Welche Klasse belegte die meisten 1. Plätze?	Klasse 2b
	Welche Klasse belegte die wenigsten 1. Plätze?	Klasse 2a
Vergleich	Welche Klasse hat mehr 1. Plätze belegt: Klasse 2c oder 2d?	Klasse 2c
	Hat die Klasse 2a oder die Klasse 2c weniger 1. Plätze belegt?	Klasse 2a
Addition	Wie viele 1. Plätze belegten die Klasse 2a und 2b zusammen?	14 Plätze
	Welche beiden Klassen haben insgesamt 15 1. Plätze belegt?	Klasse 2b und 2d
	Wie viele 1. Plätze mehr hat die Klasse 2b als die Klasse 2c?	Zwei Plätze mehr
Subtraktion	Wie viele 1. Plätze weniger hat die Klasse 2c als die Klasse 2b?	Zwei Plätze weniger

gestellt werden (Tab. 2.5). Für diese Stufe unterscheidet Stecken (2013) die Handlungen nach Art der Nutzung mathematischer Operationen in:

- Ablesen von Werten
- Vergleich von Werten
- Addition einzelner Werte
- Subtraktion einzelner Werte

Stecken (2013) stellt dabei heraus, dass für die Verwendung dieser Operationen vor allem auch der kognitive Entwicklungsstand der Kinder die Antworten maßgeblich beeinflusst. Vor allem die Addition und die Subtraktion einzelner Werte setzen nicht nur die Kenntnis der Rechenoperationen, sondern auch deren sichere Beherrschung voraus.

Das Ablesen von Werten in der Stufe „reading between the data" schließt den Blick auf alle dargestellten Werte ein. Die Fragen in Abb. 2.11 gehören dabei in diese Stufe. Weitere mögliche Fragestellungen sind der Tab. 2.6 zu entnehmen.

Die Stufe „reading beyond the data" stellt bezüglich möglicher Fragestellungen die höchste Anforderung. Für diese Stufe sind zum einen Kenntnisse zur Ermittlung statistischer Kenngrößen erforderlich, um weitere Aussagen über die Daten treffen zu können. Zum anderen können in dieser Stufe auch Aussagen über Ursachen des Ergebnisses oder Vorhersagen über zukünftige Ergebnisse ähnlicher Befragungen getroffen werden. Allerdings werden hierzu Kenntnisse über das Entstehen der Daten benötigt, die in dem Beispiel nicht gegeben sind. Für den Anfangsunterricht sollten vor allem Kompetenzen im Lesen von Streifendiagrammen auf den Stufen „read the data" und „reading between the data" parallel zur Erstellung eigener Diagramme entwickelt werden, die dann im weiterführenden Unterricht die Grundlage für die Entwicklung der Kompetenzen auf der Stufe „reading beyond the data" bilden.

2.2.2.2   Erstellen von Streifendiagrammen

Im Anfangsunterricht werden parallel zum Erstellen der ersten Diagramme Kompetenzen im Lesen von Diagrammen schrittweise entwickelt. Die erste Diagrammart, mit der die Schülerinnen und Schüler vertraut gemacht werden sollten, ist das Streifendiagramm. Wie schon beim Erfassen von Daten beschrieben, werden zunächst zur Fokussierung auf das Wesentliche Ergebnisse von Befragungen mit nur zwei möglichen Ergebnissen verwendet. Die Fragen sollten sich gerade im Anfangsunterricht auf Daten der Klasse beziehen.

Um die Daten nicht nur darzustellen, sondern mit Blick auf die Kompetenz „reading beyond the data" auch Ursachen für die Ergebnisse zur diskutieren, sind Fragen besonders geeignet, bei denen die Schülerinnen und Schüler die Entstehung der Daten überblicken können. Aus den durchgeführten Lehrerfortbildungen haben sich folgende Fragen als geeignet erwiesen, auf die mit ja oder nein geantwortet wird:

- Kannst du schon schwimmen?
- Kannst du schon lesen?
- Gehst du gern in den Zoo?
- Spielst du ein Instrument?
- Kannst du eine andere Sprache sprechen?

So ist es z. B. möglich, auch darüber zu sprechen, warum etwa die meisten Kinder in der Klasse schon schwimmen können. Zur Erfassung der Daten legt jedes Kind einen Steckwürfel auf ein entsprechendes Feld. Diese werden dann übereinandergesteckt, sodass anhand der Höhe der Türme erkennbar ist, welches Ergebnis die meisten Stimmen erhalten hat (vgl. Abb. 2.12).

Abb. 2.12 Ergebnisse der Befragung „Kannst du schon schwimmen?" (aus *Denken und Rechnen*, Arbeitsheft *Daten, Häufigkeit und Wahrscheinlichkeit Klasse 1/2*, S. 5; mit freundlicher Genehmigung von © Westermann Gruppe. All Rights Reserved)

Die Lehrerin fragt die Klasse, wer schwimmen kann. Jedes Kind hat einen Würfel gelegt.

Abb. 2.13 Lebendiges Diagramm auf dem Schulhof

Eine weitere Möglichkeit der ersten Darstellung der Ergebnisse einer Befragung bietet sich über die Stimmabgabe mit der eigenen Person (lebendige Statistik) an. Hierbei stellen sich die Kinder mit der gleichen Antwort hintereinander auf.

In der Darstellung von Abb. 2.13 haben sich die Schülerinnen und Schüler nach der Fragestellung „Bist du ein Junge oder ein Mädchen?" in zwei Gruppen sortiert. Dies ist auch eine mögliche Fragestellung für erste Befragungen im Anfangsunterricht. Allerdings lässt sich bei dieser Frage keine Auswertung bezüglich der Bedingungen des Vorgangs vornehmen.

Wenn auf dem Schulhof oder im Schulhaus größere Fliesen auf dem Boden vorhanden sind, können sich die Kinder gut auf die einzelnen Fliesen positionieren, wobei dann eine Fliese für ein Kind mit seiner Stimme steht. Anschließend können, wenn möglich, sogar die einzelnen Fliesen mit Kreide nachgezeichnet werden und es entsteht das erste Diagramm der Kinder. Nach der enaktiven Ebene erfolgt nun das Zeichnen von Diagrammen im Heft bzw. an der Tafel und somit der Übergang auf die ikonische Ebene.

Für das erste zu erstellende Diagramm wird parallel zur enaktiven Vorgehensweise mit dem Material oder den Kindern das Zeichnen eines Streifendiagramms mit senkrechten Streifen auf Kästchenpapier empfohlen. Die Länge der Streifen ergibt sich aus der Anzahl der Steckwürfel oder der Anzahl der Kinder. In den ersten Streifendiagrammen sollten die einzelnen Kästchen der Streifen nachgezeichnet werden, um einen engen Bezug zur enaktiven Darstellung zu ermöglichen (Abb. 2.14). Durch die senkrechte Lage der Streifen muss keine Umorientierung erfolgen.

Abb. 2.14 Erstes Streifendiagramm

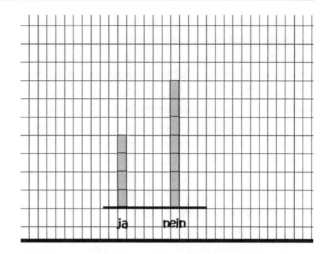

Dabei wird im Sinne eines spiralförmigen Aufbaus der Kompetenzen zunächst mit einem einfachen, noch nicht vollständigen Diagramm begonnen. Am Ende der Primarstufe sollen die Schülerinnen und Schüler in der Lage sein, sowohl vollständige Diagramme zu erstellen als auch Fehler in nicht vollständigen Diagrammen zu erkennen. Schwerpunkt bilden dabei die Streifendiagramme.

Die ersten Diagramme enthalten nur die Achse mit den möglichen Werten des Merkmals (Merkmalsachse), also die Antwortmöglichkeiten. Es wird entsprechend der enaktiven Vorbereitung für jedes Kind ein Kästchen farblich markiert (Abb. 2.14).

Bei großen Klassen und auch bei zu erwartenden Antwortkonzentrationen auf eines der beiden Ergebnisse kann die Erstellung eines Diagramms auch gruppenweise erfolgen, da sonst die vorhandenen Kästchen im Schülerheft nicht ausreichen.

Es sind dann im Anschluss auch Befragungen mit mehr als zwei möglichen Ergebnissen durchführbar. Dabei sollte die Lehrperson immer die Antwortmöglichkeiten vorgeben bzw. mögliche Antworten mit den Schülerinnen und Schülern im Vorfeld diskutieren. Es ist sinnvoll, zu Beginn die Anzahl der möglichen Ergebnisse auf maximal sechs einzuschränken. Eine Antwortkategorie „Sonstige" wird nicht empfohlen, da es sich dann hier schon um eine Gruppierung handelt. Außerdem kann es passieren, dass diese Kategorie am häufigsten gewählt wird und somit das Antwortbild verfälscht.

Für Befragungen mit mehreren möglichen Ergebnissen eignen sich nach den Erfahrungen der durchgeführten Unterrichtsversuche Fragestellungen über die Gewohnheiten der Schülerinnen und Schüler wie z. B.:

- Welche Haustiere magst du am liebsten?
- Was ist deine Lieblingssportart?
- In welches Land möchtest du mal reisen?
- Welche Jahreszeit magst du am liebsten?

Mit den dargestellten Fragen lassen sich die Gewohnheiten der Kinder gut reflektieren und sie lernen sich dadurch besser kennen.

Werden die Antwortmöglichkeiten nicht vorher festgelegt, kann es passieren, dass es gerade bei Fragen zu Lieblingssportart, -haustier, -essen usw. bei 25 Kindern auch 25 unterschiedliche Antworten geben kann. Die Fragen sollten mit vorgegebenen Antwortmöglichkeiten etwa in folgender Weise formuliert werden: „Welches dieser Haustiere/ Sportarten/Gerichte usw. magst du am liebsten?" Damit kann von vornherein für die erste Begegnung mit Diagrammen die Schwierigkeit mit vielen möglichen Antworten ausgeschlossen werden. Bei der weiteren Entwicklung der Kompetenzen im Umgang mit Daten kann im weiterführenden Unterricht diese Schwierigkeit bei der Planung von Untersuchungen gesondert behandelt werden. Sie wird hier nach dem Prinzip der Isolierung von Schwierigkeiten zunächst ignoriert.

Im Sinne der Prozessbetrachtung ergeben sich durch die angegebenen Fragestellungen Möglichkeiten für die Entwicklung der allgemeinen mathematischen Kompetenzen „Kommunizieren und Argumentieren" für die Untersuchungen der Bedingungen eines Vorgangs.

Dies soll anhand der folgenden Fragestellung beispielhaft dargestellt werden: „Welche dieser Sportarten magst du am liebsten?" Vorgegebene Antwortmöglichkeiten sind Fußball, Radfahren, Schwimmen, Tanzen oder Laufen. Im Ergebnis einer Befragung wurde deutlich, dass die meisten Kinder der Klasse Fußball spielten oder gern tanzten. Nun wurde mit den Schülerinnen und Schülern besprochen, warum in der Klasse so viele Kinder diese beiden Sportarten am liebsten mögen. Hier kamen Antworten wie: „Viele Jungen sind im Fußballverein des Ortes." Oder: „Da wir an der Schule einen Tanzkurs haben, mögen diese Sportart viele Kinder der Klasse." Spannend war hier eine auf eine Verallgemeinerung der Ergebnisse zielende Fragestellung: „Würde sich in der Parallelklasse/der Klasse an der Nachbarschule/der Klasse im Nachbarort/der Klasse im anderen Land die gleichen Resultate ergeben? Wovon hängt die Wahl der Lieblingssportart ab?" Diese auf das naturwissenschaftliche Denken (Ursache – Wirkung) abzielende Fragestellung befähigt die Schülerinnen und Schüler auch, über den Nutzen der Daten und vor allem deren Aussagekraft nachzudenken.

Im Prozess der Entwicklung der Kompetenzen für das Erstellen von Diagrammen wird nun das Streifendiagramm mit weiteren Teilen bis zur Vollständigkeit angereichert. So wird in der schrittweisen Vorgehensweise als Nächstes die Achse mit der Angabe der Häufigkeit hinzugefügt und aus den einzelnen Kästchen, die für die abgegebenen Stimmen stehen, entsteht nun ein einzelner Streifen.

Die Achse mit der Häufigkeit (Häufigkeitsachse) wird mit einem kleinen Pfeil versehen, da es sich hier um eine (im Prinzip) unbegrenzte metrische Skala handelt. An die Achse mit den Werten des Merkmals (Merkmalsachse) kommt sowohl bei kategorialen Skalen als auch bei Rangskalen kein Pfeil, da die Anzahl der möglichen Ergebnisse begrenzt ist (Abb. 2.15).

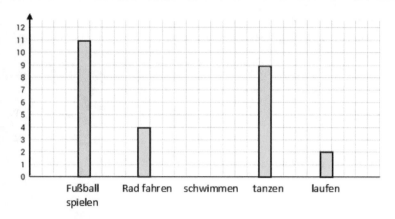

Abb. 2.15   Streifendiagramm mit Häufigkeitsachse

Den Schülerinnen und Schülern wird nun vermittelt, dass sie nicht mehr die Kästchen zählen müssen, um die Anzahlen bei den entsprechenden Ergebnissen zu ermitteln, sondern sie lesen dies entsprechend an der Achse ab. Als Hilfe dient hier das Lineal zum Ablesen, das parallel zur Achse mit den Ergebnissen an das Ende des entsprechenden Streifens gelegt wird. So können die Anzahlen dann mit dem Blick auf die Achse der Häufigkeiten abgelesen werden. Im Sinne des schrittweisen Aufbaus der Kompetenzen ist hier noch keine Achsenbeschriftung und Diagrammüberschrift erforderlich.

Neben der Erstellung von Häufigkeitsdiagrammen über die Nutzung kategorialer Skalen sind auch Befragungen mit einer Rangskala möglich. Diese Befragungen können gleichzeitig zur Entwicklung der Fähigkeit zur Selbsteinschätzung der Schülerinnen und Schüler dienen.

Stolpersteine bei der Erstellung der ersten Diagramme
In zahlreichen Unterrichtsversuchen im Rahmen der Lehrerfortbildungen zur Stochastik zeigten sich in den verschiedenen Klassenstufen innerhalb der Primarstufe vor allem bei der ersten Erstellung eigener Diagramme Schwierigkeiten in der Beschriftung der Achsen vor allem bei der Angabe der Häufigkeiten. Hier traten einerseits Fehler in der gleichmäßigen Achseneinteilung auf, aber auch Probleme bei der Positionierung der Zahlen (vgl. Abb. 2.16).

Die Schülerinnen und Schüler haben noch keine Erfahrungen mit dieser Art der Darstellung und sind es zudem gewohnt, liniengetreu zu arbeiten (jede Ziffer wird in ein Kästchen geschrieben). Nun muss das Schreiben der Zahlen über die Linien vorgenommen werden. Da an beiden Achsen Zahlen vorkommen können, empfehlen wir dies sowohl für

Abb. 2.16 Fehler bei der Achsenbeschriftung

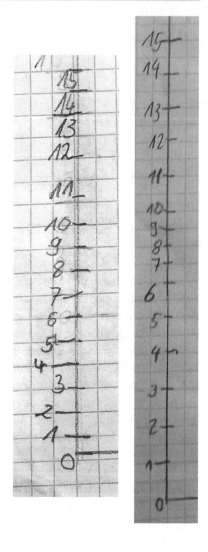

die vertikale als auch für die horizontale Achse. Weiterhin treten auch Schwierigkeiten beim Beschriften der Achse mit den entsprechenden Kategorien auf. Hier muss schon im Vorfeld nach möglichst kurzen Bezeichnungen gesucht werden, damit die Kinder diese auch an die Achse schreiben können.

Viele Lehrpersonen stellten neben diesen Schwierigkeiten vor allem auch die Probleme beim genauen Zeichnen der beiden Achsen fest. Gerade für den Anfangsunterricht empfehlen wir daher die Nutzung vorbereiteter Vorlagen, die sich leicht mit dem kostenfreien Programm GeoGebra erstellen lassen (vgl. Abb. 2.17).

Abb. 2.17 Vorschlag für eine Diagrammvorlage – erstellt mit GeoGebra

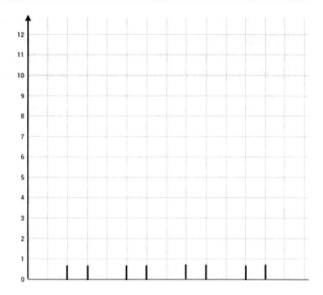

2.3 Konzept für die Vermittlung von Inhalten aus der Wahrscheinlichkeitsrechnung im Anfangsunterricht

2.3.1 Zusammenfassung der theoretischen Grundlagen

Im Abschn. 5.2 stellen wir unsere Auffassung zum Begriff „Wahrscheinlichkeit" und die sich daraus ergebenen Konsequenzen für den Unterricht in der Primarstufe ausführlich dar. Zu Beginn unserer Unterrichtsvorschläge zum Umgang mit Wahrscheinlichkeiten im Anfangsunterricht fassen wir die wesentlichen Aussagen kurz zusammen.

Wir unterscheiden **zwei Arten von Aussagen**, in denen das Wort „Wahrscheinlichkeit" verwendet werden kann:

1. **Vorhersagen (Prognosen) zu künftigen Ergebnissen**
   Mit der Angabe der Wahrscheinlichkeit eines möglichen Ergebnisses wird der Grad der Erwartung des Eintreffens dieses Ergebnisses bei einem künftigen Ablauf des Vorgangs zum Ausdruck gebracht. Dabei kann es sich um eine Aussage über das Wetter von morgen, über das Ergebnis des nächsten Weitsprungs oder über die Farbe der als Nächstes gezogenen Kugel handeln. Die Wahrscheinlichkeit ist in diesen Fällen ein fester, objektiver Wert, der sich aus den Bedingungen des Vorgangs ergibt und nicht von den Kenntnissen der Person abhängt, die die Vorhersage macht. Von den Kenntnissen und Erfahrungen der Person hängt es aber ab, wie gut die von ihr angegebene Wahrscheinlichkeit mit der tatsächlichen, meist unbekannten Wahrscheinlichkeit übereinstimmt. So kann eine Prognose über das Wetter von morgen gut oder schlecht sein, je nachdem, ob sie von einem Schulkind oder einem erfahrenen Meteorologen getrof-

fen wird. Je mehr Informationen man besitzt, umso genauer kann die Schätzung der Wahrscheinlichkeit sein.

2. **Aussagen über eingetretene, aber unbekannte Ergebnisse oder Zustände**

Die Wahrscheinlichkeitsangaben in diesen Aussagen bringen den Grad der Sicherheit einer Person über ein schon eingetretenes, aber unbekanntes Ergebnis zum Ausdruck. Eine solche Situation liegt z. B. vor, wenn ein Arzt einen Patienten untersucht und Aussagen zu seiner möglichen Krankheit macht. Weitere Beispiele für solche stochastischen Situationen aus dem Lebensumfeld von Grundschülern sind die Suche nach dem Verursacher eines Schadens (Wer war das?), die Suche nach den Ursachen eines Defektes an einem Gerät (Woran kann das liegen?) oder auch Vermutungen über das Ergebnis einer geschriebenen Arbeit (Welche Note werde ich wohl bekommen?). Im Bereich der Glücksspielsituationen treten solche Arten von Aussagen auf, wenn z. B. der Inhalt des Behälters, aus dem gezogen wurde, nicht bekannt ist und aus vorliegenden Ziehungsergebnissen auf die Zusammensetzung der Kugeln in dem Behälter geschlossen werden soll.

Im Unterschied zu den Vorhersagen zukünftiger Ergebnisse kann sich bei Aussagen über unbekannte Ergebnisse der Grad der Sicherheit ändern, wenn die Person, die die Vermutungen äußert, weitere Informationen erhält. Wenn z. B. ein Arzt neue Informationen aus neuen Untersuchungen erhält, ein Monteur feststellt, welche Bauteile nicht defekt sind, oder wenn weitere Ziehungsergebnisse vorliegen, werden sich die Wahrscheinlichkeiten der geäußerten Vermutungen ändern. Es ist auch möglich, dass man sich nach mehreren Informationen völlig sicher sein kann, welches Ergebnis eingetreten ist.

Man kann die unterschiedliche Natur von Wahrscheinlichkeiten aus Sicht einer Prozessbetrachtung mit zwei verschiedenen Arten von stochastischen Vorgängen erklären. Es geht zum einen um Vorgänge mit realen Objekten oder Personen wie etwa dem Wettergeschehen, dem Weitsprung eines Schülers oder dem Ziehen von Kugeln aus einem Behälter. Die Wahrscheinlichkeiten der möglichen Ergebnisse existieren dabei objektiv, d. h. unabhängig von einem Subjekt, das darüber Aussagen macht. Zum anderen geht es um Überlegungen einer Person, also um Denkvorgänge, die sich im Kopf eines Menschen abspielen. Die Wahrscheinlichkeiten haben damit einen subjektiven Charakter. Dabei kann es sich sowohl um eine subjektive Schätzung von objektiven Wahrscheinlichkeiten (bei Aussagen der ersten Art) als auch um subjektive Wahrscheinlichkeitsaussagen zu unbekannteren Ergebnissen (bei Aussagen der zweiten Art) handeln.

Zum Finden von Wahrscheinlichkeitsangaben gibt es folgende Möglichkeiten:

- Wahrscheinlichkeiten kann man, wie eben dargestellt, als subjektive Schätzungen auf der Grundlage von Kenntnissen, Erfahrungen oder Vorstellungen gewinnen.
- Wahrscheinlichkeiten können auf der Grundlage von Modellannahmen wie etwa zur Symmetrie von Glücksspielgeräten gewonnen werden.
- Wahrscheinlichkeiten lassen sich auf der Grundlage von Daten aus Beobachtungen oder von Experimenten zum wiederholten Ablauf eines Vorgangs unter gleichen Bedingungen bestimmen.

Neben dem Grad der Erwartung für ein künftiges Ergebnis und dem Grad der Sicherheit über ein eingetretenes, aber unbekanntes Ergebnis gibt es folgende weitere Möglichkeiten zur Interpretation von Wahrscheinlichkeiten:

- Ein eingetretenes Ergebnis, z. B. das Wetter von heute, kann mit den prognostischen Wahrscheinlichkeitsaussagen, also den Aussagen im Wetterbericht von gestern, bewertet werden. Ist die Voraussage eingetroffen, etwa dass es mit großer Wahrscheinlichkeit regnen wird, so sagt man, „das war auch zu erwarten", und ist nicht überrascht. Ist die Voraussage nicht eingetroffen, so sagt man, „da haben wir noch einmal Glück gehabt".
- Wenn ein Vorgang unter gleichen Bedingungen mehrfach wiederholt wird, so kann man mithilfe der Wahrscheinlichkeit für ein Ergebnis die zu erwartende Anzahl seines Auftretens schätzen. Wenn etwa eine Münze 20-mal geworfen wird, so ist 10-mal das Ergebnis „Wappen" zu erwarten. Die tatsächliche Häufigkeit des Ergebnisses kann aber erheblich von diesem zu erwartenden Wert abweichen (Abschn. 5.2.7).

2.3.2   Konzept des Vorgehens

Für den Anfangsunterricht haben wir das folgende schrittweise Vorgehen konzipiert. Begründungen für die Reihenfolge finden sich z. B. im Abschn. 2.5.1. Der Schwerpunkt der Behandlung sollte in der Klassenstufe 2 liegen. Wenn die Schülerinnen und Schüler mit dem Wort „wahrscheinlich" sowie mit dem Vergleichen und Beschreiben von Wahrscheinlichkeiten (Punkte 2 und 3 der Schrittfolge) vertraut gemacht wurden, sollten die Betrachtungs- und Sprechweisen auch an anderen geeigneten Stellen im Mathematikunterricht und möglichst auch anderen Unterrichtsfächern, vor allem im Sachunterricht, verwendet werden. Dadurch kann der alltägliche Umgang mit diesen Wörtern in günstiger Weise befördert werden.

1. **Erkennen von möglichen Ergebnissen eines Vorgangs (Abschn. 2.4)**
   Die Schülerinnen und Schüler erleben und erkennen, dass es bei vielen Vorgängen in ihrem Alltag und in der Natur verschiedene mögliche Ergebnisse gibt. Es werden auch die Sonderfälle betrachtet, dass es bei bestimmten Vorgängen bezüglich eines Merkmals nur ein oder auch gar kein Ergebnis geben kann, dass also etwas „ganz sicher" oder „unmöglich" eintreten kann.
2. **Vergleichen von Wahrscheinlichkeiten (Abschn. 2.5)**
   Ausgehend von den Vorkenntnissen der Schülerinnen und Schüler zum Wort „wahrscheinlich" wird an Beispielen erarbeitet, dass ein mögliches Ergebnis wahrscheinlicher ist als ein anderes und im Sonderfall auch gleich wahrscheinlich sein kann. Bei diesen Vergleichen von Wahrscheinlichkeiten sollten bereits erste Begründungen in mündlicher Form erfolgen. Für das Entnehmen von Objekten aus Behältnissen wird auch der Sonderfall, dass zwei Ergebnisse gleich wahrscheinlich sind, betrachtet.

3. **Beschreiben von Wahrscheinlichkeiten (Abschn. 2.6)**

   Anschließend wird dazu übergegangen zu beschreiben, wie wahrscheinlich ein Ergebnis ist. Im Anfangsunterricht beschränken wir uns auf die zwei qualitativen Beschreibungen „wahrscheinlich" und „unwahrscheinlich". Sie decken jeweils die Hälfte des Intervalls ab. Das Wort „wahrscheinlich" kann bei einer entsprechenden Wahl von Beispielen in seiner umgangssprachlichen Bedeutung als etwas, was mit ziemlicher Sicherheit eintrifft, verwendet werden. Auch hier sollten erste Begründungen in verbaler Form erfolgen.

4. **Darstellen von Wahrscheinlichkeiten auf einer Skala (Abschn. 2.7)**

   In einer nächsten Stufe der Entwicklung wird dazu übergegangen, Wahrscheinlichkeiten auf einer Skala zu markieren. Die Enden der Skala werden mit den eingeführten Begriffen „unmöglich" und „sicher" beschriftet. Der Mittelpunkt wird noch nicht beschriftet.

5. **Untersuchung des Einflusses von Bedingungen auf die Wahrscheinlichkeiten von Ergebnissen (Abschn. 2.8)**

   An einfachen Beispielen werden die Schülerinnen und Schüler dann mit dem Einfluss von Bedingungen auf die Wahrscheinlichkeit von Ergebnissen vertraut gemacht. Dabei kann eine Änderung der Wahrscheinlichkeit nur innerhalb der bisher angeführten qualitativen Abstufungen erfolgen.

Prototypische Beispiele

Wir halten es für günstig, bestimmte stochastische Situationen immer wieder aufzugreifen. Zwei oder drei Beispiele sollten den ganzen Unterricht als Prototypen durchziehen. Wir verwenden als durchgängige Beispiele folgende Situationen:

- Aus dem Bereich der Vorgänge in der Natur haben wir das Wettergeschehen ausgewählt. Damit sind die Kinder schon im Vorschulalter vertraut, das Wettergeschehen begleitet sie im Alltag. Aussagen zum kommenden Wetter haben immer einen Wahrscheinlichkeitscharakter und sind Prognosen. Nach dem Eintreten des Wetters können die Prognosen bewertet werden. So ergeben sich günstige Möglichkeiten für das Treffen und Interpretieren von Wahrscheinlichkeitsaussagen.
- Als Beispiele aus dem schulischen Umfeld eines Kindes verwenden wir Vorgänge im Sportunterricht wie den Weitsprung oder einen 60-Meter-Lauf. Es ist bei diesen Beispielen eine Verbindung zum Umgang mit Daten möglich. Weiterhin kann der Einfluss von Bedingungen auf die Wahrscheinlichkeit gut verdeutlicht werden.
- Aus verschiedenen Gründen, die im Abschn. 5.3.3 näher erläutert werden, haben wir als durchgängiges Beispiel für Glücksspielsituationen das Entnehmen von Objekten aus Behältern gewählt. Es sind in diesen Situationen Vergleiche und Schätzungen von Wahrscheinlichkeiten gut möglich, intuitive Fehlvorstellungen spielen eine geringe Rolle und es lässt sich die Abhängigkeit der Wahrscheinlichkeit von den Bedingungen des Vorgangs gut verdeutlichen.

2.3.3   Erste Erfahrungen mit der Umsetzung des Konzeptes

Erfahrungen mit der Umsetzung des Konzeptes haben wir vor allem im Zusammenhang mit der Entwicklung und Erprobung eines Fortbildungskurses für Primarstufenlehrpersonen gesammelt (Abschn. 1.5). Entsprechend der Situation in den aktuellen Unterrichtsmaterialien hatten die teilnehmenden Lehrpersonen bis dahin nur Erfahrungen mit der Verwendung von Glücksspielsituationen wie dem Werfen von Münzen, Würfeln und anderen Glücksspielgeräten zur Ausbildung von Vorstellungen zum Wahrscheinlichkeitsbegriff. Unser genereller Zugang aus Sicht einer Prozessbetrachtung (Abschn. 1.4.4) und die dargestellte Konzeption zum Umgang mit Wahrscheinlichkeiten fand bei allen Teilnehmerinnen und Teilnehmern auch im Vergleich ihrer bisherigen Vorgehen große Zustimmung. Sie berichteten davon, dass ihre Schülerinnen und Schüler Freude an dieser Art des Unterrichts hatten und anwendungsbereite Kenntnisse und Vorstellungen zum Wahrscheinlichkeitsbegriff ausgebildet werden konnten. Die Erfahrungen betrafen in der Regel unsere Vorschläge zum Anfangsunterricht, die auch in oberen Klassen verwendet wurden, da die Kinder bis dahin keine oder nur wenig Erfahrung im Umgang mit Wahrscheinlichkeiten hatten.

Bei allen Erprobungen haben wir erfahren, dass den Kindern unser Zugang zum Arbeiten mit Wahrscheinlichkeiten stets viel Spaß gemacht hat. Auch die Lehrpersonen, die bisher nur Erfahrungen im Arbeiten mit Glücksspielsituationen (wie dem Werfen von Würfeln und Münzen) hatten, fanden unseren lebensweltbezogenen Zugang viel interessanter und geeigneter für Kinder in der Primarstufe. Sie haben, angeregt durch diese Sichtweise, viele neue Ideen und Gestaltungsformen entwickelt, auf die wir hier allein aus Umfangsgründen nicht alle eingehenden können.

Von Kindern wurde des Öfteren die Meinung geäußert, dass es sich bei dem Unterricht weniger um Mathematik-, sondern eher um Sachunterricht handele. Darin sehen wir kein Problem, die Wahrscheinlichkeitsrechnung sollte von Anfang an als anwendungsorientierte Wissenschaft behandelt werden. Einen engen Bezug zum Sachunterricht halten wir für eine sehr günstige Bedingung.

In unseren Erprobungen wurden von den Kindern an vielen Stellen schriftliche Begründungen für ihre Entscheidungen verlangt. Dies fiel vielen Kindern in der 1. und 2. Klasse, wo der Hauptteil der Erprobung stattfand, recht schwer. Wir geben bei unseren Unterrichtsvorschlägen in diesem Buch ausgewählte schriftliche Schülerantworten aus diesen Klassenstufen an, diese sind aber nicht repräsentativ für die Mehrzahl der Antworten. Im Anfangsunterricht sollten die Kinder an das Angeben von Begründungen langsam herangeführt werden und diese sollten in der Regel nur mündlich erfolgen. Schriftliche Begründungen, die wir durchaus für wichtig halten, sollten dann eher im weiterführenden Unterricht verlangt werden. Es ist für uns eine generelle Besonderheit des Stochastikunterrichts auch in den Sekundarstufen, dass über die Berechnung von bestimmten Zahlenwerten hinaus schriftliche Begründungen, Interpretationen oder Schlussfolgerungen zur Darstellung der Ergebnisse einer Aufgabe gehören. Dies betrifft sowohl den Umgang mit Wahrscheinlichkeiten als noch viel mehr mit Daten.

Viele Kolleginnen und Kollegen berichteten, dass ihre Kinder nach der Einführung in den Umgang mit Wahrscheinlichkeiten in zwangloser Weise auch in anderen Zusammenhängen und Unterrichtsfächern Wahrscheinlichkeitsaussagen verwendeten. So sagte eine Schülerin zu ihrer Lehrerin im Anschluss an eine Stunde zum Vergleichen von Wahrscheinlichkeiten, dass sie wahrscheinlich jetzt im Sport „Bewegungslandschaft" haben werden, und fragte dann später, ob dies auch sicher sei.

2.4　Erkennen von möglichen Ergebnissen eines Vorgangs

Ein erster Schritt zum Umgang mit Aussagen zur Wahrscheinlichkeit ist das Erkennen von möglichen Ergebnissen eines stochastischen Vorgangs. Während Kinder in Glücksspielsituationen leicht feststellen können, dass es mehrere mögliche Ergebnisse gibt, ist dies bei Vorgängen im Alltag oft nicht so einfach. In vielen Schulbüchern und in der Literatur gibt es zahlreiche Aufgabenvorschläge zur Verwendung der Begriffe „sicher", „möglich" und „unmöglich" im Unterricht, die in den Bildungsstandards als Grundbegriffe bezeichnet werden. Auf damit verbundene Probleme wird in diesem Abschnitt näher eingegangen und es werden geeignete Unterrichtsvorschläge vorgestellt.

2.4.1　Fachliche und fachdidaktische Grundlagen

Die Wörter „sicher", „möglich" und „unmöglich" werden teilweise als Fachbegriffe der Wahrscheinlichkeitsrechnung bezeichnet, was aber nur mit Einschränkungen zutrifft. Es gibt die definierten Begriffe „sicheres Ereignis" und „unmögliches Ereignis", die Formulierung „mögliche Ereignisse" wird im üblichen Sinne verwendet. Die Begriffe „sicher" und „unmöglich" sind also in der Fachwissenschaft in der Regel keine Adverbien, sondern Adjektive und werden nur in Verbindung mit dem Begriff „**Ereignis**" verwendet. Der Begriff „Ereignis" kann als Fachbegriff der Wahrscheinlichkeitsrechnung auf zweierlei Weise erklärt werden: als Teilmenge der Ergebnismenge oder als Aussage über Ergebnisse (Abschn. 5.2.1). Es muss also zwischen den Begriffen „Ergebnis" und „Ereignis" unterschieden werden, was in der Literatur oft nicht geschieht. Ergebnisse sind die unmittelbaren Resultate eines Vorgangs und werden in der Wahrscheinlichkeitsrechnung auch als Elementarereignisse bezeichnet.

Es gibt viele Vorschläge, bereits in der Primarstufe den Ereignisbegriff zu verwenden. Wir halten dies nicht für sinnvoll und auch nicht für erforderlich. Mit dem Begriff „Ereignis" ist ein hoher theoretischer Anspruch verbunden und es gibt zudem den Konflikt mit dem umgangssprachlichen Ereignisbegriff (vgl. Hefendehl-Hebeker 1983; Krüger et al. 2015, S. 90). Das Wort „Ereignis" ist in der Umgangssprache mit etwas Besonderem oder Ungewöhnlichem verknüpft, während es in der Wahrscheinlichkeitsrechnung einen völlig neutralen Charakter hat. Wir verwenden in diesem Buch konsequent nur das Wort

Tab. 2.7 Vorgänge mit nur einem oder keinem möglichen Ergebnis bezüglich eines Merkmals

Vorgang	Merkmal	Mögliche Ergebnisse
Wachstum eines Blattes eines Laubbaums ab Herbst	Die Farbe ändert sich (ja oder nein)	Es ist nur ein Ergebnis möglich: Die Farbe ändert sich
Wachstum eines Blattes eines Laubbaums ab Herbst	Anzahl der Tage, die das Blatt ab Beginn des Winters noch am Baum hängt	Es ist kein Ergebnis möglich
Eine goldene Kugel fällt in einen Brunnen	Fallrichtung der Kugel	Es ist nur ein Ergebnis möglich: Die Kugel fällt nach unten
Eine goldene Kugel fällt in einen Brunnen	Anzahl der Stücke (2, 3, …), in die die Kugel zerbricht	Es ist kein Ergebnis möglich

„Ergebnis" und können damit alle entsprechenden Sachverhalte in verständlicher Weise beschreiben.

Die Wörter „sicher", „möglich" und „unmöglich" sollten mit ihren umgangssprachlichen Bedeutungen adverbial und adjektivisch in Verbindung mit „Ergebnis" verwendet werden. Dabei ist allerdings zu beachten, dass diese Wörter verschiedene Bedeutungen haben, die teilweise nicht mit der Bedeutung in einer stochastischen Situation übereinstimmen. So kann das Wort „**sicher**" als Adjektiv die Bedeutungen haben: gefahrlos, zuverlässig, keine Fehler machend, keine Hemmungen haben, ohne jeden Zweifel eintreten; und als Adverb die Bedeutungen: höchstwahrscheinlich, mit ziemlicher Sicherheit, gewiss, ohne Zweifel (Kunkel-Razum et al. 2003, S. 1449). Nur in der Bedeutung „ohne jeden Zweifel" kann es in Situationen verwendet werden, in denen ein Ergebnis mit der Wahrscheinlichkeit 1 eintritt.

Das Wort „**unmöglich**" hat neben den Bedeutungen „nicht durchführbar" und „nicht denkbar" im umgangssprachlichen Sinne auch die Bedeutung des Nichtzulässigen, Nichttragbaren, Nichtvertretbaren, Nichtanständigen (Kunkel-Razum et al. 2003, S. 1661). In diesen Bedeutungen kann es nicht zur Beschreibung eines Ergebnisses mit der Wahrscheinlichkeit 0 verwendet werden.

Damit die Kinder die Wörter „sicher" und „unmöglich" im stochastischen Sinne verwenden, müssen sie vorher erkennen, welche Ergebnisse bei dem Vorgang bezüglich eines Merkmals möglich sind. Diese Teilhandlung sollte deshalb vor der Einführung der Bedeutung der Wörter in stochastischen Situationen Gegenstand des Unterrichts sein. Um die Bedeutung der Wörter „sicher" und „unmöglich" zu erklären, kann an die Fälle bei der Ermittlung möglicher Ergebnisse angeknüpft werden. Ein Ergebnis tritt sicher (mit Sicherheit) ein, wenn es nur ein mögliches Ergebnis gibt. Ein Ergebnis kann unmöglich eintreten, wenn es gar kein mögliches Ergebnis gibt. Aus Sicht der Prozessbetrachtung wird bei einem Vorgang ein Merkmal betrachtet, das nur eine oder keine Ausprägung hat. Es handelt sich dann jeweils um einen nichtstochastischen Vorgang (Abschn. 1.4.3.3).

Die anderen umgangssprachlichen Bedeutungen der Wörter „sicher" und „unmöglich" sollten an Beispielen von ihrer Bedeutung in stochastischen Situationen abgegrenzt werden. Um die eingeschränkte Bedeutung dieser Wörter in der Stochastik zu unterstützen und Fehlinterpretation auszuschließen, sollte im Unterricht zumindest in der Phase der Einführung mit ausführlichen anderen und entsprechenden Zusätzen zum Wort gearbeitet werden. Es sind beim Wort „sicher" dazu folgende Formulierungen geeignet:

- Es gibt nur die eine Möglichkeit, dass . . .
- Es ist absolut sicher, dass . . .
- Es ist völlig sicher, dass . . .
- Ohne jeden Zweifel tritt ein, dass . . .

Anstelle von „unmöglich" können folgende Formulierungen verwendet werden:

- Es gibt keine Möglichkeit, dass . . .
- Es ist überhaupt nicht möglich, dass . . .
- Es ist völlig unmöglich, dass . . .
- Es ist ausgeschlossen, dass . . .

Diese unterschiedlichen umgangssprachlichen Bedeutungen könnten eine Ursache für (mathematisch) fehlerhafte Schülerantworten in den folgenden empirischen Untersuchungen sein.

Bei den Untersuchungen von Fischbein et al. (1991) zeigte sich, dass Kinder beim Erkennen sicherer Ergebnisse größere Probleme hatten als beim Erkennen möglicher oder unmöglicher Ergebnisse. So haben 35 % von Schülern der Klassen 4/5 das Ereignis „Die Augenzahl beim Würfeln ist kleiner als 7" und 42 % das Ereignis „Die Losnummer ist kleiner als 91 beim Ziehen eines Loses mit den Nummern 1 bis 90" *nicht* als sicher bezeichnet. Eine Ursache für die Probleme könnte aber darin liegen, dass es sich um eine Zusammensetzung von Ergebnissen handelt, die nicht alle zugleich eintreten können. So bedeutet die Aussage, dass die Augenzahl kleiner als 7 ist, dass die Augenzahl 1, 2, 3, 4, 5 oder 6 ist. Zudem ist die Aussage „Es ist möglich, dass eine Augenzahl kleiner als 7 eintritt" ebenfalls richtig. Diese Untersuchungsergebnisse bekräftigen unsere Auffassung, dass in der Primarstufe keine Wahrscheinlichkeiten von Aussagenverbindungen vorkommen sollten. Die damit verbundenen logischen Anforderungen sind für diese Altersgruppe nicht angemessen.

Neubert (2012, S. 110) stellte bei einer Aufgabe zum Einschätzen der Gewinnwahrscheinlichkeit für Grau bei einem Glücksrad mit vier grauen, einem weißem und einem schwarzen Feld fest, dass sich viele Kinder für die Kategorie „sicher" entschieden.

Ähnliche Ergebnisse erhielten auch Kollhoff et al. (2014) bei ihren Befragungen von zehn Schülerinnen und Schülern von Realschulen am Ende der 6. Klasse. Den Forschern wurde versichert, dass noch keine Thematisierung des Begriffsgebrauchs in der Stochastik erfolgt war. Die Schülerinnen und Schüler sollten zu vorgelegten Bildern von Aquarien mit bunten Fischen entscheiden, ob es sicher bzw. unmöglich ist, einen Fisch einer bestimmten Farbe zu angeln bzw. leere Aquarien mit Fischen in bestimmter Weise füllen. Die Befragungen ergaben u. a. folgende Resultate:

- Bei einem Aquarium mit sieben roten und einem grünen Fisch erklärten sieben der zehn Probanden, dass es unmöglich ist, einen grünen Fisch zu angeln.
- Es sollte ein leeres Aquarium so gefüllt werden, dass es sicher ist, einen roten Fisch zu angeln. Fünf der zehn Probanden legten neben roten auch einen und drei sogar mehr als einen grünen Fisch hinein.

Man kann davon ausgehen, dass diese Antworten auch bei einem Test in der Primarstufe auftreten würden. Aus dem Untersuchungsbericht geht leider nicht hervor, ob die Kinder in beiden Fällen die möglichen Ergebnisse nicht erkannt haben. Aus wiedergegebenen Formulierungen wie „ziemlich sicher" kann man vermuten, dass „sicher" in der Bedeutung von „höchstwahrscheinlich" verwendet wurde und damit die Kinder durchaus auch an Ergebnisse mit kleiner Wahrscheinlichkeit gedacht haben könnten. Da im Anfangsunterricht feinere Abstufungen von Wahrscheinlichkeitsschätzungen noch nicht behandelt werden sollten, ist der Einsatz entsprechender Aufgaben nicht sinnvoll. Sie sollten erst im weiterführenden Unterricht verwendet werden.

Auf der theoretischen Ebene der Wahrscheinlichkeitsrechnung sowie bei der vorgeschlagenen Prozessbetrachtung tritt als weiteres Problem die Frage auf, inwieweit sichere oder unmögliche Ergebnisse etwas mit dem Zufall als etwas Ungewissem bzw. mit stochastischen Situationen zu tun haben. Das sichere und das unmögliche Ereignis werden in der Wahrscheinlichkeitsrechnung aus Gründen der Vollständigkeit auch als zufällige Ereignisse bezeichnet, obwohl beide keinen zufälligen Charakter haben.

Zum Wort „möglich" sind keine Probleme aus empirischen Untersuchungen bekannt. Auch in sprachlicher Hinsicht gibt es keine Bedeutungsunterschiede zum Gebrauch in der Stochastik. Auf die Beziehungen zum Wort „wahrscheinlich" wird in Abschn. 2.6.3 eingegangen. Ein Problem könnte darin bestehen, dass bei „möglichen Ergebnissen" nicht an Ergebnisse mit sehr kleiner Wahrscheinlichkeit gedacht wird. Hier ist der Zusatz „aber sehr unwahrscheinlich" angebracht. So wird in Bezug auf einen Hauptgewinn im Lotto-Spiel eher sagen: „Das ist zwar möglich, aber sehr unwahrscheinlich."

Manchmal wird in Unterrichtsvorschlägen beim Wort „möglich" der Zusatz „aber nicht sicher" verwendet. Dies ist in der Einführungsphase zur Abgrenzung der beiden Begriffe „möglich" und „sicher" angebracht, wenn Beispiele zum Entnehmen von Objekten aus Ziehungsbehältern verwendet werden. So ist die Formulierung aus logischer Sicht zutreffend, dass es „möglich" ist, aus einem Behälter, in dem sich drei rote Kugeln befinden, eine rote Kugel zu entnehmen. Sinnvoller wäre es aber, auf solche Beispiele zu verzichten. Es handelt sich bei dem Vorgang der Entnahme einer Kugel aus einem Behälter mit drei roten Kugeln wiederum nicht um eine stochastische Situation. Solche Vorgänge haben zudem keinerlei praktische Bedeutung. Es macht keinen Sinn, aus einem Behälter mit identischen Objekten blind ein Objekt zu entnehmen. Bei Ziehungen oder beim Losen gibt es in der Praxis immer mehrere mögliche Ergebnisse. Wir halten deshalb die Formulierung „möglich, aber nicht sicher" zwar nicht für fehlerhaft, jedoch nicht für erforderlich. Diskussionen dazu könnten zu Verwirrungen führen.

2.4.2 Unterrichtsvorschläge

Aufgrund der im Abschn. 2.4.1 genannten Probleme halten wir eine umfangreiche Unterrichtssequenz zur Unterscheidung sicherer, möglicher und unmöglicher Ergebnisse nicht für sinnvoll. Insbesondere sollten nur wenige Aufgaben zum Identifizieren von sicheren oder unmöglichen Ergebnissen verwendet werden. Die Aufgaben haben oft einen konstruierten Charakter und können so einen falschen Eindruck von dem neuen Stoffgebiet erwecken.

Wir empfehlen, Aufgaben zum Unterscheiden von sicheren, möglichen und unmöglichen Ergebnissen möglichst in Bezug auf Vorgänge zu formulieren. Es sollte etwas ablaufen und die Aussagen sollten sich auf künftige Ergebnisse beziehen.

Als Einstieg in der Umgang mit Wahrscheinlichkeiten ist nach unseren Erfahrungen das künftige Wettergeschehen geeignet. Um mit den Kindern Wetterbeobachtungen durchzuführen und dazu Wahrscheinlichkeitsaussagen zu formulieren, müssen die möglichen Wettererscheinungen in geeigneter Form zusammengestellt werden. Nach einem Vorschlag von Cordt (2012) sind folgende acht Kategorien sinnvoll und ausreichend: Sonnenschein, Regen, Schneefall, bewölkt, windig/stürmisch, Gewitter, Hagel und Nebel.

Vorgänge im Freizeitbereich
In unseren Untersuchungen hat sich das Thema „Einkaufen" für das Erkennen und Diskutieren möglicher Ergebnisse bewährt. Ein oft erprobtes Beispiel wurde bereits im Abschn. 1.3 vorgestellt.

Die Aufgabe aus dem Lehrbuch *Eins, zwei, drei* für Klasse 2 enthält zahlreiche Vorgänge und denkbare Ergebnisse (Abb. 2.18). Zum Verständnis der Aufgabenstellung muss gesagt werden, dass in dem Lehrbuch zu Beginn alle Kinder auf dem Bild mit Namen bezeichnet wurden. Man findet sie dann auf Zeichnungen im Buch immer mit dem gleichen Aussehen wieder.

Die Idee zu der Aufgabe in Abb. 2.19 entstand in einem Jahr, als zu Ostern Schnee lag und tatsächlich auch Schneemänner gebaut werden konnten.

Vorgänge im schulischen Bereich
Der 50-Meter-Lauf ist Bestandteil des Sportunterrichts in der Primarstufe, sodass die Kinder die notwendigen Kenntnisse zum Lösen der folgenden Aufgabe haben. Für die Note 1 müssen die Kinder bis zur 3. Klasse schneller als 8,4 s sein. Sie können auch ermitteln, dass bei 50 m in 5 s eine Strecke von 100 m in 10 s zurückgelegt würde, was dem Weltrekord auf dieser Strecke entspricht, also für Kinder völlig unmöglich wäre.

① Finde passende Sätze mit | sicher |, | möglich |, | unmöglich |.

a) Es ist _____, dass Natalia schneller läuft.

b) Es ist _____, dass Dilara schwitzt.

c) Es ist _____, dass Timo ein Tor schießt.

d) Es ist _____, dass Matteo hinfällt.

e) Es ist _____, dass Emira ein Tor schießt.

Abb. 2.18 Beispiele zu „sicher", „möglich" und „unmöglich" (aus *Eins, zwei, drei* 2, S. 46; mit freundlicher Genehmigung von © Cornelsen/Doris Umschaden. All Rights Reserved)

a) Es ist _____, dass ich Ostern einen Schneemann bauen kann.

Abb. 2.19 Schneemann zu Ostern (aus *Denken und Rechnen*, Arbeitsheft *Daten, Häufigkeit und Wahrscheinlichkeit 1/2*, S. 24; mit freundlicher Genehmigung von © Westermann Gruppe. All Rights Reserved)

Ergebnisse beim 50-Meter-Lauf

Beim nächsten Sportfest einer Grundschule findet ein 50-Meter-Lauf statt. Entscheide, ob die folgenden Ergebnisse möglich sind, mit Sicherheit eintreten werden oder völlig unmöglich sind.

A. Der Sieger braucht weniger als 5 Sekunden.

B. Ein Schüler scheidet aus.

C. Der Sieger braucht mehr als 5 Sekunden.

2 Im Herbst liegen viele Laubblätter auf der Erde. Welche Farben können sie haben?

Abb. 2.20 Herbstlaub (Aus *Denken und Rechnen*, Arbeitsheft *Daten, Häufigkeit und Wahrscheinlichkeit 1/2*, S. 22; mit freundlicher Genehmigung von © Westermann Gruppe. All Rights Reserved)

Vorgänge in der Natur

Bei der folgenden Aufgabe richten sich die Antworten der Kinder nach der jeweiligen Jahreszeit und der aktuellen Wetterlage.

Wetter von morgen

Wie wird morgen das Wetter bei uns sein? Was tritt ganz sicher ein, was ist möglich und was ist überhaupt nicht möglich?

A. Morgen wird es regnen.

B. Morgen wird es schneien.

C. Morgen geht die Sonne wieder auf.

D. Morgen ist es sehr windig.

E. Morgen wird es hageln.

Aufgaben, bei denen es allein um die Bestimmung möglicher Ergebnisse geht, sollten einen Schwerpunkt bilden, so wie die folgende Aufgabe, mit der das Projekt „Sammeln von Blättern im Herbst" vorbereitet werden kann (Abb. 2.20).

2.4.3 Bemerkungen zu anderen Unterrichtsvorschlägen

Man findet in Unterrichtsmaterialien auch recht lustige Formulierungen, die als unmöglich erkannt werden sollen, aber durchaus diskutabel sind. Beispiele sind:

- Ein Affe fliegt über mein Haus.
- In der Federtasche ist ein Hund.
- In einem Aquarium sehe ich einen Elefanten.
- Übermorgen scheint die Sonne auch um 23 Uhr.

Diesen lustigen Formulierungen können als Beispiele für die notwendige Betrachtung von Bedingungen verwendet werden, womit man die Fantasie der Schüler herausfordern kann. So kann etwa ein Affe über ein Haus fliegen, wenn er sich in einem Flugzeug befindet, oder in der Federtasche kann ein Hund sein, wenn es sich um einen kleinen Plastikhund handelt.

Man kann sogar einen Elefanten in einem Aquarium sehen, wenn ein Spielzeugelefant dort hineingefallen ist. In den Regionen der Mitternachtssonne scheint die Sonne auch um 23 Uhr. Es handelt sich also in keinem der Beispiele um etwas Unmögliches.

Einige Unterrichtsvorschläge zu dem Thema sind lediglich Feststellungen von Tatsachen, die mit stochastischen Vorgängen nichts zu tun haben, wie etwa:

- Es ist sicher, dass ...
  - der März 31 Tage hat.
  - mein Vater älter ist als ich.
  - dass ich nächstes Jahr Geburtstag habe.
  - eine 721 m lange Strecke kürzer als eine 1 km lange Strecke ist.
- Es ist möglich, dass ...
  - der 1. Mai ein Sonntag ist.
  - auf den 28. Februar der 29. Februar folgt.
- Es ist unmöglich, dass ...
  - ein Monat 32 Tage oder eine Woche 8 Tage hat.
  - ein Mensch auf der Sonne steht.
  - ein Kind einen Stern am Himmel anfasst.
  - auf dem Mond kleine grüne Männchen leben.
  - ein Dreieck zwei rechte Winkel hat.

In dieser Weise lassen sich beliebig viele Aussagen formulieren, die aber alle nichts mit etwas Unvorhersehbarem oder stochastischen Situationen zu tun haben. Deshalb sollte darauf im Stochastikunterricht verzichtet werden.

Es ist allerdings nicht immer einfach, den stochastischen Charakter einer Aussage zu erkennen. So sollen etwa bei einer Untersuchung von Spindler (2010) in einer 2. Klasse die Kinder die Wahrscheinlichkeit folgender Aussagen mit einer vierstufen Skala schätzen:

- Immer wenn ich den Lichtschalter anknipse, wird es hell.
- Heute fließt kein Wasser aus dem Wasserhahn.
- Letzte Nacht habe ich geschlafen.
- Auf dem Heimweg hat unsere Lehrerin einen Unfall.

Es handelt sich in allen Fällen um Aussagen, die entweder wahr oder falsch sind, aber deren Wahrscheinlichkeitscharakter aus der Formulierung nicht erkennbar ist. Bei der zweiten Aussage ist zudem unklar wie zu entscheiden ist, wenn an dem Tag das Wasser zeitweise abgestellt wird. Es ist nicht verwunderlich, dass die Kinder erhebliche Probleme mit der Einschätzung des Wahrscheinlichkeitsgrades dieser Aussagen hatten.

Man findet in der Literatur auch die Ansicht, dass „sicher" mit „wahr" und „unmöglich" mit „falsch" gleichgesetzt werden kann. Aussagen, deren Wahrheitsgehalt sich noch nicht einschätzen lässt, könnten mit einer gewissen Wahrscheinlichkeit zu wahren Aussagen werden. Die Gleichsetzung von „sicher" und „wahr" ist nicht sinnvoll und auch nicht zutreffend. Wahre Aussagen sind in der Regel keine Ereignisse und können auch nicht als sicher bezeichnet werden. So ist die Aussage, dass beim nächsten Wurf eine Sechs mit der Wahrscheinlichkeit 1/6 kommt, eine wahre Aussage, aber kein Ereignis und kann nicht als sicher bezeichnet werden. Die Aussage, dass das Ergebnis „6" beim Würfeln möglich ist, ist auch wahr, kann also nicht zu einer wahren Aussage werden. Wenn nach dem Wurf das Ergebnis „6" oder „keine 6" eingetreten ist, können wahre Aussagen über das Ergebnis formuliert werden, es liegt dann aber keine stochastische Situation mehr vor. Man muss zwischen Aussagen im Sinne der zweiwertigen Aussagenlogik (wahre oder falsche Aussagen) und Aussagen mit Wahrscheinlichkeitscharakter über Ergebnisse stochastischer Vorgänge unterscheiden.

2.5 Vergleichen von Wahrscheinlichkeiten

2.5.1 Fachliche und fachdidaktische Grundlagen

Beim Vergleichen von zwei Wahrscheinlichkeiten müssen aus inhaltlicher Sicht zwei Situationen unterschieden werden:

- Die Wahrscheinlichkeiten sind unter bestimmten Modellannahmen gleich bzw. annähernd gleich.
- Die Wahrscheinlichkeiten unterscheiden sich deutlich.

Die erste Situation tritt vor allem im Glücksspielbereich auf. Auf der Ebene der Realmodelle wird z. B. die Wahrscheinlichkeit für „Wappen" oder „Zahl" beim Werfen einer Münze bzw. für die sechs Augenzahlen beim Werfen eines Würfels als gleich angenommen. Wenn es nur zwei mögliche Ergebnisse gibt wie im Beispiel des Werfens einer Münze oder beim Gewinnen bzw. Verlieren eines Spiels, bedeutet „gleich wahrscheinlich", dass beide Wahrscheinlichkeiten 1/2 betragen. Gibt es mehrere mögliche Ergebnisse, wie etwa beim Werfen eines Würfels, ergibt sich aus der Gleichwahrscheinlichkeit zweier Ergebnisse *nicht*, dass die beiden Wahrscheinlichkeiten den Wert von 1/2, sondern bei n möglichen Ergebnissen den Wert $1/n$ haben. In Situationen aus dem familiären Alltag von Kindern, der Natur, dem schulischen Bereich oder anderen realen Situationen tritt der Fall der Gleichwahrscheinlichkeit sehr selten auf.

Aufgrund der Probleme, die mit dem Werfen von Objekten und dem Drehen von Glücksrädern verbunden sind (Abschn. 5.3.4 und 5.3.5), beschränken wir uns bei Beispielen aus dem Glücksspielbereich zum Vergleichen von Wahrscheinlichkeiten auf das Entnehmen von Objekten aus Behältnissen.

Um die Probleme der Gleichwahrscheinlichkeit bei Vorgängen im Alltag zu umgehen, setzen wir im Folgenden voraus, dass sich die Wahrscheinlichkeiten von zwei Ergebnissen deutlich unterscheiden.

Das Vergleichen und das Abschätzen von zwei unterschiedlichen Wahrscheinlichkeiten stehen in einem engen Zusammenhang. Um einen Vergleich der Wahrscheinlichkeiten vornehmen zu können, müssen zumindest grobe Abschätzungen der Wahrscheinlichkeit erfolgen. Wenn die Schüler die Wahrscheinlichkeit zweier Ergebnisse abgeschätzt haben, ist ein Vergleich der Wahrscheinlichkeit leicht möglich.

Dies lässt vermuten, dass ein Vergleichen von Wahrscheinlichkeiten erst nach dem Abschätzen von Wahrscheinlichkeiten im Unterricht erfolgen sollte. Wir schlagen aber vor, mit dem Vergleichen von Wahrscheinlichkeiten zu beginnen, und werden dies im Folgenden begründen. Dieses Vorgehen setzt jedoch voraus, dass die Aufgabenstellungen zum Vergleichen von Wahrscheinlichkeiten bestimmte Anforderungen erfüllen. Bevor wir dazu konkrete Unterrichtvorschläge unterbreiten, wollen wir zunächst einige generelle Probleme und Anforderungen an die Aufgaben diskutieren.

Beim Vergleichen der Wahrscheinlichkeit von zwei Ergebnissen eines Vorgangs muss festgestellt werden, welche der beiden Wahrscheinlichkeiten größer bzw. kleiner ist. Zur sprachlichen Formulierung der Aufgabenstellung gibt es folgende Möglichkeiten:

- Es ist fast immer möglich, das Wort „eher" zu verwenden, das in einer seiner Bedeutungen dem Wort „wahrscheinlicher" entspricht (Kunkel-Razum et al. 2003, S. 421). Damit können Aufgabenstellungen oft kürzer und verständlicher formuliert werden. Beispiel: „Frisst ein Kaninchen eher eine Mohrrübe oder eine Kartoffel?"
- Es wird das Wort „wahrscheinlicher" verwendet und die Frage könnte lauten: „Was ist wahrscheinlicher?" Dazu müssen dann die Möglichkeiten grafisch oder verbal angegeben werden.

Wenn ein Ergebnis wahrscheinlicher ist als ein anderes, bedeutet dies, dass beide Ergebnisse möglich sind, eines aber mit einer größeren Wahrscheinlichkeit eintreten kann als das andere. So beinhaltet etwa die Aussage „Im Januar schneit es bei uns eher als im Mai" auch den Fall, dass es im Mai schneien kann. Dies betrifft generell allgemeine Aussagen über Personen oder andere Objekte wie Würfel, Tiere oder Pflanzen. Die Aussage betrifft dann eine zufällig ausgewählte Person bzw. ein Objekt. So bezieht sich die Aussage „Ein Kaninchen frisst eher eine Mohrrübe als eine Kartoffel" auf alle Kaninchen im Erfahrungsbereich eines Schülers. Wenn einem Schüler ein Gegenbeispiel bekannt ist, er also etwa von einem Kaninchen weiß, das vielleicht eher Kartoffeln als Mohrrüben frisst, wird damit die Aussage nicht widerlegt.

Eine wichtige Anwendung des Vergleichens von Wahrscheinlichkeiten liegt vor, wenn untersucht wird, wie sich die Wahrscheinlichkeit eines Ergebnisses bei Veränderung der Bedingungen des Vorgangs ändert. Diese Überlegungen spielen in vielen Bereichen eine wichtige Rolle, wie etwa die folgende Aussage verdeutlicht: „Wer fleißig lernt, erhält gute Noten." Diese Aussage bedeutet, dass bei Veränderung der Bedingung, nämlich dem Aufwand eines Schülers beim Lernen, es wahrscheinlicher wird, dass er eine gute Note bekommt. Auch in diesem Fall müssen die Schüler erkennen, dass einzelne Gegenbeispiele den formulierten Zusammenhang nicht widerlegen.

Ein Vergleichen von Wahrscheinlichkeiten ist auch möglich, wenn beide Wahrscheinlichkeiten gering sind. So könnte gefragt werden, ob es wahrscheinlicher ist, dass morgen Unterricht ausfällt, weil eine Lehrerin krank ist oder weil es „hitzefrei" gibt.

Damit Aufgaben zum Vergleichen von Wahrscheinlichkeiten für den Unterricht geeignet und von der Sache her sinnvoll sind, sollten die Aufgaben folgende Anforderungen erfüllen:

- Die Wahrscheinlichkeiten der beiden Ergebnisse sollten sich deutlich unterscheiden, damit die Entscheidung, was wahrscheinlicher ist, ohne eine genaue Abschätzung der beiden Wahrscheinlichkeiten möglich wird.
- Die kleinere Wahrscheinlichkeit sollte nicht null sein, d. h., es sollte sich nicht um ein unmögliches Ergebnis handeln. Ist die kleinere Wahrscheinlichkeit null, ist ein Vergleichen von Wahrscheinlichkeiten relativ sinnlos. Die obigen Überlegungen zu möglichen Gegenbeispielen sind dann ebenfalls nicht möglich.
- Wie alle anderen Aufgaben auch sollten Aufgaben zum Vergleichen von Wahrscheinlichkeiten den Erfahrungsbereich von Kindern im Grundschulalter betreffen, sodass eine begründete Entscheidung auf dieser Grundlage leicht möglich ist.
- Ein weiteres Kriterium bei der Auswahl von Aufgaben sollte die praktische Bedeutsamkeit des betreffenden Vergleichs sein.

Wenn diese Voraussetzungen an die Aufgaben erfüllt sind, ist ein Vergleichen von Wahrscheinlichkeiten einfacher möglich als ein Abschätzen beider Wahrscheinlichkeiten und ein anschließender Vergleich. Um ein Abschätzen von Wahrscheinlichkeiten vornehmen zu können, wäre zunächst das Einführen einer Beschreibung von Wahrscheinlichkeiten erforderlich. Weiterhin wäre es dann sinnvoll, als Nächstes eine Wahrscheinlichkeitsskala einzuführen. Erst danach könnte ein Vergleichen von Wahrscheinlichkeiten erfolgen. Das Vergleichen wäre dann auch nicht in einem Schritt möglich, sondern vorher müssten Beschreibungen bzw. Abschätzungen der Wahrscheinlichkeiten vorgenommen werden. Aus diesen Gründen schlagen wir unter der Voraussetzung, dass die Aufgaben den genannten Anforderungen genügen, vor, mit dem direkten Vergleichen zu beginnen.

Es ist in Ausnahmefällen auch möglich, die Wahrscheinlichkeit mehrerer Ergebnisse miteinander zu vergleichen. Dann würde die Frage lauten, was am wahrscheinlichsten ist.

Während der Eigenschaftsbegriff „wahrscheinlich" nicht definiert werden kann, ist dies für die in der Fachwissenschaft verwendeten Relationsbegriffe „wahrscheinlicher" und „am wahrscheinlichsten" über den Vergleich von Wahrscheinlichkeiten möglich.

2.5.2 Unterrichtsvorschläge

Vorgänge, an denen die Kinder selbst beteiligt sind

Bei der folgenden Aufgabe können die Schülerantworten nur individuell beurteilt werden. Der Vorteil ist, dass die Kinder die Einflussfaktoren gut kennen, da sie die eigene Person betreffen. Das einzelne Kind muss sich einen künftigen Verlauf des Vorgangs vorstellen und eine Prognose über das zu erwartende mögliche Ergebnis abgeben.

Bei Vergleichen der Wahrscheinlichkeit von möglichen Ergebnissen eines Kindes im Sport sollte darauf geachtet werden, dass unsportliche Kinder nicht diskriminiert werden, sondern die besonders sportlichen hervorgehoben werden können. Bei dem folgenden Beispiel zu Ergebnissen im Weitsprung werden nur wenige Kinder für sich entscheiden, dass sie wahrscheinlich weiter als 3 m springen. Nach üblichen Bewertungskriterien würden sie dafür in der Primarstufe die Note 1 bekommen.

Ergebnisse beim Weitsprung

Stell dir vor, dass im Sportunterricht Weitsprung mit Anlauf geübt wird. Welches Ergebnis ist für dich wahrscheinlicher, wenn der Sprung gültig ist?

A. Du springst weiter als 2 m.
B. Du springst nicht weiter als 2 m.

Vorgänge im familiären Alltag

Das Einkaufen, in der Regel mit den Eltern oder einem Elternteil, gehört zum Alltag der meisten Kinder. Zu den Situationen mit mehreren Möglichkeiten gehört die Frage, in welches Geschäft man geht, wenn man etwas Bestimmtes kaufen will (Abb. 2.21).

Begründung einer Schülerin, die „Buchladen" ankreuzte: „Weil es im Supermarkt meist selten Bücher gibt." In einer 4. Klasse kam es zu Meinungsverschiedenheiten, denn einige Kinder waren der Ansicht, dass es auch im Supermarkt viele Bücher zu kaufen gibt.

Bei analogen Fragen richten sich die Antworten nach den örtlichen Gegebenheiten. Bei den eigentlichen Vorgängen, die Grundlage für die Entscheidungen sind, handelt es sich um die Art und Weise der Ausstattung eines Geschäftes mit bestimmten Waren. Durch die Art des Geschäftes gibt es zwar meist enge Grenzen für die Vielfalt des Angebotes, aber der Geschäftsführer hat meist einen bestimmten Spielraum.

Vorgänge im schulischen Bereich

Auf dem Weg zur Schule können den Kindern verschiedene Fahrzeugen begegnen. Die Art und Anzahl der Fahrzeuge richteten sich nach dem konkreten Schulweg und den örtlichen Besonderheiten. Bei Wahrscheinlichkeitsvergleichen sollten die Wahrscheinlichkeiten für die Fahrzeugtypen deutlich verschieden sein, ohne dass eine der beiden Möglichkeiten völlig ausgeschlossen ist, wie etwa in der Aufgabe in Abb. 2.22.

Abb. 2.21 Einkaufsmöglichkeiten vergleichen (aus Cordt 2012, S. 110)

Du brauchst noch ein Buch für die Schule. Wo bekommst du es wahrscheinlicher?

Supermarkt   Buchladen

Abb. 2.22 Fahrzeuge auf dem Schulweg (aus Cordt 2012, S. 112)

Du bist auf dem Weg zur Schule. Was siehst du eher? Was ist wahrscheinlicher?

| | Schulbus | | Kutsche | |

In einer 1. Klasse waren sich alle Kinder einig, dass es wahrscheinlicher ist, einen Schulbus zu sehen, da mehr Kinder hineinpassen und er lange Strecken fährt, dagegen eine Kutsche altmodisch und langsam ist und mit einer Kutsche Prinzessinnen fahren oder man zur Hochzeit fährt. Die schriftliche Begründung eines Schülers einer 2. Klasse lautete: „weil die Kutschen in den 90ern durch Autos ersetzt wurden."

Vorgänge in der Natur

Bei diesen Aufgaben müssen die Schülerinnen und Schüler ihre Kenntnisse aus dem Sachunterricht oder dem Alltag anwenden. Bei den Aufgaben geht es um die Interpretation stochastischer Zusammenhänge, um die es sich bei den meisten naturwissenschaftlichen und auch gesellschaftswissenschaftlichen Zusammenhängen handelt. Deshalb sind Aussagen zur Wahrscheinlichkeit möglicher Ergebnisse oft sachgerechter als Aussagen ohne Verwendung von Wahrscheinlichkeiten.

Die Art der Aufgabenstellung kann deshalb auch genutzt werden, um die Kenntnisse der Schüler zu diesem Zusammenhang zu festigen oder auch zu überprüfen. Die Schüler erleben gleichzeitig, dass mit Wahrscheinlichkeiten zahlreiche Sachverhalte zutreffend beschrieben werden können.

Beispiel

A. Wann ist es wahrscheinlicher, dass es hier bei uns warm ist? Warum?
   ☐ Im Juli
   ☐ Im Dezember

   Antworten von Kindern:
   • „Weil im Juli die Sonne wärmer scheint als im Dezember."
   • „Im Dezember ist Winter und da ist es kalt."

B. Wann bekommst du eher einen Sonnenbrand? Was ist wahrscheinlicher?
   ☐ Beim Fahrradfahren im Oktober
   ☐ An einem sonnigen Sommertag im Juni

   Antworten von Kindern:
   • „Im Oktober ist es eher noch kalt, dagegen im Juni ist es viel sonniger."
   • „Weil es im Juni warm ist und wenn ich ja liege, scheint die Sonne ja auf mich."
   • „Im Oktober ist Herbst und es regnet öfter."

Abb. 2.23 Fressgewohnheiten von Tieren (aus Cordt 2012, S. 109)

1. Was wählt der Hund eher? Was ist wahrscheinlicher? (Knochen, Gurke)

Das Verhalten von Tieren ist ein immer wieder beliebtes Thema im Unterricht insbesondere für Mädchen. Dies bestätigen auch unsere Erfahrungen beim Einsatz eines Arbeitsblattes zu den Fressgewohnheiten von Haustieren, wodurch immer wieder interessante und lustige Diskussionen angeregt wurden (vgl. auch Aufgabe in Abschn. 1.3), die durchaus einen Beitrag zum Verständnis des Wahrscheinlichkeitsbegriffs leisten (Abb. 2.23).

Bei der Aufgabe 1 gab es in einer 2. Klasse unter anderem folgende Begründungen für die Wahl des Knochens:

- „Weil er was zum Kauen braucht, um seine Zähne zu schärfen, und zum Spielen."
- „Weil er sonst Durchfall bekommt."

In einer Klasse erzählte ein Kind, dass es einen Hund kennt, der auch Gurken frisst. Der Lehrerin gelang es, die Kinder davon zu überzeugen, dass die Antwort „Knochen" trotzdem richtig ist. Es geht in der Aufgabe um alle Hunde und nicht um einen speziellen. In der Aufgabenstellung sollte es deshalb besser heißen: „Was wählt ein Hund eher?"

2.6 Beschreiben und Interpretieren von Wahrscheinlichkeiten

2.6.1 Fachliche und fachdidaktische Grundlagen

Nachdem die Kinder unter Verwendung der Wörter „wahrscheinlicher" bzw. „eher möglich" Wahrscheinlichkeiten verglichen haben, kann anschließend zu der Frage übergegangen werden, wie wahrscheinlich ein zu erwartendes Ergebnis ist. Dazu müssen qualitative Beschreibungen von Wahrscheinlichkeiten vereinbart werden. Ein Anknüpfungspunkt ist die umgangssprachliche Verwendung des Wortes „wahrscheinlich". Bereits Kindern in der 1. Klasse ist dieses Wort bekannt. So haben sich in einer 1. Klasse mit 24 Schülern auf die Frage, wer das Wort „wahrscheinlich" noch nie gehört habe, nur sechs Schüler gemeldet. Alle übrigen waren sofort in der Lage, zutreffende Aussagen mit diesem Wort zu formulieren, wie etwa: „Wahrscheinlich wird es morgen regnen." Oder: „Wahrscheinlich wird uns am Wochenende meine Oma besuchen." In dieser Bedeutung des Wortes „wahrscheinlich" wird zum Ausdruck gebracht, dass etwas mit großer Sicherheit eintritt. Nach einer Unterrichtsstunde in der genannten Klasse waren alle Kinder in der Lage, mit dem

Wort umzugehen. Ein Schüler sagte am Schluss der Stunde: „Es ist etwas wahrscheinlich, wenn wir uns nicht ganz sicher sind."

Die Untersuchungen von Cohen und Hansel (1961) bestätigen diese Erfahrungen. 56 britischen Jungen im Alter von 13–14 Jahren sollten beschreiben, was das Wort „wahrscheinlich" im folgenden Satz bedeutet: „Der Richter sagt, dass der Angeklagte wahrscheinlich schuldig ist." 29 von 56 Jungen äußerten sich im Sinne von „sehr wahrscheinlich". Es waren vier der Meinung, dass damit „gewiss" gemeint ist, immerhin 15 hielten es danach nur für wahrscheinlicher, dass der Angeklagte schuldig ist, und acht deuteten die Aussage so, dass die Wahrscheinlichkeit für schuldig oder nicht schuldig gleich groß ist. Die Untersuchungsergebnisse lassen erkennen, dass generalisierende Aussagen zum Begriffsverständnis von Kindern beim Umgang mit Wahrscheinlichkeiten nur mit Einschränkungen zu treffen sind.

Das Wort „wahrscheinlich" für sich ist allerdings kein Fachbegriff der Wahrscheinlichkeitsrechnung und wird im späteren Unterricht nur in Wortverbindungen wie „höchstwahrscheinlich", „sehr wahrscheinlich", „unwahrscheinlich" oder „sehr unwahrscheinlich" verwendet. Man kann deshalb auch nicht von einem „wahrscheinlichen Ergebnis" sprechen (Hasemann und Mirwald 2016, S. 154).

Zur Erklärung der Bedeutung der Wörter „wahrscheinlich" und „unwahrscheinlich" kann die Bedeutung des Wortes „Wahrscheinlichkeit" als Grad der Sicherheit einer Person über das Eintreten eines künftigen Ereignisses verwendet werden (Abschn. 5.2.5). Zum Wort „wahrscheinlich" kann dies mit folgenden Formulierungen zum Ausdruck gebracht werden:

- Es tritt mit großer (ziemlicher) Sicherheit ein.
- Es ist zu erwarten, dass es eintritt.
- Es trifft eher zu.

Das Wort „unwahrscheinlich" kann mit folgenden Formulierungen umschrieben werden:

- Es tritt mit großer (ziemlicher) Sicherheit nicht ein.
- Es ist nicht zu erwarten, dass es eintritt.
- Es trifft weniger zu.

Eine weitere Möglichkeit zur Vermittlung von Bedeutungen der Wörter ist die Verwendung der Häufigkeitsinterpretation des Wahrscheinlichkeitsbegriffs. Dies setzt voraus, dass die Kinder sich Wiederholungen des Vorgangs vorstellen können oder aus Erfahrung kennen. Bei Wahrscheinlichkeitsaussagen über eine Menge von Objekten wie etwa alle Kaninchen und alle Meerschweinchen im Beispiel von Abb. 2.24 bedeutet dies, dass die Aussage für die meisten Objekte (wahrscheinlich) oder nur für wenige (unwahrscheinlich) zutrifft.

Die von uns vorgeschlagenen Bezeichnungen „wahrscheinlich" und „unwahrscheinlich" sind allerdings auch nicht unproblematisch. Ihre umgangssprachliche Verwendung

Abb. 2.24 Beispiel für die Bedeutung von „wahrscheinlich" und „unwahrscheinlich" (aus *Denken und Rechnen*, Arbeitsheft *Daten, Häufigkeit und Wahrscheinlichkeit 1/2*, S. 27; mit freundlicher Genehmigung von © Westermann Gruppe. All Rights Reserved)

und die darauf aufbauenden, von uns vorgeschlagenen Erklärungen beinhalten letztlich eine Einschränkung der möglichen Werte von Wahrscheinlichkeiten auf den Bereich um die Enden der Wahrscheinlichkeitsskala. So würde man bei einem Ergebnis mit einer Wahrscheinlichkeit von 60 % nicht davon sprechen, dass es „mit ziemlicher Sicherheit" eintritt, und bei einem Ergebnis mit einer Wahrscheinlichkeit von 40 % kann man nicht sagen, dass es „sehr selten" eintreten wird.

Ein weiteres Problem bei der Verwendung des Wortes „wahrscheinlich" als qualitative Kategorie ist, dass dann die Frage „Wie wahrscheinlich ist es, dass …?" wenig Sinn macht. Mögliche Antworten auf diese Frage sind ja „wahrscheinlich" oder „unwahrscheinlich", was sprachlich sehr verwirrend ist. Als Konsequenz bleibt nur, auf diese Fragestellung zu verzichten.

Es gibt aber aus unserer Sicht keine allseits befriedigende Lösung für wenige Kategorien zum Schätzen von Wahrscheinlichkeiten im Anfangsunterricht. Wesentlich bessere Möglichkeiten zur qualitativen Schätzung ergeben sich erst mit spezielleren Kategorien im weiterführenden Unterricht.

2.6.2 Unterrichtsvorschläge

Vorgänge im schulischen Bereich
Ein eher seltenes, aber nicht unmögliches Beispiel für den Schulweg enthält die Aufgabe a) in der Abb. 2.25. Auch wenn es die Kinder selbst noch nicht erlebt haben, können sie sich sicher vorstellen, dass so eine Beförderung zur Schule in Ausnahmefällen möglich ist.

Vorgänge im Freizeitbereich
Bei der Entscheidung zur Aufgabe e) in Abb. 2.26 können sich die Kinder einen einmaligen Wurf oder ein wiederholtes Werfen vorstellen. Beim wiederholten Werfen kann es zu einem Trainingseffekt kommen, sodass das Kind nach einer bestimmten Anzahl von Ver-

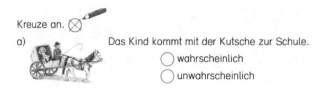

Kreuze an.

a) Das Kind kommt mit der Kutsche zur Schule.

○ wahrscheinlich
○ unwahrscheinlich

Abb. 2.25 Mit der Kutsche zur Schule (aus *Denken und Rechnen*, Arbeitsheft *Daten, Häufigkeit und Wahrscheinlichkeit 1/2*, S. 27; mit freundlicher Genehmigung von © Westermann Gruppe. All Rights Reserved)

e) Das Kind wirft den Ball in den Korb.

○ wahrscheinlich
○ unwahrscheinlich

Abb. 2.26 Ballwerfen über eine Mauer (aus *Denken und Rechnen*, Arbeitsheft *Daten, Häufigkeit und Wahrscheinlichkeit 1/2*, S. 27; mit freundlicher Genehmigung von © Westermann Gruppe. All Rights Reserved)

suchen den Korb mit einer größeren Wahrscheinlichkeit oder auch sogar ziemlich sicher treffen kann. Die Vorstellung eines einmaligen Wurfs ist aus diesen Gründen bei dieser Aufgabe günstiger.

Vorgänge in der Natur

Bei unseren Untersuchungen hat sich das Arbeitsblatt „Wettkampf der Tiere im Zoo" bewährt, das allerdings in der Originalfassung noch die Begriffe „eher wahrscheinlich" und „weniger wahrscheinlich" enthält (Abb. 2.27).

Wettkampf der Tiere im Zoo

Der Zoodirektor hat seine Favoriten. Wie wahrscheinlich sind seine Behauptungen?
Ist das **eher wahrscheinlich oder weniger wahrscheinlich**?
Entscheidet und begründet!

a.) Das Meerschweinchen springt weiter als der Hase.

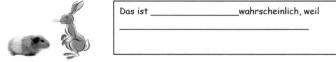

Das ist _____wahrscheinlich, weil
_____

b.) Der Elefant gewinnt beim Tauziehen gegen den Löwen.

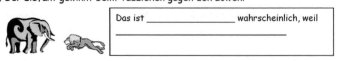

Das ist _____ wahrscheinlich, weil
_____

Abb. 2.27 Wettkampf der Tiere im Zoo (aus Cordt 2012, S. 121)

Als Antworten zu a) wurde von Kindern einer 2. Klasse angegeben: Das Meerschweinchen springt weiter als der Hase, da der Hase krank ist, ein Bein gebrochen oder mit dem Meerschweinchen trainiert hat. In einer 2. Klasse schrieb ein Kind zur Begründung der erwarteten Entscheidung: „. . . weil der Hase starke Hinterbeine hat."

Zur Aufgabe b) wurde als Begründung in der Mehrzahl angegeben, dass der Elefant größer und stärker ist als der Löwe. Es kam aber auch wie in vielen anderen Fällen zu ausgefallenen Ansichten, wie etwa dass sich der Löwe mit seinen Krallen und Zähnen am Tau gut festhalten kann, während es beim Elefanten vom glatten Rüssel leicht abrutschen kann.

2.6.3 Bemerkungen zu anderen Unterrichtsvorschlägen

Die Kategorien „wahrscheinlich" und „unwahrscheinlich" werden auch von Gasteiger (2009) bei ihren Unterrichtsvorschlägen für Experimente in der Jahrgangsstufe 1 verwendet.

Ein häufig auftretendes Problem ist die Einordnung des Begriffs „möglich" bei der Schätzung von Wahrscheinlichkeiten. Das Wort „möglich" wird zusammen mit „sicher" und „unmöglich" in der ersten Phase des Umgangs mit Wahrscheinlichkeiten (vgl. Abschn. 2.4) eingesetzt. Die Kategorien „sicher" und „unmöglich" werden dann auch beim Schätzen von Wahrscheinlichkeiten benötigt. Es scheint für viele Autoren naheliegend zu sein, auch das Wort „möglich" weiterzuverwenden, was aber aus mehreren Gründen nicht sinnvoll ist.

In einigen Unterrichtsvorschlägen wird das Wort „wahrscheinlich" mit „möglich" gleichgesetzt. Dahinter könnte der durchaus richtige Gedanke stehen, dass alles, was möglich ist, auch eine bestimmte Wahrscheinlichkeit besitzt. Es widerspricht allerdings der umgangssprachlichen Verwendung von „wahrscheinlich", wenn auch mögliche Ergebnisse mit sehr kleiner Wahrscheinlichkeit als „wahrscheinlich" bezeichnet werden.

Weiterhin ist es zur Strukturierung der Überlegungen zu stochastischen Vorgängen sinnvoll, wenn Betrachtungen mit unterschiedlichen Zielen und verwendeten Methoden auch sprachlich auseinandergehalten werden. Bei der Bestimmung der möglichen Ergebnisse geht es darum, sich den Ablauf eines Vorgangs vorzustellen und dabei an alle möglichen Ergebnisse zu denken. Überlegungen zu ihrer Wahrscheinlichkeit sind dazu nicht erforderlich und lenken vom Ziel der Betrachtung ab. Wenn die möglichen Ergebnisse bestimmt sind, kann über die Wahrscheinlichkeit ihres Auftretens nachgedacht werden. Damit verbunden sind dann Beschreibungen oder Schätzungen der Wahrscheinlichkeit, ohne dass dabei immer an alle möglichen Ergebnisse gedacht werden muss.

Deshalb ist es auch nicht sinnvoll, bei der Schätzung von Wahrscheinlichkeiten neben „wahrscheinlich" und „unwahrscheinlich" als eine weitere Kategorie „möglich" vorzugeben.

In unseren Unterrichtserprobungen haben wir zunächst zur qualitativen Beschreibung von geschätzten Wahrscheinlichkeiten die Bezeichnungen „weniger wahrscheinlich" und

„eher wahrscheinlich" verwendet. Anstelle von „eher wahrscheinlich" haben wir auch die Formulierung „mehr wahrscheinlich" diskutiert und punktuell erprobt, diese dann aber aus sprachlichen Gründen wieder verworfen. Die Erfahrungen der Lehrpersonen zeigten, dass Schülerinnen und Schüler mit den Formulierungen „weniger wahrscheinlich" und „eher wahrscheinlich" umgehen können, wobei es allerdings auch einige Hinweise darauf gab, dass diese Formulierungen vor allem in 1. oder 2. Klassen nicht von jedem Kind verstanden wurden. Als eine Hilfe gab ein Kollege an, dass „eher wahrscheinlich" gleichbedeutend mit „trifft eher zu" ist und „weniger wahrscheinlich" mit „trifft weniger zu".

Wir haben uns jedoch letztlich aus folgenden Gründen entschieden, die Formulierungen „weniger wahrscheinlich" und „eher wahrscheinlich" nicht mehr zu verwenden: Das Wort „wahrscheinlich" sollte im Unterricht seine Bedeutung behalten, die es auch in der Umgangssprache hat. Es besteht aus fachlicher Sicht keine Notwendigkeit, diese Bedeutung zu verändern. Die Wortverbindungen „weniger wahrscheinlich" und „eher wahrscheinlich" widersprechen aber dieser Bedeutung, da z. B. „weniger wahrscheinlich" bedeuten würde „weniger als mit großer Sicherheit", was die Kinder verwirren könnte. Wir haben uns deshalb entschieden, als qualitative Kategorien im Anfangsunterricht die Bezeichnungen „wahrscheinlich" und „unwahrscheinlich" zu verwenden. Im weiterführenden Unterricht sollten dann feinere Abstufungen eingeführt werden (Abschn. 3.4.1).

2.7 Darstellen von Wahrscheinlichkeiten auf einer Skala

2.7.1 Fachliche und fachdidaktische Grundlagen

Der ungarische Mathematiker und Didaktiker Tamás Varga hatte wohl als Erster die Idee, Wahrscheinlichkeiten auf einer senkrechten Skala, die das Intervall von 0 bis 1 umfasst, darzustellen (Abb. 2.28).

Solche Darstellungen werden als **Wahrscheinlichkeitsstreifen** oder **Wahrscheinlichkeitsskala** bezeichnet. Für die Bezeichnung „Skala" spricht, dass eine Skala ein lineares begrenztes Gebilde ist und damit eher dem zu bezeichnenden Objekt entspricht. Ein Streifen ist ein ebenes, von zwei Parallelen begrenztes und an den Enden eigentlich unbegrenztes geometrisches Objekt. In dieser Bedeutung wird er auch im Geometrieunterricht behandelt. Für die Bezeichnung „Streifen" spricht, dass die gegenständlichen Formen (endliche) Streifen sind und für die Kinder das Wort „Skala" eher schwierig ist. Wir halten beide Bezeichnungen für möglich, werden aber im Folgenden immer von einer Skala sprechen.

Abb. 2.28 Wahrscheinlichkeitsskala nach Tamás Varga (aus Varga 1972, S. 354)

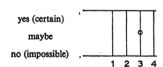

Abb. 2.29 Schülerin mit Lineal und markierte Wahrscheinlichkeitsschätzung

Zur möglichst einfachen gegenständlichen Repräsentation einer solchen Skala hat sich in unseren Untersuchungen die Verwendung eines Schülerlineals, möglichst mit einer Länge von 30 cm, oder eines entsprechenden Streifens aus steifer Pappe bewährt. Die Schätzwerte können dann mithilfe einer Wäscheklammer oder Büroklammer markiert werden (Abb. 2.29).

Diese Skala sollte stets in der senkrechten Lage gehalten und bei einer zeichnerischen Darstellung auch senkrecht gezeichnet werden. Zur zeichnerischen Darstellung ist eine Strecke ausreichend. Diese senkrechte Lage verhindert Probleme im Zusammenhang mit der Rechts-Links-Orientierung. Außerdem können bei einer waagerechten Lage leicht Verwechslungen der beiden Enden der Skala erfolgen. Eine solche senkrechte Lage ist auch mit Blick auf den Unterricht in den Sekundarstufen von Vorteil. So werden bei grafischen Darstellungen von Wahrscheinlichkeitsverteilungen die Wahrscheinlichkeiten stets auf der y-Achse angetragen.

Eine solche enaktive Darstellung der Wahrscheinlichkeitsskala ermöglicht es, durch Hochhalten der Lineale einen schnellen Vergleich der Ergebnisse in der Klasse vorzunehmen (Abb. 2.30).

Zur Markierung der Werte „sicher" und „unmöglich" hat es sich in unseren Erprobungen bewährt, die Klammer jeweils nicht an der Seite, sondern von oben oder von unten am Lineal festzumachen. Damit wird einerseits die Darstellung eindeutig, da man ansonsten die Markierung mit „fast sicher" oder „fast unmöglich" verwechseln könnte. Andererseits wird auch sehr schön deutlich, dass es sich bei diesen beiden Markierungen um Sonderfälle handelt.

Abb. 2.30 Kinder einer Klasse präsentieren ihre Ergebnisse einer Wahrscheinlichkeitsschätzung

Abb. 2.31 Wahrscheinlichkeitsleiter mit Frosch

In unseren Erprobungen in den Fortbildungsveranstaltungen haben wir im Rahmen der allegorischen Frosch-Geschichte zu Beginn die Bezeichnung **Wahrscheinlichkeitsleiter** verwendet und diese auch bildlich dargestellt (Abb. 2.31).

Der Einsatz einer solchen Darstellung setzt voraus, dass man mit den Kindern zunächst über die anthropomorphe Figur eines Wetterfrosches und sein Steigen auf einer Leiter spricht. Dies sollte an Beispielen zu aktuellen Wettervorhersagen verdeutlicht werden, es kann sonst zu Missverständnissen kommen.

Zur ikonischen Darstellung der Skala ist eine vertikal liegende Strecke ausreichend, auf der Wahrscheinlichkeitsschätzungen mit einem Strich oder Kreuz markiert werden. Ein

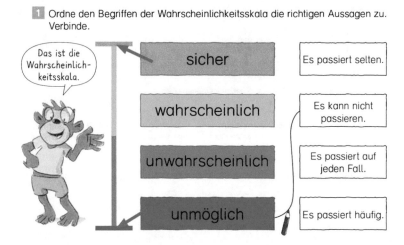

Abb. 2.32 Ikonische Darstellung einer Wahrscheinlichkeitsskala mit Schätzwerten (aus *Denken und Rechnen*, Arbeitsheft *Daten, Häufigkeit und Wahrscheinlichkeit 1/2*, S. 30; mit freundlicher Genehmigung von © Westermann Gruppe. All Rights Reserved)

Kreuz hat den Vorteil, dass es auch über die Markierungen für „sicher" und „unmöglich" gezeichnet werden kann.

Die Bereiche für die Schätzwerte „wahrscheinlich" und „unwahrscheinlich" sind jeweils die Hälfte der Strecke. Der Mittelpunkt der Strecke sollte noch nicht beschriftet werden. Dies sollte erst im weiterführenden Unterricht erfolgen. Eine Beschreibung der vier Schätzwerte ist wieder mit der Häufigkeitsinterpretation des Wahrscheinlichkeitsbegriffs möglich (Abb. 2.32).

2.7.2 Unterrichtsvorschläge

Zur Übung des Umgangs mit der Skala sind die formalen Aufgaben in Abb. 2.33 geeignet.

Vorgänge in der Natur

Aus dem Sachunterricht kennen die Kinder die Entstehung eines Regenbogens und wissen, dass er bei Sonne und Regen gesehen werden kann. Wir haben bei unseren Untersuchungen Kindern auch die Frage vorgelegt, wann man eher einen Regenbogen sehen kann, ob bei Sonne und Regen oder bei Regen und Sturm, und erhielten fast nur richtige Antworten. Die Kinder wissen auch aus Erfahrung, dass man nicht jedes Mal bei Regen und Sonne einen Regenbogen sieht. Die Antwort auf die Frage in der Aufgabe c) von Abb. 2.34 ist also wahrscheinlich, aber nicht sicher.

In der Aufgabe von Abb. 2.35 müssen die Kinder ihre Kenntnisse und Vorstellungen zum Fressverhalten von Hasen anwenden. Es ist wahrscheinlich, dass Hasen Gras mögen,

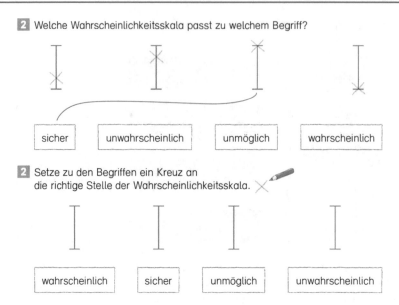

2 Welche Wahrscheinlichkeitsskala passt zu welchem Begriff?

| sicher | unwahrscheinlich | unmöglich | wahrscheinlich |

2 Setze zu den Begriffen ein Kreuz an
die richtige Stelle der Wahrscheinlichkeitsskala.

| wahrscheinlich | sicher | unmöglich | unwahrscheinlich |

Abb. 2.33 Formale Aufgaben zur Wahrscheinlichkeitsskala (aus *Denken und Rechnen*, Arbeitsheft *Daten, Häufigkeit und Wahrscheinlichkeit 1/2*, S. 30; mit freundlicher Genehmigung von © Westermann Gruppe. All Rights Reserved)

c)

> Wenn es regnet und die Sonne
> scheint, sehe ich einen Regenbogen.

Das ist _____ , weil _____

_____ .

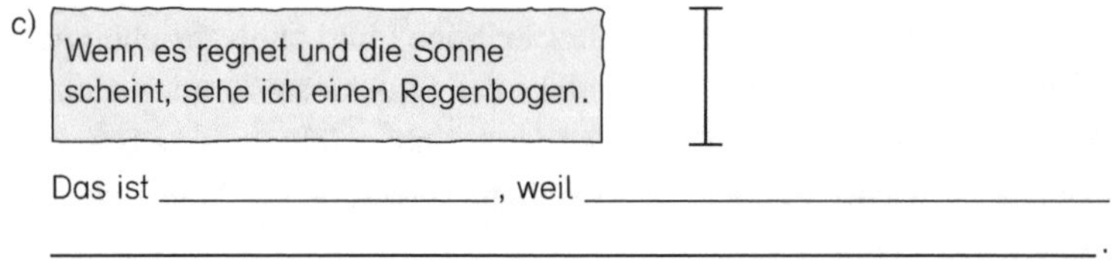

Abb. 2.34 Entstehung eines Regenbogens (aus *Denken und Rechnen*, Arbeitsheft *Daten, Häufigkeit und Wahrscheinlichkeit 1/2*, S. 33; mit freundlicher Genehmigung von © Westermann Gruppe. All Rights Reserved)

b)

> Hasen mögen Gras.

Das ist _____ , weil _____

_____ .

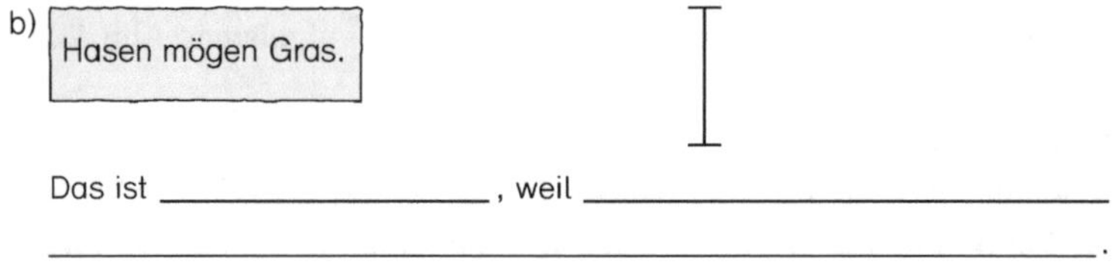

Abb. 2.35 Futterverhalten von Hasen (aus *Denken und Rechnen*, Arbeitsheft *Daten, Häufigkeit und Wahrscheinlichkeit 1/2*, S. 33; mit freundlicher Genehmigung von © Westermann Gruppe. All Rights Reserved)

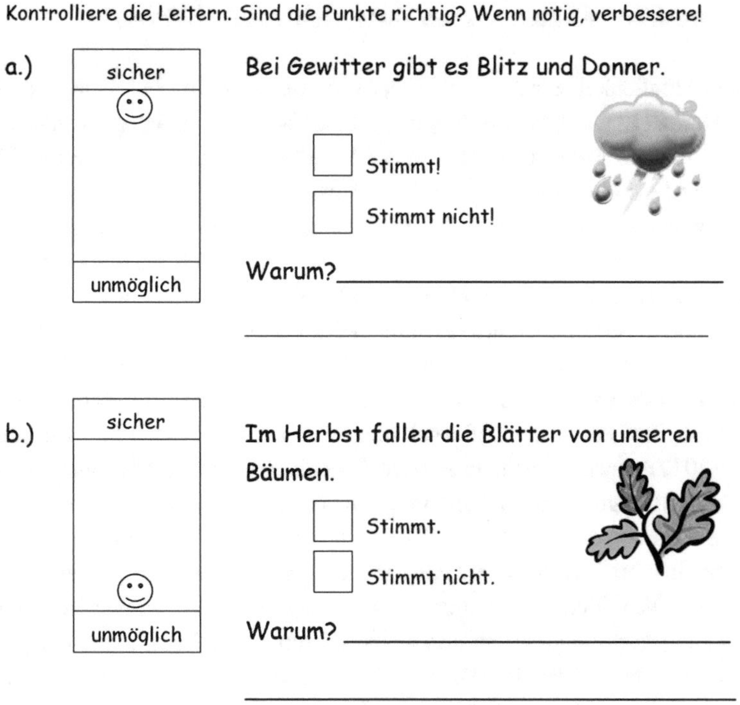

Kontrolliere die Leitern. Sind die Punkte richtig? Wenn nötig, verbessere!

a.)

sicher
☺
unmöglich

Bei Gewitter gibt es Blitz und Donner.

☐ Stimmt!

☐ Stimmt nicht!

Warum?_____

_____

b.)

sicher
☺
unmöglich

Im Herbst fallen die Blätter von unseren Bäumen.

☐ Stimmt.

☐ Stimmt nicht.

Warum? _____

_____

Abb. 2.36 Bewerten von Schätzungen (aus Cordt 2012, S. 162)

da sie reine Pflanzenfresser sind. Ob es auch „sicher" ist, ist aus folgenden Gründen eher auszuschließen. Die Aussage beinhaltet nämlich auch die Frage nach einer Bevorzugung von Gras durch Hasen. Da Hasen ebenfalls Kräuter, Beeren, Baumrinde, Samen und andere pflanzliche Teile fressen, lässt sich die Frage kaum beantworten, ob sie Gras wirklich mögen. Kinder sind auch oft sehr wählerisch und mögen vieles nicht essen. Denkt man dann noch an die Schneehasen, die kaum Gras finden, kann die Antwort nicht „sicher" sein.

Bei den beiden Aufgaben in Abb. 2.36 müssen die Kinder ebenfalls ihre Kenntnisse zu Naturvorgängen anwenden. Blitz und Donner fallen bei einem Gewitter zwar immer zusammen, aber in einiger Entfernung kann man auch nur den Blitz in der Ferne sehen und keinen Donner hören oder auch nur Donner hören und keinen Blitz sehen.

Die Eintragung bei b) ist zutreffend, löst aber auch Diskussionen aus. Blätter können bereits im Spätsommer und auch noch im Winter von den Bäumen fallen.

2.7.3　Bemerkungen zu anderen Unterrichtsvorschlägen

Eine weitere Möglichkeit zur enaktiven Darstellung einer Wahrscheinlichkeitsskala haben Klunter et al. (2011, S. 89) vorgeschlagen. In einen Streifen aus Pappe werden mit einem Locher zwei Löcher gestanzt, die man mit „sicher" und „unmöglich" beschriftet. Durch die Löcher wird ein Gummiband gezogen, das man auf der Rückseite verknotet. Auf der Vorderseite wird mit einem Stift auf dem Gummiband eine Markierung so angebracht, dass man sie mithilfe des Knotens auf der Rückseite von oben bis unten bewegen kann. Auf diese Weise können dann die Wahrscheinlichkeitsschätzungen von den Kindern dargestellt und durch Verschieben des Gummibandes leicht verändert werden. Klunter et al. (2011) bezeichnen die von den Kindern selbst zu bastelnden Objekte als Wahrscheinlichkeitsbarometer. Das Wort „Barometer" dürfte den Kindern eher unbekannt sein und trifft auch inhaltlich nicht zu, da der Luftdruck nicht in einem begrenzten Intervall schwankt.

Geißler (2017) verwendete in ihrem Unterricht einen Papierstreifen, auf dem eine Skala mit den Beschriftungen „unmöglich" und „sicher" gezeichnet ist, sowie Wäscheklammern zur Markierung der geschätzten Wahrscheinlichkeit. Die Farbe der Wäscheklammern stimmte in günstiger Weise mit der Farbe der Sektoren auf den verwendeten Glücksrädern überein. Die Glücksräder hatten nur grüne und weiße Felder und die Kinder mussten jeweils gleichzeitig eine grüne und weiße Klammer zur Markierung der geschätzten Wahrscheinlichkeiten verwenden. Dies ist nicht günstig und kann aufgrund der folgenden Tatsachen zu Problemen führen. Mit einer Klammer ist bereits die Situation vollständig beschrieben. Die zweite Klammer muss dann im gleichen Abstand von dem anderen Endpunkt der Skala wie die erste Klammer angebracht werden. Wenn die Wahrscheinlichkeiten für beide Ergebnisse gleich sind, müssten die Klammern übereinander oder auf beiden Seiten des Streifens befestigt werden.

Zur gegenständlichen Arbeit mit einer Wahrscheinlichkeitsskala ist es naheliegend, Objekte aus den üblicherweise mitgeführten Schulmaterialien zu verwenden. Neben den von uns vorgeschlagenen Linealen sind auch Stifte geeignet. Es sollte sich aber nicht um angespitzte Bleistifte oder Buntstifte handeln, da dann eine Markierung an dem angespitzten Ende kaum möglich ist.

Es gibt unterschiedliche Vorschläge zur Beschriftung und Lage einer Wahrscheinlichkeitsskala. Bei allen Vorschlägen werden die Enden der Skala mit „sicher" bzw. „unmöglich" beschriftet. Wenn die Skala horizontal liegt, gibt es Unterschiede hinsichtlich der Orientierung der Skala von links (unmöglich) nach rechts (sicher) oder umgekehrt. Mit Blick auf die spätere Quantifizierung der Wahrscheinlichkeit und die Anordnung der Zahlen auf dem Zahlenstrahl sollte die Markierung für „unmöglich" (später die Zahl 0) immer links liegen. Wir schlagen aber generell eine vertikale Lage der Skala vor.

Bei manchen Vorschlägen werden alle Werte der Skala mit „wahrscheinlich" bezeichnet, was oft noch als gleichbedeutend mit „möglich" angesehen wird. Während „möglich" zutreffend ist, widerspricht die Art der Bezeichnung mit „wahrscheinlich" der Bedeutung dieses Wortes als „ziemlich sicher" (Abschn. 2.6.1).

Spindler (2010) verwendet auf ihrer vierstufigen Skala anstelle von „wahrscheinlich" die Kategorie „fast sicher", da nach ihrer Auffassung in der Umgangssprache „wahrscheinlich" im Sinne von „fast sicher" verwendet und in der Mathematik jedes Ereignis als wahrscheinlich bezeichnet werde. Im Alltag hat das Wort „wahrscheinlich" eher die Bedeutung von „sehr wahrscheinlich" und weniger von „fast sicher". Es trifft nicht zu, dass in der Mathematik jedes Ereignis als wahrscheinlich bezeichnet wird, sondern jedes Ereignis hat eine bestimmte Wahrscheinlichkeit. Die vierstufige Skala von Spindler enthält die Kategorien „sicher", „fast sicher", „eher unwahrscheinlich" und „unmöglich". Diese Skala hat den Nachteil, dass es Lücken für bestimmte qualitative Einschätzungen gibt.

2.8   Untersuchen des Einflusses von Bedingungen auf die Wahrscheinlichkeit von Ergebnissen

2.8.1   Fachliche und fachdidaktische Grundlagen

Die Wahrscheinlichkeit eines Ergebnisses hängt immer von den Bedingungen des Vorgangs ab. Für die Prognose des Wetters von morgen sind das aktuelle Wetter und die allgemeine Wetterlage wesentliche Bedingungen. Die Wahrscheinlichkeit für die Note einer Schülerin bei einem 60-Meter-Lauf hängt von ihren Lauffähigkeiten, der Tagesform und den Windbedingungen ab. Beim Ziehen einer Kugel aus einem Behälter ist die Zusammensetzung der Kugeln im Behälter die entscheidende, aber auch einzige Bedingung für die Wahrscheinlichkeit, eine Kugel einer bestimmten Farbe zu ziehen.

Bei den bisherigen Unterrichtsvorschlägen zum Vergleichen, Beschreiben und Schätzen von Wahrscheinlichkeiten spielte dies ebenfalls eine Rolle, wurde aber nur an Beispielen thematisiert wie etwa bei unseren Bemerkungen zu angeblich unmöglichen Ergebnissen (Abschn. 2.4.3). Wir haben öfter erlebt, dass Kinder bei diesen Aufgaben viel Fantasie entwickelten, um Bedingungen zu finden, unter denen die von der Lehrperson erwarteten Antworten nicht zutreffen. So hatte ein immer sehr auffälliger Schüler bei der Markierung der Wahrscheinlichkeit für die Tatsache, dass es zum Geburtstag Geburtstagskuchen gibt, als Einziger seine Klammer sehr weit unten befestigt. Daraufhin – wie von ihm erwartet – angesprochen sagte er, dass er sich auf alle Kinder in der Welt bezieht, von denen nur die wenigsten einen Geburtstagskuchen bekommen.

Die Rolle von Bedingungen wird dann besonders deutlich, wenn die Auswirkungen der Veränderung von Bedingungen auf die Wahrscheinlichkeit von Ergebnissen untersucht werden. Wenn eine Schülerin in einem Sportclub ein intensives Lauftraining absolviert, wird die Wahrscheinlichkeit für eine gute Note beim nächsten 60-Meter-Lauf größer. Solche Betrachtungen haben enge Bezüge zum Beschreiben von Zusammenhängen in den Natur-, aber auch in anderen Wissenschaften.

2.8.2 Unterrichtsvorschläge

Vorgänge im familiären Alltag

Bei unseren Untersuchungen wurden die Kinder mit folgender fiktiver Geschichte in der Rahmenhandlung von Kalle dem Wetterfrosch konfrontiert (Cordt 2012, S. 119):

> Einmal kam eine alte Frau zu ihm (Kalle, dem Wetterfrosch, d. Verf.) und fragte: „Wie wahrscheinlich ist es, dass mein Enkel Lutzi mich am Wochenende besuchen kommt? Er war schon länger nicht mehr zu Besuch!" Kalle fand diese Frage sehr schwer. Die Frau wurde schon ungeduldig: „Mach schon, Frosch, ich muss wissen, ob ich einen Kuchen backen muss. Mein Lutzi liebt Kuchen! Wenn er kommt, dann muss ich einen Kuchen backen, wenn nicht, wäre der Kuchen umsonst." Kalle überlegte sehr lange. Warum sollte Lutzi zur Oma kommen? Fällt euch etwas ein? . . .
>
> Und welche Gründe gibt es, dass Lutzi es dieses Wochenende nicht zur Oma schafft?

Den Kindern einer 2. Klasse hat diese Geschichte viel Spaß gemacht. Es wurden viele Ideen geäußert, ob Lutzi kommt oder nicht und warum er kommt oder nicht kommt. Es gab Antworten wie z. B.: „Bei Oma macht es immer mehr Spaß", oder: „Mama und Papa haben nie Zeit, also schicken sie mich zu Oma." Auch warum er vielleicht nicht kommen könnte, haben die Kinder versucht herauszufinden: „Oma wohnt so weit weg." „Lutzi ist schon mit Freunden verabredet." „Seine Eltern haben was anderes vor." „Lutzi mag seine Oma nicht."

Auch in der Aufgabe von Abb. 2.37 geht es um das Finden von Gründen für eine Wahrscheinlichkeitsschätzung.

Ein Aufgabentyp, der auch im Anschluss an die Behandlung der Begriffe „möglich", „unmöglich" und „sicher" eingesetzt werden kann, besteht darin, durch Veränderung von

Emil möchte seine Oma besuchen. Seine Mutter sagt, es ist **wahrscheinlich**, dass er mit dem Fahrrad fährt.

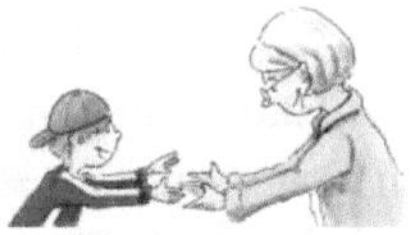

1 Warum schätzt seine Mutter das so ein? Finde passende Gründe und kreuze an. ⊗

Emil fährt gerne Fahrrad.	○	Zur Oma fährt man einen sehr langen Radweg.	○
Emils Fahrrad ist kaputt.	○	Das Fahrrad hat Emil zum Geburtstag bekommen.	○
Draußen scheint die Sonne.	○	Er regnet sehr stark.	○

Abb. 2.37 Gründe für ein wahrscheinliches Ergebnis (aus *Denken und Rechnen*, Arbeitsheft *Daten, Häufigkeit und Wahrscheinlichkeit 1/2*, S. 34; mit freundlicher Genehmigung von © Westermann Gruppe. All Rights Reserved)

Bedingungen Schätzwerte für Wahrscheinlichkeiten in vorgegebener Weise zu ändern (Cordt 2012, S. 144).

Was muss sich ändern?

1. „Es ist unmöglich, dass ich morgen Früh Orangensaft trinke, denn meine Mutti hat keinen gekauft."
   a. Was muss sich ändern, damit es möglich wird?
   b. Was muss sich ändern, damit es sicher ist?
2. „Es ist möglich, dass ich das Spielzeug, das ich mir so wünsche, zum Geburtstag bekomme."
   a. Was muss sich ändern, damit es unmöglich wird?
   b. Was muss sich ändern, damit es sicher ist?

Mögliche Antwort zu 1a: „Mutti hat Orangensaft gekauft."

Mögliche Antwort zu 1b: „Es ist nur Orangensaft da. Es gibt nichts anderes zu trinken."

Mögliche Antwort zu 2a: „Das Spielzeug gibt es nicht mehr zu kaufen."

Mögliche Antwort zu 2b: „Ich habe es schon zu Hause gesehen."

In der folgenden Aufgabe geht es um Bedingungen für eine Wetterprognose.

Schnee zu Ostern

Jemand sagt, in diesem Jahr wird zu Ostern bei uns Schnee liegen. Unter welchen Bedingungen ist dies

A. sicher?
B. wahrscheinlich?
C. unwahrscheinlich?
D. unmöglich?

Bei dieser Aufgabe müssen die Kinder auf die Idee kommen, dass der Ort, für den die Aussage getroffen wird, von Bedeutung ist. In der Arktis oder im Hochgebirge ist es sicher, im hohen Norden wahrscheinlich, in Mitteleuropa unwahrscheinlich und in der Sahara unmöglich, dass zu Ostern Schnee liegt.

Vorschläge für Ziele und Inhalte im weiterführenden Unterricht

▶ Sowohl im Bereich der Statistik als auch im Bereich der Entwicklung des Wahrscheinlichkeitsbegriffs wurden im Kap. 2 die Kompetenzen dargestellt, die wesentliche Voraussetzungen für den Unterricht in der Orientierungsstufe sind. Im folgenden Kapitel unterbreiten wir aufbauend auf diesen Grundlagen Vorschläge für den weiterführenden Unterricht in der Primarstufe.

Im Bereich der Statistik geht es vor allem um die Festigung und Erweiterung des Wissens und Könnens im Lesen und Erstellen von Diagrammen. Bei einfachen statistischen Untersuchungen können erste Vorstellungen zum Planen und Durchführen solcher Untersuchungen gesammelt werden. Die Vorschläge zu statistischen Kenngrößen sind zur Erweiterung und Differenzierung gedacht. Die Vorschläge im Umgang mit Wahrscheinlichkeiten betreffen die Festigung der Kompetenzen im Vergleichen, Schätzen und Darstellen von Wahrscheinlichkeiten sowie dem Erkennen des Einflusses von Bedingungen. Weiterhin unterbreiten wir Vorschläge zu Experimenten mit Glücksspielgeräten. Die Vorschläge zu Daten und Wahrscheinlichkeiten sowie zu Wahrscheinlichkeiten unbekannter Zustände dienen der Erweiterung und Differenzierung des Wissens und Könnens.

3.1 Statistische Untersuchungen planen und durchführen

3.1.1 Fachliche und fachdidaktische Grundlagen

Statistische Untersuchungen spielen heute in vielen Bereichen eine wichtige Rolle. Telefonumfragen zum Verkaufsverhalten, Wählerbefragungen, Messungen von Verkehrsströmen oder von Umweltbelastungen sind ein ständiger Begleiter des Lebens der Bürgerinnen und Bürger in der heutigen Gesellschaft. Grundlegende Kenntnisse zu den Problemen der Planung, Durchführung und Auswertung solcher Untersuchungen gehören deshalb zur Allgemeinbildung. Bereits in der Primarstufe können Schülerinnen und Schüler an diese

© Springer-Verlag GmbH Deutschland, ein Teil von Springer Nature 2019
H.-D. Sill, G. Kurtzmann, *Didaktik der Stochastik in der Primarstufe*,
Mathematik Primarstufe und Sekundarstufe I + II,
https://doi.org/10.1007/978-3-662-59268-7_3

Probleme und dabei auftretende Schwierigkeiten herangeführt werden. Entgegen landläufigen Vorstellungen handelt es sich bei der Planung und Durchführung einer statistischen Untersuchung um ein sehr anspruchsvolles Thema. Dies kann man schon daran erkennen, dass in den zahlreichen Meinungsforschungsinstituten Wissenschaftler aus der Statistik, der Psychologie und den Sozialwissenschaften an der Erarbeitung solcher Untersuchungen beteiligt sind.

Statistikunterricht kann sich nicht darauf beschränken, aus einer Strichliste eine Tabelle anzufertigen oder Daten aus einer Tabelle in ein Diagramm zu überführen. Wenn die Kinder selbst eine Datenerhebung durchführen, erlangen sie ein besseres Verständnis für Diagramme und Tabellen. Dazu gehört auch, dass sie in der Lage sind, die ermittelten Daten zu hinterfragen. Der Lehrerin Carolin Happel ist zuzustimmen, wenn sie feststellt: „Es macht einen großen Unterschied, ob ich ein Diagramm dazu erstellen soll, welche Klasse meiner Schule die meisten Stunden vor dem Computer verbringt, oder ob ich den Jahresbedarf an Kakao einer fiktiven Schule darstellen soll." (Happel 2016, S. 25)

Es können drei Arten statistischer Untersuchungen unterschieden werden.

Durchführen von Befragungen

Bei Befragungen werden bei Personen mithilfe eines Frageschemas, meist eines Fragebogens, die Ausprägungen bestimmter Eigenschaften wie Einstellungen oder Kenntnisse ermittelt. Weiterhin wird versucht, möglichst viele Bedingungen zu erfassen, die Einfluss auf die Entstehung dieser Eigenschaften haben, wie etwa das Geschlecht oder bestimmte Lebensumstände.

In der Primarstufe können Befragungen zu Themen durchgeführt werden, die besondere Vorlieben der Kinder betreffen, wie etwa das Lieblingstier, die Lieblingssportart, das Lieblingsessen oder die Lieblingsfächer. Auch die Bestimmung der Masse der Schultaschen der Kinder hat den Charakter einer Befragung, auch wenn die Masse zunächst mit einem entsprechenden Messgerät ermittelt werden muss.

Die Befragungen sollten nur in der Klasse erfolgen, da dann über die Bedingungen der Entstehung dieser Vorgänge wie etwa die Wohnumgebung, die vorhandenen Haustiere oder Sportangebote im Ort gesprochen werden kann.

Beobachten von Vorgängen

Bei Beobachtungen werden bei ablaufenden Vorgängen die Ausprägungen bestimmter Merkmale und einzelner Bedingungen des Vorgangs erfasst. So kann der Straßenverkehr vor einer Schule bezüglich nachfolgender Merkmale beobachtet werden: Anzahl und Art der vorbeifahrenden Fahrzeuge, Farbe der vorbeifahrenden Pkw oder das Verkehrsverhalten der Fahrzeugführer. Als Bedingungen für die Ausprägung der Merkmale können der Wochentag und die Uhrzeit ermittelt werden.

Als Beobachtungen sind in der Primarstufe auch Wetterbeobachtungen, das Bestimmen der Schlafdauer, von Laub oder Früchten auf dem Waldboden im Herbst oder von Pflanzen auf einer Wiese im Frühjahr oder das Bestimmen der Farbverteilung in Gummibärchentüten möglich.

Durchführen von Experimenten

Bei Experimenten werden Vorgänge unter kontrollierten Bedingungen durchgeführt und nach Ablauf der Vorgänge die Ausprägung bestimmter Merkmale untersucht. Beispiele sind das Erproben von Unterrichtsmethoden oder medizinische Experimente zur Wirksamkeit von Medikamenten. In der Primarstufe sind Experimente zu stochastischen Vorgängen im Glücksspielbereich möglich (vgl. Abschn. 3.4.2.6). Die Bedingungen dieser Vorgänge sind leicht zu kontrollieren, die Vorgänge nur von kurzer Dauer und die Ergebnisse einfach zu erfassen. Weiterhin sind Experimente im Zusammenhang mit dem Sachunterricht zum Wachstum von Pflanzen unter verschiedenen Bedingungen möglich.

Es gibt eine große Anzahl möglicher statistischer Untersuchungen, die man in der Primarstufe durchführen kann. Da eine solche Untersuchung immer mit einem erheblichen Zeitaufwand verbunden ist und deshalb auch nur wenige im Unterricht durchgeführt werden können, sollte bei der Auswahl der Untersuchungen beachtet werden, dass alle Phasen einer statistischen Untersuchung durchlaufen werden können. Statistische Untersuchungen können als ein kreisförmiger Prozess aufgefasst werden, der aus folgenden Phasen besteht, die zyklisch durchlaufen werden (Wild und Pfannkuch 1999; Sachs 2006):

1. Bestimmen eines Problems und einer sich daraus ergebenden Fragestellung, die durch eine statistische Untersuchung bearbeitet werden kann

Die Bestimmung des Problems der Untersuchung sollte mit den Schülerinnen und Schülern gemeinsam erfolgen. Das Problem muss die Mehrzahl der Schülerinnen und Schüler interessieren. Günstig ist, zunächst eine Sammlung von Fragen durchzuführen, die die Kinder beantworten möchten. Dann muss durch die Lehrkraft das Interesse der Schüler auf die Fragen gelenkt werden, die einen vollständigen Ablauf aller Phasen einer statistischen Untersuchung gestatten. Dabei geht es insbesondere um die 5. Phase der Untersuchung, das Ziehen von Schlussfolgerungen und die eventuelle Planung weiterer Untersuchungen.

In der Primarstufe ist es sinnvoll, nur Daten innerhalb des Klassenrahmens zu erfassen, da dann die Bedingungen zur Entstehung der Daten am besten bekannt sind bzw. diskutiert werden können. Untersuchungen über den Klassenrahmen hinaus wie etwa der Wasserverbrauch in einer Schule oder Verkehrsbeobachtungen sind mit einem größeren Aufwand verbunden und lassen sich schwieriger hinterfragen.

Da es bei den folgenden Befragungen unserer Meinung nach kaum möglich ist, Schlussfolgerungen zu ziehen oder nach Ursachen für die Ergebnisse zu suchen, sollten sie nicht durchgeführt werden:

- Persönliche Merkmale wie Augenfarbe, Haarfarbe, Länge des kleinen Fingers
  Diese Persönlichkeitsmerkmale hängen zwar mit den entsprechenden Merkmalen der Eltern und Großeltern zusammen, aber diese Zusammenhänge sind nicht eindeutig. Sie überschreiten den Klassenrahmen und den Persönlichkeitsschutz der Eltern.
- Lieblingsfarben
  Für Lieblingsfarben lassen sich kaum Ursachen finden.
- Geburtsmonat

Die Erfassung der Geburtsmonate ist zum Erstellen eines Geburtstagskalenders in einer Klasse durchaus sinnvoll. Eine Hinterfragung dieser Daten führt aber dann in den persönlichen Bereich, da es um den Zeitraum der Zeugung des Kindes geht und damit um heikle familiäre Fragen.

Ein weiteres Ausschlusskriterium für Fragestellungen sind Fragen, die zu einer Diskriminierung einzelner Schüler oder auch anderer Personen führen. Dazu gehören folgende Fragen:

- Fragen zum familiären Bereich wie:
  - Wie kommst du zur Schule?
  - Welche Haustiere habt ihr?
  - Wie viele Geschwister hast du?
  - Was isst du zum Frühstück?
  - Wie viel Taschengeld bekommst du?
  - Wie viele Zimmer sind in deiner Wohnung?
  - Welche und wie viele Müllbehälter sind in deiner Wohnung?
- Fragen zu sensiblen Körperdaten wie Körperlänge, Schuhgröße, Körpermasse
- Fragen nach dem Lieblingslehrer oder den Freunden in der Klasse

2. Planung der Untersuchung

Wenn eine Befragung geplant wird, muss mit den Kindern entschieden werden, ob die Befragung mündlich oder schriftlich durchgeführt werden soll. In beiden Fällen müssen geeignete Fragestellungen entwickelt werden. Es gibt zwei grundlegend verschiedene Arten von Fragen, nämlich offene und geschlossene Fragen. Beide Arten haben Vor- und Nachteile.

Bei einer offenen Fragestellung gibt es keine vorgegebenen Antwortmöglichkeiten. Wenn eine Untersuchung zu den Lieblingstieren der Kinder durchgeführt werden soll, lautet die entsprechende offene Fragestellung: „Was ist dein Lieblingstier?" Bei einer solchen Fragestellung kann es passieren, dass von den 24 Kindern einer Klasse 24 verschiedene Antworten kommen. Der Nachteil dieser Fragestellung ist, dass anschließend eine statistische Auswertung in einer Tabelle oder einem Diagramm nicht möglich ist, ohne eine entsprechende Klassifizierung der Antworten vorzunehmen. So könnte man eine Zusammenfassung der einzelnen Tiere zu folgenden Tiergruppen vornehmen: Haustiere oder Zootiere; Säugetiere, Vögel oder Kriechtiere; Tiere mit vier, mit zwei oder gar keinen Beinen. Eine solche Klassifizierung müsste durch die Lehrperson erfolgen. Der Vorteil einer solch offenen Frage ist aber, dass sich jedes Kind ernst genommen fühlt und auch begründen kann, weshalb das Tier sein Lieblingstier ist. Offene Fragestellungen dienen dazu, einen Katalog mit geschlossenen Fragen zu entwickeln.

Bei einer geschlossenen Frage gibt es vorgegebene Antwortmöglichkeiten. Bei einer Untersuchung zu Lieblingstieren kann man den Kindern neun Tiere möglichst als Bild vorgeben und fragen, welches dieser Tiere sie am liebsten mögen. Eine solche geschlossene Frage setzt voraus, dass man sich auf eine bestimmte Gruppe von Objekten beschränkt. Im Fall der Lieblingstiere könnten es Zootiere, Haustiere oder Waldtiere sein. Der Nachteil dieser geschlossenen Fragestellung ist, dass dann nicht jedes Kind sein eigentliches Lieblingstier angeben kann.

Es ist zu empfehlen, die Befragung in der Klasse durchzuführen, damit bei der Auswertung der Daten die konkreten Bedingungen in der Klasse beachtet werden können. Befragungen in einer anderen Klasse oder gar der Schule sind sehr aufwendig und die Auswertung der Daten ist sehr anspruchsvoll, da die Kinder kaum die konkreten Bedingungen in anderen Klassen einschätzen können.

Bei statistischen Untersuchungen muss unterschieden werden, ob es sich um eine Vollerhebung oder eine Stichprobenerhebung handelt. Eine Befragung in einer Klasse kann als beides angesehen werden. Als Vollerhebung ist die statistische Grundgesamtheit die Klasse selbst und es können nur Aussagen über die Situation in dieser Grundgesamtheit erfolgen. Als Stichprobe handelt es sich um eine sogenannte Klumpenstichprobe. Aus der Menge aller Klassen eines Jahrgangs wird eine Klasse oder auch mehrere Klassen als Stichprobe ausgewählt. Um Schlussfolgerungen für die Grundgesamtheit, in diesem Fall die Menge aller Klassen eines Schuljahrgangs, einer Stadt oder eines Landes, zu ziehen, müssen die besonderen Bedingungen in der Stichprobe, also der jeweiligen Klasse, mit erfasst und beachtet werden. Um dieses Problem Kindern in der Primarstufe zu verdeutlichen, kann die Frage gestellt werden, ob man aus den Ergebnissen der Befragung in der Klasse Schlussfolgerungen für andere Klassen ziehen kann.

3. Erfassung der Daten
Die Erfassung der Daten kann an der Tafel erfolgen, indem jeder Schüler nach vorne geht und sein Ergebnis in eine vorbereitete Tabelle einträgt. Dies kann auch der Lehrer auf Zuruf der Schüler machen. Eine weitere Möglichkeit ist die Entwicklung eines Arbeitsplatzes, auf dem jeder Schüler seine Daten einträgt. Wenn jeder Schüler eine sogenannte Datenkarte erhält, auf der er die Antworten auf die Fragen einträgt, kann mit diesen Datenkarten dann bei der Auswertung der Daten direkt gearbeitet werden, um z. B. ein Säulendiagramm zu erstellen.

4. Aufbereitung und Auswertung der Daten
Bei der Aufbereitung und Auswertung der Daten geht es um die Anfertigung von Tabellen und Diagrammen, worauf hier nicht weiter eingegangen wird. Bei der Planung einer statistischen Untersuchung muss durch die Lehrperson beachtet werden, welche Möglichkeiten der Datenaufbereitung die Schüler bereits kennen bzw. mithilfe der Auswertung der Untersuchung kennenlernen sollen.

5. Schlussfolgerungen aus den Daten, weiterführende neue Fragen, Anregungen zu weiteren statistischen Untersuchungen
Auf diese letzte und wichtige Phase einer statistischen Untersuchung wird bei Unterrichtsvorschlägen häufig nicht eingegangen. Wenn es sich um Befragungen handelt, deren

Ergebnisse für das Leben in der Klasse direkt von Bedeutung sind, wie etwa ein Geburtstagskalender, so ist es auch nicht erforderlich, über Schlussfolgerungen aus den Daten nachzudenken. Bei der Auswahl einer konkreten Untersuchung aus der Fülle an Möglichkeiten sollte aber durch die Lehrperson von vornherein auf die Möglichkeiten, die Daten zu hinterfragen, geachtet werden.

Bei einer Befragung zu den Lieblingstieren kann die Frage, warum das betreffende Tier Lieblingstier für Kinder ist, zu solchen Faktoren wie vorhandene Haustiere, Tiere in der Nachbarschaft, Fernsehsendungen oder Zoobesuche führen.

Wenn etwa die Masse der Schultaschen ermittelt wird, führt die Frage bezüglich der Ursachen für die entsprechende Massenverteilung zu der Frage nach den Unterrichtsfächern, die am heutigen Tag auf dem Stundenplan stehen. Wenn etwa die Fächer Sport, Musik oder Kunst an dem Tag unterrichtet werden, sind wenige Schulbücher mitzubringen.

Bei Beobachtungen des aktuellen Wettergeschehens kann auf die jeweilige Jahreszeit oder die Wetterlage eingegangen werden.

Nur in seltenen Fällen wird es Möglichkeiten geben, weiterführende Fragen zu stellen und diese durch statistische Untersuchungen zu bearbeiten.

Wenn eine Untersuchung im Rahmen einer Klasse erfolgt, sind Schlussfolgerungen über den Klassenrahmen hinaus kaum möglich. Um dies zu verdeutlichen, sollte trotzdem die Frage gestellt werden, ob man etwa aus der Häufigkeit von Lieblingstieren in der Klasse auf die Häufigkeit in einer Parallelklasse schließen kann.

Während im Anfangsunterricht das Bestimmen einer Fragestellung und die Planung der Untersuchung noch im Wesentlichen von der Lehrperson durchgeführt werden sollten, können die Schülerinnen und Schüler im weiterführenden Unterricht an allen Phasen einer statistischen Untersuchung beteiligt werden. Dabei können sie insbesondere lernen,

- welche Fragen man stellen kann, die sich mithilfe von Daten beantworten lassen.
- dass die Erfassung der Daten sorgfältig geplant werden muss.
- dass man zur Interpretation der erfassten Daten Bedingungen bestimmen muss, die Einfluss auf den Vorgang der Entstehung der Daten haben.

Die im Folgenden vorgeschlagenen statistischen Untersuchungen haben wir nach folgenden Kriterien ausgewählt:

1. Die Fragestellung ist für die Schülerinnen und Schüler motivierend und für ihren Alltag relevant.
2. Die Daten stammen aus dem unmittelbaren Erfahrungsbereich der Schülerinnen und Schüler.
3. Die Durchführung der Untersuchung ist nicht sehr zeit- und materialaufwendig.
4. Die Auswertung der Daten ist mit dem bisher vermittelten Wissen und Können möglich.
5. Die Schülerinnen und Schüler sind in der Lage, Bedingung zu erfassen, die Einfluss auf die Entstehung der Daten haben.
6. Mit den Daten werden nicht einzelne Schüler oder Schülergruppen diskriminiert.

Bei den statistischen Untersuchungen sind die Probleme des Datenschutzes zu beachten. Wenn Kinder einer Klasse im Unterrichtsgespräch direkt befragt werden, handelt es sich nicht um eine anonyme Umfrage. Die Befragung setzt also die Einwilligung der Befragten voraus. Wenn ein Kind sich öffentlich nicht äußern möchte, sollte es dazu nicht gedrängt werden. Besser wäre es, in solchen Fällen eine schriftliche Befragung mit Fragebögen oder auch Datenkarten vorzunehmen. Jedes Kind kann dann entscheiden, ob es die Frage beantworten möchte. In der Statistik ist die Kategorie der fehlenden Daten („missing data") zur Erfassung der fehlenden Antworten üblich.

Die personenbezogenen Daten von Kindern sollten grundsätzlich nicht über den Klassenrahmen hinaus veröffentlicht werden. Wenn dies aus bestimmten Gründen z. B. auf der Homepage der Schule erfolgen soll, muss die schriftliche Einwilligung der Eltern eingeholt werden. In jedem Bundesland gibt es eine Verordnung zum Schuldatenschutz, die weitere Bestimmungen enthält.

3.1.2 Unterrichtsvorschläge

Wir halten das Durchführen einer vollständigen statistischen Untersuchung für sehr komplex und nur durchführbar, wenn die Schülerinnen und Schüler gefestigte Kenntnisse zum Erfassen von Daten und Erstellen von Diagrammen haben. Dabei sollte insbesondere auf Probleme bei der Durchführung einer statistischen Untersuchung eingegangen werden:

- Probleme bei offenen Fragestellungen
- Finden von geeigneten Merkmalsausprägungen bei Fragestellungen
- Erste Einsichten in die Thematik Grundgesamtheit und Stichprobe
- Umgang mit einzelnen Fragestellungen im Vergleich zur Arbeit mit Fragebögen und Datenkarten

Als Beispiel für eine vollständige statistische Untersuchung werden im Folgenden die Beispiele „Lieblingstier" und „Wachstum von Bohnensamen" vorgestellt.

Statistische Untersuchung „Lieblingstier"

1. Bestimmen eines Problems und Finden der Fragestellung
Für die statistische Untersuchung zum Lieblingstier kann in Verbindung mit dem Sachunterricht untersucht werden, welche Tiere die Kinder der Klasse besonders mögen. Dabei kann zunächst eine Kategorisierung von Tieren nach Lebensort (z. B. Haus-, Wald-, Zootiere) vorgenommen werden. Daraus kann sich dann folgende Fragestellung ergeben: „Welches Zootier mögen die Kinder der Klasse am meisten?" Viele Kinder waren schon einmal im Zoo und können daher Aussagen über ihr Lieblingszootier treffen. Außerdem kann davon ausgegangen werden, dass jedes Kind ein bestimmtes Tier mag. Die Gefahr der Ausgrenzung besteht nicht, da ein Kind ein Tier mögen kann, ohne es auch selbst

zu besitzen. Das Thema könnte außerdem mit dem Englischunterricht unter dem Bereich „My Favourite Zoo Animal" gekoppelt werden.

2. Planung der Untersuchung

Als Einstieg in die Unterrichtsstunde könnte die Lehrkraft eine Geschichte vom Wochenenderlebnis erzählen oder einen zuvor geplanten Wandertag in den nahe liegenden Zoo oder Tierpark als Sprechanlass nehmen. Dabei erwähnt die Lehrperson ihr Lieblingszootier. Im weiteren Unterrichtsverlauf äußern sich dann die Kinder zu ihren persönlichen Lieblingszootieren.

In dieser Unterrichtsphase können die Lieblingszootiere als Urliste erfasst werden. Da es sich hierbei um eine offene Fragestellung handelt, kann der Fall eintreten, dass es zu viele verschiedene Tiere sind. Beim Eintreten dieses Falles empfehlen wir, entweder mit den Schülerinnen und Schülern zu diskutieren, warum bei dieser Form der Datenerfassung eine Darstellung der Daten in Diagrammen wenig sinnvoll ist. Dazu müssten Oberkategorien wie bspw. Fische, Kriechtiere, Reptilien, Vögel und Säugetiere gefunden werden.

Eine weitere Möglichkeit ist es, gleich die Anzahl der zu wählenden Zootiere durch die Lehrperson zu beschränken. Hierzu bietet es sich an, einen Ausschnitt aus einer Karte des Zoos zu nutzen, auf dem nur ausgewählte Tiergruppen erscheinen, um so die Auswahlmöglichkeiten einzugrenzen.

3. Erfassen der Daten

Zur Erfassung der Daten gibt es verschiedene Möglichkeiten. Jede Schülerin und jeder Schüler erhält von der Lehrperson eine Namensliste der Klasse, mit der sie/er dann jeden der Mitschüler befragen kann. Damit ist sichergestellt, dass die Kinder nicht vergessen, einen der anderen Mitschüler zu befragen. Diese Möglichkeit sollte vor allem bei der offenen Befragung mit anschließender Kategorienbildung gewählt werden. Der Vorteil des Erstellens dieser Urliste ist, dass sich die Schülerinnen und Schüler bewegen und in individuellen Austausch treten können. Mithilfe der gesammelten Daten aus der Befragung kann dann jeder im Anschluss eine Häufigkeitstabelle erstellen. Die Beispielbefragung (vgl. Tab. 3.1) zeigt, wie unterschiedlich die Antworten in einer Klasse sein können. Im Anschluss der Befragung ergibt sich die Herausforderung der Kategorienbildung.

Als einfacher erweist sich die Variante, schon im Vorfeld eine Auswahl an Tieren vorzunehmen. Dabei kann die Lehrperson entweder wie beschrieben eine Auswahl aus einem Bereich des Zoos oder eine Auswahl von Zootieren vornehmen, aus der die Schülerinnen und Schüler dann ihr Lieblingszootier wählen können. Es ist aber auch möglich, dass die Lehrperson im Vorfeld mit den Schülerinnen und Schülern schon über Zootiere spricht und aus diesen Gesprächen die Vorlieben der Kinder vermutet. Dann kann auch eine Auswahl von Oberbegriffen genutzt werden (vgl. Tab. 3.2).

4. Aufbereitung und Auswertung der Daten

Mit den erfassten Daten können im Anschluss Streifendiagramme gezeichnet und diese auch entsprechend ausgewertet werden. Dabei können insbesondere das Finden einer

Tab. 3.1 Beispiel zu Rohdaten einer Klasse zum Lieblingszootier

Name	Lieblingszootier
Askya	Elefant
Jill	Affe
Mia	Eisbär
Bianca	Leopard
Jack	Erdmännchen
Simon	Pinguin
Finn	Gepard
Jeremy	Pfau
Lina	Schlange
Karl	Faultier
Eleen	Adler
Selin	Esel
Fibi	Pferd
Ricco	Känguru
Charlin	Flamingo

Tab. 3.2 Häufigkeitstabelle Lieblingszootiere

Lieblingszootier	Anzahl der Kinder
Raubtiere	8
Andere Säugetiere	6
Vögel	2
Reptilien	4
Fische	1

Überschrift und die richtige Achsenbeschriftung gefestigt werden (vgl. Abschn. 3.2.2). Weiterhin können zu dem Diagramm verschiedene Aussagen getroffen werden wie:

- Die meisten Kinder der Klasse mögen ...
- Die wenigsten Kinder der Klasse mögen ...
- ... Kinder mögen Vögel etc.

5. Schlussfolgerungen und weiterführende Fragen

In Anschluss sollten die Schülerinnen und Schüler Vermutungen äußern, warum eine bestimmte Tiergruppe oder ein einzelnes Tier am häufigsten gewählt wurde. Gründe hierfür könnten sein, dass sie sich schon ausführlicher mit diesem Tier beschäftigt haben oder dass es eine Fernsehserie zu einem bestimmten Tier gibt oder der Freund oder die Freundin dieses Tier ebenfalls mag, sie verbinden ein besonderes Erlebnis damit (haben bspw. schon einmal einen Delfin gestreichelt) oder empfinden Empathie, weil es eine bedrohte Tierart ist. Hier ist eine Weiterführung des Themas möglich.

Statistische Untersuchung „Wachstum von Bohnensamen"

1. Bestimmen eines Problems und Finden der Fragestellung

In Verbindung mit dem Sachunterricht ist es möglich, Pflanzen nicht nur beim Keimen oder unter bestimmten Bedingungen (mit oder ohne Wasser, Licht oder Dünger) zu beobachten, sondern auch das Wachstum von Pflanzen zu untersuchen. Dies ist z. B. für die Planung der Anzahl und Größe der Beete für den Schulgarten wichtig.

Für das Experiment eignen sich besonders Bohnensamen. Es kann das Problem aufgeworfen werden, ob wirklich jeder Bohnensamen auch keimt. Daraus ergibt sich dann für die Untersuchung die Frage, wie viele Bohnensamen von einer bestimmten Anzahl keimen.

2. Planung der Untersuchung

Zu Beginn des Experiments erhalten die Schülerinnen und Schüler jeweils einen Pflanztopf sowie Pflanzerde, um die Bohnensamen einzusetzen. Jeder Schüler erhält fünf Bohnensamen, die er anpflanzt. Dies kann auch unter Anleitung und Hilfe der Lehrperson erfolgen, um die Möglichkeit einer Keimung zu vergrößern und eine fehlerhafte Pflanzung zu vermeiden. Um ein schnelleres Ergebnis der Keimung zu erzielen, sollten die Samen vorher zum Quellen ins Wasser gelegt werden.

In der Folge werden die gefüllten Töpfe mit den Samen alle zwei Tage mit 50 ml Wasser (je nach Größe des Pflanztopfes) gegossen und zum Keimen an einen warmen und hellen Ort gestellt. Die Schülerinnen und Schüler können nun beobachten und notieren, wie viele der Samen gekeimt haben.

3. Erfassen der Daten

Aufgrund unterschiedlicher Qualitäten der Samen und der Pflanzerde sowie anderer Umwelteinflüsse kann davon ausgegangen werden, dass in den unterschiedlichen Töpfen unterschiedliche Anzahlen keimender Samen vorhanden sind. Nachdem die jeweiligen Schülerinnen und Schüler ihre Ergebnisse festgestellt und notiert haben, sollen sie für die gesamte Klasse eine gemeinsame Häufigkeitstabelle hinsichtlich der Anzahl der gekeimten Samen erstellen (Tab. 3.3).

Tab. 3.3 Häufigkeitstabelle zum Experiment „Wachstum von Bohnensamen"

Zahl der gekeimten Samen	Anzahl der Töpfe
0	2
1	3
2	9
3	1
4	3
5	1

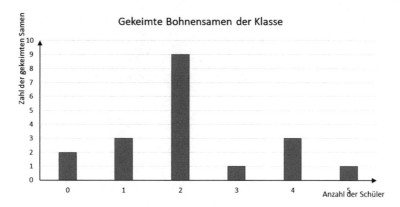

Abb. 3.1 Diagramm zum Experiment „Wachstum von Bohnensamen"

4. Aufbereitung und Auswertung der Daten

Aus der Häufigkeitstabelle lässt sich ein Streifendiagramm entwickeln. Die Schwierigkeit hierbei besteht darin, dass an beiden Achsen Zahlen stehen und die Schülerinnen und Schüler so leicht durcheinanderkommen können, an welcher Achse welche Werte abzutragen sind. Auch hier ist es zunächst hilfreich, die Achsen auf einem Arbeitsblatt vorzugeben und von den Schülerinnen und Schülern nur noch die Streifen, Achsenbeschriftungen und die Überschrift ergänzen zu lassen. Da es sich hierbei um ein Diagramm mit zwei metrischen Skalen handelt, müssen an beide Achsen auch Pfeile gezeichnet werden.

Mithilfe des Diagramms aus Abb. 3.1, das die Daten als Rohdaten darstellt, können dann im Weiteren auch Auswertungen vorgenommen werden, etwa die Ermittlung der durchschnittlichen Anzahl der gekeimten Samen (vgl. Abschn. 3.3.2.1).

5. Schlussfolgerungen und weiterführende Fragen

Nach dem Keimen des Samens kann sich ein weiteres Experiment anschließen. Nachdem die Samen gekeimt haben und der Spross ca. 2 cm groß ist, kann der weitere Wachstumsverlauf notiert und anschließend eine Entwicklungskurve in einem Liniendiagramm erstellt werden. Dafür sollte der Topf mit dem besten Keimungsergebnis gewählt werden. Im Abstand von zwei Tagen kennzeichnen die Schülerinnen und Schüler mit einem Stift an der Rankhilfe/am Pflanzstab auf Höhe des oberen Endes der Pflanze die Höhe (Abb. 3.2). Optional können für die Versuchsanordnung auch Trinkhalme oder Holzstäbe verwendet werden. Nach etwa 20 Tagen werden die Längen von dem Punkt, der sich während des Experiments dauerhaft auf Erdhöhe befand, gemessen. Dieser Zeitraum ist aus unserer Sicht notwendig, damit die Pflanze groß genug ist, um aussagekräftige und für die Fortführung des Experiments in ausreichender Zahl vorliegende Messwerte zu erhalten.

Abb. 3.2 Kennzeichnung des
Wachstums an der Rankhilfe

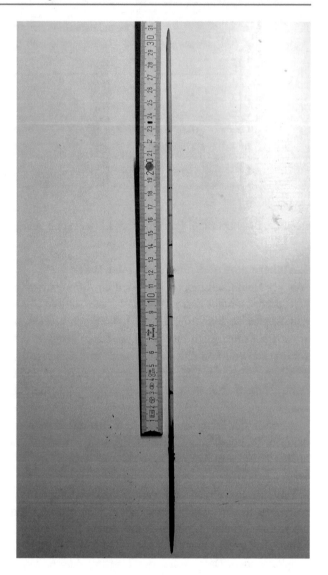

Nachdem die Schülerinnen und Schüler die einzelnen Längen abgelesen und notiert
haben, sollen die Ergebnisse in ein Liniendiagramm (Wachstumskurve) übertragen werden (Abb. 3.3). Je nach Leistungsstand ist es hier variabel möglich, im Einzelfall mit einer
oder mit zwei Wachstumskurven pro Schüler zu arbeiten. Ebenfalls ist zu überlegen, ob
die Wachstumskurven in ein oder zwei Koordinatensysteme eingetragen werden sollen.

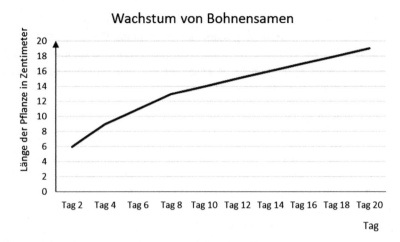

Abb. 3.3 Liniendiagramm zum Wachstum einer Bohnenpflanze

3.2 Lesen und Erstellen grafischer Darstellungen

3.2.1 Diagrammarten

Während im Anfangsunterricht zunächst erste Erfahrungen im Lesen und Erstellen einfacher Streifendiagramme entwickelt wurden, liegt der Schwerpunkt im weiterführenden Unterricht auf dem Ausbau von Kompetenzen im Lesen und vor allem Erstellen vollständiger Streifendiagramme. Dazu zählen auch die Beschriftungen der Achsen und das Erstellen der Überschrift. Beide Teilhandlungen müssen für einen sicheren Umgang mit Diagrammen ähnlich wie Bearbeitungshilfen beim Umgang mit Sachaufgaben (Franke und Ruwisch 2010, S. 97 ff.) gesondert entwickelt werden. Weiterhin ist es im weiterführenden Unterricht erforderlich, dass die Schülerinnen und Schüler auch andere Diagrammarten kennenlernen. Ziel hierbei ist es, dass sie zunächst Unterschiede zum Streifendiagramm erkennen und in der Lage sind, mithilfe ihrer Kenntnisse aus dem Anfangsunterricht diese neuen Diagrammarten auch lesen und zum Teil erstellen bzw. ergänzen zu können. Für die Entwicklung der allgemeinen mathematischen Kompetenz „Darstellen" mit dem Schwerpunkt des Übertragens einer Darstellung in eine andere (KMK 2005) müssen die Schülerinnen und Schüler schrittweise lernen, welche Daten wohin übertragen werden sollen.

Verhältnis von Lesen und Erstellen von Diagrammen
Die Handlungen zum Lesen und Erstellen von Diagrammen stehen in einem engen Zusammenhang. Deshalb ist es sinnvoll, zum selben Sachverhalt bzw. denselben Daten beide Arten von Aufgaben zu behandeln. Während im Anfangsunterricht mit dem Erstellen einfacher Streifendiagramme begonnen und erst danach zum Lesen übergegangen wur-

de, ist es im weiterführenden Unterricht besonders zu Beginn der Beschäftigung mit Diagrammen günstiger, zunächst Diagramme lesen zu lassen. Dadurch werden die Schülerinnen und Schüler auf einfache Weise mit den ihnen schon bekannten Eigenschaften der Diagramme wieder vertraut gemacht. Dazu gehören das Zeichnen von Achsen, ihre Beschriftung und das Vorhandensein einer Überschrift.

Diagramm- und Skalenarten
Unsere Auffassungen zur Verwendung des Wortes „Diagramm" sowie eine Übersicht über Diagrammarten sind im Abschn. 2.2.1.1 enthalten. In der Primarstufe sollten vor allem Häufigkeitsverteilungen, aber auch Rohdaten grafisch dargestellt werden.

Auf die sprachlich und logisch anspruchsvolle Unterteilung von **Streifendiagrammen** in Säulen- und Balkendiagramme sowie die damit verbundene Tatsache, dass für ein Objekt drei unterschiedliche Bezeichnungen vorhanden sind (Streifen, Säule, Balken), kann in der Primarstufe verzichtet werden. Um die Unterschiede zwischen Säulen- und Balkendiagrammen auszudrücken, ohne die Bezeichnungen zu verwenden, gibt es bezüglich der **Lage der Streifen** folgende Möglichkeiten:

- Verlauf von unten nach oben bzw. von links nach rechts
- stehende oder liegende Streifen
- Dies entspricht den Bezeichnungen stehender und liegender Zylinder, die für die beiden besonderen, praktisch relevanten Lagen von Zylindern sinnvoll sind. In der Sekundarstufe I ist es üblich, in analoger Weise stehende und liegende Prismen zu unterscheiden.
- vertikal oder horizontal angeordnete Streifen
- Die Bezeichnungen „senkrecht" und „waagerecht" sollten aus fachlichen Gründen nicht verwendet werden, da „senkrecht" in der Mathematik ein Relationsbegriff ist.

Zur Darstellung von Häufigkeitsverteilungen sollten auch **Kreisdiagramme** und **Piktogramme** (Bilddiagramme) eingesetzt werden. Piktogramme, die als Sonderform eines Streifendiagramms angesehen werden können, enthalten ebenfalls eine Merkmals- und eine Häufigkeitsachse (vgl. Abb. 2.7).

Wenn die Schülerinnen und Schüler mit der Darstellung von Häufigkeitsverteilungen vertraut sind, können auch Diagramme mit **Rohdaten** erstellt bzw. gelesen werden. Beispiele sind Diagramme zu Wurfweiten von bestimmten Kindern (vgl. Abb. 2.6), zum Alter von Baumarten, zum Wasserverbrauch in einem Haushalt für bestimmte Verbrauchsarten oder zur Schlafdauer in verschiedenen Altersgruppen (Abb. 3.4). Diese Diagramme enthalten ebenfalls eine Merkmalsachse, aber anstelle der Häufigkeitsachse eine Achse mit den Ausprägungen des betrachteten Merkmals wie etwa der Länge von Flüssen oder der Anzahl der geschlafenen Stunden. Rohdaten können als Streifen- oder Balkendiagramm dargestellt werden. Auf den ersten Blick unterscheidet sich ein Diagramm mit Rohdaten nicht von einem Häufigkeitsdiagramm, insbesondere wenn es sich bei den Rohdaten um Anzahlen handelt (Abb. 3.4). Der wesentliche Unterschied ist, dass die Achse in y-Richtung keine Häufigkeitsachse ist.

Abb. 3.4 Ungefähre Schlafdauer (aus *Rechenwege 4*,
S. 28; mit freundlicher Genehmigung von © Cornelsen/
Katrin Tengler. All Rights Reserved)

**ungefähre Schlaf-
dauer pro Tag**

Anzahl der Stunden

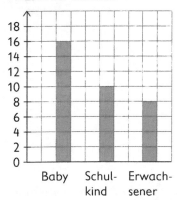

Bei der von uns vorgeschlagenen Bestimmung des arithmetischen Mittels als Ausgleichswert ist die grafische Darstellung von Rohdaten erforderlich.

Im Abschn. 2.1.1 ist eine Übersicht über die Arten von Skalen zur Erfassung von Daten enthalten. Wir schlagen auch für den weiterführenden Unterricht vor, hauptsächlich
kategoriale Skalen zu verwenden. Dadurch kann die Anzahl der Merkmalsausprägungen
auf vier bis maximal sechs beschränkt werden. Zu beachten ist, dass bei dieser Skalenart
an die Merkmalsachse kein Pfeil angetragen werden sollte (vgl. Abb. 3.4).

Es sollten auch Beispiele für Rangskalen vorkommen, z. B. Schwimmstufen, Rangskalen für das Können im Skilaufen (vgl. Abb. 3.5) oder die Häufigkeit der Computernutzung
für Hausaufgaben.

Die Daten in Abb. 3.5 sind ein guter Anlass zum Hinterfragen von Ergebnissen statistischer Untersuchungen. Bei Präsentation dieses Diagramms können Kinder begründete
Vermutungen äußern, in welcher Gegend Deutschlands die befragten Kinder wohnen.

Die Anzahl der gelaufenen Runden bei einem Rundenlauf ist ein Beispiel für eine diskrete metrische Skala. Ein besonderes Problem ist die grafische Darstellung von Daten,
die mit einer stetigen metrischen Skala erhoben wurden. Dazu gehören Sprungweiten,
Laufzeiten oder die Massen von Schultaschen. Da solche Daten bei geeigneten Projekten
in der Primarstufe auftreten können, sollen im Folgenden Vorschläge für Möglichkeiten
der Darstellung unterbreitet werden. Eine korrekte Darstellung stetiger metrischer Daten
muss in einem Histogramm erfolgen. Ein Histogramm gehört zu den Flächendiagrammen,
d. h., die Fläche ist ein Maß für die Häufigkeit. Während die Streifen bei Streifendiagrammen eine beliebige Breite haben können und sich auch nicht berühren müssen, besteht ein
Histogramm aus Rechtecken festgelegter Breite, die sich berühren. Zur Anfertigung eines
Histogramms ist eine Gruppierung von Daten zu Klassen erforderlich. Histogramme werden nicht in der Primarstufe behandelt und sind in der Regel auch kein Schulstoff in den
Sekundarstufen.

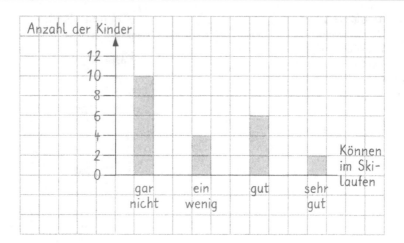

Abb. 3.5 Können im Skilaufen (aus *Denken und Rechnen*, Arbeitsheft *Daten, Häufigkeit und Wahrscheinlichkeit Klasse 4*, S. 12; mit freundlicher Genehmigung von © Westermann Gruppe. All Rights Reserved)

Eine Möglichkeit der Darstellung stetiger metrischer Daten, die bereits in der Primarstufe geeignet ist, besteht aber drin, den Klassen verbale gestufte Beschreibungen zuzuordnen. Dadurch erfolgt eine Umwandlung der metrischen Daten in Rangdaten, und diese können in einem Streifendiagramm dargestellt werden.

Masse von Schultaschen

Die Bestimmung der Masse der Schultaschen von zwölf Kindern mit einer Kofferwaage ergab folgende Werte (in geordneter Reihenfolge): 1200 g, 1600 g, 1700 g, 2000 g, 2100 g, 2100 g, 2400 g, 2500 g, 2700 g, 2900 g, 3000 g, 3400 g. Daraus ergibt sich folgende Häufigkeitstabelle:

Masse von Schultaschen		
Masse in Gramm	Zugeordnete Beschreibung	Anzahl
1000 bis unter 1500	Sehr leicht	1
1500 bis unter 2000	Leicht	2
2000 bis unter 2500	Mittelschwer	4
2500 bis unter 3000	Schwer	3
3000 bis unter 3500	Sehr schwer	2

Die stetigen metrischen Daten müssen in einem Histogramm dargestellt werden (s. linkes Diagramm in Abb. 3.6). Zu den Rangdaten der Schultaschen kann ein Streifendiagramm erstellt werden (s. rechtes Diagramm in Abb. 3.6).

Eine weitere, auch in der Primarstufe durchführbare Möglichkeit zur Darstellung stetiger metrischer Daten ist das geeignete Runden der Größenangaben auf ganzzahlige Werte.

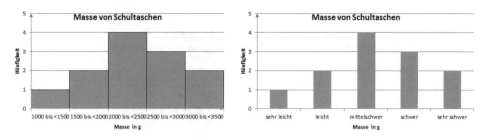

Abb. 3.6 Diagramme zur Masse von Schultaschen

Diese können dann als Rangdaten aufgefasst und in einem Streifendiagramm dargestellt werden. So können etwa Zeiten auf Sekunden, Längenangaben auf Meter und Massen auf Kilogramm gerundet werden. Bei Längenangaben ist auch eine Rundung auf Dezimeter möglich. Da diese Einheit in der Primarstufe in der Regel nicht behandelt wird, muss dies als Rundung auf Vielfache von 10 cm bezeichnet werden.

Sprungweiten beim Standweitsprung

Bei einer Übung im Standweitsprung der zwölf Jungen der Klasse 3a wurden folgende Weiten erreicht: 1,40 m; 1,48 m; 1,52 m; 1,10 m; 1,43 m; 1,64 m; 1,25 m; 1,53 m; 1,38 m; 1,35 m; 1,30 m; 1,27 m

Werden die Angaben in Zentimeter umgewandelt und auf Vielfache von 10 cm gerundet, ergibt sich folgende Häufigkeitstabelle:

Gerundete Sprungweiten beim Standweitsprung	
Sprungweiten, gerundet in Zentimeter	Anzahl
110	1
120	1
130	2
140	4
150	3
160	1

Die grafische Darstellung kann nun in einem Streifendiagramm mit den Sprungweiten als Rangdaten erfolgen (vgl. Abb. 3.7). Die Zahlen auf der Merkmalsachse sind nicht als numerische Werte aufzufassen, sondern als Bezeichnungen. Deshalb dürfen auch keine Markierungen auf der Achse erfolgen.

Während die Anordnung der Kategorien auf der Merkmalsachse im Prinzip in beliebiger Weise erfolgen kann, müssen bei einer Rangskala oder metrischen Skala die Werte aufsteigend angeordnet werden. Dies ergibt sich aber direkt aus dem Sachverhalt und muss nicht besonders thematisiert werden.

Bei der Auswahl der Beispiele muss darauf geachtet werden, dass nur ganzzahlige Werte an den Achsen auftreten. Bei Häufigkeitsverteilungen mit kategorialen oder Rangskalen

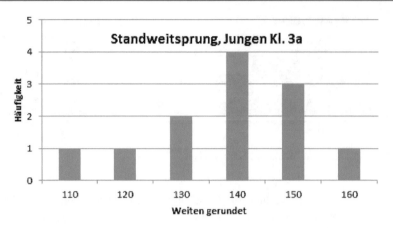

Abb. 3.7 Ergebnisse beim Standweitsprung von Jungen einer 3. Klasse

ist dies von vornherein gegeben. Bei Diagrammen mit Rohdaten oder bei metrischen Skalen muss in geeigneter Weise auf ganzzahlige Werte gerundet werden.

Erstellen von Streifendiagrammen

Die Erstellung von Streifendiagrammen sollte zur Vereinfachung generell auf kariertem Papier erfolgen. Um das Anfertigen der Streifen möglichst zu vereinfachen, ist es günstig, wenn diese nur die Breite von einem oder maximal zwei Kästchen haben. Sie müssen auch nicht immer ausgemalt, sondern können einfach mit einem farbigen Stift umrandet werden.

Bei der Überwandlung eines Streifendiagramms in ein Balkendiagramm unterstützt eine farbliche Markierung der Häufigkeitsachse die Ausführung der Handlungen (vgl. Abb. 3.8).

Der Abstand der Streifen sollte in der Regel ein oder zwei Kästchenlängen betragen. Wenn die Beschriftung der Merkmalsausprägungen mit einem Buchstaben möglich ist, ist ein Abstand von einer Kästchenlänge ausreichend. In vielen Fällen sind die handschriftlichen Bezeichnungen der Merkmalsausprägungen bei Säulendiagrammen aber länger als der zur Verfügung stehende Platz. Eine Möglichkeit zur Lösung dieses Problems besteht darin, die Beschriftung vertikal unter der Achse vorzunehmen (vgl. Abb. 3.9), den Abstand der Streifen auf vier Kästchenlängen zu vergrößern, wodurch dann fünf Kästchenlängen zur Beschriftung zur Verfügung stehen und durch Silbentrennung in den meisten Fällen eine Beschriftung durch die Kinder vorgenommen werden kann. Eine zweite Möglichkeit ist, Kurzbezeichnungen einzuführen, die dann als Legende dem Diagramm beigegeben werden müssen. Bei der Verwendung von Balkendiagrammen tritt dieses Problem nicht auf, da links von den Balken in der Regel genügend Platz zur Verfügung steht. Allerdings müssen die Kinder dann gut abschätzen können, wo sie mit dem Schreiben beginnen, um nicht über die Achse hinwegschreiben zu müssen. Das Platzproblem entfällt, wenn man vorgefertigte Arbeitsblätter oder Arbeitshefte mit Diagrammen verwendet, bei denen die Beschriftungen schon eingetragen sind.

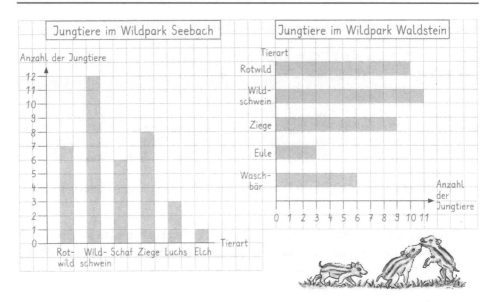

Abb. 3.8 Streifen- und Balkendiagramm zum gleichen Sachverhalt (aus *Denken und Rechnen*, Arbeitsheft *Daten, Häufigkeit und Wahrscheinlichkeit Klasse 4*, S. 6; mit freundlicher Genehmigung von © Westermann Gruppe. All Rights Reserved)

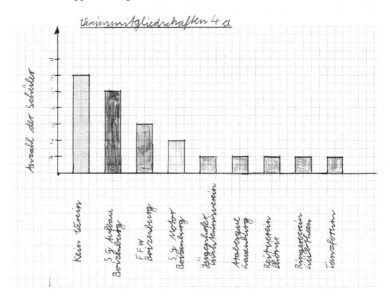

Abb. 3.9 Vereinsmitgliedschaften von Kindern einer 4. Klasse, Diagramm 1

Zu einem vollständigen Streifendiagramm gehören folgende Bestandteile.

- Das Diagramm enthält eine kurze und aussagekräftige Überschrift.
- Beide Achsen sind in sinnvoller Weise skaliert und beschriftet.
- Es sind alle Streifen in der richtigen Höhe bzw. Länge vorhanden.

Als Kurzform kann den Kindern folgende Checkliste gegeben werden:

Checkliste zur Erstellung von Streifendiagrammen
- Überschrift
- Achsenbeschriftungen
- alle Streifen
- Höhe der Streifen

Das Anforderungsniveau bei der Erstellung von Streifendiagrammen kann in folgender Weise erhöht werden:

- Zu einer gegebenen Häufigkeitstabelle sollen in ein vorgefertigtes Diagramm, das die Überschrift, die Achsenbezeichnungen und alle Beschriftungen der Achsen enthält, nur die Streifen eingezeichnet werden.
- Es werden bei einem vorgefertigten Diagramm weitere Bestandteile, aber nicht alle weggelassen.
- Die Schülerinnen und Schüler müssen ein vollständiges Diagramm selbst auf kariertem Papier erstellen. Die entsprechenden Informationen sind aus einer Häufigkeitstabelle, einem Text oder einem anderen Diagramm zu entnehmen.

3.2.2   Entwicklung von Teilhandlungen zum Erstellen eines vollständigen Streifendiagramms

Skalierung der Häufigkeitsachse

Das Finden und Erkennen einer geeigneten Skalierung von Achsen ist eine wichtige Teilhandlung beim Erstellen und Lesen von Diagrammen und sehr anspruchsvoll. So stellte Stecken (2013) in einer empirischen Erhebung mit Viert- und Fünftklässlern fest, dass Fehler bei der Skalierung der Häufigkeitsachse sehr häufig, nämlich in etwa 25 % der Fälle, auftraten. Die vollständige Handlung zum Skalieren einer Achse wird erst in der Sekundarstufe I ausgebildet. In der Primarstufe können aber bereits Fähigkeiten im Erkennen von Skalierungen im Zusammenhang mit dem Lesen von Diagrammen ausgebildet werden. Zur Vereinfachung sollte eine Beschränkung auf eine oder zwei Kästchenlängen mit folgenden zugeordneten Werten (Anzahlen) erfolgen:

- eine Kästchenlänge: 2, 5, 10, 50, 100, 1000
- zwei Kästchenlängen: 10, 20, 100

Die Skalierung, dass zwei Kästchenlängen der Anzahl 5 entsprechen, ist ungeeignet, da sich dann für ein Kästchen die sinnlose Anzahl 2,5 ergibt. Die Zuordnung von zwei Kästchenlängen zur Anzahl 1 ist möglich, wenn es sich um teilbare Objekte wie z. B. Lebensmittelpackungen handelt.

Beschriften der Achsen und Finden einer Überschrift

Die Beschriftung eines Streifendiagramms ist nicht trivial und selbstverständlich. In vielen Lehrbüchern werden Diagramme nicht vollständig angegeben. Dies erschwert vor allem die Entwicklung der Fähigkeit im selbstständigen Erstellen und auch im Lesen von Diagrammen. Durch die gesonderte Entwicklung der Fähigkeiten im Beschriften der Achsen und im Bilden einer Diagrammüberschrift werden auch Kompetenzen im Lesen vorhandener Diagramme weiter ausgebaut.

Die Diagrammüberschrift und die Achsenbeschriftungen hängen eng zusammen. Es ist möglich, zunächst Teilhandlungen zur Achsenbeschriftung und anschließend zur Diagrammüberschrift zu entwickeln. Es geht aber auch umgekehrt oder parallel. Eine parallele Entwicklung beider Teilhandlungen fördert vor allem eine schrittweise, spiralförmige Entwicklung der zu entwickelnden Kompetenzen.

Ein erster Schritt in der Entwicklung des Wissens und Könnens zu den Achsenbeschriftungen ist, dass die Schülerinnen und Schüler erlernen, woraus sich die Achsenbeschriftung ergibt und wo sie an den Achsen stehen muss. Dazu eignen sich zunächst Übungen im Übertragen von Häufigkeitstabellen in Diagrammen, wobei konsequenterweise die Überschriften der Häufigkeitstabelle mit den Achsenbeschriftungen übereinstimmen (vgl. Abb. 3.10).

Die Schülerinnen und Schüler erkennen hier den Zusammenhang zwischen den Achsen im Diagramm und der Häufigkeitstabelle.

Es gibt weiterhin folgende Aufgabentypen zum Beschriften von Achsen bzw. zum Finden von Überschriften (vgl. Kurtzmann 2016):

- Die Angaben müssen einem kurzen Text zum jeweiligen Sachverhalt entnommen werden.
- Es werden mögliche Beschriftungen bzw. Überschriften vorgegeben, aus denen die passenden auszuwählen sind. Kriterien für die Auswahl können der Sachverhalt oder die Größe der Anzahlen sein.

Lieblingsfach	Anzahl der Kinder
Deutsch	4
Mathematik	8
Sachunterricht	5
Sport	4
Musik	3
Kunst	2

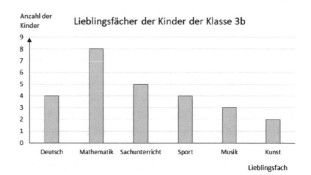

Abb. 3.10 Beschriftung der Achsen mit den Überschriften der Häufigkeitstabelle

- Es sollen mögliche Achsenbeschriftungen mithilfe der vorhandenen Überschrift gefunden werden.
- Es sollen Aussagen über die Achsen formuliert, überprüft oder Lückentexte ergänzt werden.
- Gegebene Beschriftungen von Diagrammen sollen auf Richtigkeit überprüft werden.
- Die Schülerinnen und Schüler sollen entscheiden, welche Informationen für eine Überschrift wichtig bzw. unwichtig sind. Überschriften mit zu vielen Informationen sollen entsprechend gekürzt werden.

Bei Aufgaben zur Zuordnung von Überschriften zu Diagrammen kann das Anforderungsniveau in folgender Weise gesteigert werden (nach Kurtzmann 2016).

1. ein Diagramm – mehrere Überschriften
2. mehrere Diagramme – eine Überschrift
3. mehrere Diagramme – mehrere Überschriften
4. mehrere Diagramme – mehrere Überschriften, wobei es auch Unpassendes gibt

Wir schlagen vor, dass die Entwicklung des Wissens und Könnens im Erstellen von Häufigkeitsdiagrammen in der Primarstufe in folgenden Stufen erfolgt (vgl. Kurtzmann 2016):

- Erstellen eines Häufigkeitsdiagramms mit zwei Ergebnissen und der Merkmalsachse,
- Erstellen eines Häufigkeitsdiagramms nur mit der Merkmals- und der Häufigkeitsachse,
- Erstellen eines Häufigkeitsdiagramms mit einer beschrifteten Merkmals- und der Häufigkeitsachse,
- Erstellen eines Häufigkeitsdiagramms mit einer beschrifteten Merkmals- und der Häufigkeitsachse sowie einer Überschrift.

Lesen von Diagrammen

Das Lesen von Diagrammen ist im Alltag von größerer Bedeutung als das Erstellen von Diagrammen. Die Schülerinnen und Schüler sollten deshalb das Lesen der behandelten Diagramme sicher beherrschen. Dazu sind vielfältige Aufgaben erforderlich, zu denen die folgenden gehören:

- Es müssen Informationen aus der Überschrift oder den Achsenbeschriftungen entnommen werden, um Fragen zu beantworten oder Lückentexte auszufüllen.
- Es soll die Anzahl der Kategorien bestimmt werden.
- Die Häufigkeit einer Kategorie muss bestimmt werden.
- Es sollen zwei Häufigkeiten verglichen und ihre Differenz bestimmt werden.
- Es werden Aufgaben gestellt, die die Zusammenfassung von Kategorien erfordern.
- Es wird nach der Gesamtzahl der erfassten Objekte gefragt.
- Es sind Informationen aus zwei Diagrammen zum gleichen Sachverhalt mit gleicher Skalierung der Achsen, aber unterschiedlichen Häufigkeiten zu entnehmen.

① Kinder der Klasse 3a haben in den 3. Klassen ihrer Schule eine Umfrage durchgeführt.
Jeder konnte zwei Lieblingssportarten nennen. Das sind die Ergebnisse:

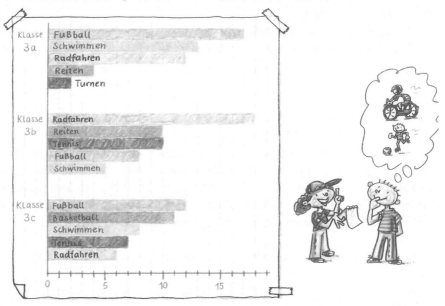

Abb. 3.11 Balkendiagramm zu Freizeitinteressen (aus *Zahlenzauber Klasse 3*, S. 16; mit freundlicher Genehmigung von © Cornelsen/Renate Möller/Mathias Hütter. All Rights Reserved)

- Es werden zwei Diagramme zum gleichen Sachverhalt mit gleicher Beschriftung der Achsen, aber unterschiedlicher Skalierung der Häufigkeitsachse vorgegeben. Es werden dann zu beiden Diagrammen die gleichen Fragen stellt, sodass die unterschiedliche Skalierung beachtet werden muss.
- Es werden zu mehreren gegebenen Diagrammen Fragen gestellt, bei denen zunächst das geeignete Diagramm auszuwählen ist.

Neben der Ausbildung dieser elementaren Handlungen ist ein zentrales Anliegen des Lesens von Diagrammen, Fragen zum Hintergrund der Entstehung der Daten zu stellen. Dies ist immer dann möglich, wenn die Kinder einen engen Bezug zur Entstehung der Daten haben bzw. selbst daran beteiligt waren.

So könnten sich die Kinder aus der Klasse 3a nach den Ergebnissen ihrer Umfrage zu den Lieblingssportarten (vgl. Abb. 3.11) folgende Fragen stellen (Gasteiger 2014):

- Warum ist in der Klasse 3b das Radfahren so beliebt?
- Warum ist in der Klasse 3b das Fußballspielen viel weniger beliebt als in den anderen Klassen?
- Warum ist in der Klasse 3b das Reiten viel beliebter als in unserer Klasse und in der Klasse 3c?

Sie könnten Vermutungen aufstellen, dass z. B. der Anteil der Mädchen in der Klasse 3b höher ist als in den anderen Klassen, und können diese Vermutung dann durch weitere Untersuchungen überprüfen.

Das Balkendiagramm in der Abb. 3.11 enthält eine große Anzahl von Informationen, womit hohe Anforderungen an die Fähigkeiten im Lesen von Diagrammen gestellt werden.

Fehler in Diagrammen

Eine wichtige Aufgabe des Stochastikunterrichts ist es, die Schüler zu befähigen, statistische Informationen in den Medien kritisch einschätzen zu können. Dazu gehört, dass sie für typische Fehler, Manipulationen und Fehlinterpretationen sensibilisiert werden. Ein erster Beitrag kann dazu in der Primarstufe geleistet werden durch die Thematisierung von Fehlern in Diagrammen, die auch von den Schülerinnen und Schülern gemacht werden. Es sollte auf folgende typische Fehler beim Erstellen von Diagrammen eingegangen werden. Dazu sind Aufgaben zum Identifizieren der Fehler geeignet:

- Die Überschrift oder die Achsenbeschriftungen fehlen, sind fehlerhaft oder unvollständig.
- An der Häufigkeitsachse fehlen Zahlen oder die Striche sind falsch gesetzt.
- Die Häufigkeitsachse beginnt nicht bei null.
- Es fehlen Streifen, sie beginnen nicht bei null oder die Höhe bzw. Länge ist nicht richtig.

Als Kurzform ist folgende Checkliste möglich:

Checkliste zum Erkennen von Fehlern in Diagrammen
- Überschrift
- Achsenbeschriftungen
- Achseneinteilungen
- Beginn und Länge der Streifen

Wenn Schülerinnen und Schüler erkannt haben, dass bei einem Diagramm Achsenbeschriftungen oder die Überschrift fehlen, sollten sie versuchen, aus dem Kontext oder den begleitenden Texten die entsprechenden Informationen zu übernehmen. Mit Aufgaben zu fehlerhaften Diagrammen kann so auch die Fähigkeit im Lesen von Diagrammen entwickelt werden.

Im Unterricht zeigt sich, dass bei offenen Aufgabenstellungen ohne Vorgaben häufig Fehler gemacht werden (Gasteiger 2014). So achten Schülerinnen und Schüler nicht auf die gleiche Breite der Rechtecke oder den gleichen Abstand zwischen ihnen. Sie vergessen Achsen zu beschriften oder eine Überschrift zu bilden, weil für sie der Sachverhalt klar

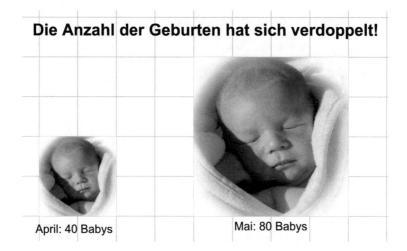

Abb. 3.12 Anzahlen von Geburten in einer Klinik

ist. Sie müssen erst daran gewöhnt werden, das Diagramm so fertigzustellen, dass auch Außenstehende die entsprechenden Informationen entnehmen können.

Ein oft auftretendes Problem bei der Interpretation statistischer Daten in der Öffentlichkeit ist der fehlerhafte Umgang mit Prozenten und relativen Häufigkeiten. Dafür können Schülerinnen und Schüler in der Primarstufe mittels einfacher Beispiele sensibilisiert werden. So lässt sich z. B. dem Balkendiagramm in Abb. 3.11 nicht entnehmen, ob Radfahren in der Klasse 3a genauso beliebt ist wie Fußballspielen in der Klasse 3c, auch wenn sich in beiden Klassen jeweils zwölf Kinder für diese Sportarten entschieden haben. Dies würde nur gelten, wenn in beiden Klassen gleich viele Kinder sind, die befragt wurden.

Härting (2007) und Ruwisch (2009) schlagen vor, in der Primarstufe bereits auf einen Fehler einzugehen, der bei Flächendiagrammen auftreten kann: Wenn eine bestimmte Anzahl durch eine Fläche dargestellt wird, dann muss bei einer Vergrößerung der Anzahl die Fläche auch in gleicher Weise vergrößert werden. In Abb. 3.12 sind die Geburten in einer Klinik während zwei Monaten dargestellt. Wie sich durch Auszählen der Quadrate ergibt, hat sich die Fläche vervierfacht, obwohl die Anzahl der Geburten nur auf das Doppelte gestiegen ist.

3.2.3 Weitere Vorschläge und Stolpersteine

Vergleich von Diagrammen

Eine besondere Anforderung stellt der Vergleich von Daten in einem oder in verschiedenen Diagrammen dar. Wenn Häufigkeiten verglichen werden sollen, muss immer vorausgesetzt werden, dass die Grundgesamtheiten den gleichen Umfang haben. Dies ist im Beispiel von Abb. 3.13 der Fall. In beiden Diagrammen beträgt die Zahl der befragten

3. a) Wie kommen die Kinder eurer Klasse zur Schule?

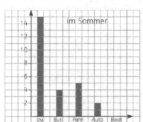 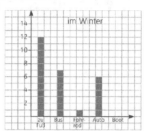

Abb. 3.13 Vergleich zweier Diagramme (aus *Mathematikus Klasse 3*, S. 95; mit freundlicher Genehmigung von © Westermann Gruppe. All Rights Reserved)

Kinder 26, sodass ein Vergleich der Häufigkeiten, z. B. durch Bildung von Differenzen, möglich ist.

Probleme bei der Beschriftung der Häufigkeitsachse

Ein Problem für viele Schülerinnen und Schüler ist die Beschriftung der Häufigkeitsachse mit den Ziffern. Die Kinder haben bis dahin immer gelernt, dass sie Zahlen in ein Kästchen schreiben müssen. Nun soll die Zahl neben den Strich zwischen zwei Kästchen geschrieben werden, was ihnen oft schwerfällt und auch zu Fehlern bei der Skalierung der Achse führt (vgl. Abb. 3.14).

Abb. 3.14 Probleme bei der Beschriftung der Häufigkeitsachse

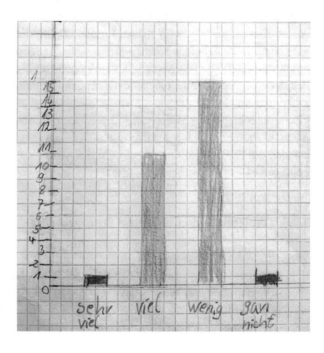

3.3 Ermitteln und Interpretieren von statistischen Kenngrößen

3.3.1 Fachliche und fachdidaktische Grundlagen

Nach den Bildungsstandards geht es in der Primarstufe im Bereich der Statistik vornehmlich darum, Informationen aus Diagrammen und Tabellen zu entnehmen (KMK 2005, S. 11), statistische Kenngrößen werden nicht erwähnt. Im Aufgabenteil der Bildungsstandards gibt es allerdings eine Aufgabe, in der von dem durchschnittlichen Wasserverbrauch die Rede ist, auch wenn er nicht berechnet werden soll (KMK 2005, S. 26). Erst die Bildungsstandards für den mittleren Schulabschluss enthalten konkrete Aussagen zu statistischen Kenngrößen (KMK 2003b, S. 12). In zahlreichen Lehrbüchern der dritten und vierten Jahrgangsstufen finden sich Aufgaben zur Berechnung des arithmetischen Mittels als Anwendung der Division. Dabei geht es häufig nur darum, dieses zu berechnen. Eine grundlegende Begriffsbildung und Interpretation der Daten findet meist nicht statt.

In den folgenden Abschnitten schlagen wir Möglichkeiten zur propädeutischen Behandlung einiger statischer Kenngrößen in der Primarstufe vor. Dabei geht es darum, zu den wesentlichen Begriffen, die dann in der Sekundarstufe I erarbeitet werden, ein inhaltliches Verständnis aufzubauen. Für die dargestellten Begriffe wird nach dem EIS-Prinzip vorgegangen. Die Schülerinnen und Schüler entwickeln zunächst Vorstellungen auf der handlungsbezogenen Ebene, die dann allmählich in die bildliche Ebene wechselt. Auf den Übertritt in die symbolische Ebene, die sich in der formalen Beschreibung der Begriffe widerspiegelt, wird in der Primarstufe verzichtet, da dies Inhalt der weiterführenden Schule ist.

Eine statistische Kenngröße ist eine Zahl, die zusammengefasste Eigenschaften der Daten beschreibt. Es gibt Kenngrößen zur Lage (Lagemaße) und Kenngrößen zur Streuung (Streuungsmaße). **Lagemaße** beschreiben die Lage der Verteilung, sie geben Aufschluss über die „Mitte" der erfassten Daten. **Streuungsmaße** beschreiben die „Breite" der Verteilung oder die Abweichung von der „Mitte", sie geben an, wie „dicht" die Daten liegen. In der allgemeinbildenden Schule spielen nur die drei Lagemaße arithmetisches Mittel, Median und Modalwert eine Rolle. Diese können inhaltlich in der Primarstufe vorbereitet werden, wobei es nicht immer notwendig ist, auch den Begriffsnamen zu benutzen. Bei den Streuungsmaßen kann eine Vorstellung zu dem sehr einfachen Maß „Spannweite" entwickelt werden.

Es muss beachtet werden, dass nicht alle Lagemaße bei allen Datenarten eingesetzt werden können (vgl. Tab. 3.4). Der Modalwert kann bei allen Datenarten ein Hilfsmittel zur Auswertung von Daten sein, während das arithmetische Mittel nur bei metrischen Daten berechnet werden kann.

Eine Notwendigkeit der Behandlung statistischer Kenngrößen in den Plänen der allgemeinbildenden Schule ergibt sich vor allem aus der besonderen gesellschaftlichen, politischen und wirtschaftlichen Bedeutung der Statistik (Kütting 1994a, S. 9). Winter (1985b, S. 4) stellt die besondere Bedeutung des arithmetischen Mittels im Alltag heraus. Durch die fortschreitende Digitalisierung nimmt der Umfang der erfassten Daten immer mehr zu, große Datenmengen („Big Data") können nicht mehr vollständig dargestellt werden kön-

Tab. 3.4 Anwendungsmöglichkeiten der Lagemaße bei den unterschiedlichen Datenarten

	Kategoriale Daten	Rangdaten	Metrische Daten
Modalwert	Ja	Ja	Ja
Median	Nein	Ja	Ja
Arithmetisches Mittel	Nein	Nein	Ja

nen. Dies macht einen anderen Umgang mit den Daten notwendig (Mayer-Schönberger und Cukier 2013, S. 8). Eine Möglichkeit ist die Beschreibung der Daten über die Kenngrößen der Lage und der Streuung.

Eine weitere Notwendigkeit in der Behandlung statistischer Kenngrößen ist die Vielzahl der Manipulationsmöglichkeiten (Krämer 2015), die vor allem das Wissen um die Existenz unterschiedlicher Mittelwerte mit unterschiedlichen Eigenschaften, Einsatzmöglichkeiten und kritischem Umgang notwendig macht.

Wir halten die frühe Betrachtung der unterschiedlichen Lagemaße, vor allem die Entwicklung inhaltlicher Vorstellungen zu diesen, als ein notwendiges Ziel für den Unterricht in der Primarstufe. Dabei sollte vor allem die Forderung, dass der Unterricht an die Alltagserfahrungen der Kinder anknüpft, und eine anwendungsorientierte Gestaltung (Schipper 2016, S. 21) für die Auswahl von Beispielen ein wesentliches Kriterium sein. Anknüpfungspunkte beschreiben Grassmann et al. (2014, S. 188–189) speziell für den Stochastikunterricht der Primarstufe.

So können Kinder schon Ereignisse aus der Umwelt beschreiben wie die Anzahl der Mädchen und Jungen einer Lerngruppe oder die Lieblingstiere in ihrer Klasse. Datenerhebungen bieten sich auch für den fachübergreifenden Unterricht an, z. B. beim Sachunterricht im Themenfeld Familie. Ein Umgang mit diesen Daten auch außerhalb des Mathematikunterrichts erfordert hier eine fachliche Grundlegung (Grassmann et al. 2014).

3.3.2 Der Durchschnitt (Arithmetisches Mittel)

Nach Kütting und Sauer (2011) zählt das arithmetische Mittel zu den am häufigsten gebrauchten Kenngrößen. Das arithmetische Mittel einer Menge von metrischen Daten ergibt sich, wenn die Summe aller Werte durch ihre Anzahl dividiert wird. Da in der Primarstufe keine gebrochenen Zahlen bekannt sind, können Aufgaben zu Ermittlung des arithmetischen Mittels in der Regel nur gestellt werden, wenn der Quotient eine ganze Zahl ist. Dies schränkt die Anwendbarkeit bei realen Sachverhalten erheblich ein.

Das arithmetische Mittel wird umgangssprachlich meist als **Durchschnitt** bezeichnet. Dabei muss beachtet werden, dass sich ein Durchschnitt auf das Arbeiten mit Größen bezieht, während das arithmetische Mittel auch von Zahlen berechnet werden kann. In der Primarstufe sollte das arithmetische Mittel nur von Größen ermittelt werden, sodass generell die Bezeichnung „Durchschnitt" anstelle der anspruchsvollen Formulierung „arithmetisches Mittel" verwendet werden kann.

In vielen Schulbüchern, Nachschlagewerken und auch Fachbüchern wird das arithmetische Mittel oft als „Mittelwert" bezeichnet. Auch die Formulierungen „im Mittel" oder „mittleres Gewicht" für eine durchschnittliche Angabe unterstützen die Verwendung dieses Wortes. In Fachbüchern ist allerdings auch die Verwendung des Wortes „Mittelwerte" als Synonym für Lagemaße verbreitet. Damit wäre das arithmetische Mittel nur eine Art von Mittelwerten neben anderen wie dem Median oder dem Modalwert. Diese Begriffsverwirrung kann in der Primarstufe vermieden werden, wenn man im Unterricht nur das Wort „Durchschnitt" und in der Kommunikation von Lehrpersonen allgemein von einem „Lagemaß" spricht.

Neben der formalen Berechnung des arithmetischen Mittels hat der Begriff eine Reihe von inhaltlichen Aspekten, die von Sill (2016, S. 9) in Anlehnung an Winter (1985b) und Neubert (2012) in folgender Weise beschrieben werden:

Das arithmetische Mittel ist

- ein Wert, der sich ergibt, wenn alle Unterschiede zwischen den einzelnen Werten additiv ausgeglichen werden (Ausgleichsaspekt).
- ein Wert, der sich ergibt, wenn eine Gesamtheit gleichmäßig auf eine bestimmte Anzahl von Objekten oder Personen verteilt wird (Gleichverteilungsaspekt).
- der Gleichgewichtspunkt einer Häufigkeitsverteilung (Schwerpunktaspekt).
- ein Verhältnis, das angibt, welcher Wert einer Größe auf ein Objekt oder eine Person entfällt, was meist mit dem Wort „pro" ausgedrückt wird (Verhältnisaspekt).

In der Primarstufe können erste inhaltliche Vorstellungen zum Ausgleichsaspekt, Gleichverteilungsaspekt und Schwerpunktaspekt ausgebildet werden.

3.3.2.1 Arithmetisches Mittel als Ausgleichswert

Zur Ermittlung des arithmetischen Mittels beschreibt Winter (1985a, S. 8) ein Gedankenexperiment. Dabei soll man sich Werte als Wassersäulen in einem Glasbehälter mit Trennwänden zwischen den Säulen vorstellen. Werden dann die Trennwände zwischen den einzelnen Werten entfernt, entsteht eine einheitliche Höhe, die das arithmetische Mittel repräsentiert. Sill (2016, S. 10) schlägt analog dazu den Bau eines Behälters mit herausnehmbaren Trennwänden, zwischen die Murmeln gelegt werden, vor.

Die Ermittlung des arithmetischen Mittels über das Ausgleichen der Werte kann nur mit Rohdaten erfolgen. Als Einstieg ist zum Arbeiten auf enaktiver Ebene folgendes Beispiel geeignet.

Ermitteln des Durchschnitts als Ausgleichswert durch Arbeiten auf der enaktiven Ebene
Anna, Maria, Paul und Theo haben für ein Spiel Haselnüsse mitgebracht. Anna hat 4 Nüsse, Maria hat 7, Paul hat 6 und Theo hat 3 Nüsse. Die Kinder wollen vor dem Spiel die unterschiedlichen Anzahlen der Nüsse ausgleichen, sodass jeder gleich viele hat. Dazu sollen die Kinder mit den meisten Nüssen den anderen welche abgeben. Wie können sie dies machen?

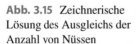

Abb. 3.15 Zeichnerische Lösung des Ausgleichs der Anzahl von Nüssen

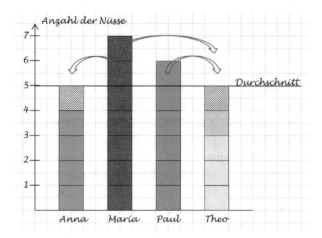

Beim Arbeiten auf der rein ikonischen Ebene werden die Daten als Säulen von Quadraten dargestellt. Hier stellen die Säulen keine Häufigkeitsverteilung dar, sondern Werte von Merkmalen, im obigen Beispiel die Anzahlen der Nüsse der vier Kinder. Wenn es sich um eine überschaubare Menge an Daten handelt, finden die Schülerinnen und Schüler das Ausgleichen der Werte durch Probieren und Umverteilen leicht selbst. Eine mögliche zeichnerische Lösung enthält Abb. 3.15.

Als eine weitere Möglichkeit zur enaktiven Ermittlung des arithmetischen Mittels durch Ausgleichen der Rohdaten eignen sich Würfelsäulen (Kütting 1994a, S. 79). Wir haben gute Erfahrungen mit Steckwürfeln gemacht.

Bei dem Beispiel in Abb. 3.16 sollte der Durchschnitt folgender Geldbeträge mit Steckwürfeln durch Ausgleichen bestimmt werden: 2 €, 6 €, 1 € und 7 €.

Beim Ausgleichen von Daten kann gut auf die Bedeutung des Wortes „Durchschnitt" im Sinne von „durchschneiden" Bezug genommen werden. Man stellt sich dazu die einzelnen Merkmalswerte als Streifen vor, durch die ein Schnitt in der Höhe des arithmetischen Mittels vorgenommen wird. Die abgeschnittenen Streifenteile müssen dann auf die Streifen, die unter dem arithmetischen Mittel liegen, passend angesetzt werden.

Zur Bestimmung des arithmetischen Mittels bei Anzahlen oder ganzzahligen Merkmalswerten mithilfe des Ausgleichsaspektes eignet sich eine Mischung aus Handlungen und ikonischen Darstellungen (vgl. Schipper et al. 2003; Neubert 2012). Dazu können Wendeplättchen zum Einsatz kommen, mit denen die ganzzahligen Merkmalswerte dargestellt werden. Die Plättchen lassen sich dann leicht so verschieben, dass die Merkmalswerte bei allen Merkmalsträgern gleich sind. Dabei können die verschobenen Plättchen umgedreht werden, sodass sie gut erkennbar sind. Plättchen mit einem Durchmesser von 2,5 cm sind als Unterrichtsmittel bestellbar. Für die Arbeit an der Tafel gibt es entsprechende magnetische Plättchen. Das Vorgehen lässt sich gut am Beispiel der folgenden Aufgabe verdeutlichen, in der es um den Durchschnitt der täglichen Niederschlagsmenge in einer Woche geht (nach Sill 2016).

Abb. 3.16 Ausgleichen von
Merkmalswerten mit Steck-
würfeln

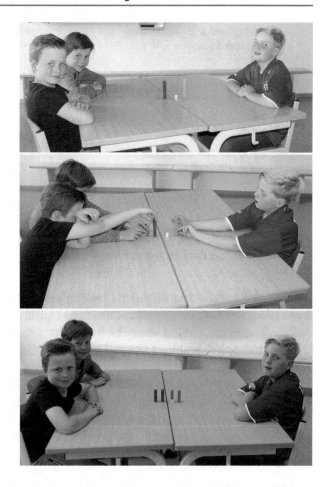

Bestimmen der durchschnittlichen Niederschlagsmenge in einer Woche

Svenja hat an fünf Tagen im April den täglichen Niederschlag am Regenmesser abgelesen:

Montag	Dienstag	Mittwoch	Donnerstag	Freitag
6 mm	4 mm	1 mm	2 mm	2 mm

a. Stelle die Niederschlagsmengen in einem Säulendiagramm mit Streifen der Breite
    2,5 cm dar. Verwende für 1 mm Niederschlag eine Höhe von 2,5 cm.
b. Lege die Streifen mit Wendeplättchen aus.
c. Bestimme den durchschnittlichen Niederschlag an den fünf Tagen, indem du die
    Niederschlagsmengen ausgleichst, sodass sie an allen Tagen gleich sind. Verschiebe
    dazu Plättchen und drehe die verschobenen um.

Die Lösung der Aufgabe ist in Abb. 3.17 erkennbar.

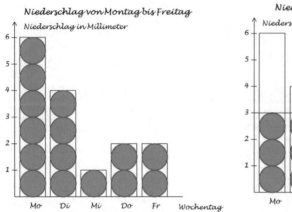
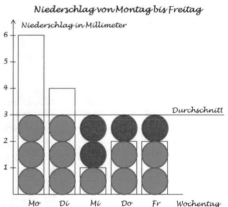

Abb. 3.17 Ermittlung des Durchschnitts mit Wendeplättchen

3.3.2.2 Arithmetisches Mittel als Ergebnis der Gleichverteilung

Beim Lösen von Aufgaben zum Bestimmen des Durchschnitts durch Ausgleichen erkennen die Kinder meist selbst, dass der Durchschnitt auch auf andere Weise und damit schneller rechnerisch bestimmt werden kann. Bereits bei der Aufgabe zum Ausgleich der Anzahl von Nüssen könnte schon vorgeschlagen werden, alle Murmeln zusammenzulegen und dann gleichmäßig auf die Kinder zu verteilen. Dieses Vorgehen sollte dann auch an einigen Beispielen enaktiv durchgeführt werden, bevor zum rechnerischen Verfahren für das Bestimmen des Durchschnitts verallgemeinert wird. Die Formulierung des Verfahrens sollte hier nur auf verbale Weise erfolgen, indem die Handlungen des Zusammenlegens und gleichmäßigen Verteilens mathematisiert werden.

▶ **Verfahren zur Berechnung des Durchschnitts** Den Durchschnitt von gegebenen Werten kannst zu berechnen, indem du

1. die Summe aller Werte berechnest,
2. die erhaltene Summe durch die Anzahl aller Werte dividierst.

Das gleichmäßige Verteilen ist aus Sicht von beteiligten Personen damit verbunden, dass die Verteilung für alle gerecht erfolgt, worauf auch Padberg und Benz (2011, S. 154) in Bezug auf den Verteilungsaspekt der Division hinweisen. Wenn z. B. die vier Kinder in der Nuss-Aufgabe nicht gleichartige Nüsse, sondern verschiedene Sorten mitbringen, kann eine gleichmäßige Verteilung auf Widerspruch stoßen. Man kann zwar auch in diesem Fall die durchschnittliche Anzahl der Nüsse bestimmen, die die Kinder mitgebracht haben, aber dies nicht durch eine gegenständliche Verteilung verdeutlichen.

Bei Daten zu Anzahlen muss dafür gesorgt werden, dass der Durchschnitt ganzzahlig ist. Handelt es sich bei den Daten um Größenangaben, bei denen auch kleinere Einheiten bekannt sind, sollten sich ganzzahlige Werte spätestens nach der Umwandlung in kleinere Einheiten ergeben.

3.3.2.3   Der Durchschnitt als Gleichgewichtspunkt einer Häufigkeitsverteilung

Die Darstellung des Durchschnitts als Schwerpunkt einer Masseverteilung stellt eine weitere inhaltliche Interpretation dar. Diese Art der Ermittlung ist anders als bei der Ermittlung des Durchschnitts als Ausgleichswert nur bei Häufigkeitsverteilungen anwendbar. Büchter und Henn (2007) veranschaulichen diese Eigenschaft mithilfe einer Balkenwaage. Dabei werden die einzelnen Daten mit gleich schweren Objekten auf einer Balkenwaage positioniert (vgl. Abb. 3.18). Die Schwerpunkteigenschaft besagt, dass die Summe der Abstände rechts und links vom arithmetischen Mittel gleich sein muss (Büchter und Henn 2007, S. 65).

Obwohl das Hebelgesetz bzw. das Arbeiten mit Drehmomenten als physikalischer Hintergrund des Schwerpunktaspektes erst Gegenstand des Physikunterrichts oberer Klassen ist, können anschauliche Vorstellungen zum Schwerpunktaspekt bereits in der Primarstufe ausgebildet werden. Ausgangspunkt der Betrachtungen sollten die Kenntnisse und Erfahrungen der Schüler zu Wippen auf Spielplätzen bzw. zu Spielzeugwippen sein. Die Schüler wissen, dass man durch eine geeignete Anordnung von zwei oder auch mehr Personen auf einer Wippe diese ins Gleichgewicht bringen kann.

Zur enaktiven Bestimmung des arithmetischen Mittels mit dem Schwerpunktaspekt hat Winter (1985b) vorschlagen, ein Histogramm der Verteilung aus steifem Karton auszuschneiden und es auf der Schneide eines Messers ins Gleichgewicht zu bringen. Dies ist praktisch sehr schwierig und zudem sehr aufwendig, da für jede Verteilung ein neues Histogramm auszuschneiden ist. Cassel (1990) schlägt vor, ein Holzlineal zu verwenden, in das Holzstäbchen in gleichen Abständen gesteckt sind. Auf die Stäbchen sollten schwere Stahlscheiben gelegt werden. Solche Konstruktionen haben sich in unseren Untersuchungen als wenig brauchbar erwiesen, da das Eigengewicht des Lineals einen zu großen Einfluss auf den Schwerpunkt der Konstruktion hat. Wir schlagen ein anderes Vorgehen vor, das im Unterricht erfolgreich erprobt wurde. Die Idee zu dieser Methode stammt von der Lehrerin Dr. Gudrun Wenau, die sie im Rahmen von Fortbildungen für Grundschullehrkräfte entwickelt hat. Die Methode wird an folgender Aufgabe erläutert.

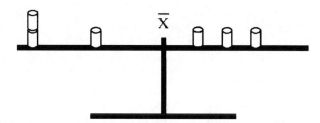

Abb. 3.18 Arithmetisches Mittel als Schwerpunkt auf einer Balkenwaage nach Büchter und Henn (2007, S. 65)

Durchschnittstemperatur

Eine Woche vor Ostern haben die Hasenkinder in der Hasenschule sechs Tage lang die Temperaturen am Mittag gemessen. Nun wollen sie die durchschnittliche Mittagstemperatur der vergangenen Tage anhand der Urdaten bestimmen:

Montag	Dienstag	Mittwoch	Donnerstag	Freitag	Sonnabend
1 °C	2 °C	3 °C	5 °C	2 °C	5 °C

Aus der Liste der Urdaten muss nun zunächst eine Häufigkeitstabelle erstellt werden:

Temperatur	0 °C	1 °C	2 °C	3 °C	4 °C	5 °C
Häufigkeit	0	1	2	1	0	1

Die Daten aus der Häufigkeitstabelle werden mit Steckwürfeln auf einem Papierstreifen aufgebaut, der auf einem Lineal befestigt ist (vgl. Abb. 3.19). Das Lineal befindet sich zu Anfang und am Ende im Gleichgewicht, sodass sein Eigengewicht keinen Einfluss hat. Die verwendeten Steckwürfel müssen genau in der Mitte der Felder platziert werden. Die Methode ist für alle Häufigkeitsverteilungen anwendbar, es müssen lediglich entsprechende Papierstreifen vorbereitet werden. Wir haben das Vorgehen im Unterricht nur zur Demonstration durch die Lehrperson eingesetzt, für eine selbstständige Arbeit der Kinder halten wird es für zu anspruchsvoll.

1. Lineal unter Verwendung eines Holzklötzchens oder kantigen Bleistifts ins Gleichgewicht bringen

2. Häufigkeitsverteilung auf dem Papierstreifen aufbauen

3. Papierstreifen solange verschieben, bis das Lineal wieder im Gleichgewicht ist

4. Arithmetisches Mittel am Schwerpunkt ablesen

Fotos: Matthias Schiller

Abb. 3.19 Ermittlung des Durchschnitts mit der Schwerpunkteigenschaft (aus *mathematik lehren*, Heft 197, August 2016, S. 13; mit freundlicher Genehmigung von © 2016 Friedrich Verlag GmbH. All Rights Reserved)

Spiegel (1985) hat eine weitere Möglichkeit zur enaktiven Bestimmung des Durchschnitts auf der Grundlage der Schwerpunkteigenschaft vorschlagen, die er als **Mittelwertabakus** bezeichnet. Physikalische Grundlage ist die Eigenschaft einer sich im Gleichgewicht befindlichen Wippe, bei der sich durch gleichzeitige Verlagerung einer gleichen Masse auf beiden Seiten um die gleiche Entfernung zum Schwerpunkt hin das Gleichgewicht nicht verändert. Diese Eigenschaft sollten die Schüler für einfache Fälle selbst entdecken, indem sie zunächst mit zwei Werten experimentieren. Beim Sachverhalt der Aufgabe zur Durchschnittstemperatur könnten dies 1 °C und 5 °C sein. Der Schwerpunkt (3 °C) ändert sich nicht, wenn beide Werte um jeweils einen Schritt zum Schwerpunkt hin verschoben, also die Würfelbausteine auf die Werte 2 °C bzw. 4 °C gelegt werden. Dieses Vorgehen kann noch einmal wiederholt werden und dann liegen beide Würfel übereinander auf dem Schwerpunkt (3 °C). Als Beispiel für drei Werte könnten die Angaben 0 °C, 1 °C und 5 °C verwendet werden, bei denen dann durch gleichmäßiges Umstapeln zum Schwerpunkt hin am Ende alle drei Bausteine über dem Schwerpunkt 2 °C liegen. Nach dem ersten Schritt liegen dabei zwei Bausteine übereinander auf dem Wert von 1 °C, sodass sich schon eine Häufigkeitsverteilung ergeben hat. Zur Kontrolle sollte anschließend das Verfahren für die gesamte Häufigkeitsverteilung in Aufgabe 5 durchgeführt werden. Dabei kann dann auch arbeitet werden, dass es gar nicht mehr notwendig ist, die Wippe im Gleichgewicht zu halten. Durch das gleichmäßige Umstapeln der Würfelbausteine von beiden Seiten aufeinander zu ergibt sich am Ende der Gleichgewichtspunkt und damit der Durchschnitt der Werte. Beim Umstapeln sollte gleichzeitig mit beiden Händen jeweils einer der äußeren Würfel um einen Platz verschoben werden.

Das Umstapeln der Anzahlen einer Häufigkeitsverteilung lässt sich einfacher direkt am Häufigkeitsdiagramm unter Verwendung von Plättchen durchführen. Auch dabei sollte gleichzeitig mit beiden Händen gearbeitet und jeweils zwei Plättchen um je einen Platz nach rechts bzw. links verschoben werden. Das Umstapeln wird an folgender Aufgabe erläutert.

Ermitteln des Durchschnitts durch Umstapeln einer Häufigkeitsverteilung

Aufgabe: In einer Grundschule sind in der Klasse 4a 20, in der Klasse 4b 21 und in der Klasse 4c 25 Schülerinnen und Schüler.

a. Zeichne ein Häufigkeitsdiagramm und stelle die Häufigkeiten mit Plättchen dar.
b. Bestimme die durchschnittliche Klassenstärke, indem du mit beiden Händen gleichzeitig die äußeren Plättchen jeweils um einen Wert aufeinander zu verschiebst. Führe das Verschieben so lange durch, bis alle Plättchen übereinanderliegen.

Die Abb. 3.20 zeigt die Schritte des Umstapelns von oben links bis unten rechts.

Der Mittelwertabakus von Spiegel liefert auch Einsicht über den Durchschnitt, wenn er nicht ganzzahlig ist. Es bleiben in diesem Fall am Ende immer zwei Stapel übrig, zwischen denen der Durchschnitt liegt. Aus dem Vergleich der Höhe dieser Stapel kann gefolgert werden, wie dicht der Durchschnitt an den beiden Werte liegt (vgl. Krüger et al. 2015, S. 66).

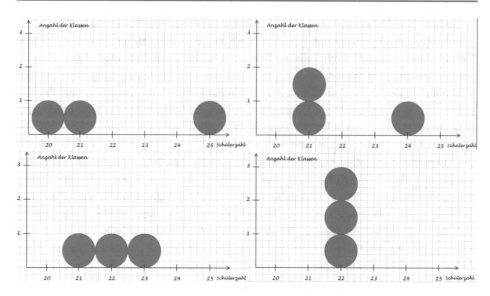

Abb. 3.20   Bestimmen des Durchschnitts durch Umstapeln

3.3.3   Weitere statistische Kenngrößen

Der häufigste Wert (Modalwert)
Ein weiteres Lagemaß ist der häufigste Wert einer Häufigkeitsverteilung. Er wird als **Modalwert** bezeichnet. In der Fachliteratur, die ihn zu den Mittelwerten zählt, hat er eine Sonderstellung, da er im eigentlichen Sinne nicht die Mitte einer Verteilung wiedergibt. Der Modalwert ist der am leichtesten zu bestimmende Wert und auch bei kategorialen Skalen einsetzbar. Der Modalwert ist nicht immer eindeutig festgelegt. Die Häufigkeiten zweier oder mehrerer Merkmalsausprägungen können gleich sein, dann hat die Verteilung nicht nur einen, sondern auch zwei oder mehr häufigste Werte.

In der Primarstufe kann dieses Lagemaß von Anfang bestimmt werden, wenn es um die Auswertung der Daten geht. Der Fachbegriff Modalwert spielt dabei noch keine Rolle. Die Schülerinnen und Schüler bestimmen in einer Verteilung, welches Ergebnis am häufigsten vorkommt.

Im Diagramm von Abb. 3.21 gibt es nur einen häufigsten Wert. Neun Kinder haben sich für das Projekt „Sportspiele" entschieden. Hier kann gefragt werden: „Welches Projekt wählten die Kinder am häufigsten?" In der Frage nach dem Modalwert sollten immer die Wörter „am häufigsten" oder „am meisten" benutzt werden.

Der mittlere Wert (Median) und die Spannweite
Der **mittlere Wert** einer Datenmenge gibt an, wo die Mitte einer der Größe nach geordneten Datenmenge liegt. Das bedeutet, dass die Hälfte der Daten kleiner oder gleich und die Hälfte der Daten größer oder gleich dem mittleren Wert sind. Es gibt in der Literatur

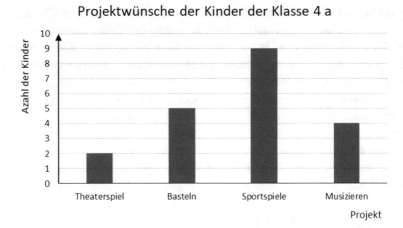

Abb. 3.21 Projektwünsche

verschiedene Bezeichnungen für den mittleren Wert, so **Median** (z. B. Kütting und Sauer 2011; Büchter und Henn 2007; Winter 1985b) oder **Zentralwert** (z. B. Krüger et al. 2015).

Zur Bestimmung des mittleren Wertes werden die Daten zunächst geordnet. Bei einer überschaubaren Anzahl von Daten kann dieser Wert durch Auszählen bestimmt werden. Dabei sind allerdings zwei Fälle zu unterscheiden:

- Fall 1: Die Anzahl der Daten ist ungerade.
  Der mittlere Wert ist dann der Wert, der in der Mitte der geordneten Daten liegt.
- Fall 2: Die Anzahl der Daten ist gerade.
  Der mittlere Wert ist dann das arithmetische Mittel aus den beiden in der Mitte liegenden Werten der geordneten Daten.

Der Median ist nicht nur bei Daten aus metrischen Skalen, sondern auch bei ordinalen Skalen verwendbar. Er kann direkt aus der Liste der geordneten Daten bestimmt werden, ohne eine Häufigkeitstabelle zu erstellen. Für die Primarstufe ist es im Unterschied zum Durchschnitt von großem Vorteil, dass dieses Lagemaß für die „Mitte" der Daten nicht durch Division berechnet wird, sodass keine gebrochenen Zahlenwerte auftreten können. Lediglich bei einer geraden Anzahl von Daten kann das arithmetische Mittel der beiden Werte in der Mitte eine gebrochene Zahl sein, die aber immer nur die Hälfte der jeweiligen Einheit als gebrochenen Anteil enthalten kann.

Der mittlere Wert kann mithilfe der lebendigen Statistik erlebbar gemacht werden. Zunächst sollten hierfür drei Karten vorbereitet werden, die die Kinder dann hochhalten (kleinster Wert, mittlerer Wert, größter Wert). Für die Ermittlung dieser Werte ist ein geordnetes Aufstellen erforderlich.

Als Einstieg ist die Bestimmung der mittleren Körpergröße in einer Klasse geeignet. Dazu müssen die Daten nicht erhoben werden, sondern die Kinder können sich der Größe nach in der Klasse aufstellen. Je nach Raumgröße wird die ganze Klasse oder nur ein Teil einbezogen. Nun erhält der kleinste Schüler die Karte „kleinster Wert", der größte Schüler die Karte „größter Wert". Der mittlere Wert wird bestimmt, indem die Kinder von außen nach innen abwechselnd rechts und links abzählen. Bei einer ungeraden Anzahl gibt es ein Kind, das dann das Schild „mittlerer Wert" bekommt. Bei einer geraden Anzahl von Kindern halten die beiden Kinder in der Mitte das Schild hoch. Die Berechnung des arithmetischen Mittels von diesen Werten ist nicht erforderlich.

Der mittlere Wert besagt in diesem Fall, dass die Hälfte der Kinder kleiner und die Hälfte der Kinder größer oder teilweise genauso groß wie dieser Wert sind.

Mittlerer Wert von Körpergrößen

Bestimme die mittlere Körpergröße der beiden Schülergruppen.

Gruppe A: 1,37 m; 1,39 m; 1,43 m; 1,44 m; 1,47 m
Gruppe B: 1,36 m; 1,40 m; 1,42 m; 1,44 m; 1,48 m; 1,50 m

Der mittlere Wert der fünf Kinder in Gruppe A beträgt 1,43 m und der der sechs Kinder in Gruppe B ebenfalls 1,43 m. In Gruppe B liegen die Werte 1,42 m und 1,44 m in der Mitte und genau dazwischen 1,43 m.

Die durchschnittliche Körpergröße in Gruppe A beträgt 1,42 m und in Gruppe B 1 m 43 1/3 cm.

Der mittlere Wert ist im Unterschied zum Durchschnitt unabhängig von extremen Werten. Wenn z. B. in Gruppe B das größte Kind 1,60 groß wäre, würde sich der mittlere Wert der Körpergrößen nicht ändern, die durchschnittliche Körpergröße würde auf 1,45 m ansteigen.

Weitere Übungen können mit folgenden Daten durchgeführt werden:

- Schuhgröße der Kinder
- Massen der Schultaschen
- Selbsteinschätzungen zum Können der Kinder (z. B. im Skilaufen)

Parallel mit der Ermittlung des mittleren Wertes kann auch die **Spannweite** der Daten ermittelt werden. Die Spannweite ist die Differenz aus dem größten und dem kleinsten Wert. Die Spannweite der Daten gibt den größtmöglichen Unterschied zwischen den Daten an. Im obigen Beispiel der Körpergrößen zweier Schülergruppen beträgt die Spannweite in Gruppe A 10 cm und in Gruppe B 14 cm. Die Kinder in Gruppe A unterscheiden sich um bis zu 10 cm und in Gruppe B um bis zu 14 cm.

3.4 Vergleichen, Schätzen, Darstellen und Interpretieren von Wahrscheinlichkeiten

3.4.1 Fachliche und fachdidaktische Grundlagen

Konzept für den weiterführenden Unterricht

Im weiterführenden Unterricht werden im Sinne des Spiralprinzips die Entwicklungslinien zum Umgang mit Wahrscheinlichkeiten wieder aufgegriffen und auf höherem Niveau weitergeführt. Dies bedeutet unter anderem:

- Das Vergleichen und Beschreiben von Wahrscheinlichkeiten bezieht sich auf anspruchsvollere Sachverhalte.
- Es werden schriftliche Begründungen für Entscheidungen zum Vergleichen und Beschreiben von Wahrscheinlichkeiten verlangt.
- Es werden weitere Kategorien zur qualitativen Beschreibung und Darstellung von Wahrscheinlichkeiten eingeführt. Der Mittelpunkt der Skala wird beschriftet.
- Weitere Möglichkeiten zum Interpretieren von Wahrscheinlichkeiten werden eingeführt.
- Die Beispiele zum Einfluss von Bedingungen auf die Wahrscheinlichkeit sind anspruchsvoller.
- Es werden Situationen aus dem Glücksspielbereich, wie das Entnehmen von Objekten aus Behältern, in den Unterricht einbezogen sowie Experimente zu stochastischen Vorgängen durchgeführt. Insbesondere werden die Durchmischung von Objekten in Ziehungsbehältern und die Streuung der Häufigkeiten bei mehrfacher Wiederholung eines Vorgangs untersucht. Die Gleichwahrscheinlichkeit der Augenzahlen eines Würfels wird indirekt begründet.

Die genannten Ziele für den weiterführenden Unterricht sind teilweise noch nicht in den aktuellen Bildungsstandards und Rahmenplänen enthalten. Wir wollen damit zu der aus unserer Sicht notwendigen Weiterentwicklung des Stochastikunterrichts in der Primarstufe anregen.

Weitere Möglichkeiten zum Schätzen von Wahrscheinlichkeiten

Neben den groben Abstufungen „sicher", „wahrscheinlich", „unwahrscheinlich" und „unmöglich" zur qualitativen Schätzung von Wahrscheinlichkeiten im Anfangsunterricht bietet der übliche Sprachgebrauch aber auch noch feinere Unterscheidungen, insbesondere im Bereich der Enden des Intervalls. Dazu gehören die folgenden Bezeichnungen: „fast unmöglich", „sehr unwahrscheinlich", „eher unwahrscheinlich", „eher wahrscheinlich", „sehr wahrscheinlich", „hochwahrscheinlich", „fast sicher". Grenzen für die einzelnen Angaben lassen sich nicht näher angeben und hängen auch vom Kontext ab.

Ein besonderes Problem ist die Beschriftung des Mittelpunktes der Skala. Es ist sinnvoll, diesen Punkt zu beschriften, um die öfter auftretende Wahrscheinlichkeit 1/2 darstellen zu können, die etwa beim Wurf einer Münze oder beim Ziehen aus einem Behälter mit der gleichen Anzahl von roten und blauen Kugeln auftritt. In diesem Fall handelt es sich nicht um ein Intervall wie bei „wahrscheinlich" und „unwahrscheinlich", sondern um einen konkreten Wert. Allerdings kann mit dem Zusatz „etwa" auch ein kleines Intervall um den Wert 0,5 beschrieben werden.

Es gibt folgende Möglichkeiten zur Bezeichnung des Punktes, die jeweils für die Ergebnisse „Wappen" und „Zahl" beim Werfen einer Münze beispielhaft formuliert werden:

- Es ist genauso wahrscheinlich wie unwahrscheinlich, dass das Ergebnis eintritt.
  Beispiel: Es ist genauso wahrscheinlich wie unwahrscheinlich, dass das Ergebnis „Wappen" eintritt.
- Man kann die Formulierung „so oder so" verwenden.
  Beispiel: So oder so kann das Ergebnis „Wappen" oder „Zahl" eintreten.
- Da Kinder oft bereits den Prozentbegriff aus dem Alltag kennen, ist auch eine Bezeichnung mit 50 % möglich.
  Beispiel: Es ist zu 50 % wahrscheinlich, dass das Ergebnis „Wappen" eintrifft.

Zur Bezeichnung des Mittelpunktes der Skala wird auch die Formulierung „fifty-fifty" oder 1 : 1 verwendet. Damit ist das Problem verbunden, dass es sich um die Angabe von Chancen handelt und auf einer Wahrscheinlichkeitsskala keine Chancen dargestellt werden können (Abschn. 5.2.6).

Diese Formulierungen sind möglich, und in unseren Fortbildungen und den Unterrichtserprobungen wurde am häufigsten die Formulierung „fifty-fifty" aus der Umgangssprache sowohl von den Lehrpersonen als auch von den Kindern als Vorschlag eingebracht. Wir empfehlen die Bezeichnung „genauso wahrscheinlich wie unwahrscheinlich", weil diese mit keinerlei Zahlen belegt ist und somit eher zur qualitativen Schätzung der Wahrscheinlichkeit eines Vorgangs an der Wahrscheinlichkeitsskala passt. Entgegen diesen verschiedenen Möglichkeiten darf der Begriff „gleich wahrscheinlich" nicht für diesen Punkt verwendet werden. Dieser Begriff ist ein Relationsbegriff und muss deswegen immer ein Verhältnis zwischen zwei verschiedenen Ergebnissen ausdrücken: „Kopf zu werfen, ist gleich wahrscheinlich wie zu Zahl zu werfen."

In dem Fall des Werfens der Münze bedeutet „gleich wahrscheinlich", dass die Wahrscheinlichkeit zu gewinnen genauso groß ist wie nicht zu gewinnen und deshalb 0,5 beträgt. Dies lässt sich aber nicht verallgemeinern. Beim Werfen eines Würfels sind die Wahrscheinlichkeiten für eine Fünf oder eine Sechs gleich groß. Beide Ergebnisse sind also gleich wahrscheinlich, ohne dass die Wahrscheinlichkeit 0,5 beträgt.

Einbeziehung von Vorgängen im Glücksspielbereich

Die Wahrscheinlichkeitsrechnung ist als Bestandteil der mathematischen Wissenschaft eine theoretische Disziplin, die axiomatisch aufgebaut ist und klar definierte Begriffe sowie beweisbare Sätze enthält. Um diese Theorie auf reale Vorgänge anzuwenden, müssen diese Vorgänge in der Regel vereinfacht und idealisiert werden. So kann die Wahrscheinlichkeit für das Würfeln einer Sechs nur berechnet werden, wenn der reale Vorgang in geeigneter Weise idealisiert wird (Abschn. 1.4.2). Als ein Hilfsmittel der Modellierung für zahlreiche Vorgänge haben sich bestimmte idealisierte stochastische Situationen bewährt. Dazu gehören das Münz-, Würfel- und Urnenmodell. Mit dem Münz- und Würfelmodell wird das Werfen einer Münze bzw. eines Würfels und beim Urnenmodell das Ziehen von Objekten aus einem Behältnis idealisiert. Diese Modelle haben enge Bezüge zu realen Vorgängen aus dem Glücksspielbereich. Durch Formulierungen in den aktuellen Bildungsstandards ist eine starke Orientierung auf diese Vorgänge erfolgt. Aus verschiedenen Gründen werden wir bei unseren Unterrichtsvorschlägen diese Vorgänge jeweils in gesonderten Abschnitten berücksichtigen.

Vorgänge aus dem Glücksspielbereich bezeichnen wir als **Glücksspielsituationen**. Zu solchen Vorgängen gehören die reinen Glücksspiele, die nach bestimmten Regeln ablaufen und deren Ziel es ist, dass am Ende eine der beteiligten Personen gewinnt. Aber auch in Aufgabenstellungen zum Drehen von Glücksrädern oder beim Entnehmen von Objekten aus Behältnissen ist oft davon die Rede, dass eine bestimmte Zahl oder Farbe gewinnt. Generell zählen wir zu solchen Vorgängen Situationen, in denen Dinge wie Münze oder Würfel, Glücksrad, Ziehungsbehälter oder auch ein Angelspiel benutzt werden. Wir bezeichnen diese Dinge als **Glücksspielgeräte**. Die in der Literatur oft verwendete Bezeichnung „Zufallsgerät" oder „Zufallsgenerator" halten wir aus mehreren Gründen nicht für günstig (vgl. Abschn. 5.1.3). Die Wahrscheinlichkeit der möglichen Ergebnisse ist bei einem regulären Verlauf allein durch die Beschaffenheit des Glücksspielgerätes bestimmt. Die teilnehmenden Personen können die Wahrscheinlichkeit nicht willentlich beeinflussen. Diese Vorgänge sind unter gleichen Bedingungen sehr oft wiederholbar. Mit diesen Geräten und den damit durchgeführten Vorgängen sind zahlreiche fachliche und didaktische Probleme verbunden, die im Abschn. 5.3 näher erläutert werden.

Glücksspielsituationen sind in der Mehrzahl der heutigen Schulbücher sowohl in der Primarstufe als auch in der Sekundarstufe I und II das dominierende Anwendungsfeld beim Umgang mit Wahrscheinlichkeiten. Bei unseren Vorschlägen stehen sie nicht im Mittelpunkt, werden aber in folgender Weise in das Konzept einbezogen:

- Zu Anfang beschränken wir uns auf Vorgänge zum Entnehmen von Objekten aus Behältnissen. Diese Vorgänge lassen sich leicht realisieren und sind mit wenigen intuitiven Fehlvorstellungen verbunden. Dabei ist die Anzahl der Objekte in den Behältnissen zunächst noch gering, sodass es nicht zu Problemen der Durchmischung kommt.
- Zum Verständnis der Idee der Durchmischung schlagen wir ein Experiment vor. Danach können dann auch Vorgänge zum Entnehmen von Objekten aus Behältnissen einbezogen werden, bei denen zahlreiche Objekte im Behältnis liegen.
- Zum Erfassen der Gleichwahrscheinlichkeit von Ergebnissen werden das Prinzip vom unzureichenden Grund sowie ein Experiment zur indirekten Begründung der Gleichwahrscheinlichkeit verwendet.
- Auf Experimente mit vielen Wiederholungen eines Vorgangs zum Nachweis der Gleichwahrscheinlichkeit oder der Unterschiedlichkeit von Wahrscheinlichkeiten wird

verzichtet, da die damit verbundenen fachlichen Probleme und Verständnisfragen für die Primarstufe zu anspruchsvoll sind.

- Stattdessen werden Experimente mit Glücksspielgeräten bei einer geringen Anzahl von Wiederholungen durchgeführt, um die große Streuung der Ergebnisse erlebbar zu machen. Zu jedem Experiment wird entsprechend der experimentellen Methode zu Beginn eine Vermutung (Hypothese) aufgestellt, eine Versuchsplanung angelegt und eine Auswertung (Vergleich mit der Vermutung) vorgenommen.
- Experimente mit Glücksspielgeräten werden möglichst als Spiel gestaltet und als Aufgaben mit überraschenden Ergebnissen angelegt.
- Auf das gleichzeitige Werfen von mehreren Objekten wird verzichtet, da damit zahlreiche Probleme bei Lernenden und auch Lehrenden verbunden sind. Bei diesen Vorgängen handelt es sich um mehrstufige Vorgänge, deren Behandlung erst in der Sekundarstufe I sinnvoll ist. Wir schlagen lediglich als Alternative zum oft verwendeten Augensummenspiel vor, einen Würfel zweimal nacheinander zu werfen und mit den Ergebnissen eine zweistellige Zahl zu bilden.

3.4.2 Unterrichtsvorschläge

3.4.2.1 Vergleichen von unterschiedlichen Wahrscheinlichkeiten
Die folgenden Vorschläge sind wieder nach den stochastischen Situationen wie im Anfangsunterricht geordnet.

Vorgänge, an denen die Kinder selbst beteiligt sind
Im Tagesablauf gibt es viele stochastische Situationen, die eine geeignete Quelle für Wahrscheinlichkeitsaussagen bilden. In der Aufgabe in Abb. 3.22 geht es um das persönliche Verhalten eines Kindes nach dem Aufstehen. Zur Beantwortung der Frage muss sich das Kind an sein bisheriges Verhalten erinnern und überlegen, was von beiden Möglichkeiten häufiger auftrat. Es ist zu erwarten, dass Kinder morgens eher ihr Frühstück essen,

Was ist eher möglich? Was ist wahrscheinlicher?

1 a) Was machst du morgens nach dem Aufstehen eher?

Hausaufgaben machen   oder   Frühstück essen

Es ist wahrscheinlicher, dass ich _____ , weil

_____ .

Abb. 3.22 Wahrscheinlichkeitsvergleich zum Tagesablauf (aus *Denken und Rechnen*, Arbeitsheft 1/2, S. 26; mit freundlicher Genehmigung von © Westermann Gruppe. All Rights Reserved)

als Hausaufgaben zu machen. Aber es kann sicher durchaus auch einmal vorkommen, dass noch Hausaufgaben erledigt werden, dieses Ergebnis ist also nicht unmöglich. Bei einer Erprobung dieser Aufgabe in einer 4. Klasse gaben einige Kinder an, dass sie morgens nicht immer sofort frühstücken, sondern erst ihre Hausaufgaben erledigen, wenn die Eltern noch schlafen. Als Begründung für die Möglichkeit „Frühstück essen" wäre zu erwarten, dass das Kind die Hausaufgaben schon am Tag zuvor gemacht hat.

Eine weitere stochastische Situation ist das Frühstück selbst, bei dem etwa die Merkmale, was eher gegessen oder getrunken wird, betrachtet werden können. In diesen Fällen können die Antworten der Schüler je nach ihren Vorlieben und Gewohnheiten unterschiedlich sein.

Vorgänge im Freizeitbereich
In einer 3. Klasse haben die Kinder im Rahmen der Geschichte zum Wetterfrosch selbst Fragen zum Vergleichen von Wahrscheinlichkeiten entwickelt, von denen einige im folgenden Beispiel enthalten sind.

Von Kindern entwickelte Fragen zum Vergleichen von Wahrscheinlichkeiten

1. Wenn zwei Autos gegeneinander stoßen, ist das ein Unfall. Wer würde wohl eher kommen, wenn so etwas passiert?
   a. die Polizei
   b. der ADAC
2. Wo würde man eher ein Trikot bekommen?
   a. im Fanshop
   b. im Outlet

Die meisten Kinder in der Primarstufe können mit einem Fahrrad fahren und sind so auch mit dem Problem der Luft in den Reifen vertraut. Diese Erfahrungen und Kenntnisse werden in der folgenden Aufgabe zur Wahrscheinlichkeit eines unbekannten Zustandes benötigt.

Vergleichen von Wahrscheinlichkeiten bei unbekannten Zuständen

Im Vorderrad deines Fahrrades ist sehr wenig Luft. Was ist wahrscheinlicher?

A. Du hast lange nicht den Reifen aufgepumpt.
B. Der Schlauch im Vorderrad ist kaputt.

Vorgänge im Glücksspielbereich
Als Einstieg für die Beschäftigung mit Vorgängen im Glücksspielbereich ist das Ziehen aus Behältern zum **Bestimmen möglicher Ergebnisse** geeignet (Abb. 3.23). Bei dieser Art der grafischen Darstellung stellen die farbigen Kreise auf dem Behälter nicht Kugeln und ihre Lage im Behälter dar, sondern geben einfach nur an, wie viele Kugeln von welcher Farbe in dem Behälter liegen. Damit ist bei dieser Darstellungsweise das Problem der Durchmischung (Abschn. 5.3.3) noch nicht relevant.

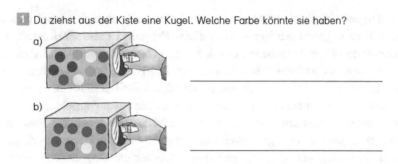

Abb. 3.23 Kugel ziehen, denken und rechnen (aus *Denken und Rechnen*, Arbeitsheft *Daten, Häufigkeit und Wahrscheinlichkeit Klasse 1/2*, S. 23; mit freundlicher Genehmigung von © Westermann Gruppe. All Rights Reserved)

Das Gesellschaftsspiel „Fische angeln" (Abb. 3.24) eignet sich gut als Muster für Aufgaben zum Identifizieren und Realisieren sicherer, möglicher und unmöglicher Ergebnisse. Das Spiel ist realitätsnah, denn auch beim richtigen Angeln ist nicht sichtbar, was gefangen wird, und die Wahrscheinlichkeit für eine bestimmte Fischsorte richtet sich nach der Zusammensetzung des Fischbestandes in dem betreffenden Gewässer. Die Bedingungen für die Wahrscheinlichkeiten lassen sich leicht durch die Veränderung der Zusammensetzung der Fischarten in dem Behälter ändern.

Bei der Aufgabe in Abb. 3.24 sollte vor Beantwortung der gestellten Frage mit den Kindern besprochen werden, welche Ergebnisse möglich sind. Die „Fische" sind in der Zeichnung in günstiger Weise so dargestellt, dass alle offensichtlich die gleiche Chance haben, geangelt zu werden.

Trax angelt einmal. Wer hat Recht?

Abb. 3.24 Fische angeln (aus *Nussknacker Klasse 1*, S. 118; mit freundlicher Genehmigung von © Ernst Klett Verlag GmbH. All Rights Reserved)

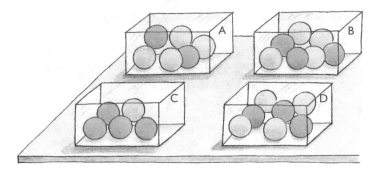

a) Wenn ihr eine grüne Kugel zieht, habt ihr gewonnen.
Was vermutet ihr: Mit welcher Kiste habt ihr die größten Gewinnchancen?
Begründet eure Meinung!

Abb. 3.25   Wahrscheinlichkeitsvergleiche beim Ziehen von Kugeln (Aus *Rechenwege 3*, S. 134; mit freundlicher Genehmigung von © Cornelsen/Cleo-Petra Kurze. All Rights Reserved)

Ein **Vergleich von Wahrscheinlichkeiten** zweier Ergebnisse bezüglich eines Merkmals beruht in der Regel auf einem Vergleich der betreffenden Anzahlen von elementaren Ergebnissen des Vorgangs (Abb. 3.25).

Zur Lösung der Aufgabe ist es ausreichend, nur die Anzahl der grünen und gelben Kugeln miteinander zu vergleichen. In den Behältern A, B und D ist die Anzahl der gelben Kugeln größer als die der grünen, nur im Behälter C ist es umgekehrt, sodass sofort nur dieser infrage kommt. Um das Wort „Gewinnchancen" zu vermeiden, hätte auch gefragt werden können, für welchen Behälter es am wahrscheinlichsten ist, eine grüne Kugel zu ziehen. Das Wort „Gewinnchancen" sollte im Unterricht nicht verwendet werden, da es mit dem Begriff „Gewinnwahrscheinlichkeit" verwechselt werden kann (Abschn. 5.2.6).

Wie schon dargelegt, raten wir aus verschiedenen Gründen (Abschn. 5.3.5) davon ab, Aufgaben zum gleichzeitigen Werfen zweier Würfel und Bestimmen ihrer Augensumme im Unterricht einzusetzen. Als Alternative ist die folgende Aufgabe geeignet. Mit dem darin enthaltenen Vorgehen können alle Aufgaben und Spiele, die auf der Augensumme von zwei Würfeln beruhen, nur mit einem Würfel durchgeführt werden.

Erwürfeln von Zahlen und Addieren ihrer Ziffern

Ermittle eine zweistellige Zahl, indem du zweimal nacheinander mit einem Würfel würfelst. Mit dem ersten Wurf bestimmst du den Zehner und mit dem zweiten Wurf die Einer der Zahl. Wenn du z. B. erst eine 5 und dann eine 3 würfelst, hast du die Zahl 53 erwürfelt.

1. Gib fünf Zahlen an, die du auf diese Weise erwürfeln kannst.
2. Bestimme alle Zahlen, die du erwürfeln kannst.
3. Bestimme alle Zahlen, bei denen die Summe ihrer beiden Ziffern 3 beträgt, und alle Zahlen, bei denen die Summe ihrer beiden Ziffern 7 beträgt.

Tab. 3.5 Bestimmen aller Würfelzahlen

		2. Ziffer (Einerstelle)					
		1	**2**	**3**	**4**	**5**	**6**
1. Ziffer	**1**	11	12	13	14	15	16
(Zehnerstelle)	**2**	21	22	23	24	25	26
	3	31	32	33	34	35	36
	4	41	42	43	44	45	46
	5	51	52	53	54	55	56
	6	61	62	63	64	65	66

4. Maja und Theo spielen ein Spiel. Jeder würfelt zweimal nacheinander mit einem Würfel und ermittelt so eine zweistellige Zahl, wobei der erste Wurf den Zehner und der zweite Wurf die Einer ergibt. Maja erhält einen Punkt, wenn die Summe der Ziffern ihrer Zahl 7 beträgt, und Theo, wenn die Summe 10 beträgt. Wer zuerst drei Punkte hat, gewinnt das Spiel.

Was ist wahrscheinlicher: Gewinnt Maja oder Theo?

Bestimme dazu die Zahlen, bei denen Maja bzw. Theo gewinnen.

Im Unterschied zum Werfen von zwei Würfeln entstehen bei diesem Vorgehen 36 mögliche Ergebnisse, die alle als unterschiedlich erkannt werden können. So sind die Zahlen 12 und 21 offensichtlich verschiedene Ergebnisse, während es bei zwei Würfeln schwierig zu erkennen ist, dass sich z. B. hinter dem das Ergebnis „1" und „2" zwei Möglichkeiten verbergen.

Bei der Lösung der Aufgabe b. kann in folgender Weise systematisch vorgegangen werden (Tab. 3.5).

Bei diesem Vorschlag wird das Bestimmen der Augensumme beim Wurf zweier Würfel durch das Bestimmen der Summe der Ziffern ersetzt. Damit kann der Begriff „Quersumme" vorbreitet werden, der in der Sekundarstufe I im Stoffgebiet „Teilbarkeit" eingeführt wird.

Wenn diese Vorgehensweise bei einem der vielen veröffentlichten Augensummenspiele eingesetzt wird, kann zur Verkürzung sofort die Summe der beiden nacheinander gewürfelten Zahlen bestimmt werden.

Ein besonderer Fall liegt vor, wenn die Anzahl von Kugeln zweier Farben in einem Behälter übereinstimmt. Im Unterschied zum Werfen von Objekten wie Münze oder Würfel sind aus empirischen Untersuchungen oder Erfahrungsberichten keine Fehlvorstellungen von Kindern zu diesem Fall der Gleichwahrscheinlichkeit bekannt. Möglich wäre allerdings, dass die Farbe des zu entnehmenden Objektes einen Einfluss auf die Schätzung der Wahrscheinlichkeit hat. Kinder könnten davon ausgehen, dass sie eher ihre Lieblingsfarbe ziehen. Mit den folgenden Aufgaben kann damit auch überprüft werden, ob solche Fehlvorstellungen vorliegen.

Aufgaben zur Gleichwahrscheinlichkeit beim Ziehen von Kugeln

a. In einem Ziehungsbehälter liegen eine rote und eine grüne Kugel. Du entnimmst mit verbundenen Augen eine der Kugeln. Wird es eher eine rote oder eine grüne Kugel sein, was ist wahrscheinlicher? Oder sind beide Möglichkeiten gleich wahrscheinlich?

b. In einem Ziehungsbehälter liegen eine rote, eine grüne und zwei gelbe Kugeln. Du entnimmst mit verbundenen Augen eine der Kugeln. Was ist wahrscheinlicher: dass die Kugel rot oder dass die Kugel grün ist? Oder sind beide Möglichkeiten gleich wahrscheinlich?

3.4.2.2 Vorschläge zum Problem der Gleichwahrscheinlichkeit beim Werfen von Objekten

Probleme, die mit der Gleichwahrscheinlichkeit beim Werfen von Objekten verbunden sind, werden im Abschn. 5.1.1.7 und 5.3.2 diskutiert. Daraus ergibt sich unter anderem, dass Experimente zum direkten Nachweis der Gleichwahrscheinlichkeit ungeeignet sind. Im Folgenden unterbreiten wir aus unserer Sicht geeignete Vorschläge zur Bearbeitung des Problems.

Argumente nach dem Prinzip des unzureichenden Grundes

Um den Begriff „gleich wahrscheinlich" einzuführen, hat Schwab (2017) Schüler in einer zweiten Jahrgangsstufe sehr oft würfeln lassen, sodass insgesamt eine Serie von 500 Würfen zustande kam. Aus dem Vergleich der Häufigkeiten sollten die Kinder auf die gleiche Wahrscheinlichkeit der Augenzahlen schließen. Schwab berichtet, dass dies ihren Kindern schwerfiel. Durch die Betrachtung der geometrischen Form des Würfels kam dann aber die Mehrzahl der Kinder zu der Erkenntnis, dass alle Seiten die gleichen Chancen haben, gewürfelt zu werden.

Dieses Beispiel zeigt, dass auch jüngere Kinder aus der Betrachtung der Eigenschaften der Glücksspielgeräte Schlussfolgerungen auf die Wahrscheinlichkeit von Ergebnissen ableiten können, und dies sogar überzeugender, als es die Diskussion von experimentellen Ergebnissen zu zahlreichen Wiederholungen sein kann. In den Abschlussklassen der Primarstufe können diese Überlegungen noch durch folgende Fragen unterstützt werden, die sich aus dem Prinzip des unzureichenden Grundes ergeben:

- Bei einem Würfel haben alle sechs Seiten die gleiche Größe und die gleiche Form. Welchen Grund soll es geben, dass eine der Augenzahlen eines Würfels immer häufiger gewürfelt wird als die anderen?
- In einer Schale liegen eine rote, eine grüne und eine blaue Kugel. Du entnimmst mit verbundenen Augen eine der Kugeln. Gibt es einen Grund dafür, dass es wahrscheinlicher ist, eine blaue Kugel zu entnehmen?
- Ein Glücksrad ist in vier gleich große Felder unterteilt, die mit den Zahlen 1 bis 4 beschriftet sind. Gibt es einen Grund dafür, dass beim Drehen des Glücksrades eines der vier Felder eine größere Gewinnwahrscheinlichkeit hat als die anderen Felder?

Experimente zum indirekten Nachweis der Gleichwahrscheinlichkeit beim Würfeln
Im Unterricht oder als Hausaufgabe würfelt jeder Schüler 60-mal mit einem Spielwürfel. Anschließend ermittelt er, welche Augenzahl am häufigsten und welche am seltensten aufgetreten ist. Daraus kann dann die Hypothese abgeleitet werden, dass bei diesem Schüler mit dem verwendeten Würfel diese Augenzahlen immer am häufigsten bzw. am seltensten auftreten.

In einer nächsten Unterrichtsstunde oder einer weiteren Hausaufgabe wird das Experiment nun unter den beiden Hypothesen zur häufigsten und seltensten Augenzahl wiederholt. Diese Hypothesen werden dann entweder bestätigt oder es ergeben sich neue Hypothesen, was in der Regel zu erwarten ist.

Das Experiment sollte noch ein drittes Mal in einer weiteren Stunde oder als Hausaufgabe mit den aktuellen Hypothesen wiederholt werden.

Bei der Auswertung der Ergebnisse aller Schüler im Klassenverband lassen sich dann folgende Erkenntnisse gewinnen:

- Wenn sehr oft, etwa 60-mal, mit einem Würfel gewürfelt wird, gibt es immer Augenzahlen, die besonders selten oder besonders häufig auftreten.
- Es sind aber, auch bei ein und demselben Schüler und demselben Würfel, immer andere Augenzahlen, die besonders selten oder besonders häufig auftreten.
- Es kann nicht genau gesagt werden, welche Augenzahl bei einer Person am wahrscheinlichsten oder am unwahrscheinlichsten ist.

Dabei kann es allerdings vorkommen, dass bei einem Schüler oder einer Schülerin zwar nicht eine, aber bestimmte Augenzahlen besonders häufig auftreten, sodass auch mit diesem Experiment nicht die letzten Zweifel an der Gleichverteilung ausgeräumt werden können.

Neumann und Schwarzkopf (2017) schlagen ebenfalls ein Experiment zum indirekten Nachweis der Gleichwahrscheinlichkeit vor. Dazu sollte die Klasse in leistungsheterogene Gruppen aufgeteilt werden, die 40-mal würfeln und dabei die Zahlen ermitteln, die am meisten und am seltensten gewürfelt wurden. Durch den Vergleich der Ergebnisse zu den „Gewinnerzahlen" und „Verliererzahlen" in der Klasse ließe sich dann feststellten, dass keine Zahl eine herausragende Rolle gespielt hat.

Der Vorteil des Vorschlags von Neumann und Schwarzkopf liegt darin, dass das Experiment in einer Unterrichtsstunde abgeschlossen werden kann. Nachteilig könnte sich auswirken, dass der Glaube an eine individuelle Glückszahl damit nicht erschüttert wird, da die Ergebnisse einer Klasse zusammengefasst werden.

3.4.2.3 Schätzen und Darstellen von Wahrscheinlichkeiten

Vorgänge, an denen die Kinder selbst beteiligt sind
Die in Abb. 3.26 folgende, in Partnerarbeit zu lösende Aufgabe erwies sich in einer 4. Klasse als angemessen. Es erfolgte eine Festigung der Begriffe an der Wahrschein-

Stelle deinem Partner die Fragen und schreibe die Antworten auf, die er mit seiner Wahrscheinlichkeitskala angibt.

Ich bin:	Mein Partner ist:
Ich frage:	Er zeigt auf der Skala:
Wie wahrscheinlich ist es, dass du morgen zur Schule kommst?	Es ist _____, dass ich morgen zur Schule komme.
Wie wahrscheinlich ist es, dass du im Frühling baden gehst?	Es ist _____, dass ich im Frühling baden gehe.
Wie wahrscheinlich ist es, dass du heute auf den Spielplatz gehst?	Es ist _____, dass ich heute auf den Spielplatz gehe.

Abb. 3.26 Partneraufgabe zum Schätzen von Wahrscheinlichkeiten nach Cordt (2012, S. 157)

lichkeitsskala und gleichzeitig konnte zur Verbesserung der allgemeinen mathematischen Kompetenz des Kommunizierens beigetragen werden. Ein Kind stellt seinem Partner eine Frage zur Wahrscheinlichkeit eines Ergebnisses, der Partner stellt seine Antwort mittels einer Wahrscheinlichkeitsskala dar, am besten auf gegenständliche Weise. Das Kind muss dann die Schätzung ablesen und in das Arbeitsblatt eintragen. Nach der Beantwortung von drei Fragen wird gewechselt und der bisherige Partner erhält ein Arbeitsblatt mit neuen Fragen.

Vorgänge im schulischen Bereich

Die Vorbereitung und Auswertung eines Wandertages kann in günstiger Weise mit dem Schätzen und Interpretieren von Wahrscheinlichkeiten verbunden werden. Vor der Durchführung des Wandertages kann die Erwartungshaltung der Kinder der Klasse erfasst werden. Auf jeweils einer Wahrscheinlichkeitsskala können die Kinder eintragen, für wie wahrscheinlich sie z. B. folgende mögliche Ergebnisse des Wandertages halten, wobei die Angaben zum Wandertag möglichst konkret sein sollten. Einige Schätzungen beziehen sich auf das Kind selbst. Damit erhält die Lehrperson einen guten Überblick über die Stimmung in der Klasse vor dem Ausflug.

A. Die Fahrt nach A-Stadt wird mir nicht langweilig.

B. Mir macht der Besuch im Zoo großen Spaß.

C. Ich kann gut mit meinen Freunden spielen.

D. Der Zug hat Verspätung.

E. Es regnet beim Besuch im Zoo.

F. Wir erleben eine Fütterung der Tiere.

Nach dem Wandertag können die Schätzungen interpretiert werden. Bei der Bewertung der Aussagen A bis C, die sich auf die persönliche Sicht eines Kindes beziehen, erhält die Lehrperson einen guten Überblick über die Wirkung des Wandertages. Bei der Interpretation der Wahrscheinlichkeitsschätzungen können folgende vier Fälle unterschieden werden:

1. Das jeweilige Ergebnis ist eingetreten, und dies wurde als „sehr wahrscheinlich" eingeschätzt. In diesem Fall kann gesagt werden, dass sich die Erwartungen bestätigt haben bzw. dass eine gute Einschätzung der Situation in der Klasse erfolgt ist.
2. Das jeweilige Ergebnis ist eingetreten, und dies wurde als „unwahrscheinlich" eingeschätzt. Bei den personenbezogenen Aussagen A bis C kann nun formuliert werden, dass die Erwartungen übertroffen wurden. Bei den Aussagen D bis F kann festgestellt werden, dass die Pünktlichkeit der Bahn, das Wettergeschehen oder die Fütterungszeiten falsch eingeschätzt wurden.
3. Das jeweilige Ergebnis ist nicht eingetreten, und sein Eintreten wurde als „sehr wahrscheinlich" eingeschätzt. Bezüglich der Ergebnisse A bis C kann nun gesagt werden, dass sich die Erwartungen nicht erfüllt haben. Hier wäre eine Suche nach Ursachen möglich. Bezüglich der Aussagen D bis F können die gleichen Bewertungen wie im 2. Fall erfolgen.
4. Das jeweilige Ergebnis ist nicht eingetreten, und das Eintreten wurde auch als „unwahrscheinlich" eingeschätzt. Auch in diesem Fall kann man wie im 1. Fall sagen, dass alle Einschätzungen eingetroffen sind.

Vorgänge im Glücksspielbereich

Experimente zur Idee der Durchmischung
Wie bereits Jean Piaget in seinen Untersuchungen festgestellt hat (1975), haben einige Kinder im Alter von 7–10 Jahren durchaus Probleme zu erkennen, dass sich die Objekte in einem Behälter durchmischen. Wir haben für Aufgabenstellungen im Anfangsunterricht zur Entnahme von Objekten aus Behältnissen vorgeschlagen, nur wenige Objekte und flache Behälter zu verwenden, in denen die Objekte nebeneinanderliegen können. Auch eine schematische Darstellung der Anzahl und Farbe der Objekte an der Wand des Behälters ist sinnvoll (vgl. Abb. 5.4).

Bevor im weiterführenden Unterricht Aufgaben zum Ziehen aus Behältnissen mit sehr vielen Objekten gestellt werden, sollte deshalb die Idee der Durchmischung thematisiert werden. Dazu sind folgende Experimente geeignet. Bei den Experimenten sollten Behälter verwendet werden, in denen die Objekte übereinanderliegen.

Problemstellungen:
1. In ein Gefäß werden 20 blaue Perlen gelegt. Jemand wählt mit verbundenen Augen eine Perle aus dem Gefäß aus. Welche Farbe wird die Perle haben?

2. Dann werden vorsichtig 20 gelbe Perlen obenauf in das Gefäß gelegt, und erneut zieht eine Person mit verbundenen Augen eine Perle aus dem Gefäß. Wird dies eher eine blaue oder eine gelbe Perle sein?
3. Anschließend wird das Gefäß kräftig geschüttelt und erneut zieht eine Person mit verbundenen Augen eine Perle aus dem Gefäß. Wird dies eher eine blaue oder eine gelbe Perle sein?

Vermutungen:
1. Wenn nur blaue Perlen in dem Gefäß liegen, wird mit Sicherheit eine blaue Perle ausgewählt.
2. Nach dem vorsichtigen Einfüllen der gelben Perlen liegen die blauen Perlen unten und die gelben darüber. Die Wahrscheinlichkeit für die Auswahl einer gelben Perle, ohne dabei mit den Händen eine Durchmischung vorzunehmen, ist größer, da fast alle gelben oben liegen.
3. Wenn das Gefäß geschüttelt wird, kommen auch blaue Perlen nach oben. Die Wahrscheinlichkeit, eine gelbe Perle auszuwählen, ist dann genauso groß wie eine blaue auszuwählen, da es gleich viele blaue und gelbe Perlen gibt.

Planung des Experiments:
Es werden durchsichtige Behälter (kleine Marmeladengläser, kleine Behälter aus Plastik) sowie 20 blaue und 20 gelbe Perlen benötigt. Eine Mindestanzahl von je 20 gleichen Objekten soll sichern, dass zunächst zwei Schichten entstehen. Da die Entnahme der Perlen dann anschließend von oben erfolgt, sollte auch von oben in die Behälter gesehen werden. Um die schrittweise Vermischung zu verdeutlichen, sollte zunächst nur horizontal geschüttelt und erst anschließend in einem zweiten Schritt der Behälter kräftig geschüttelt und dabei dann auch umgedreht werden.

Wir schlagen vor, das Experiment in kleinen Gruppen durchzuführen. Ein Kind der Gruppe wird als Versuchsperson ausgewählt. Ihm werden die Augen verbunden, sodass es nicht in den Behälter hineinsehen kann. Die gezogene Perle wird anschließend wieder zurückgelegt.

Durchführung des Experiments:
Zuerst wird der Behälter nur mit Perlen einer Sorte gefüllt (Abb. 3.27). Ein Kind entnimmt mit verbundenen Augen eine Perle, die Farbe wird von den Kindern der Gruppe bestimmt und im Versuchsprotokoll notiert. Die Perle wird wieder zurückgelegt.

Anschließend werden vorsichtig die 20 Perlen der anderen Sorte in den Behälter gegeben (Abb. 3.28). Ein Kind entnimmt wieder mit verbundenen Augen eine Perle, die Farbe wird von den Kindern der Gruppe bestimmt und im Versuchsprotokoll notiert. Die Perle wird wieder zurückgelegt.

Nun wird der Behälter kräftig geschüttelt und ein Kind entnimmt erneut mit verbundenen Augen eine Perle, deren Farbe im Protokoll notiert wird (Abb. 3.29). Die Versuchs-

Abb. 3.27 Befüllen des Behälters mit 20 blauen Perlen

Abb. 3.28 Befüllen des Behälters mit 20 gelben Perlen

Abb. 3.29 Behälter mit Perlen nach dem Schütteln

protokolle der einzelnen Gruppen werden dann in einer vorbereiteten Tabelle an der Tafel zusammengefasst.

Auswertung des Experiments:

Liegen nur blaue Perlen in dem Gefäß, ist lediglich ein Ergebnis möglich. Nach dem Einfüllen der gelben Perlen ist die Wahrscheinlichkeit für eine gelbe zwar größer, aber es kann auch eine blaue Perle gezogen werden. Wenn die Versuchspersonen beim Hineingreifen in den Behälter selbst noch die Perlen mit der Hand vermischt, ist die Wahrscheinlichkeit für eine gelbe oder blaue Perle etwa gleich groß, was auch nach dem kräftigen Schütteln der Fall ist. Die Gleichheit der Wahrscheinlichkeiten für beide Farben nach dem kräftigen Schütteln kann nach den Versuchsergebnissen der Gruppen nur vermutet werden.

Das Ziehen von Losen ist ein Vorgang, den Kinder im Alltag sicher schon öfter beobachtet oder auch selbst durchgeführt haben. Aus diesen Erfahrungen ist ihnen bekannt, dass die Lose im Losbehälter gut gemischt sind und sich jeder ein beliebiges Los aussuchen kann. Das Ziehen von Losen ist damit ein gut geeignetes Beispiel für die Vergegenständlichung einer zufälligen Auswahl (Abb. 3.30).

In der Aufgabenstellung in Abb. 3.30 werden als Kategorien für die qualitative Schätzung die Formulierungen „sehr wahrscheinlich" und „weniger wahrscheinlich" anstelle der von uns vorgeschlagenen Bezeichnungen verwendet. Auch diese Formulierungen sind durchaus möglich, sie entsprechen sogar eher den Häufigkeitsinterpretationen „häufig" und „selten". Mit der angegebenen Häufigkeitsinterpretation ist allerdings in der Aufgabe das Problem verbunden, dass beim wiederholten Ziehen die Lose zunächst wieder in den Ziehungsbehälter zurückgelegt werden müssten. Da vorher aber nachgesehen werden müsste, ob es sich um ein Gewinnlos handelt, ist es praktisch gar nicht möglich, das ge-

Abb. 3.30 Ziehen von Losen (aus *Denken und Rechnen Klasse 4*, S. 82; mit freundlicher Genehmigung von © Westermann Gruppe. All Rights Reserved)

zogene und aufgerollte Los wieder zurückzulegen, um erneut eine zufällige Auswahl aus allen 60 Losen zu ermöglichen. Werden die Lose nicht wieder zurückgelegt, so ändert sich nach jeder Ziehung die Wahrscheinlichkeit. So ist es beim Eimer A nach der Ziehung von elf Losen sicher, dass bisher mindestens ein Gewinnlos dabei war.

3.4.2.4 Untersuchen des Einflusses von Bedingungen auf die Wahrscheinlichkeit von Ergebnissen

Aufgabenstellungen, bei denen der Einfluss von Bedingungen auf die Wahrscheinlichkeit von Ergebnissen untersucht wird, laufen letztlich darauf hinaus, Wahrscheinlichkeiten zu vergleichen. Aufgaben dieses Typs sind bereits im Abschn. 3.4.2.1 vorgeschlagen und diskutiert worden.

Vorgänge, an denen die Kinder selbst beteiligt sind
Zu folgenden Situationen im Freizeitverhalten eines Kindes sind Aufgabenstellungen zum Einfluss von Bedingungen auf die Wahrscheinlichkeit von Verhaltensweisen möglich. Die Aufgaben sollten aus Sicht eines Kindes gestellt werden, da die Einflussfaktoren meist sehr individuell und allgemeine Aussagen zu einem beliebigen Kind anspruchsvoller sind.

Einflussfaktoren bei Vorgängen im Freizeitbereich

   a. Wie wahrscheinlich es ist, dass du heute Nachmittag auf den Spielplatz gehst? Wovon hängt es ab?

   b. Wie wahrscheinlich es ist, dass du am Wochenende fernsiehst? Wovon hängt es ab?

Die Wahrscheinlichkeit für den Besuch eines Spielplatzes am Nachmittag wird durch die Wetterlage, das Verhalten von Freunden, die vorhandene Zeit und weitere Faktoren beeinflusst.

Die Wahrscheinlichkeit für das Schauen von Fernsehsendungen am Wochenende wird durch das Angebot auf den Sendern, die individuellen Vorlieben, die bisher gesehenen Sendungen und weitere Faktoren beeinflusst.

Vorgänge im familiären Bereich
Wenn Kinder in vernünftiger Weise an Entscheidungen der Eltern beteiligt werden, können sie Faktoren beurteilen, die etwa in folgenden Fällen Einfluss auf die Wahrscheinlichkeit von Entscheidungsmöglichkeiten haben:

- Bei der Planung eines Ausfluges am kommenden Wochenende gibt es meist mehrere Möglichkeiten. Je nach Wetterbedingung kann sich die Wahrscheinlichkeit für bestimmte Ausflugsziele ändern. Auch besondere Ereignisse wie Feste oder sportliche Veranstaltungen, die an den möglichen Ausflugsorten stattfinden, können die Wahrscheinlichkeiten für einen Besuch beeinflussen.

Der Jongleur Ronaldo plant seinen neuen Auftritt im Zirkus. Seine Freundin Gina behauptet, es ist wahrscheinlicher, dass Ronaldo den Stapel Teller wählt.

1 Unter welchen Bedingungen wird es wahrscheinlicher, dass er die Teller nimmt? Kreuze passende Aussagen an.

A ○ | Der Zirkus hat noch keinen Auftritt mit Tellerjongleuren.

B ○ | Ronaldo hat Angst vor Scherben.

C ○ | Gina findet Bücher langweilig.

D ○ | Ronaldo mag keine Bücher.

E ○ | Der Zirkusdirektor findet, dass Scherben Glück bringen.

F ○ | Es sind nur noch 5 Teller da.

Abb. 3.31 Bedingungen für die Entscheidung eines Jongleurs (aus *Denken und Rechnen*, Arbeitsheft *Daten, Häufigkeit und Wahrscheinlichkeit Klasse 3*, S. 32; mit freundlicher Genehmigung von © Westermann Gruppe. All Rights Reserved)

- Der Wochenendeinkauf bietet eine Vielzahl von möglichen Aufgabenstellungen. So hängt etwa die Wahrscheinlichkeit, dass die Eltern eine bestimmte Obstsorte kaufen, davon ab, wie das Angebot und die Preise sind, wie viel Obst der Sorte noch vorhanden ist und wie gerne Familienmitglieder dies essen.

Vorgänge im Freizeitbereich

Die folgende Aufgabe in Abb. 3.31 führt die Kinder in den Zirkus und zu den Überlegungen eines Jongleurs. Die Überlegungen sind ein gedanklicher Vorgang mit verschiedenen Entscheidungsmöglichkeiten. Die zu treffende Entscheidung hängt von vielen Faktoren ab. Je nach Ausprägung der Faktoren werden Entscheidungsmöglichkeiten wahrscheinlicher oder unwahrscheinlicher.

Zutreffende Bedingungen wären A, C, D und E. Bei jeder Bedingung wird die Entscheidung für die Teller wahrscheinlicher, aber es bleibt immer noch eine kleine Wahrscheinlichkeit für das Jonglieren mit Büchern.

Vorgänge im schulischen Bereich

Das Packen von Schultaschen ist ein alltäglicher Vorgang für die meisten Kinder. Ein Merkmal, das für die gesunde Entwicklung von Kindern von Bedeutung ist, ist die Masse der Schultasche. Anstelle von Masse wird umgangssprachlich und auch in Fachtexten meist von Gewicht gesprochen, was aus Sicht der korrekten Verwendung der physikalischen Größen „Masse" mit der Einheit Gramm bzw. „Gewicht" mit der Einheit Newton nicht richtig ist. Wir schließen uns aber der umgangssprachlichen Verwendung des Begriffs „Körpergewicht" anstatt „Körpermasse" an, da dieser geläufiger ist.

In einer entsprechenden DIN-Norm heißt es: „Als Faustregel gilt für normalwüchsige, gesunde Kinder, dass das Gewicht des zu tragenden, gefüllten Schulranzens zehn Prozent des Körpergewichts des Kindes nicht übersteigen sollte." (DIN 58124) Interessanterweise geht diese Empfehlung, die nicht als verbindliche Norm aufzufassen ist, auf eine Richtlinie für die Masse von Tornistern bei Soldaten, die aus der Zeit um 1915 stammt, zurück und wird gegenwärtig von Fachleuten aus der Medizin hinterfragt. Der Bezug zum eigenen Körpergewicht sollte aus Gründen der möglichen Diskriminierung übergewichtiger Kinder nicht hergestellt werden. Die Lehrperson kann in Kenntnis der genannten Faustregel Einschätzungen zur Masse der Schulranzen vornehmen.

Das Bestimmen der Masse von Schulranzen ist eine geeignete statistische Untersuchung, die mit wenig Aufwand mithilfe einer Kofferwaage durchgeführt werden kann (Abschn. 3.2.1). Bei der Auswertung der Daten sollten dann der Vorgang des Packens der Schultasche und die Einflussfaktoren auf das Gewicht betrachtet werden, worüber sich die Kinder in der folgenden Aufgabe Gedanken machen sollen.

Bedingungen für die Wahrscheinlichkeit der Masse von Schultaschen

Tessa sagt vor dem Packen ihrer Schultasche zu ihrer Schwester Andrea: „Wahrscheinlich wird meine Tasche für morgen wieder sehr schwer werden."

   a. Wovon hängt es ab, wie schwer die Schultasche von Tessa wird?
   b. Unter welchen Bedingungen würde die Schultasche von Tessa sehr wahrscheinlich leicht sein?

Bei der Frage b. sind u. a. folgende Antworten möglich:

- Morgen ist der erste (letzte) Schultag. Tessa hat noch keine Schulbücher bzw. hat schon alle abgegeben.
- Alle Schulbücher wurden in der Schule gelassen.
- Morgen hat Tessa die Fächer Sport, Kunst oder Musik.

Anstelle des unbekannten Mädchens Tessa kann die Aufgabe auch für ein Kind selbst und die eigene Schule formuliert werden.

Im schulischen Bereich sind weiterhin noch folgende Beispiele für den Einfluss von Bedingungen auf die Wahrscheinlichkeit von Ergebnissen möglich:

- Die Wahrscheinlichkeit, ob die Mathematiklehrerin der Klasse in der nächsten Woche keine, wenige, viele oder sehr viele Kopien machen muss, hängt z. B. davon ab, ob Ferien sind, Arbeitsblätter verteilt werden müssen oder eine Klassenarbeit geschrieben wird.

- Die Wahrscheinlichkeit für die Größe des Wasserverbrauchs an einem künftigen Tag in einer Schule hängt u. a. von der Jahreszeit sowie davon ab, ob an dem Tag Unterricht ist, Klassen einen Schulausflug machen, es regnet und die Kinder in der Pause in den Räumen bleiben müssen. Vergleichswert kann der durchschnittliche Verbrauch an einem Tag sein. Je nach Ausprägung der Faktoren ist ein Steigen oder Sinken des Verbrauchs an dem betrachteten Tag wahrscheinlich. Eine statistische Untersuchung zum Wasserverbrauch einer Schule erscheint allerdings nicht sinnvoll, da es schwer ist, die entsprechenden Daten zu erhalten, und zudem die Kinder keine Vorstellungen von der Größenordnung der Angaben haben.
- Die Wahrscheinlichkeit für Entscheidungen der Mathematiklehrerin, ob z. B. noch weiter geübt, ein neues Thema begonnen oder eine Arbeit geschrieben wird, hängt von Faktoren ab, die auch von den Kindern der Klasse eingeschätzt werden können.

Vorgänge im Glücksspielbereich

Bei der Umkehraufgabe zur Schätzung der Wahrscheinlichkeit beim Ziehen von Kugeln in Abb. 3.32 müssen die Kinder die Bedingungen für den Ziehungsvorgang selbst festlegen, indem sie den Behälter entsprechend „füllen". Für die zweite und vierte Aufgabe gibt es jeweils nur eine Lösung: Alle Kugeln müssen rot bzw. blau sein. Die dritte Aufgabenstellung erfordert zunächst, dass die Kinder erfassen, dass es wahrscheinlich, aber nicht sicher sein soll, eine rote Kugel zu ziehen. Sie können dann drei oder vier Kreise rot anmalen.

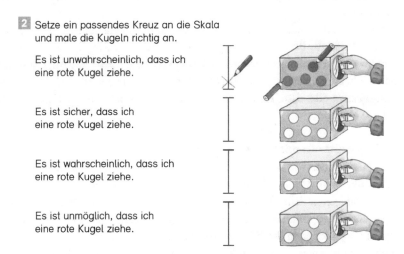

Abb. 3.32 Umkehraufgabe zum Ziehen von Kugeln (aus *Denken und Rechnen*, Arbeitsheft *Daten, Häufigkeit und Wahrscheinlichkeit Klasse 1/2*, S. 32; mit freundlicher Genehmigung von © Westermann Gruppe. All Rights Reserved)

3.4.2.5 Wahrscheinlichkeiten und erwarteter Gewinn

Mit der folgenden Aufgabe kann der Zusammenhang zwischen der Wahrscheinlichkeit von Spielergebnissen und dem zu erwartenden Gewinn in dem Spiel an zwei einfachen Beispielen verdeutlicht werden. Wenn es in der Klasse keine Fehlvorstellungen zur Gleichwahrscheinlichkeit der Würfelergebnisse gibt, kann anstelle der Entnahme von Kugeln auch gewürfelt werden.

Wahrscheinlichkeiten und erwarteter Gewinn

Anja und Ben verabreden sich in der Weihnachtszeit zu folgenden Spielen um Nüsse:

Spiel A: In einem Behälter liegen sechs Kugeln die mit den Zahlen 1 bis 6 beschriftet sind. Eine Kugel wird zufällig ausgewählt. Anja erhält zwei Nüsse, wenn eine gerade Zahl gezogen wird. Wenn eine Zahl größer als 3 gezogen wird, erhält Ben eine Nuss. Wer erhält auf lange Sicht bei diesem Spiel mehr Nüsse?

Spiel B: Aus einem Behälter mit vier grünen und zwei roten Kugeln wird zufällig eine Kugel ausgewählt. Anja bekommt eine Nuss, wenn eine grüne Kugel gezogen wird, und Ben erhält drei Nüsse, wenn eine rote Kugel gezogen wird. Wer kann die meisten Nüsse erwarten, wenn sie sehr oft, z. B. 60-mal, gespielt haben?

Beim Spiel A sind die Wahrscheinlichkeiten für die Ziehungsergebnisse bei Anja und Ben gleich. Da Anja aber stets doppelt so viele Nüsse wie Ben bekommt, hat sie auf lange Sicht mehr Nüsse.

Beim Spiel B ist die Wahrscheinlichkeit für die für Anja günstigen Ziehungsergebnisse größer als bei denen für Ben. Sie hat doppelt so viele günstige Möglichkeiten wie Ben. Er erhält aber bei seinen Ziehungsergebnissen dreimal so viele Nüsse wie Anja, sodass er auf lange Sicht mehr Nüsse kommt. Bei 60 Spielen wird Anja im Schnitt 40-mal gewinnen und erhält so insgesamt 40 Nüsse, Ben gewinnt im Schnitt 20-mal und erhält dann insgesamt im Schnitt 60 Nüsse.

3.4.2.6 Experimente mit Glücksspielgeräten

Im Abschn. 5.3.2 haben wir dargelegt, dass es nicht sinnvoll ist, Experimente mit Glücksspielgeräten mit dem Ziel durchzuführen, Aussagen über unbekannte Wahrscheinlichkeiten oder Wahrscheinlichkeitsverteilungen zu gewinnen. Solche Vorschläge sind mit zahlreichen fachlichen und inhaltlichen Problemen verbunden, die die Möglichkeiten der Kinder und Lehrpersonen in der Primarstufe weit übersteigen.

Bei den im Folgenden vorgeschlagenen Experimenten wird umgekehrt davon ausgegangen, dass die Wahrscheinlichkeit des jeweiligen Ergebnisses bekannt ist. Die Experimente werden mit dem Ziel durchgeführt, dass die Schülerinnen und Schüler Erfahrungen mit der Verteilung von Ergebnissen bei einer geringen Anzahl von Wiederholungen sammeln. Im Alltag hat man es in der Regel mit einer geringen Anzahl von Wiederholungen eines Vorgangs zu tun. Dabei können überraschende, nicht erwartete Anzahlen von Ergebnissen auftreten.

Damit die überraschenden Effekte auch erlebt werden können, sollten die Vorgänge maximal zehnmal wiederholt werden. Wir beschränken uns hier auf sechs bzw. zehn Wiederholungen. Es finden dann auch keine Zusammenfassungen der Ergebnisse von mehreren Schülergruppen oder der gesamten Klasse statt. Um aber die Verteilung zu erleben, müssen die Ergebnisse aller Schüler bzw. Schülergruppen jedem Schüler bekannt sein.

Die Experimente werden mit Glücksspielgeräten durchgeführt, damit gewährleistet ist, dass bei jeder Wiederholung die Wahrscheinlichkeit für ein betrachtetes Ergebnis gleich bleibt. Dies ist eine wichtige Bedingung dafür, dass als mathematisches Modell ein Bernoulli-Vorgang verwendet werden kann (Abschn. 5.3.2.2). Um aber die gefundenen Einsichten beim Umgang mit den Glücksspielgeräten auch über den Glücksspielbereich hinaus nutzen zu können, sollten Bezüge zu Vorgängen mit ähnlichen Wahrscheinlichkeiten in anderen Bereichen hergestellt werden. Wir geben dazu jeweils einige Möglichkeiten an und verweisen auch auf die Bedingungen, unter denen die Gleichheit der Wahrscheinlichkeiten bei jeder Wiederholung des Vorgangs näherungsweise garantiert werden kann.

Experimente zu kleinen Wahrscheinlichkeiten
Bei Glücksspielgeräten gibt es folgende Möglichkeiten für Ergebnisse mit einer kleinen Wahrscheinlichkeit (Tab. 3.6).

Experimente zu noch kleineren Wahrscheinlichkeiten halten wir für nicht sinnvoll, da dann z. B. die Anzahl der Kugeln in einem Behälter oder der Sektoren auf einem Glücksrad wesentlich größer sein müsste, was einen sehr großen Aufwand in der Unterrichtsvorbereitung erfordert. Für eine Wahrscheinlichkeit von z. B. 5 % müssten in dem Behälter 95 grüne und 5 blaue Kugeln liegen.

Wegen des Realitätsbezugs wählen wir als Beispiel das Würfeln. Beim Spiel „Mensch ärgere Dich nicht" muss mit dem Ziel, eine Sechs zu bekommen und damit das „Haus" verlassen zu können, dreimal gewürfelt werden. Kann von großem Pech gesprochen, wenn zweimal nacheinander keine Sechs kommt? Die Frage könnte Anlass für das folgende Experiment sein. Mögliche Fehlvorstellungen zur Gleichwahrscheinlichkeit der Augenzahlen behindern die Durchführung des Experiments nur in geringem Maße.

Tab. 3.6 Beispiele für Ergebnisse mit kleiner Wahrscheinlichkeit

Vorgang	Betrachtetes Ergebnis	Wahrscheinlichkeit
Ziehen einer Kugel aus einem Behälter mit neun grünen und einer blauen Kugel	Ziehen einer blauen Kugel	$0,1 = 10\%$
Drehen eines Glücksrades mit sieben grünen und einem blauen Feld, die alle gleich groß sind	Das Glücksrad bleibt auf einem blauen Feld stehen	$0,125 = 12,5\%$
Wurf eines Würfels	Augenzahl 6	$1/6 = 16,7\%$

Das Experiment kann einzeln oder in Partnerarbeit durchgeführt werden. Wenn jedes Kind allein arbeitet, erhält die Lehrperson eine größere Anzahl von Versuchsergebnissen. Aus der experimentellen Methode ergibt sich folgende Schrittfolge:

1. Schätzen der Wahrscheinlichkeit des betrachteten Ergebnisses
Da die Schülerinnen und Schüler mit dem Schätzen von Wahrscheinlichkeiten ausgehend von den Bedingungen des Vorgangs vertraut sind, dürfte es ihnen nicht schwerfallen, das Würfeln einer Sechs bei einem einmaligen Wurf als unwahrscheinlich einzuschätzen.

2. Aufstellen von Vermutungen zur Wahrscheinlichkeitsverteilung bei mehrfacher Wiederholung des Vorgangs
Von der Lehrperson wird festgelegt, dass sechsmal gewürfelt werden soll. Jeder Schüler oder jede Schülergruppe formuliert schriftlich Vermutungen über die zu erwartende Anzahl von Sechsen.

3. Planung und Durchführung des Experiments
Die Anzahl der Sechsen kann leicht mithilfe einer Strichliste erfasst werden. Anschließend werden dann die Ergebnisse der Klasse an der Tafel in einer Tabelle zusammengefasst. Es melden sich jeweils alle, die die entsprechende Anzahl von Sechsen bei ihrem Experiment ermittelt haben, und die Lehrperson trägt das Ergebnis in die Tabelle ein.

Bei 25 Simulationen des Experiments, die den möglichen Ergebnissen von 25 Kindern entsprechen, ergaben sich die in Tab. 3.7 dargestellten Ergebnisse.

Die prozentuale Häufigkeit und die Wahrscheinlichkeit, die sich durch die Anwendung der Binomialverteilung ergibt (vgl. Abschn. 5.3.2.2), sind nur der Lehrperson bekannt und können bei der Auswertung durch die Schülerinnen und Schüler nicht verwendet werden.

4. Auswertung des Experiments
Folgende Beschreibung der ermittelten Verteilung (siehe Tab. 3.7) wäre möglich:

Es kommt sehr oft vor, dass beim sechsmaligen Würfeln keine Sechs fällt. Es ist aber auch möglich, dass drei Sechsen gewürfelt werden.

Die Relationen zwischen den Häufigkeiten, die sich bei der hier vorgenommenen Simulation und auch bei der Durchführung des Experiments im Unterricht ergeben, können nicht verallgemeinert werden. Dies ist der Lehrkraft bekannt und muss durch sie ent-

Tab. 3.7 Ergebnisse von 25 Simulation des sechsmaligen Wurfs eines Würfels

Anzahl der Sechsen	0	1	2	3	4
Häufigkeit	11	9	2	3	0
Häufigkeit in Prozent	44	36	8	12	0
Wahrscheinlichkeit in Prozent	33,5	40,2	20,1	5,4	0,8

Die Simulationen erfolgten mit dem Programm VU-Statistik

sprechend im Unterrichtsgespräch gesteuert werden. Dazu wäre etwa ein Vergleich mit Ergebnissen aus einer Parallelklasse sinnvoll.

Als Beispiele aus dem Alltag zu Vorgängen mit kleinen Wahrscheinlichkeiten, die Kinder mehrfach erleben können, sind folgende geeignet:

- Einem trainierten Sportler wird es selten passieren, dass er beim Weitsprung übertritt. Wenn ihm das im Schnitt bei zehn Sprüngen einmal passiert, so ist die Wahrscheinlichkeit für dieses Ergebnis etwa 0,1. Trotzdem kann es passieren, dass er bei den nächsten zehn Sprüngen dreimal übertritt, ohne dass sich seine Fähigkeiten geändert haben. Bedingungen sind, dass diese Weitsprünge unter etwa den gleichen äußeren Bedingungen ablaufen und Konzentration und Kraft etwa gleich bleiben.
- Für mehrere Tage wird für ein Gebiet eine kleine Regenwahrscheinlichkeit angegeben. Trotzdem kann es passieren, dass es mehrfach regnet. Die Prognose ist deshalb nicht als falsch anzusehen. Unter der Regenwahrscheinlichkeit für ein bestimmtes Gebiet versteht man die Wahrscheinlichkeit, dass es irgendwo in dem Gebiet in dem Vorhersagezeitraum regnet, auch wenn es nur ein paar Tropfen sind. Die Regenwahrscheinlichkeit hat nichts mit der Stärke des Niederschlags zu tun und bezieht sich auch nicht auf die Länge des Vorhersagezeitraums. Sie ist ein Mittelwert aller Regenwahrscheinlichkeiten der einzelnen Punkte des Gebiets.
- Dass zu Ostern Schnee liegt, ist sehr unwahrscheinlich, trotzdem lag in den fünfzig Jahren von 1967 bis 2016 am Ostersonntag in Hamburg viermal Schnee.
- Lang andauernde Hitzeperioden sind für Norddeutschland ungewöhnlich. In den Jahren von 2000 bis 2018 hat es vier solcher Hitzeperioden gegeben. Deshalb muss die Wahrscheinlichkeit für Hitzeperioden aber nicht geändert werden, auch wenn wir es langfristig mit einer leichten Erderwärmung zu tun haben.

Experimente zu großen Wahrscheinlichkeiten
Beispiele wie in Tab. 3.8 sind möglich.

Wird beim Vorgang „Werfen eines Würfels" das Ergebnis betrachtet, dass keine Sechs auftritt, so ist die Wahrscheinlichkeitsverteilung bei sechs Wiederholungen identisch mit der, dass eine Sechs auftritt.

Als Demonstrationsbeispiel wählen wir das Ziehen einer Kugel mit der Erfolgswahrscheinlichkeit von 0,9 aus, das zehnmal wiederholt werden soll. Das Experiment kann

Tab. 3.8 Beispiele für Ergebnisse mit großer Wahrscheinlichkeit

Vorgang	Betrachtetes Ergebnis	Wahrscheinlichkeit
Ziehen einer Kugel aus einem Behälter mit neun grünen und einer blauen Kugel	Ziehen einer grünen Kugel	$0,9 = 90\%$
Drehen eines Glücksrades mit sieben grünen und einem blauen Feld, die alle gleich groß sind	Das Glücksrad bleibt auf einem grünen Feld stehen	$0,875 = 87,5\%$

wieder einzeln oder in Partnerarbeit durchgeführt werden. Aus der experimentellen Methode ergibt sich folgende Schrittfolge:

1. Schätzen der Wahrscheinlichkeit des betrachteten Ergebnisses

Die Schülerinnen und Schüler können aufgrund ihrer gesammelten Erfahrungen einschätzen, dass das Ziehen einer grünen Kugel aus einem Behälter mit neun grünen und einer blauen Kugel sehr wahrscheinlich ist.

2. Aufstellen von Vermutungen zur Wahrscheinlichkeitsverteilung bei mehrfacher Wiederholung des Vorgangs

Pro Schüler oder Schülergruppe muss ein geeigneter Behälter wie etwa ein undurchsichtiges Säckchen mit der entsprechenden Anzahl von Kugeln oder Murmeln zur Verfügung stehen. Von der Lehrperson wird festgelegt, dass zehnmal gezogen werden soll. Jeder Schüler oder jede Schülergruppe formuliert schriftlich Vermutungen über die zu erwartende Anzahl von grünen Kugeln bei den zehn Wiederholungen.

3. Planung und Durchführung des Experiments

Die Anzahl der grünen Kugeln kann mithilfe einer Strichliste erfasst werden. Anschließend werden die Ergebnisse der Klasse in der oben beschriebenen Weise an der Tafel in einer Tabelle zusammengefasst und dann in die Hefte übernommen.

Bei 25 Simulationen des Experiments ergaben sich die Ergebnisse in Tab. 3.9.

Die prozentuale Häufigkeit und die Wahrscheinlichkeit, die sich durch die Anwendung der Binomialverteilung ergibt (siehe Abschn. 5.3.2.2), sind wiederum nur der Lehrperson bekannt und können bei der Auswertung durch die Schülerinnen und Schüler nicht verwendet werden.

Auch bei dieser Simulation gibt es erneut Unterschiede zwischen der ermittelten Häufigkeitsverteilung und der theoretischen Wahrscheinlichkeitsverteilung. Aus einem solchen Ergebnis könnte also z. B. nicht gefolgert werden, dass das Auftreten von zehn Erfolgen wahrscheinlicher ist als von neun Erfolgen beim Ziehen einer Kugel.

4. Auswertung des Experiments

Es wäre z. B. folgende Beschreibung der ermittelten Verteilung möglich: Oft kommt es vor, dass bei zehn Ziehungen zehn grüne Kugeln gezogen werden. Es ist aber auch möglich, dass nur acht- oder auch nur siebenmal eine grüne Kugel gezogen wird.

Tab. 3.9 Ergebnisse von 25 Simulationen des zehnmaligen Ziehens einer Kugel aus einem Behälter

Anzahl der grünen Kugeln	10	9	8	7	6
Häufigkeit	10	7	6	2	0
Häufigkeit in Prozent	40	28	24	8	0
Wahrscheinlichkeit in Prozent	34,9	38,8	19,4	5,8	1,1

Die Simulationen erfolgten mit dem Programm VU-Statistik

Im Alltag gibt es oft Ergebnisse, deren Eintreten als fast sicher angesehen und damit deren Wahrscheinlichkeit als hoch eingeschätzt wird, die aber eben doch nicht immer eintreten. Aus dieser Tatsache kann dann aber nicht abgeleitet werden, dass die Schätzung der Wahrscheinlichkeit falsch ist. Die folgenden Beispiele dafür betreffen den Alltag von Kindern, wobei im ersten Beispiel auch ein Ergebnis mit kleiner Wahrscheinlichkeit vorkommt.

- Rabia sieht jeden Morgen nach dem Aufstehen aus dem Fenster in den Park vor ihrem Haus, um Vögel zu beobachten. Sie freut sich immer, wenn sie ein Rotkehlchen sieht, was allerdings sehr selten vorkommt. Dafür sieht sie fast jeden Tag Spatzen. In dieser Woche hat sie aber an drei Tagen ein Rotkehlchen gesehen und an zwei Tagen gar keinen Spatz.
- Jakob ist ein trainierter Sportler und hat im Training die Norm für die Teilnahme an einem Bundeswettbewerb bis auf eine Ausnahme immer erfüllt. Im entscheidenden Wettkampf gelingt es ihm aber nicht, diese Norm zu erfüllen, obwohl sich die Bedingungen wie auch seine Leistungsfähigkeit gegenüber dem Training nicht geändert haben.
- Bei einem sportlichen Wettkampf ist es sehr wahrscheinlich, dass ein klarer Favorit gegen den Außenseiter gewinnt. Trotzdem kann es vorkommen, dass der Außenseiter gewinnt, wie es bei der Fußballweltmeisterschaft im Jahre 2018 mehrfach passiert ist.
- Für mehrere Tage ist eine große Regenwahrscheinlichkeit von 80 % verkündet worden. Trotzdem hat es an der Hälfte der Tage nicht geregnet.
- In den letzten Jahren war Anfang August immer sehr schönes Wetter. In diesem Jahr war es kalt und es hat geregnet.
- Bei Gewitter gibt es meist Blitz und Donner. Bei den letzten beiden Gewittern habe ich nur den Donner gehört.

Experimente zur Wahrscheinlichkeit 0,5
Beispiele für diese Vorgänge sind das Werfen einer Münze oder eines Wendeplättchens. Es kann auch aus einem Behälter mit der gleichen Anzahl von grünen und blauen Kugeln gezogen oder ein Glücksrad mit der gleichen Anzahl schwarzer und weißer Felder gedreht werden.

Als Beispiel schlagen wir das Werfen eines Wendeplättchens vor, was sich leicht realisieren lässt. Das Experiment kann in der gleichen Weise wie die beiden bisher beschriebenen Experimente durchgeführt werden. In diesem Fall muss aber nicht nur eine Wahrscheinlichkeit geschätzt werden, sondern auch der zu erwartende Wert bei der zehnmaligen Wiederholung des Vorgangs. Die Schülerinnen und Schüler müssen erkennen, dass die beiden Farben des Wendeplättchens gleich wahrscheinlich sind. Dies kann z. B. dadurch begründet werden, dass es keinen Grund für die Bevorzugung einer Seite des Plättchens gibt (Prinzip des unzureichenden Grundes, Abschn. 3.4.2.2). Weiterhin müssen sie bereits eine Häufigkeitsinterpretation dieser Wahrscheinlichkeit vornehmen und erkennen, dass man beim zehnmaligen Werfen des Plättchens das Auftreten der Farbe Rot

Tab. 3.10 Ergebnisse von 25 Simulationen des zehnmaligen Werfens eines Wendeplättchens

Anzahl des Ergebnisses „rot"	1	2	3	4	5	6	7	8	9
Häufigkeit	0	1	5	3	9	5	0	2	0
Häufigkeit in Prozent	0	4	20	12	36	20	0	8	0
Wahrscheinlichkeit in Prozent	1,0	4,4	11,7	20,5	24,6	20,5	11,7	4,4	1,0

fünfmal erwarten kann. Dieses Experiment stellt also deutlich höhere Anforderungen als die beiden bisher beschriebenen.

Auch in diesem Fall haben wir 25 Simulationen mit dem Programm VU-Statistik durchgeführt und die Ergebnisse in Tab. 3.10 erhalten.

Dass bei den 25 Simulationen von je zehn Würfen in einem Fall nur zweimal und in zwei Fällen sogar achtmal das Ergebnis „rot" aufgetreten ist, stellt für viele Kinder sicher eine Überraschung dar. Solche starken Abweichungen vom Erwartungswert werden in der Regel nicht vorhergesehen. Die Wahrscheinlichkeit dieser Ergebnisse zeigt aber, dass bei 25 Fällen durchaus einmal ein solches Ergebnis zu erwarten ist.

Auch bei dieser Simulation lassen sich aus den Ergebnissen außer der starken Streuung um den Erwartungswert keine weiteren quantitativen Aussagen verallgemeinern, wie etwa die deutliche Dominanz der Anzahl 5, das häufige Auftreten der Anzahl 3 oder auch die fehlende Symmetrie der Häufigkeitsverteilung.

Im Alltag von Kindern gibt es außer Glücksspielen wenige Vorgänge, bei denen Ergebnisse näherungsweise die Wahrscheinlichkeit 0,5 haben. Möglich wäre, von folgender fiktiver Situation auszugehen: An einer Grundschule wurde eine Befragung zu den Freizeitinteressen der Schülerinnen und Schüler gemacht. Dabei ergab sich, dass etwa die Hälfte ein Musikinstrument spielt. Paul fragt auf dem Schulhof zehn Kinder, die an einem Klettergerüst turnen, ob sie ein Musikinstrument spielen, und wundert sich, dass nur drei dies bestätigen. Daraus kann er nicht schlussfolgern, dass die Befragung falsche Ergebnisse geliefert hat oder dass Kinder, die an einem Klettergerüst spielen, eher selten ein Musikinstrument spielen.

Experimente zu unterschiedlichen Wahrscheinlichkeiten

Aus einem Behälter mit einer roten und drei grünen Kugeln soll eine Kugel gezogen und wieder zurückgelegt werden. Die Kinder vermuten, wie viele rote und grüne Kugeln nach einer bestimmten Anzahl von Wiederholungen gezogen werden.

1. Schätzen der Wahrscheinlichkeiten

Die Schülerinnen und Schüler können aufgrund ihrer Erfahrungen einschätzen, dass das Ziehen einer grünen Kugel viel wahrscheinlicher ist als das Ziehen einer roten Kugel.

2. Aufstellen von Vermutungen zur Wahrscheinlichkeitsverteilung bei mehrfacher Wiederholung des Vorgangs

Pro Schüler oder Schülergruppe muss ein geeigneter Behälter wie etwa undurchsichtige Säckchen mit der entsprechenden Anzahl von Kugeln zur Verfügung stehen. Von der Lehrperson wird festgelegt, dass viermal gezogen werden soll. Jeder Schüler oder jede

Tab. 3.11 Ergebnisse von 25 Simulation des viermaligen Ziehens einer Kugel aus einem Behälter mit einer roten und vier grünen Kugeln

Anzahl der roten Kugeln	0	1	2	3	4
Anzahl der grünen Kugeln	4	3	2	1	0
Häufigkeit bei der Simulation	10	10	2	3	0
Häufigkeit in Prozent	40	40	8	12	0
Wahrscheinlichkeit in Prozent	31,6	42,2	21,1	4,7	0,4

Die Simulationen erfolgten mit dem Programm VU-Statistik

Schülergruppe formuliert schriftlich Vermutungen über die zu erwartenden Anzahlen von roten und grünen Kugeln nach den vier Ziehungen.

3. Planung und Durchführung des Experiments
Die Anzahl der roten und grünen Kugeln kann mithilfe einer Strichliste erfasst werden. Anschließend werden die Ergebnisse der Klasse an der Tafel in einer Tabelle zusammengefasst und dann in die Hefte übernommen.

Bei 25 Simulationen des Experiments ergaben sich die Ergebnisse von Tab. 3.11.

4. Auswertung des Experiments
In fünf der 25 Fälle wurden zwei oder mehr rote Kugeln gezogen. Dies ist für viele Kinder ein überraschendes Ergebnis. Die Lehrperson weiß aufgrund ihrer Kenntnis der Wahrscheinlichkeitsverteilung, dass dies kein abweichendes Resultat ist, sondern theoretisch sogar in etwa 25 % der Fälle zwei oder mehr rote Kugeln gezogen werden. Dass in dem Experiment drei rote Kugeln häufiger als zwei rote Kugeln auftraten, ist allerdings eine deutliche Abweichung von den theoretisch zu erwartenden Anzahlen. Auch mit Kindern kann besprochen werden, dass dies wohl sehr selten auftreten wird, da es ja viel wahrscheinlicher ist, dass eine grüne Kugel gezogen wird. Zusammenfassend könnte als Ergebnis formuliert werden: Auch wenn es viel wahrscheinlicher ist, dass eine grüne Kugel gezogen wird, kann es gar nicht so selten vorkommen, dass zwei oder mehr rote Kugeln gezogen werden.

Folgende reale Vorgänge können mit der experimentellen Situation modelliert werden:

- Es findet ein sportlicher Wettkampf zwischen zwei Mannschaften oder Personen statt, bei dem die eine Mannschaft oder Person erfahrungsgemäß etwa dreimal so stark ist wie die andere. Werden dann vier Wettkämpfe ausgetragen, so kann man erwarten, dass mit einer Wahrscheinlichkeit von 25 % die schwächere Mannschaft oder Person zweimal oder sogar öfter gewinnt.
- In einem Teich sind erfahrungsgemäß dreimal so viele Rotfedern wie Plötzen. Theo angelt vier Fische, davon sind zwei Plötzen. Aus diesem Fangergebnis kann er nicht schlussfolgern, dass sich das Verhältnis der Fische in dem Teich geändert haben muss, da er auch bei dem bisherigen Verhältnis in 25 % der Fälle zwei oder sogar mehr Plötzen angelt.

3.4.3 Bemerkungen zu anderen Unterrichtsvorschlägen

Es gibt in der Wahrscheinlichkeitsrechnung viele Aufgaben mit einem überraschenden Ergebnis, das oft der Intuition widerspricht. Die fehlerhaften Antworten auf die anspruchsvollen Aufgaben werden oft als stochastische Fehlintuitionen bezeichnet, die im Unterricht überwunden werden sollten. Wir halten dies nicht für notwendig, da es meist um sehr spezielle Fragestellungen geht. Schon gar nicht sollten solche Aufgaben in der Primarstufe behandelt werden. Die damit verbundenen fachlichen Probleme können auf keinen Fall von den Kindern und, wie das folgende Beispiel zeigt, manchmal auch nicht von Erwachsenen erfasst werden.

Ein typisches Beispiel für eine Aufgabe mit überraschendem Ergebnis kann in folgendes Spiel eingekleidet werden: In einem Beutel liegen 5 blaue, 4 grüne, 3 gelbe, 2 weiße und 1 rote Kugel. Die vier Geburtstagsgäste ziehen nacheinander eine Kugel, ohne sie wieder zurückzulegen. Wer die rote Kugel zieht, bekommt den Preis. Es soll beurteilt werden, ob das Spiel gerecht ist. Eine verbreitete Fehlauffassung ist die Ansicht, dass nicht jedes Kind die gleiche Chance hat, die rote Kugel zu ziehen. Wenn etwa das erste Kind diese Kugel zieht, haben die anderen gar keine Chance mehr auf einen Gewinn. Diese Antwort ist jedoch nicht zutreffend, da alle Kinder die gleiche Wahrscheinlichkeit (und damit auch die gleichen Chancen) haben, die rote Kugel zu ziehen. Die Wahrscheinlichkeit beträgt für alle 1/15. Diese überraschende Antwort ergibt sich mit Anwendung eines Baumdiagramms und den Pfadregeln. Beides ist Stoff der 8. oder 9. Jahrgangsstufe. Es ist auch nicht einfach, eine intuitive Einsicht in dieses Ergebnis zu gewinnen oder zu vermitteln.

Eine Möglichkeit besteht darin, folgende äquivalente Aufgabenstellung zu untersuchen, deren Lösung einsichtiger ist: In einem Beutel liegen 15 nummerierte Kugeln. Jedes der (maximal 15) Kinder zieht eine Kugel und anschließend wird ausgelost, welche Kugel gewinnt. Weiterhin kann eine vereinfachte Aufgabe mit drei Losen und einem Gewinnlos bearbeitet werden (Krüger et al. 2015, S. 146).

Eine zum obigen Beispiel analoge Aufgabe mit 50 Kugeln wurde von Walter (1981) 200 Schülern, Studenten sowie Erwachsenen mit Hochschulbildung vorgelegt, von denen keiner die richtige Antwort fand.

3.5 Daten und Wahrscheinlichkeiten

3.5.1 Fachliche und fachdidaktische Grundlagen

Das Anliegen dieses Abschnitts ist es, Möglichkeiten für Verbindungen zwischen der Arbeit mit Daten und dem Umgang mit Wahrscheinlichkeiten aufzuzeigen. Dabei lassen sich zwei Richtungen unterscheiden: Aus erhobenen Daten können Schlussfolgerungen für Wahrscheinlichkeiten abgeleitet werden und es können aus bekannten oder vermuteten Wahrscheinlichkeiten Konsequenzen für Datenerhebungen gezogen werden.

Schlussfolgerungen aus Daten

Jeder Mensch sammelt Erfahrungen und zieht daraus Schlussfolgerungen für sein weiteres Verhalten. Erfahrungen sind meist datenbasiert und Schlussfolgerungen betreffen oft das Entscheidungsverhalten und die Erwartungen an künftige Ereignisse. Wenn man mehrfach in einer bestimmten Gaststätte gut bedient wurde und ein schmackhaftes Essen bekommen hat, wird man sich bei der nächsten Gelegenheit wieder für diese Gaststätte entscheiden und eine gute Bedienung sowie ein schmackhaftes Essen erwarten. Es kann aber auch passieren, dass die Erwartungen das nächste Mal nicht erfüllt werden. Dafür gibt es dann bestimmte Ursachen, die andauernd (ein neuer Koch) oder temporär (der Koch ist krank) sein können.

Für Heranwachsende sind diese Lernprozesse von besonderer Bedeutung. Sie müssen erst noch ihr eigenes Bild von der Welt ausbilden. Grundzüge dieser individuellen Lernprozesse können an einfachen Beispielen verdeutlicht werden und so Orientierungen für andere Prozesse liefern. Wenn ein Kind erlebt hat, dass 10-mal nacheinander der Schulbus pünktlich an der Schule ankam, werden es dies auch für den nächsten Tag erwarten. Das Kind muss aber auch lernen, dass es zwar sehr wahrscheinlich, aber nicht sicher ist, dass der Bus wieder pünktlich ankommt. Dafür kann es temporäre (ein Unfall auf der Strecke) oder andauernde (eine eingerichtete Baustelle) Ursachen geben. Es kann aber auch sein, dass die aktuelle Ausprägung eines der vielen Faktoren, die Einfluss auf die Pünktlichkeit haben (Pünktlichkeit der mitfahrenden Schüler, Stärke des Autoverkehrs auf den Straßen, Anzahl roter Ampeln u. a.), im Rahmen der normalen Schwankungen Ursache für die Verspätung ist. In diesem Fall spricht man in der mathematischen Statistik von einer zufälligen Abweichung der Ankunftszeit. Es ist ein grundlegendes Problem in dieser Wissenschaft zu untersuchen, ob es sich bei Abweichungen vom erwarteten Wert um eine zufällige (nicht signifikante) oder eine überzufällige (signifikante) Abweichung handelt. Eine nicht signifikante Abweichung wird als Ergebnis der normalen Schwankungen der Einflussfaktoren und damit als „normale" Abweichung angesehen, die zu keinen Konsequenzen für die Erwartungshaltung oder zu neuen Entscheidungen führt. Bei einer signifikanten Abweichung muss sich auch die Erwartungshaltung (z. B. Wahrscheinlichkeit für Pünktlichkeit des Busses) ändern und es sind Entscheidungen (z. B. Änderung der Abfahrtzeiten) zu treffen. Mathematische Verfahren zu Untersuchungen des Charakters von Abweichungen werden exemplarisch in der Sekundarstufe II behandelt. Nähere Erläuterungen dazu übersteigen den Rahmen dieses Buches.

Ein besonderer Fall des Bestimmens von Wahrscheinlichkeiten aus Daten liegt vor, wenn Daten zu allen Elementen einer Grundgesamtheit bekannt sind und Schlussfolgerungen auf die Wahrscheinlichkeit von Ergebnissen in einer Stichprobe gezogen werden sollen. Wenn z. B. in der Klasse 2a eine Befragung zum Lieblingstier durchgeführt wurde, sind in der Grundgesamtheit „Klasse 2a" Daten zu allen Elementen, also den Kindern, bekannt. Eine Stichprobe wäre in diesem Fall ein oder mehrere Kinder der Klasse 2a. Um Wahrscheinlichkeitsaussagen treffen zu können, muss es sich bei der Auswahl der Stichprobe um eine zufällige Auswahl handeln. Das bedeutet, dass alle Kinder die gleiche

Wahrscheinlichkeit haben, ausgewählt zu werden. Dazu sind folgende reale Situationen denkbar:

- Es wird ein Kind ausgelost.
- Es wird über ein beliebiges Kind dieser Klasse gesprochen.
- Die Befragung erfolgte anonym, die Lehrerin spricht ein Kind an.
- Ein neuer Schüler oder ein anderer Lehrer kommt in die Klasse und spricht ein Kind an.

Wenn 18 der 24 Kinder als Lieblingstier eine Katze angaben, kann in diesen Fällen der zufälligen Auswahl festgestellt werden, dass es sehr wahrscheinlich ist, dass das betreffende Kind als Lieblingstier eine Katze nennt.

Ein analoger Fall liegt vor, wenn man auf der Grundlage von Wahlergebnissen bei einem unbekannten Bürger, den man auf der Straße oder im Zug trifft, schätzen möchte, ob und wen er gewählt hat.

Dieser besondere Fall entspricht dem zufälligen Entnehmen einer Kugel aus einem Behälter, bei dem die Zusammensetzung der Kugeln z. B. nach ihrer Farbe bekannt ist. Man kann vor dem Ziehen die Wahrscheinlichkeit angeben, welche Farbe gezogen wird. Im Unterschied zu den beiden bisherigen Beispielen für Schlussfolgerungen aus Daten ist nach dem Ziehen der Kugel auch ihre Farbe bekannt. Von dem ausgewählten Kind oder dem zufällig getroffenen Bürgen weiß man nicht, welches Lieblingstier das Kind hat oder wie der Bürger gewählt hat. Die Wahrscheinlichkeit für das Vorliegen der betreffenden Eigenschaft der ausgewählten Person, die aus den Daten der Grundgesamtheit gewonnen wurde, kann sich aber ändern, wenn man Informationen über die Person erhält. Im einfachsten Fall kann die Person direkt nach der Eigenschaft befragt werden und man ist dann sicher, welcher „Zustand" vorliegt. Dieser Fall der Veränderung von Wahrscheinlichkeiten zu einem unbekannten Zustand wird im Abschn. 3.6 genauer dargestellt.

3.5.2 Unterrichtsvorschläge

Vorgänge in der Natur
Aus den Ergebnissen einer Vogelzählung kann auf die Wahrscheinlichkeit von möglichen Beobachtungen am nächsten Tag geschlossen werden (Abb. 3.33).

Im folgenden Beispiel geht es um eine Wetterprognose für eine Geburtstagsfeier, die bei einer langfristigen Vorbereitung der Feier von Bedeutung ist. Kurz vor der Feier kann die Prognose mithilfe des aktuellen Wetterberichts bestätigt oder korrigiert werden.

Wetterprognose
Jascha feiert am 5. August seinen neunten Geburtstag. Anfang Juli spricht er mit seinen Eltern über die Geburtstagsfeier. In den letzten Jahren war an seinem Geburtstag immer sehr schönes Wetter, sodass sie draußen feiern konnten. Jascha überlegt, wie

Rabia hat ein Vogelhaus aufgestellt und
eine Stunde die Vögel beobachtet.
Sie hat jeden Vogel erkannt und gezählt.
Dieses Diagramm hat sie gezeichnet.

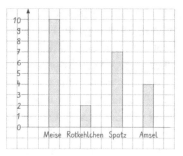

2 Rabia möchte am nächsten Tag wieder eine Stunde lang die Vögel zählen.

a) Ist es wahrscheinlicher, dass Rabia mehr Meisen oder
mehr Rotkehlchen sieht? Begründe.

Es ist wahrscheinlicher, dass sie mehr _____ sehen wird,

weil _____ .

b) Schätze die Wahrscheinlichkeit und setze ein Kreuz an die Skala.

Rabia sieht am nächsten
Tag 20 Rotkehlchen.

Rabia sieht am nächsten
Tag keine Meisen.

Rabia sieht am nächsten
Tag mindestens einen Vogel.

Rabia sieht am nächsten
Tag nur Störche.

Abb. 3.33 Schlüsse aus Vogelbeobachtungen (aus *Denken und Rechnen*, Arbeitsheft *Daten, Häufigkeit und Wahrscheinlichkeit Klasse* 1/2, S. 35; mit freundlicher Genehmigung von © Westermann Gruppe. All Rights Reserved)

das wohl in diesem Jahr sein wird. Markiere auf den Wahrscheinlichkeitsskalen deine Einschätzung.

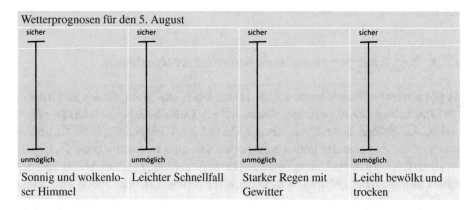

Wetterprognosen für den 5. August			
sicher	sicher	sicher	sicher
unmöglich	unmöglich	unmöglich	unmöglich
Sonnig und wolkenloser Himmel	Leichter Schnellfall	Starker Regen mit Gewitter	Leicht bewölkt und trocken

Vorgänge im familiären Bereich

Im folgenden Beispiel liegt der Fall einer vollständigen Information über Elemente einer Grundgesamtheit sowie eine zufällige Auswahl eines Elementes vor, da über einen beliebigen Schüler gesprochen wird. Anstelle von Wahrscheinlichkeitsaussagen wäre es auch möglich, sich direkt auf die Daten zu beziehen und z. B. zu formulieren, dass die meisten Kinder 5 bis 10 Minuten für das Frühstück brauchen. Hinter den Wahrscheinlichkeitsaussagen verbirgt sich die Vorstellung, dass nicht über die gesamte Klasse, sondern über ein konkretes, zufällig ausgewähltes Kind gesprochen wird, von dem man seine Zeiten für das Frühstück nicht kennt. Die Daten für alle werden auf diese Weise individualisiert.

Schlussfolgerungen aus Frühstücksdaten

Bei einer Befragung in einer Klasse über die Dauer des Frühstücks gab es folgende Ergebnisse:

Dauer für das Früh-stück in Minuten	Kein Frühstück	Weniger als 5	5 bis 10	10 bis 15	Mehr als 15
Anzahl der Kinder	2	4	8	6	4

Ergänze die folgenden Wahrscheinlichkeitsaussagen zu diesen Daten.

a. In dieser Klasse ist es am wahrscheinlichsten, dass ein Kind _____ für das Frühstück braucht.
b. Es ist _____, dass ein Kind in dieser Klasse nicht frühstückt.
c. Es ist _____, dass ein Kind dieser Klasse 10–15 min für das Frühstück braucht, als dass ein Kind weniger als 5 min für das Frühstück braucht.

Vorgänge im schulischen Bereich

Die Durchführung eines Sponsorenlaufes ist an vielen Schulen schon eine Tradition geworden. An diesen Schulen kann die Aufgabe in Abb. 3.34 gestellt werden, bei der die Kinder Schlussfolgerungen aus den Ergebnissen eines Jahres auf die Wahrscheinlichkeit von Ergebnissen im nächsten Jahr ableiten sollen.

3.5.3 Bemerkungen zu anderen Unterrichtsvorschlägen

Es gibt zahlreiche Vorschläge zu Experimenten mit Spielwürfeln, die das Ziel haben, die Gleichverteilung der Augenzahlen nachzuweisen. Dabei besteht offensichtlich die verbreitete Auffassung, dass mit zunehmender Anzahl von Wiederholungen die Unterschiede zwischen den Augenzahlen immer geringer werden. Dies ist aber nicht der Fall, sondern im Gegenteil werden die Unterschiede zwischen den absoluten Häufigkeiten der Augenzahlen immer größer (Abschn. 5.2.7). Bei einer geringen Anzahl von Wiederholungen

Die Waldschule hat einen Sponsorenlauf durchgeführt und die Anzahl der gelaufenen Runden aufgeschrieben.

Ergänze die Tabelle.

	1 Runde	2 Runden	3 Runden	4 Runden
Klasse 1	5	10	4	3
Klasse 2	3	6	11	3
Klasse 3	2	5	8	6
Klasse 4	0	4	7	13
insgesamt				

Die Waldschule wird im nächsten Jahr wieder einen Sponsorenlauf durchführen.

Benutze die Tabelle und dein Diagramm von Seite 34.

Schätze für folgende Aussagen die Wahrscheinlichkeiten. Setze jeweils ein passendes Kreuz an die Wahrscheinlichkeitsskala.

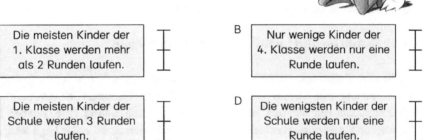

A Die meisten Kinder der 1. Klasse werden mehr als 2 Runden laufen.

B Nur wenige Kinder der 4. Klasse werden nur eine Runde laufen.

C Die meisten Kinder der Schule werden 3 Runden laufen.

D Die wenigsten Kinder der Schule werden nur eine Runde laufen.

Abb. 3.34 Schlussfolgerungen aus Ergebnissen eines Sponsorenlaufes (aus *Denken und Rechnen*, Arbeitsheft *Daten, Häufigkeit und Wahrscheinlichkeit Klasse 3*, S. 35; mit freundlicher Genehmigung von © Westermann Gruppe. All Rights Reserved)

kann es zu großen Unterschieden zwischen den absoluten Häufigkeiten kommen, die meist nicht erwartet werden. Bei einer Simulation von 30 Würfen ergab sich z. B., dass zweimal eine Augenzahl die Häufigkeit 9 und sechsmal eine Augenzahl die Häufigkeit 8 hatte – bei einem Erwartungswert von 5. Auf der anderen Seite kam es einmal vor, dass eine Augenzahl die Häufigkeit 1 aufwies, und siebenmal, dass eine Augenzahl die Häufigkeit 2 hatte. Bei einem der 30 Versuche betrug die Differenz zwischen der häufigsten und seltensten Augenzahl 8. Daraus können keine Schlussfolgerungen auf mögliche Gesetzmäßigkeiten beim Würfeln abgeleitet werden.

In entsprechender Weise halten wir die folgenden Vorschläge für wenig geeignet:

- Aus einem Beutel mit einem roten, einem grünen einem blauen Würfel soll 20-mal ein Würfel mit Zurücklegen gezogen werden. Anschließend sollen die Würfel bestimmt werden, die am häufigsten und am seltensten gezogen wurden. Schließlich sollen die Kinder die Frage beantworten, ob das wohl immer so ist. Abgesehen davon, dass die Antwort auf die Frage nur „nein" sein kann, ist der Sinn des Experiments unklar. Wozu wird der Vorgang 20-mal wiederholt? Dass er drei unterschiedliche Ergebnisse haben kann, ist von Anfang an klar. Die Gleichwahrscheinlichkeit der Ergebnisse lässt sich mit dem Experiment in keiner Weise verdeutlichen.
- Noch anspruchsvoller sind Experimente zum Werfen von zwei oder drei Wendeplättchen, was ebenfalls für die Klassen 1 und 2 vorgeschlagen wurde. In diesen Fällen kommt als weitere Schwierigkeiten hinzu, dass es sich um mehrstufige Vorgänge handelt. Selbst die Autoren dieses Vorschlags haben nicht erkannt, dass es beim Werfen von zwei Plättchen nicht drei, sondern vier und beim Werfen von drei Plättchen nicht vier, sondern acht Möglichkeiten für das Ergebnis gibt.

3.6 Ermitteln unbekannter Zustände

3.6.1 Fachliche und fachdidaktische Grundlagen

Es gibt eine Reihe von Unterrichtsvorschlägen, bei denen Kinder die unbekannte Zusammensetzung von Kugeln verschiedener Farben in Ziehungsbehältern aufgrund von Ziehungsergebnissen schätzen sollen. Schon Cohen und Hansel (1961) haben in ihren Untersuchungen gezeigt, dass selbst zwölfjährige Jungen nicht in der Lage sind, aus den Ergebnissen einer Stichprobe von 20 Perlen aus einem Behälter mit gelben und blauen Perlen im Verhältnis 3:1 auf den Anteil der blauen Perlen in sinnvoller Weise zu schließen. Die Perlen wurden nacheinander aus dem Behälter entnommen und die Jungen mussten jeweils den Anteil von blauen Perlen in dem Behälter schätzen. Obwohl der Anteil der blauen Perlen in der Stichprobe um 30 % schwankte, lagen die Schätzungen immer bei 50 %. Die Kinder waren nicht bereit, nach den Ziehungsergebnissen von ihrer anfänglichen Schätzung einer Gleichverteilung abzuweichen. Auch in den Vorschlägen und Erfahrungen zum Stochastikunterricht in der Grundschule von Winter (1976) sind Aufgaben zur Wahrscheinlichkeit unbekannter Zustände enthalten, etwa das Ziehen von Kugeln aus einer Urne mit unbekannter Zusammensetzung. Aufgrund der Ziehungsergebnisse sollen Aussagen zur Wahrscheinlichkeit der Zusammensetzung getroffen werden.

Bei den Unterrichtsvorschlägen in der aktuellen Literatur zum Ermitteln unbekannter Zustände handelt es sich in der Regel um folgende zwei Aufgabentypen, die beide im Bereich der Glücksspielsituationen angesiedelt sind:

- Es soll durch Ziehungsergebnisse, die vorgegeben oder von den Kindern ermittelt werden, auf die konkrete Zusammensetzung in einem Ziehungsbehälter geschlossen werden (Hasemann und Mirwald 2016, S. 158; Eichler 2010, S. 16; Häring und Ruwisch 2012; Gasteiger 2012, S. 40; Lüthje 2012, S. 23; Schroeders 2015, S. 37; Schmidt 2017; Winter 1976).
- Die Kinder sollen auf der Grundlage von vorgegebenen bzw. selbst ermittelten Ziehungsergebnissen entscheiden, um welchen von mehreren Ziehungsbehältern mit gegebener Zusammensetzung es sich handelt (Neubert 2012, S. 97; Häring und Ruwisch 2012; Gasteiger 2012, S. 42; Dietz 2015, S. 135).

Im Abschn. 3.6.3 werden die Probleme dieser Aufgabentypen an zwei Beispielen exemplarisch diskutiert.

3.6.2   Unterrichtsvorschläge

Vorgänge im Freizeitbereich
Eine typische Anwendung für das Ermitteln von Wahrscheinlichkeiten unbekannter Zustände ist das Suchen nach einem Täter, wie es in der folgenden Aufgabe der Fall ist.

Wer ist der Täter?

Beim Fußballspielen auf dem Schulhof haben Kinder die Scheibe eines Klassenraums eingeschossen. Der Hausmeister ist sich sicher, dass es nur Arne, Ben oder Christian gewesen sein können. Er verdächtigt besonders Arne, der immer sehr wild mit dem Ball schießt. Falls Arne es nicht war, könnte es für ihn eher Ben als Christian gewesen sein. Um den Fall zu klären, bittet er Kommissar Krüger um Mithilfe und teilt ihm seine Beobachtungen und Ansichten mit.

a. Markiere auf der Skala, wie wahrscheinlich es für den Kommissar nach den Aussagen des Hausmeisters ist, dass Arne, Ben oder Christian die Scheibe eingeschossen hat.

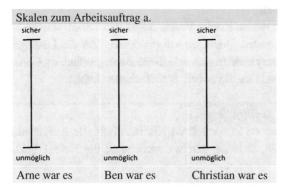

Der Kommissar spricht mit Arne und dieser versichert ihm, dass er an dem Tag gar nicht auf dem Schulhof, sondern zu Hause war, was seine Eltern bestätigen können.

b. Wie wahrscheinlich ist es nun für den Kommissar, dass Arne der Täter ist?

Der Kommissar unterhält sich mit einigen Schülern, die auf dem Schulhof anwesend waren, als es passierte. Zwei Schüler versichern, genau gesehen zu haben, dass Christian die Scheibe eingeschossen hat.

c. Markiere auf den Skalen, mit welcher Wahrscheinlichkeit nun der Kommissar Ben bzw. Christian für den Täter hält.

Anstelle der vorgeschlagenen Markierung der Wahrscheinlichkeiten auf Skalen kann in günstiger Weise auch eine gegenständliche Angabe erfolgen, um die Veränderung der Wahrscheinlichkeiten zu visualisieren. Zu empfehlen ist in diesem Fall die Verwendung einer Skala mit einer beweglichen Markierung, wie sie von Klunter et al. (2011, S. 89) vorgeschlagen wurde (Abschn. 2.7.1).

Ein fachliches Problem bei der Lösung der Aufgabe ist die Tatsache, dass die Summe der Wahrscheinlichkeiten für alle Verdächtigen stets 1 ergeben muss. Von der Lehrperson sollte nur darauf geachtet werden, dass die Summe der Wahrscheinlichkeiten nicht deutlich über 1 liegt. Ist die Summe der Wahrscheinlichkeiten kleiner als 1, so bedeutet dies, dass auch noch andere Täter infrage kommen, was ja nicht ausgeschlossen ist.

Vorgänge im schulischen Bereich

Nach jeder geschriebenen Arbeit stellen Kinder Vermutungen darüber an, welche Note sie wohl in der Arbeit bekommen werden. Wenn sie Informationen über die Lösungen oder Andeutungen der Lehrerin erhalten, können sich ihre Einschätzungen ändern. Ganz sicher können sie sich aber erst sein, wenn sie die Arbeit zurückerhalten haben.

Wahrscheinlichkeiten bei Selbstbeurteilungen

Clara ist sich sehr sicher, dass sie in der letzten Klassenarbeit alle Aufgaben richtig gelöst hat, und glaubt deshalb, dass sie sehr wahrscheinlich die Note 1 bekommen wird.

a. Markiere auf der linken Wahrscheinlichkeitsskala die Einschätzung von Clara zu
   der Note 1 in der Arbeit.
   Zuhause rechnet Clara noch einmal die Aufgaben nach und stellt fest, dass sie in
   der Arbeit doch bei einer Aufgabe einen Fehler gemacht hat.
b. Markiere auf der rechten Wahrscheinlichkeitsskala, wie sicher sich Clara jetzt über
   die Note 1 in der Arbeit sein kann.

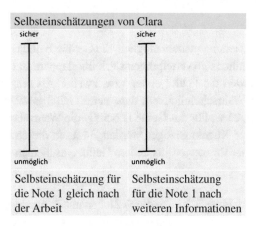

Selbsteinschätzung für
die Note 1 gleich nach
der Arbeit

Selbsteinschätzung
für die Note 1 nach
weiteren Informationen

3.6.3 Bemerkungen zu anderen Unterrichtsvorschlägen

Neubert (2012, S. 97) schlägt eine Aufgabe vor, bei der Kinder aus einem von vier Gefäßen mit sechs bis neun schwarzen und weißen Kugeln 20-mal eine Kugel ziehen, deren
Farbe notieren und sie dann wieder zurücklegen. Anhand der 20 Ziehungsergebnisse sollen sie dann entscheiden, um welches der vier Gefäße es sich handelt. Die Wahrscheinlichkeiten für das Ziehen einer schwarzen Kugel aus den Gefäßen betragen:
Gefäß A: 1, Gefäß B: $3/6 = 1/2$, Gefäß C: $1/8$, Gefäß D: $6/9 = 2/3$
Bei dieser Aufgabe sind folgende Probleme zu beachten:

- Man muss nicht 20-mal ziehen, um die Gefäße A und C zu identifizieren. Wenn sechsmal nacheinander eine schwarze Kugel gezogen wurde, beträgt die Wahrscheinlichkeit
  bereits 91 %, dass es sich um das Gefäß A handelt. Nach zehn gezogenen schwarzen
  Kugeln kann man sich zu 98 % sicher sein, dass es das Gefäß A ist. Wenn man fünfmal nacheinander eine weiße Kugel gezogen hat, beträgt die Wahrscheinlichkeit bereits
  94 %, dass es sich um das Gefäß C handelt, und nach acht gezogenen weißen Kugeln
  ist diese Wahrscheinlichkeit auf 99 % angewachsen. Dem entspricht auch das subjektive Erwartungsgefühl der Kinder. Wenn sie ständig schwarze Kugeln ziehen, sind die
  schnell überzeugt, dass es sich um das Gefäß A handelt, und wenn sie fast ausschließlich weiße Kugeln ziehen, kann es nur das Gefäß C sein. Weitere Ziehungen lassen sich
  dann kaum motivieren.

Tab. 3.12 Ergebnisse eines Experiments zur Wahrscheinlichkeitsverteilung beim blinden Ziehen verschiedenfarbiger Steine

Anzahl der grünen Steine bei 30 Ziehungen	20	21	22	23	24	25	26	27	28
Wahrscheinlichkeit für die Anzahl in %	3,6	6,7	11,1	15,4	17,9	17,2	13,2	7,9	3,4
Relative Häufigkeit der grünen Steine	0,67	0,7	0,73	0,77	0,8	0,83	0,87	0,9	0,93
Richtige Schätzung der unbekannten Anzahl der grünen Steine	7	7	7	8	8	8	9	9	9

- Auf der anderen Seite ist es mit 20 Ziehungen nicht möglich, die Gefäße B und D zu unterscheiden, da sich die Wahrscheinlichkeitsverteilungen stark überlappen. Bei einem entsprechenden Alternativtest würden die Fehler erster bzw. zweiter Art sehr große Werte annehmen. So beträgt die Wahrscheinlichkeit, dass beim Gefäß B 12 bis 20 schwarze Kugeln gezogen werden, 25 %. Für das Gefäß D beträgt die Wahrscheinlichkeit, dass 12 oder weniger schwarze Kugeln gezogen werden, 34 %. In diesen beiden Fällen würden sich die Kinder sicher für das jeweils andere Gefäß entscheiden und so einen Fehler begehen.

Schmidt (2017) schlägt vor, dass Kinder einer 3. Klasse durch Ziehen mit Zurücklegen aus einem Beutel mit acht grünen und zwei weißen Steinen die Zusammensetzung bestimmen sollen. Sie lässt zunächst die Kinder fünfmal ziehen und dann noch weitere 25-mal. Auf der Grundlage dieser Ergebnisse sollen die Kinder vermuten, wie viele grüne und weiße Steine sich in dem Beutel befinden. Obwohl sie angibt, dass mit diesem Vorgehen der Wahrscheinlichkeitsbegriff angewendet werden soll, tritt er bei den dargestellten Auswertungen nicht auf. Dies ist aufgrund der Aufgabenstellung auch nicht verwunderlich, da es um die Bestimmung der genauen Anzahlen der Steine geht, obwohl die Überschrift des Artikels suggeriert, dass Vermutungen aufgestellt werden sollen, ob es mehr grüne oder weiße Steine sind. Mit dieser Aufgabenstellung wären dann tatsächlich Wahrscheinlichkeitsaussagen möglich gewesen.

Es werden zwei Ergebnisse von Schülergruppen vorgestellt: Eine Gruppe hatte nach 30 Ziehungen 25 grüne und fünf weiße Steine gezogen und vermutet, dass im Beutel acht grüne Steine liegen. Eine andere Gruppe hatte 27 grüne und drei weiße Steine gezogen und vermutet, dass im Beutel neun grüne Steine liegen. Beide Ergebnisse sind als zutreffend zu werten, da sie der wahrscheinlichsten Anzahl entsprechen. Dies wurde aber in dem Beitrag nicht thematisiert und ist auch mit Schülern 3. Klassen kaum nachvollziehbar. Die folgende Tab. 3.12 zeigt die Wahrscheinlichkeitsverteilung der grünen Steine zu diesem Experiment und die sich jeweils ergebende relative Häufigkeit sowie die damit korrespondierende wahrscheinlichste Anzahl der grünen Steine im Beutel.

Problematisch erscheint auch, ob es die Kinder aushalten, 30-mal aus einem Beutel mit unbekannter Zusammensetzung zu ziehen, ohne nicht einmal hineinzusehen; zumal Schmidt (2017) berichtet, dass die Kinder hoch motiviert waren, das Geheimnis zu lüften.

Bei beiden Vorschlägen und auch den übrigen ähnlich gelagerten tritt weiterhin das Problem auf, dass oft nicht darauf hingewiesen bzw. nicht diskutiert wird, dass die Schlussfolgerungen auf die Zusammensetzung in dem Ziehungsbehälter oder den ausgewählten Behältern mit Unsicherheiten verbunden sind und immer nur eine bestimmte Wahrscheinlichkeit besitzen. Eine Ursache könnte darin liegen, dass die Autoren keine Berechnungen zu den Wahrscheinlichkeiten der möglichen Schülerantworten angestellt haben.

Lösen kombinatorischer Aufgaben

► In diesem Kapitel diskutieren wir nach einer Einordnung der Kombinatorik in Lehrpläne die Möglichkeiten zum Lösen kombinatorischer Aufgaben. Wir schlagen eine Beschreibung kombinatorischer Aufgaben ohne Verwendung der üblichen Begriffe für kombinatorische Figuren vor. Anschließend erläutern wir an Beispielen, wie Lehrpersonen in der Primarstufe kombinatorische Aufgaben insbesondere durch Anwendung von Zählregeln lösen können. Wir beschreiben Unterrichtsvorschläge und geben einige Unterrichtserfahrungen zum Lösen kombinatorischer Aufgaben durch Probieren, systematisches Probieren, Anwenden von Baumdiagrammen und Zählregeln an.

4.1 Kombinatorik als Wissenschaftsdisziplin und ihre Aufnahme in Lehrpläne

Die allgemeine Kombinatorik ist ein Teilgebiet der diskreten Mathematik, das sich mit mathematischen Strukturen befasst, die endlich oder abzählbar unendlich sind. Neben der Kombinatorik gibt es weitere Teilgebiete der diskreten Mathematik wie die Graphentheorie, die Zahlentheorie oder die Codierungstheorie, die oft Bezüge zur allgemeinen Kombinatorik haben.

Ein Spezialgebiet der allgemeinen Kombinatorik ist die abzählende Kombinatorik, bei der es um die Bestimmung der Anzahl von Möglichkeiten bei der Anordnung oder Auswahl von Elementen aus endlichen Mengen geht. Entsprechend dem üblichen Sprachgebrauch wird die abzielende Kombinatorik im Folgenden kurz als Kombinatorik bezeichnet.

Die Kombinatorik hat bereits im 18. Jahrhundert ihren Weg in Schullehrpläne gefunden, wobei ihre Geschichte sehr wechselhaft ist. Sie wurde immer dann hervorgehoben, wenn der Schwerpunkt auf formaler Bildung und logischer Schulung lag. Ihre Stellung war gefährdet, wenn Anwendungen in den Mittelpunkt des Unterrichts rückten. Lietzmann (1953) schlägt rückblickend vor, die Kombinatorik im Interesse des formalen Bil-

© Springer-Verlag GmbH Deutschland, ein Teil von Springer Nature 2019
H.-D. Sill, G. Kurtzmann, *Didaktik der Stochastik in der Primarstufe*,
Mathematik Primarstufe und Sekundarstufe I + II,
https://doi.org/10.1007/978-3-662-59268-7_4

Tab. 4.1 Kombinatorik in den Bildungsstandards für die Primarstufe

In Kontexten rechnen	Einfache kombinatorische Aufgaben (z. B. Knobelaufgaben) durch Probieren bzw. systematisches Vorgehen lösen

dungsziels des Mathematikunterrichts beizubehalten, den Stoff aber so kurz wie möglich zu halten und sich auf einfache Anwendungen zu beschränken. Er rät insbesondere davon ab, gekünstelte Anwendungen wie das Ziehen von Karten oder das Vertauschen von Buchstaben zu behandeln.

In einigen Lehrplänen und in vielen aktuellen Schulbüchern und Arbeitsheften wird das Lösen kombinatorischer Aufgaben als ein Bestandteil des Stochastikunterrichts angesehen. Diese auch in der Schule und der Fachdidaktik (vgl. Ulm 2010, S. 2) vorhandene Auffassung ist aber aus fachlicher und didaktischer Sicht sowie aus Sicht der aktuellen Planungsgrundlagen nicht zutreffend. In den Bildungsstandards für die Primarstufe, für den mittleren Schulabschluss und den Hauptschulabschluss ist das Lösen kombinatorischer Aufgaben in die Leitidee „Zahlen und Operationen" (Primarstufe) bzw. „Zahl" (Sekundarstufe) eingeordnet. In den Bildungsstandards für die Primarstufe wird dazu in der Leitidee „Zahlen und Operationen" als Standard für das Ende der 4. Jahrgangsstufe Folgendes formuliert (KMK 2005) (Tab. 4.1).

Bei der Schuljahresplanung sollte deshalb das Lösen kombinatorischer Aufgaben in die Themen zum Rechnen mit natürlichen Zahlen, insbesondere beim Rechnen in Kontexten, eingeordnet werden. Bei kombinatorischen Aufgaben handelt es sich in der Regel um Sachaufgaben, sodass die Kenntnisse zum Bearbeiten von Problemen und Anforderungen in Bezug auf das Lösen von Sachaufgaben auch auf das Lösen kombinatorischer Aufgaben übertragen werden können. Eine Nähe oder Bezüge zur Leitidee „Daten, Häufigkeit und Wahrscheinlichkeit" sind nicht erforderlich. Die für diese Leitidee erforderliche Unterrichtszeit umfasst nicht die Zeiten für das Lösen kombinatorischer Aufgaben.

Wir beschäftigen uns mit dem Lösen kombinatorischer Aufgaben in diesem Lehrbuch zur Stochastik vor allem aus zwei Gründen. Wir halten einige verbreitete Methoden zum Lösen dieser Aufgaben nicht für sinnvoll und wollen aus unserer Sicht geeignetere Vorschläge unterbreiten. Weiterhin sehen wir bei einer entsprechenden Behandlung kombinatorischer Aufgaben Bezüge zum Arbeiten mit Wahrscheinlichkeiten, insbesondere als Vorbereitung für den Stochastikunterricht in den Sekundarstufen.

Neben den wenigen Bezügen zum Arbeiten mit Wahrscheinlichkeiten hat das Lösen kombinatorischer Aufgaben aber vor allem eine eigenständige Bedeutung. Es leistet Beiträge zu folgenden Zielen (vgl. Kütting 1994b, S. 183; Neubert 2003, S. 90):

- Entwicklung der Freude am selbstständigen Lösen von Problemen
- Entwicklung der geistigen Beweglichkeit und Kreativität
- Förderung der Kommunikations- und Argumentationsfähigkeit
- Festigung des Rechnens mit natürlichen Zahlen
- Beitrag zur Umwelterschließung

Kombinatorische Aufgaben haben einen sehr offenen Charakter, da sie unterschiedliche Lösungsmöglichkeiten zulassen. Sie sind deshalb besonders für die Differenzierung geeignet. Aufgrund ihrer Anforderungen an das logische Denken und die Kreativität können sie als Indikator für mathematisch befähigte Schüler dienen (Lack und Sträßer 2009). Besondere Anforderungen dieser Aufgaben ergeben sich auch daraus, dass die Aufgabenstellungen in einigen Fällen oft mehrere mögliche Interpretationen zulassen.

In einem Test mit 548 Schülerinnen und Schülern am Ende der 3. Klasse sollten sechs kombinatorische Aufgaben gelöst werden (Herzog et al. 2017). Im Schnitt wurden nur 25 % der Punkte erreicht, ein Drittel der Schülerinnen und Schüler konnte keine der sechs Aufgaben richtig bearbeiten und nur 12 % lösten drei Aufgaben richtig. Dies zeigt, dass es sich bei kombinatorischen Aufgaben um einen anspruchsvollen Aufgabentyp handelt. Umso wichtiger ist ein systematisches und behutsames Vorgehen, das wir im Folgenden vorschlagen wollen.

4.2 Generelle fachliche und fachdidaktische Bemerkungen

Möglichkeiten zur Beschreibung von Arten kombinatorischer Aufgaben
Die heute verbreiteten Bezeichnungen „Permutation", „Variation" und „Kombination" mit und ohne Wiederholung gehen auf das Lehrbuch von Eugen Netto (1901) zurück, der sie weitgehend kommentarlos einführt (Borges 1979). Mit diesen Bezeichnungen sind bereits aus sprachlicher Sicht einige Probleme verbunden. Mit „Kombination" bezeichnet Netto eine spezielle kombinatorische Figur, bei der die Reihenfolge der Objekte keine Rolle spielt. Aus sprachlicher Sicht steht das Wort „Kombination" für eine Verknüpfung, Zusammenfügung oder Herstellung von Beziehungen sowie eine bestimmte Art von Kleidungsstücken. Im Sinne von „Zusammenstellen von Objekten zu einer Einheit" wird das Wort „Kombination" bei kombinatorischen Problemstellungen oft für alle Arten von Aufgaben verwendet. In dieser allgemeinen Bedeutung verwenden wir es auch in diesem Buch und nicht in seiner eingeschränkten Bedeutung für eine bestimmte kombinatorische Figur.

Eine „Variation" bedeutet umgangssprachlich eine Veränderung, eine Abwandlung oder Abweichung. In der Statistik spricht man von Variationsbreite (Spannweite) als einem Maß für die Streuung einer Verteilung. Dies hat wenig mit der Bedeutung in der Kombinatorik zu tun. Lediglich das Wort „Permutationen" (Vertauschungen) als Bezeichnung für Anordnungsaufgaben entspricht der inhaltlichen Bedeutung.

In einigen Fachbüchern (Henze 2013; Kütting und Sauer 2011; Padberg und Büchter 2015) wird die Bezeichnung „Variation" bei kombinatorischen Aufgaben nicht verwendet und nur noch von Permutationen und Kombinationen gesprochen. Der Begriff der Permutation wird dabei verallgemeinert und auch für Auswahlaufgaben verwendet.

Zur Modellierung von Aufgaben gibt es weiterhin ein sogenanntes Urnenmodell. Dabei stellt man sich einen Ziehungsbehälter vor, in dem sich n Kugeln befinden, von denen k ausgewählt werden. Dabei wird dann unterschieden, ob die jeweils ausgewählte Kugel vor der nächsten Auswahl wieder zurückgelegt werden kann oder nicht. Die Aufgabentypen

Tab. 4.2 Aufgabentypen der Kombinatorik im Urnenmodell

	Mit Berücksichtigung der Reihenfolge	Ohne Berücksichtigung der Reihenfolge
Ziehen mit Zurücklegen	Permutationen mit Wiederholung n^k	Kombinationen mit Wiederholung $\binom{n+k-1}{k}$
Ziehen ohne Zurücklegen	Permutationen ohne Wiederholung $n(n-1)(n-2)\ldots(n-k+1)$	Kombinationen ohne Wiederholung $\binom{n}{k}$

Permutationen (allgemein) und Kombinationen mit und ohne Wiederholung lassen sich den Aufgabenstellungen im Urnenmodell mit und ohne Zurücklegen zuordnen (s. Tab. 4.2 nach Padberg und Büchter 2015, S. 260).

In der DIN 1302 zu mathematischen Begriffen und Zeichen von 1980 (vgl. Borges 1981) werden neben diesen beiden Beschreibungsmöglichkeiten noch ein Verteilungsmodell, ein Wortmodell und ein mengentheoretisches Modell angegeben.

Die modellhafte Beschreibung kombinatorischer Aufgaben hängt mit einer bestimmten Lösungsmethode für diese Aufgaben zusammen. Für jeden Aufgabentyp lässt sich eine allgemeine Formel mit bestimmten Kenngrößen aufstellen, wie es aus der Tab. 4.2 ersichtlich ist. Bei der Anwendung dieser Lösungsmethode müssen zunächst der jeweilige Aufgabentyp und die entsprechenden Kenngrößen bestimmt werden, um dann mit Kenntnis der entsprechenden Formel die Anzahl der Möglichkeiten direkt auszurechnen. Diese Methode ist nach unseren Erfahrungen im Unterricht und in der Lehrerbildung weder für Lehrpersonen noch für Schülerinnen und Schüler geeignet. Der begriffliche Apparat und die Formeln werden nach kurzer Zeit wieder vergessen bzw. sind nur noch bruchstückhaft im Gedächtnis vorhanden. Ein weiterer Beweis sind die Fehler, die auch in der fachdidaktischen Literatur enthalten sind; so werden z. B. die Begriffe „Kombination" und „Variation" verwechselt.

Wir halten Bezeichnungen für Aufgabentypen für die Verständigung über kombinatorische Aufgaben nicht für notwendig. Wir schließen uns der Auffassung von Hefendehl-Hebeker und Törner an, die schon 1984 feststellten: „Die traditionelle (...) Bezeichnungsweise, die die Vokabeln Permutation, Kombination und Variation (...) verwendet, ist fachlich gesehen antiquiert und prägt sich zudem nicht leicht ein." (Hefendehl-Hebeker und Törner 1984, S. 247)

Bei allen oben in der Fachliteratur genannten Modellen wird nur der Fall betrachtet, dass Objekte aus einer Menge ausgewählt werden. Damit wird der für viele Anwendungen bedeutsame Fall der Auswahl aus mehreren Mengen nicht erfasst. Dazu gehören die Aufgaben zum kombinatorischen Aspekt der Multiplikation.

Es lassen sich kombinatorische Aufgaben auch ohne spezielle Bezeichnungen in folgender Weise beschreiben:

- Es sind *eine* oder *mehrere* endliche Mengen von Objekten gegeben.
- Die Elemente der Mengen können alle *unterschiedlich* oder teilweise *gleich* sein.

- Es gibt zwei unterschiedliche Aufgabenstellungen:
  1. Die Elemente einer Menge sollen auf verschiedene Weise *angeordnet* werden.
  2. Aus einer oder mehreren Mengen sollen Objekte *ausgewählt* werden.
- Bei Aufgaben zur Auswahl von Objekten aus einer Menge muss unterschieden werden, ob es auf die *Reihenfolge* der ausgewählten Objekte ankommt oder nicht.

Es gibt weitere Aufgaben zur Anordnung oder Auswahl von Objekten, die mit den vier Fällen in Tab. 4.2 nicht erfasst werden, so z. B. wenn bei der Anordnung von Objekten gleiche Objekte auftreten.

Bei den vier Aufgabentypen in Tab. 4.2 handelt es sich für $k \neq n$ um Aufgaben zur Auswahl von Objekten aus einer Menge. Für $k = n$ stellen Permutationen ohne Wiederholung eine Aufgabe zu den möglichen Anordnungen der Objekte einer Menge dar, es gibt dann $n!$ Möglichkeiten, wenn alle Objekte verschieden sind.

Mit der von uns vorgeschlagenen Beschreibung kombinatorischer Aufgaben ist nicht der Gedanke verbunden, die sich daraus ergebende Klassifizierung von Aufgaben zum Lösen dieser Aufgaben zu verwenden. Die Beschreibungsmöglichkeit dient nur dazu, sich über kombinatorische Aufgaben ohne Verwendung zusätzlicher Bezeichnungen zu verständigen.

Probleme der Bearbeitung kombinatorischer Aufgaben im Unterricht

Bei kombinatorischen Aufgaben handelt es sich in der Regel um Sachaufgaben, zumindest aber um eingekleidete Aufgaben. Die Schwierigkeiten, die viele Schülerinnen und Schüler beim Lösen von Sachaufgaben haben, zeigen sich deshalb auch beim Lösen kombinatorischer Aufgaben. Wir schlagen vor, die allgemeine heuristische Orientierungsgrundlage zum Lösen von Sachaufgaben nach Sill (2018a) auch zum Lösen von kombinatorischen Aufgaben zu verwenden. Sie besteht aus folgenden Teilhandlungen:

1. Erfassen des Sachverhaltes
2. Analysieren des Sachverhaltes
3. Finden von Lösungsideen und Aufstellen eines Lösungsplanes
4. Ausführen des Planes
5. Kontrolle der Lösung und des Lösungsweges

Zum Erfassen des Sachverhaltes sollten sich die Schülerinnen und Schüler zu Beginn immer die Frage stellen, worum es in der Aufgabe geht. Wie bei Sachaufgaben geht es nicht um konkrete Informationen zum Sachverhalt, sondern um eine allgemeine Beschreibung der Situation, in die sich die Kinder dadurch hineinversetzen sollen. So wären etwa mögliche Antworten: Es geht um das Anziehen von Eva, um das Bauen eines Turms, um das Auswählen von zwei Schülern oder das Auswählen von zwei Eiskugeln. Weitere mögliche Fragen zum Erfassen des Sachverhaltes sind:

- Verstehe ich alles in dem Text?
- Kann ich mir den Sachverhalt mit Gegenständen veranschaulichen?

Zum Analysieren des Sachverhaltes ist es bei kombinatorischen Aufgaben immer günstig, eine der gesuchten Möglichkeiten anzugeben und zu überlegen, wie diese hergestellt werden kann. Auf die Art dieser Untersuchungen und Möglichkeiten zum Finden von Lösungsideen gehen wir noch in den folgenden Abschnitten ein.

Eine nähere Betrachtung der Aufgaben in heutigen Lehrbüchern zeigt, dass viele Aufgabenstellungen wenig praxisrelevant sind. Bei der Berechnung der Anzahlen werden häufig reale Voraussetzungen oder Einschränkungen nicht beachtet. Es ist allerdings bei tatsächlichen Anwendungen oft schwierig, alle Bedingungen zu berücksichtigen und die Aufgabenstellung eindeutig zu interpretieren. Bei den von uns vorgeschlagenen Aufgaben bemühen wir uns im Sinne der oben angegebenen Vorschläge von Lietzmann um eine möglichst große Lebensnähe und Praxisrelevanz. Wir schlagen Aufgaben zu folgenden Sachverhalten vor:

- Zusammenstellen eines Menüs aus verschiedenen Angeboten
- Bekleiden von Personen, Puppen oder Pappfiguren
- Ermitteln möglicher Wege zu einem Ort
- Zusammensetzen oder Färben von Türmen, Flaggen, Figuren, Tieren etc. aus Teilen unterschiedlicher Form oder unterschiedlicher Farbe
- Aufstellen von Büchern in ein Regal, Festlegen der Reihenfolge der Läufer einer Staffel, Festlegen einer Reihenfolge von Tätigkeiten, Handlungen oder Personen
- Öffnen eines Zahlenschlosses
- Zusammenstellen von Gruppen von Personen

4.3   Möglichkeiten zum Lösen kombinatorischer Aufgaben durch Lehrpersonen

Wir unterbreiten im Folgenden Vorschläge zum Lösen von Aufgaben, die ohne Kenntnis von Aufgabentypen und Formeln auskommen. Dabei unterscheiden wir zwischen dem Lösen von Aufgaben durch Lehrpersonen sowie Schülerinnen und Schüler. Lehrpersonen sollten in der Lage sein, die für die Schüler vorgesehenen Aufgaben durch Berechnungen in Anwendung von Zählregeln oder, wenn dies nicht möglich ist, durch systematisches Probieren lösen zu können. Wir werden dazu ein mögliches Vorgehen für die Ermittlung von Anzahlen an Beispielen erläutern. Unsere Vorschläge zur schrittweisen Befähigung von Schülerinnen und Schülern zum Lösen kombinatorischer Aufgaben sind in Abschn. 4.4 bis 4.6 enthalten.

Beim Lösen kombinatorischer Aufgaben geht es eigentlich nur um das Bestimmen von Anzahlen. Für Schülerinnen und Schüler ist es aber oft weit interessanter, die Möglichkeiten auch direkt anzugeben.

Lösen von Aufgaben zum kombinatorischen Aspekt der Multiplikation
Der kombinatorische Aspekt der Multiplikation bedeutet, dass bei der Bildung von Paaren aus Elementen zweier Mengen die Anzahl der möglichen Paare durch das Produkt der Anzahl der Elemente in den beiden Mengen berechnet werden kann. Mathematisch

gesehen handelt es sich um das Kreuzprodukt der beiden Mengen. Inhaltlich bedeutet dies, dass jedes Element der einen Menge mit jedem Element der anderen Menge kombiniert wird. Von zahlreichen Autoren (Radatz und Schipper 1983; Krauthausen und Scherer 2007; Hasemann et al. 2014; Padberg und Benz 2011) wird empfohlen, diesen Aspekt im Zusammenhang mit Anwendungen der Multiplikation zu thematisieren, was auch den Intentionen der Bildungsstandards entspricht.

Bei den Aufgaben zum kombinatorischen Aspekt der Multiplikation geht es um die Auswahl aus zwei oder auch mehr Mengen mit unterschiedlichen Objekten. Dabei wird für jede Möglichkeit aus jeder Menge genau ein Element ausgewählt. Zu dieser Art von Aufgaben gehören die folgenden, die wir hier nur in Kurzform angeben:

1. Zusammenstellen eines Menüs aus verschiedenen Angeboten
   In einer Gaststätte gibt es drei Vorspeisen, vier Hauptgerichte und zwei Nachspeisen. Wie viele Menüs lassen sich daraus zusammenstellen?
2. Zusammenstellen von Gruppen von Personen
   In einer Schülergruppe aus zwei Jungen und drei Mädchen soll für einen Wettbewerb ein Junge und ein Mädchen ausgewählt werden. Wie viele Möglichkeiten der Zusammenstellung gibt es?
3. Ermitteln möglicher Wege zu einem Ort
   Von A-Dorf nach B-Dorf gibt es drei und von B-Dorf nach C-Dorf zwei verschiedene Wege. Auf wie vielen verschiedenen Wegen kann man von A-Dorf nach C-Dorf gelangen?
4. Zusammensetzen oder Färben von Häusern, Figuren oder Tieren aus Teilen unterschiedlicher Art wie Form oder Farbe
   a. Aus unterschiedlichen Bausteinen für das Erdgeschoss, den ersten Stock und das Dach sollen Häuser zusammengestellt werden. Es gibt jeweils drei unterschiedliche Arten von Bausteinen für die einzelnen Teile des Hauses. Wie viele verschiedene Häuser kann man bauen?
   b. Es sollen Fantasietiere zusammengestellt werden, die aus einem Unterteil (den Füßen), einem Mittelteil (dem Körper) und einem Kopfteil bestehen. Für jedes Teil stehen drei Arten zur Auswahl. Wie viele verschiedene Fantasietiere lassen sich damit bilden?
5. Bekleiden von Personen, Puppen oder Pappfiguren
   Ein Mädchen hat drei T-Shirts und zwei Hosen, die alle zueinander passen. Wie viele Möglichkeiten hat es, ein T-Shirt und eine Hose anzuziehen?
6. Öffnen eines Zahlenschlosses
   Zum Öffnen eines Zahlenschlosses mit drei Rädchen ist bekannt, dass die erste Stelle eine 1 oder 2, die zweite Stelle eine ungerade Zahl und die dritte Stelle eine 8 oder 0 ist. Wie viele Möglichkeiten muss man maximal probieren, um das Schloss zu öffnen?

Das Lösen dieser Aufgaben ist bereits intuitiv in einfacher Weise möglich. Bei allen Aufgaben muss jedes Element der ersten Menge mit jedem Element der zweiten Menge und eventuell jedem Element einer dritten Menge kombiniert werden. Die Anzahl aller möglichen Kombinationen ist dann immer das Produkt der Anzahl der Elemente in jeder der Mengen. So gibt es bei Aufgabe (1) $3 \cdot 4 \cdot 2 = 24$ mögliche Menüs. Bei Aufgabe (2) lassen sich $2 \cdot 3 = 6$ Paare bilden, bei Aufgabe (3) sind es $3 \cdot 2 = 6$ verschiedene Wege von A-Dorf nach C-Dorf. Bei Aufgabe (4a) gibt es $3 \cdot 3 \cdot 3 = 27$ verschiedene Häuser und bei (4b) $3 \cdot 3 \cdot 3 = 27$ verschiedene Fantasietiere, das Mädchen in Aufgabe (5) hat $3 \cdot 2 = 6$ Möglichkeiten, sich unterschiedlich anzuziehen, und zum Öffnen des Zahlenschlosses in Aufgabe (6) muss man maximal $2 \cdot 5 \cdot 2 = 20$ Mal probieren.

Diese Aufgaben können aber auch mithilfe der im Folgenden dargestellten Orientierungsgrundlage gelöst werden. Aufgaben zum Kreuzprodukt von Mengen sind ein Spezialfall der Anwendung der Produktregel. Die direkte Anwendung des Kreuzproduktes ist aber in den entsprechenden Fällen naheliegend und einfacher. Für Schülerinnen und Schüler ist diese Methode der Ermittlung von Anzahlen allerdings erst nach Behandlung der Multiplikation möglich.

Lösen von Aufgaben durch Anwendung von Zählregeln
Durch die Anwendung von Zählregeln können alle für die Schule relevanten kombinatorischen Aufgaben gelöst werden, wobei allerdings in einem Fall der Aufwand bei größeren Anzahlen erheblich ist. Beim Arbeiten mit Zählregeln bleibt man im Sachverhalt, die Anwendung von Modellen bzw. die Zuordnung zu Aufgabentypen ist nicht erforderlich. Die Aufgaben können in ihrem jeweiligen Gewand gesehen und in „natürlicher Weise" gelöst werden (Hefendehl-Hebeker und Törner 1984, S. 247).

Auch wenn wir empfehlen, nur bestimmte Arten von Aufgaben in der Primarstufe zu behandeln, müsste eine Lehrperson in der Lage sein, alle Aufgaben zu lösen oder zumindest zu erkennen, welche nicht geeignet sind. Diese Entscheidung kann bereits bei der von uns vorgeschlagenen Analyse der Aufgabe getroffen werden. Wir geben im Folgenden eine heuristische Orientierungsgrundlage zum Lösen der Aufgaben durch Lehrpersonen an und erläutern sie anschließend an mehreren Beispielen. Die Orientierungen sind in der Ich-Form angegeben. Dies entspricht generellen Prinzipien heuristischer Orientierungen, die Fragen und Impulse an sich selbst sind und damit das selbstständige Lösen eines Problems unterstützen sollen.

Orientierungsgrundlage zum Lösen kombinatorischer Aufgaben mit Zählregeln
1. Ich überlege mir eine Folge von Entscheidungen, in deren Ergebnis eine Möglichkeit entsteht.
2. Ich überprüfe, ob bei jeder einzelnen Entscheidung die Anzahl der Möglichkeiten unabhängig von der vorherigen Entscheidung stets gleich ist.
   - Wenn das der Fall ist, bestimme ich die Anzahl der Möglichkeiten bei jeder Entscheidung und multipliziere die Anzahlen.
   - Wenn das *nicht* der Fall ist, muss ich eine Fallunterscheidung vornehmen.

3. Ich überprüfe, ob alle durch die Multiplikation ermittelten Möglichkeiten als gleich oder verschieden anzusehen sind.
   - Wenn jeweils zwei, drei oder mehr Möglichkeiten als gleich anzusehen sind, dividiere ich das Produkt durch die Anzahl der gleichen Möglichkeiten.
   - Wenn nur einige Möglichkeiten mehrfach vorkommen, muss ich eine Fallunterscheidung vornehmen.
4. Ich fasse die Resultate meiner Überlegungen und Rechnungen zu einer Antwort zusammen.

Bei kleinen Anzahlen von Objekten kann in allen Fällen auch ein Baumdiagramm gezeichnet werden. Ein Baumdiagramm enthält eine Folge von Handlungen, in deren Ergebnis alle Möglichkeiten entstehen, sowie die jeweiligen Entscheidungsmöglichkeiten.

Durch vorgenommene Analyse der Aufgabe ergeben sich gleichzeitig Einsatzempfehlungen für den Unterricht in der Primarstufe.

Empfehlungen zum Einsatz kombinatorischer Aufgaben in der Primarstufe
Wenn zur rechnerischen Lösung der Aufgabe dividiert oder eine Fallunterscheidung vorgenommen werden muss, ist die Aufgabe im Unterricht nur zum systematischen Probieren oder zum Anwenden von Baumdiagrammen geeignet.

Wenn die Aufgabe nur durch Multiplizieren lösbar ist, ist sie im Unterricht auch zur Berechnung von Anzahlen geeignet.

In der Orientierungsgrundlage sind die Zählregeln bereits implizit enthalten. Die Benennung und der Wortlaut der Regeln sind nicht erforderlich, sollen aber der Vollständigkeit halber angegeben werden.

Zählregeln der Kombinatorik
Produktregel Kann zur Erzeugung eines möglichen Ergebnisses eine Folge von Entscheidungen angegeben werden, die nacheinander getroffen werden müssen, so ist die Gesamtzahl aller möglichen Ergebnisse gleich dem Produkt der Anzahl der möglichen Ergebnisse bei jeder Entscheidung. Voraussetzung ist, dass keine Mehrfachzählungen bei den Ergebnissen vorkommen und dass bei jeder einzelnen Entscheidung die Anzahl der Möglichkeiten unabhängig von der vorherigen Entscheidung stets gleich ist.

Quotientenregel Wurde bei Anwendung der Produktregel jede der ermittelten Möglichkeiten mehrfach gezählt, so ist die Gesamtzahl der Möglichkeiten durch die Anzahl der Mehrfachzählungen zu dividieren.

Summenregel (Prinzip des getrennten Abzählens) Können mehrere Fälle unterschieden werden, die voneinander unabhängig sind, so ist die Gesamtzahl der Möglichkeiten die Summe der Möglichkeiten der einzelnen Fälle.

Die Anwendung der Orientierungsgrundlage soll nun an typischen Beispielen erläutert werden. Dabei wird bis auf eine Ausnahme auch ein Baumdiagramm angegeben. Das Aufstellen eines Baumdiagramms ist für kleine Anzahlen eine weitere Methode zum Lösen kombinatorischer Aufgaben (vgl. Abschn. 4.6.2).

Die Beispiele sind alle an Aufgaben aus Schullehrbüchern oder fachdidaktischen Publikationen angelehnt. Auf Probleme und Möglichkeiten ihres Einsatzes im Unterricht wird an dieser Stelle nicht weiter eingegangen (vgl. Abschn. 4.5 und 4.6).

Beispiel 1

Eva hat Geburtstag. Sie will eine Hose und ein T-Shirt anziehen. Sie hat eine schwarze und eine weiße Hose sowie ein rotes, ein grünes und ein blaues T-Shirt, die alle drei zu beiden Hosen passen. Wie viele Möglichkeiten der Zusammenstellung hat sie?

Anwenden der Orientierungsgrundlage zum Lösen der Aufgabe:

1. Um sich einmal anzuziehen, muss Eva folgende Entscheidungen treffen:
   a. Welche Hose ziehe ich an?
   b. Welches T-Shirt ziehe ich an?

   Da die Anzahl der Objekte klein ist, zeichne ich ein Baumdiagramm, das die Handlungen enthält, die Eva nacheinander ausführen muss, sowie die jeweiligen Möglichkeiten für ihre Entscheidung.

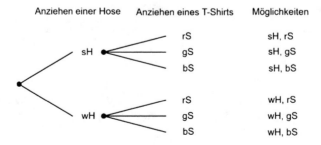

Abb. 4.1 Baumdiagramm zum Beispiel 1 (sH = schwarze Hose; wH = weiße Hose; rS = rotes T-Shirt; gS = grünes T-Shirt; bS = blaues T-Shirt)

2. Für die erste Entscheidung gibt es zwei und für die zweite gibt es drei Entscheidungsmöglichkeiten. Da jedes T-Shirt zu beiden Hosen passt, gibt es bei der zweiten
   Entscheidung stets drei Möglichkeiten, unabhängig von der ersten Entscheidung.
   Das Produkt der Möglichkeiten beträgt $2 \cdot 3 = 6$.
3. Es werden keine Möglichkeiten mehrfach gezählt.
4. Eva hat sechs Möglichkeiten, sich zum Geburtstag mit ihren Sachen anzuziehen.

Hinweise:

- Es ist auch die sofortige Anwendung des Kreuzproduktes möglich. Die Überlegungen
  zur Anwendung der Produktregel führen zu weiteren Einsichten zum Sachverhalt.
- Die Reihenfolge der Entscheidungen und damit der Handlungen kann auch vertauscht
  werden.

Beispiel 2

In einer Kiste liegen rote, gelbe und blaue Bausteine, aus denen ein Turm gebaut werden soll. Der Turm soll aus zwei Bausteinen mit unterschiedlichen Farben bestehen.
Wie viele verschiedene Türme dieser Art gibt es?

Anwenden der Orientierungsgrundlage zum Lösen der Aufgabe:

1. Ein Turm entsteht nach folgenden Entscheidungen:
   a. Welchen Stein wähle ich als ersten für unten aus?
   b. Welchen Stein wähle ich als zweiten für oben aus?
   Da die Anzahl der Objekte jeweils klein ist, zeichne ich ein Baumdiagramm. Das
   Baumdiagramm enthält die Handlungen, die ich nacheinander ausführen muss, um
   einen Turm zu bauen, sowie die jeweils möglichen Ergebnisse meiner Entscheidungen.

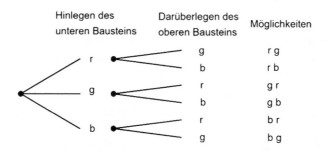

Abb. 4.2 Baumdiagramm zum Beispiel 2 (r = roter Stein; g = gelber Stein; b = blauer Stein)

2. Für die erste Entscheidung gibt es drei und für die zweite gibt es nur jeweils zwei
   Entscheidungsmöglichkeiten, da die Steine verschiedenfarbig sein sollen.
   Das Produkt der Möglichkeiten beträgt $2 \cdot 3 = 6$.
3. Es werden keine Möglichkeiten mehrfach gezählt.
4. Es gibt sechs mögliche Türme.

Hinweis: In diesem Beispiel hängen die Möglichkeiten bei der zweiten Entscheidung von der ersten Entscheidung ab. Es sind aber in jedem Fall zwei Möglichkeiten, sodass das Produkt gebildet werden kann.

Beispiel 3

Anton, Bea und Emmi wollen „Pferderennen", „Elfer raus" und „Mau-Mau" spielen. Sie überlegen, wie viele Möglichkeiten es gibt, die drei Spiele nacheinander zu spielen.

Anwenden der Orientierungsgrundlage zum Lösen der Aufgabe:

1. Eine mögliche Reihenfolge ergibt sich nach folgenden Entscheidungen:
   a. Welches Spiel spielen die Kinder als Erstes?
   b. Welches Spiel spielen die Kinder als Zweites?
   c. Welches Spiel spielen die Kinder als Drittes?

   Da die Anzahl der Objekte jeweils klein ist, zeichne ich ein Baumdiagramm. Das Baumdiagramm enthält die Handlungen, die ich nacheinander ausführen muss, um eine Reihenfolge der Spiele zu erhalten, sowie die jeweiligen Entscheidungsmöglichkeiten.

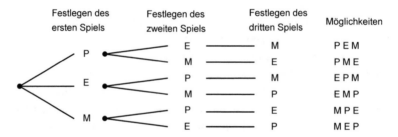

Abb. 4.3 Baumdiagramm zum Beispiel 3 (P = „Pferderennen"; E = „Elfer raus"; M = „Mau-Mau")

2. Für die erste Entscheidung gibt es drei, für die zweite gibt es stets zwei und für die dritte jeweils eine Möglichkeit, da sie kein Spiel mehrfach spielen wollen.
   Das Produkt der Möglichkeiten beträgt $2 \cdot 3 = 6$.
3. Es werden keine Möglichkeiten mehrfach gezählt, da die Reihenfolge der Spiele von Bedeutung ist. Zum Beispiel ist P–E–M ein anderer Verlauf des Spielnachmittags als M–E–P.
4. Es sind sechs verschiedene Reihenfolgen der drei Spiele möglich.

Hinweise:

- Es ist auch eine andere Entscheidungsfolge möglich, indem von den Spielen ausgegangen wird:
   a. Wann spielen wir „Pferderennen"? (drei Möglichkeiten: als Erstes, Zweites oder Drittes)
   b. Wann spielen wir „Elfer raus"? (jeweils zwei verbleibende Möglichkeiten)
   c. Wann spielen wir „Mau-Mau"? (eine verbleibende Möglichkeit)

- Weitere Aufgaben dieser Art sind das Stellen von verschiedenen Büchern nebeneinander in ein Regal oder das Aufstellen von vier Läufern für eine Staffel.
- Bei Aufgaben zur Anzahl der Möglichkeiten, dass sich Kinder nebeneinander aufstellen oder hinsetzen, entsteht das Problem, ob eine spiegelbildliche Vertauschung der Reihenfolge als unterschiedlich anzusehen ist, da nun rechts und links vertauscht sind.

Beispiel 4

Zwei rote, ein grüner und ein blauer Luftballon sollen nebeneinander auf einer Leine aufgehängt werden. Wie viele Möglichkeiten für die Reihenfolge gibt es?

Anwenden der Orientierungsgrundlage zum Lösen der Aufgabe:

1. Da die Anzahl der Objekte zu groß ist, zeichne ich kein Baumdiagramm.
   Eine mögliche Reihenfolge entsteht nach folgenden Entscheidungen:
   a. Welchen Ballon hänge ich als Ersten auf?
   b. Welche hänge ich daneben auf?
   c. Welchen hänge ist als Dritten auf?
   d. Welchen hänge ich als Letzten auf?
2. Für die erste Entscheidung gibt es vier Möglichkeiten, für die zweite drei, für die dritte zwei und für die vierte verbleibt nur eine Möglichkeit.
   Das Produkt der Möglichkeiten beträgt $4 \cdot 3 \cdot 2 \cdot 1 = 24$.
3. Die beiden roten Luftballons sind nicht unterscheidbar. Bei den 24 Möglichkeiten gibt es immer zwei, bei denen die roten an den gleichen Stellen sind. Da diese Möglichkeiten als gleich anzusehen sind, muss ich noch durch 2 dividieren: $24 : 2 = 12$.
4. Es sind zwölf verschiedene Reihenfolgen der vier Luftballons möglich.

Beispiel 5

Von den drei Schülern Arne, Bert und Clemens sollen zwei ausgewählt werden. Wie viele Möglichkeiten zur Auswahl gibt es?

Anwenden der Orientierungsgrundlage zum Lösen der Aufgabe:

1. Eine mögliche Auswahl entsteht nach folgenden Entscheidungen:
   a. Welchen Schüler wähle ich als Ersten aus?
   b. Welchen Schüler wähle ich als Zweiten aus?
   Da die Anzahl der Objekte jeweils klein ist, zeichne ich ein Baumdiagramm. Das Baumdiagramm enthält die Handlungen, die ich nacheinander ausführen muss, um zwei Schüler auszuwählen, sowie die jeweils möglichen Ergebnisse.
2. Für die erste Entscheidung gibt es drei und für die zweite jeweils zwei Möglichkeiten.
   Das Produkt der Möglichkeiten beträgt $2 \cdot 3 = 6$.
3. Die Reihenfolge der Auswahl spielt keine Rolle. Es ist egal, ob ich zuerst Arne und dann Bert oder zuerst Bert und dann Arne auswähle. Ich habe jede der Möglichkeiten zweimal gezählt. Deshalb muss ich das Produkt durch 2 teilen: $6 : 2 = 3$.
4. Es gibt nur die drei Möglichkeiten Arne und Bert, Arne und Clemens oder Bert und Clemens auszuwählen.

Abb. 4.4 Baumdiagramm
zum Beispiel 5 (A = Arne;
B = Bert; C = Clemens)

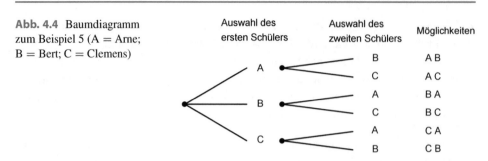

Hinweise Die Aufgabe lässt sich auch ohne Baumdiagramme und Zählregeln lösen, indem man sich überlegt, dass ein Schüler übrig bleiben muss, wofür es drei Möglichkeiten gibt.

Zu dieser Art von Aufgaben gehören auch die Fragen, wie oft zwei Gläser klingen oder wie oft sich zwei Personen die Hände geben, wenn sich mehrere Personen treffen. Diese sehr gekünstelten Aufgaben sind in der Grundschule eher ungeeignet.

Beispiel 6

Lilly möchte aus den drei Eissorten Erdbeere, Schokolade und Vanille zwei Kugeln auswählen. Es können auch zwei gleiche Kugeln sein. Die Kugeln kommen in einen Becher, sodass die Reihenfolge der Auswahl keine Rolle spielt.

Anwenden der Orientierungsgrundlage zum Lösen der Aufgabe:
1. Eine Möglichkeit entsteht nach folgenden Entscheidungen:
   a. Welche Kugel wählt Lilly als Erste aus?
   b. Welche Kugel wählt Lilly als Zweite aus?
   Da die Anzahl der Objekte klein ist, zeichne ich ein Baumdiagramm.

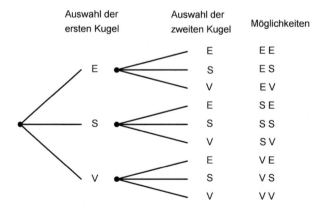

Abb. 4.5 Baumdiagramm zum Beispiel 6

2. Für beide Entscheidungen hat sie drei Möglichkeiten, unabhängig von der ersten Entscheidung.

   Das Produkt der Möglichkeiten beträgt $3 \cdot 3 = 9$.

3. Da die Reihenfolge der Auswahl der Kugeln keine Rolle spielt, sind einige als gleich anzusehen, z. B. Erdbeere–Schoko und Schoko–Erdbeere. Da nur einige Möglichkeiten mehrfach vorkommen, muss ich eine Fallunterscheidung vornehmen.

   - 1. Fall: Lilly wählt zwei gleiche Kugel aus. Dafür hat sie drei Möglichkeiten.
   - 2. Fall: Lilly wählt zwei unterschiedliche Kugeln aus. Dann hat sie für die erste Kugel drei und für die zweite Kugel nur noch zwei Möglichkeiten. Da die Reihenfolge der Auswahl keine Rolle spielt, habe ich jede der sechs Möglichkeiten zweimal gezählt und muss noch durch 2 dividieren.

   Im Baumdiagramm erkenne ich ebenfalls, dass sich von den neun ermittelten Möglichkeiten sechs nur in der Reihenfolge unterscheiden.

4. Insgesamt hat Lilly $3 + 3 = 6$ Möglichkeiten der Auswahl.

Hinweise:

- Neben der Aufgabenstellung, dass Eiskugeln in ein Behältnis gelegt werden sollen, wobei die Reihenfolge der Kugeln keine Rolle spielt und auch Kugeln mehrfach vorkommen können, gibt es noch folgende Arten von Aufgabenstellungen, die nur mit einer Fallunterscheidung gelöst werden können:
  - Es werden Blumensträuße zusammengestellt, in denen eine Blumensorte mehrfach auftritt.
  - Es wird Obst in eine Schale gelegt, wobei Früchte der gleichen Sorte mehrfach vorkommen.
  - Es wird eine Salatschale zubereitet, in die Salatsorten mehrfach hineingelegt werden.
  - Mit Früchten einer Sorte werden mehrere Tiere gefüttert (z. B. 2 Möhren für 4 Giraffen), wobei ein Tier auch mehrere Früchte bekommen kann.
  - Für ein Dominospiel werden jeweils zwei Bilder oder Zahlen für einen Spielstein zusammengestellt, wobei auch zwei gleiche Bilder oder Zahlen vorkommen.
- Für kleine Anzahlen können diese Aufgaben durch systematisches Probieren oder wie im Beispiel 6 mit einem Baumdiagramm gelöst werden. Es ist immer möglich, die Aufgaben durch eine Fallunterscheidung zu lösen, wobei dann einzelne Fälle mit der Produkt- und Quotientenregel bearbeitet werden können. Für große Anzahlen ist diese Lösungsmethode mit einem erheblichen Aufwand verbunden.
- Es gibt eine Formel, mit der die Anzahl der Möglichkeiten direkt berechnet werden kann. Dazu muss die Aufgabe in eines der oben genannten Modelle eingeordnet und es müssen die Parameter bestimmt werden. Im Modell der Aufgabentypen „Permutationen und Kombinationen mit und ohne Wiederholung" handelt es sich um den Typ „Kombinationen mit Wiederholung". Die entsprechende Formel ist in der Tabelle enthalten. Für das Beispiel 6 ist $n = 3$ und $k = 2$, sodass sich mit der Formel die Anzahl 6 ergibt. Das Herleiten dieser Formel ist im Unterschied zu den übrigen Formeln nicht

durch direkte Anwendung von Zählregeln, sondern nur mithilfe eines Tricks möglich (vgl. Kütting und Sauer 2011, 149 ff.; Henze 2013, S. 58).

- Insgesamt empfehlen wir, auf diese Art von Aufgabenstellungen in der Primarstufe möglichst zu verzichten.

Mit der vorgeschlagenen Orientierungsgrundlage können im Prinzip alle kombinatorischen Aufgaben gelöst werden, die für die Primarstufe relevant sind. Es ist nicht erforderlich, sich darüber Gedanken zu machen, um welchen Typ der Aufgabe es sich handelt, um welche Mengen es geht, ob Elemente von Mengen angeordnet oder aus Mengen ausgewählt werden, ob es sich um Ziehen mit und ohne Zurücklegen handelt oder welche Formel angewendet werden muss.

Als ein Problem des inhaltlichen Vorgehens sehen Hefendehl-Hebeker und Törner (1984) an, dass das Suchen nach einer Handlung oder Entscheidungsfolge auch zu fehlerhaften Ansätzen führen kann. Im Zuge der weiteren Bearbeitung der Aufgabe stellt sich bei unserem Vorgehen in diesen Fällen aber heraus, dass der Ansatz nicht zum Ziel führt und nach einer neuen Entscheidungsfolge gesucht werden muss. Die genannten Probleme werden am folgenden Beispiel näher erläutert.

Beispiel 7

Amanda möchte ihren zwei Hunden drei verschiedene Leckerlis geben. Wie viele Möglichkeiten hat sie dafür, wenn auch ein Hund alle drei bekommen kann?

Bei Beispielen dieser Art, bei denen es um Zuordnungen von Dingen zu Personen oder Tieren geht, gibt es zwei Möglichkeiten der Bildung von Entscheidungsfolgen: Man kann von den Dingen oder von den Personen bzw. Tieren ausgehen. Geht man in unserem Fall von den Tieren aus, ergibt sich die Entscheidungsfolge:

1. Welche Leckerlis bekommt der erste Hund?
2. Welche Leckerlis bekommt der zweite Hund?

Bei der ersten Entscheidung gibt es vier Möglichkeiten (keins, eins, zwei oder drei). Die Anzahl der Möglichkeiten bei der zweiten Entscheidung hängt aber davon ab, welche Leckerlis der erste Hund bekommen hat. Damit kann diese Entscheidungsfolge nicht zur Anwendung von Produktbildungen verwendet werden.

Geht man von den Dingen aus, ergibt sich folgende Entscheidungsfolge:

1. Welcher Hund bekommt das erste Leckerli?
2. Welcher Hund bekommt das zweite Leckerli?
3. Welcher Hund kommt das dritte Leckerli?

Tab. 4.3 Möglichkeiten der Verteilung von drei Leckerlis A, B, C an zwei Hunde

Hund 1	A B C	A B	A C	B C	A	B	C	–
Hund 2	–	C	B	A	B C	A C	A B	A B C

Bei jeder dieser Entscheidungen hat Amanda zwei Möglichkeiten, sodass das Produkt der Möglichkeiten gebildet werden kann. Da die Leckerlis verschieden sind, treten auch keine Mehrfachzählungen auf und es ergibt sich, dass es $2 \cdot 2 \cdot 2 = 8$ Möglichkeiten sind. Eine tabellarische Darstellung aller Möglichkeiten enthält die Tab. 4.3.

Das Problem des möglichen Aufstellens einer ungeeigneten Entscheidungsfolge halten wir aber für weit weniger gewichtig als die Probleme, die mit anderen Herangehensweisen verbunden sind.

Wenn die Aufgabe z. B. mit dem Modell der Auswahl von Objekten aus einer Menge beschrieben werden soll, müsste zunächst die entsprechende Menge bestimmt werden. Nach der Aufgabenstellung wäre es naheliegend, als Menge die drei Leckerlis zu verwenden und daraus zweimal zu ziehen. Dies erweist sich aber als ungeeignet. Als Menge muss in diesem Fall die Menge der beiden Hunde verwendet werden, aus der dreimal unter Beachtung der Reihenfolge gezogen wird. Als Aufgabentyp würde es sich um eine Variation mit Wiederholung handeln und der Term zur Berechnung der Anzahl wäre n^k, wobei $n = 2$ und $k = 3$ ist und sich somit $2^3 = 8$ ergibt.

Die konkreten Anzahlen beeinflussen bei kombinatorischen Aufgaben in der Regel nicht den prinzipiellen Lösungsweg. Wenn es etwa im Beispiel 7 um die Verteilung von drei Leckerlis an fünf Hunde gehen würde, gäbe es drei Entscheidungen mit jeweils fünf Möglichkeiten und die Gesamtzahl der Möglichkeiten wäre diesem Fall 5^3. Wenn fünf Leckerlis an zwei Hunde verteilt werden sollen, sind fünf Entscheidungen mit jeweils zwei Möglichkeiten zu treffen, und die Gesamtzahl der Möglichkeiten wäre in diesem Fall 2^5.

Die gegebenen Anzahlen können also bei einem kombinatorischen Sachverhalt beliebig erhöht werden, ohne dass sich das Lösungsschema grundlegend ändert. Umgekehrt ist es möglich, zum Finden von Lösungsideen die gegebenen Anzahlen deutlich zu reduzieren. Dadurch kann der Sachverhalt besser erfasst und die Aufgabe zur Kontrolle auch durch systematisches Probieren oder mit einem Baumdiagramm gelöst werden.

Das Bearbeiten einer Aufgabenstellung mit stark verringerten Anzahlen ist insbesondere dann von Bedeutung, wenn es sich um eine anspruchsvolle Aufgabe handelt. Das Anforderungsniveau der Aufgabenstellung im Beispiel 7 erhöht sich, wenn es um drei Leckerlis geht, die nicht unterscheidbar sind oder nicht unterschieden werden sollen. Die Aufgabe ist dann nicht mehr durch das Berechnen von Produkten und Quotienten lösbar, sondern es muss eine Fallunterscheidung vorgenommen werden. Aus der Tabelle ist erkennbar, dass sich dann die acht Möglichkeiten auf vier reduzieren.

Mit den sieben behandelten Beispielen werden alle typischen kombinatorischen Aufgaben, die in der Schule vorkommen, erfasst. Die Beispiele können den Aufgabentypen Permutationen, Variationen und Kombinationen mit und ohne Wiederholung zugeordnet

werden.[1] Die Zuordnung zu den Aufgabentypen ist für das Lösen mit der Orientierungsgrundlage nicht erforderlich.

Nach den von uns genannten Kriterien für die Eignung von Aufgaben zur Anwendung
von Zählregeln in der Primarstufe sind Aufgaben, die den Beispielen 1, 2, 3, 6 und 7
entsprechen, geeignet, da sie nur durch Multiplikation gelöst werden können.

4.4   Konzept der Entwicklung des kombinatorischen Könnens in der Primarstufe

Wir schlagen folgende Phasen der Entwicklung des kombinatorischen Könnens in der
Primarstufe vor:

1. Phase: Lösen kombinatorischer Aufgaben durch Probieren und systematisches Probieren (vgl. Abschn. 4.5)
Bis zur Einführung der Multiplikation im Laufe der 2. Klasse ist es nicht möglich, kombinatorische Aufgaben über das Kreuzprodukt oder mithilfe der Produktregel zu lösen.
Es wäre zwar möglich, bereits das Arbeiten mit Baumdiagrammen einzuführen, aber zum
einen ist das Aufstellen von Baumdiagrammen eine anspruchsvolle Tätigkeit und zum anderen ist es günstig, Baumdiagramme eng mit dem Kreuzprodukt bzw. der Produktregel
zu verbinden.

Das Lösen der Aufgaben in der ersten Phase sollte durch folgende Merkmale gekennzeichnet sein:

- Es wird nicht gefragt, wie viele, sondern welche Möglichkeiten es gibt. Es geht nicht
  darum, dass alle Schüler alle Möglichkeiten finden, sondern dass jeder einige angeben kann. Das Suchen nach allen Möglichkeiten kann als Form der Differenzierung
  eingesetzt werden.
- Jede der gefundenen Möglichkeiten sollte durch jedes Kind gegenständlich dargestellt
  werden, wobei alle Möglichkeiten gleichzeitig sichtbar sein sollten. Dazu ist es erforderlich, dass jedes Kind eine ausreichende Anzahl von Materialien zum Darstellen der
  Möglichkeiten erhält bzw. sich selbst herstellen kann.
- Neben der gegenständlichen Darstellung sollten die Möglichkeiten auch zeichnerisch
  oder durch Symbole (Buchstaben oder Wörter) dargestellt werden.
- Die Aufgaben werden nur durch Probieren bzw. systematisches Probieren gelöst.

---

[1] Im Beispiel 2 handelt es sich um eine Variation ohne Wiederholung, im Beispiel 3 um eine Permutation ohne Wiederholung, im Beispiel 4 um eine Permutation mit Wiederholung, im Beispiel 5 um
eine Kombination ohne Wiederholung, im Beispiel 6 um eine Kombination mit Wiederholung und
im Beispiel 7 um eine Variation mit Wiederholung. Das Beispiel 1 lässt sich in dieses System nicht
einordnen, es geht um eine Anwendung des Kreuzproduktes zweier Mengen.

- Es werden nur Aufgaben verwendet, bei denen die Anzahl der Möglichkeiten maximal zwölf beträgt. Dies sollte eine obere Grenze sein, die nur bei anspruchsvollen Aufgaben erreicht wird.
- Als Aufgabentypen sollten vor allem solche verwendet werden, die später mithilfe des Kreuzproduktes oder der Produktregel gelöst werden können. Es sollten aber auch einige Aufgaben anderer Typen dabei sein.

2. Phase: Lösen kombinatorischer Aufgaben mit weiteren Methoden (vgl. Abschn. 4.6)

Die zweite Phase beginnt nach Einführung der Multiplikation. Wir schlagen folgende Schritte bei der Entwicklung des Könnens im Lösen kombinatorischer Aufgaben vor.

1. Es sollten die Kinder zunächst im Rahmen von Anwendungsaufgaben zur Festigung der Multiplikation Aufgaben zum kombinatorischen Aspekt der Multiplikation, also mit dem Kreuzprodukt, lösen.
2. Anschließend kann anhand bisher gelöster Aufgaben als neue Möglichkeit zum Finden und Darstellen der Möglichkeiten das Baumdiagramm eingeführt werden.
3. Im nächsten Schritt wird die Produktregel der Kombinatorik erarbeitet. Dazu kann an das Kreuzprodukt und das Arbeiten mit Baumdiagrammen angeknüpft werden.

Für die Auswahl und das Lösen der Aufgaben empfehlen wir:

- Die Darstellung aller Möglichkeiten sollte nur erfolgen, wenn die Gesamtzahl nicht größer als 16 ist. Neben der Frage nach den Möglichkeiten sollte zunehmend nach der Anzahl der Möglichkeiten gefragt werden.
- Die Darstellung der Möglichkeiten sollte vor allem ikonisch oder symbolisch erfolgen.
- Es sollten nur Aufgaben verwendet werden, bei denen die Reihenfolge von ausgewählten Objekten von Bedeutung ist.

4.5 Lösen kombinatorischer Aufgaben durch Probieren und systematisches Probieren

4.5.1 Fachliche und fachdidaktische Grundlagen

Für das Finden von Möglichkeiten durch Probieren ist es bei den ersten Aufgaben günstig, wenn alle Möglichkeiten mit den realen Objekten oder Ersatzobjekten wie Zetteln, Stäben oder Steckbausteinen erzeugt werden können. Dabei tritt das Problem auf, dass mit den in der Aufgabenstellung gegebenen Objekten oft nur eine Möglichkeit hergestellt werden kann. Wenn z. B. Möglichkeiten ermittelt werden sollen, drei unterschiedliche Bücher nebeneinander in ein Regal zu stellen, so kann man mit den drei vorhandenen Büchern (oder entsprechenden Ersatzobjekten) nur eine der Möglichkeiten realisieren. Um alle sechs Möglichkeiten gleichzeitig gegenständlich darzustellen, müssten von jedem der drei Bücher jeweils sechs Exemplare vorhanden sein. Dazu könnte man zwar geeignete

Ersatzobjekte wie farbige Papierstreifen verwenden, aber bei einigen Kindern könnte der nun offensichtliche Unterschied zum realen Sachverhalt zu Problemen und Missverständnissen führen. Auf dieses Problem bei der Lösung kombinatorischer Aufgaben weisen mehrere Autoren hin (Padberg und Büchter 2015, S. 214; Padberg und Benz 2011, S. 132; Krauthausen und Scherer 2007, S. 27).

Zu den weiteren Aufgabenstellungen, bei denen aus Sicht des Bezugs zur Realität *nicht* alle Möglichkeiten mit realen Objekten oder Ersatzobjekten erzeugt werden können, gehören:

- das Bekleiden von Personen, da in der Regel von jedem Kleidungsstück nur ein Exemplar vorhanden ist;
- das Herstellen von Fantasietieren aus Einzelteilen, die durch Zerlegen von Tieren entstanden sind, da nur ein Tier jeder Sorte zerlegt wurde;
- das Zusammenstellen von Lastzügen aus einer Zugmaschine und einem Anhänger, da in der Regel von jeder Zugmaschine und jedem Anhänger nur ein Exemplar vorhanden ist.

Weitere Aufgaben sind das Zusammenstellen von Paaren aus einem Jungen und einem Mädchen aus einer Gruppe von Schülern oder das Ermitteln der Anzahl aller Wege zwischen drei Orten. Diese Aufgaben sind durchaus für den Unterricht geeignet. Es können alle Möglichkeiten grafisch oder symbolisch dargestellt werden. Lediglich ein Arbeiten auf der enaktiven Ebene ist mit Blick auf den realen Sachverhalt nicht sinnvoll.

Es gibt aber auch Sachverhalte, bei denen in der Realität eine genügend große Anzahl von gleichen Objekten vorhanden ist, sodass mit entsprechend vielen Ersatzobjekten für dasselbe reale Objekt gearbeitet werden kann. Dazu gehören folgende Aufgabentypen:

- Aufgaben zum Zusammensetzen von Dingen aus verschiedenen Einzelteilen, z. B.:
  1. Es gibt dreiecks- und würfelförmige Bausteine in jeweils drei verschiedenen Farben, aus denen ein Turm aus zwei verschiedenen Bausteinen hergestellt werden soll.
  2. Aus drei Stoffstreifen in den Farben Blau, Weiß und Rot soll eine Fahne zusammengesetzt werden.

Man kann in beiden Fällen voraussetzen, dass es in der Praxis eine größere Anzahl von Bausteinen bzw. Stoffstreifen der gleichen Art gibt.

- Zusammenstellen von Menüs in einer Gaststätte
  Man kann davon ausgehen, dass in der Küche der Gaststätte eine ausreichende Anzahl von Speisen aller Sorten vorhanden ist, um alle Kombinationsmöglichkeiten präsentieren zu können.
- Auswählen von Eiskugeln verschiedener Sorten
  Das Eis wird in der Regel in Behältern gelagert, aus denen eine größere Anzahl von Kugeln entnommen werden kann.

- Herstellen von Perlenketten
  Es gibt eine größere Anzahl von Perlen jeder Sorte zum Herstellen der Ketten.
- Färben von Objekten, z. B. Ostereiern oder Figuren
  Es stehen in der Regel genügend Objekte wie etwa Eier zum Färben zur Verfügung.

Im Unterricht kann in einigen dieser Fälle mit den realen Objekten gearbeitet werden, etwa mit Bausteinen, Stoffstreifen oder Perlen. Es ist in diesen wie in den anderen Fällen aber auch möglich, Ersatzobjekte zu verwenden. Dazu sind z. B. Papierzettel geeignet, die man in größerer Anzahl leicht aus einem Block mit quadratischen Zetteln herstellen kann bzw. von den Kindern selbst herstellen lässt. Für jedes Kind sollte eine ausreichende Anzahl von entsprechenden Objekten vorhanden sein, da die Ausbildung von Lernhandlungen ein individueller Prozess ist. Wenn die Kinder die Papierstückchen selbst herstellen, merken sie, wenn ihnen noch welche fehlen.

Ein anschließendes Arbeiten auf der ikonischen Ebene ist mit weniger Aufwand möglich. Die Herstellung der Möglichkeiten erfolgt jetzt durch Zeichnen und Färben der entsprechenden Dinge. In einem weiteren Schritt können dann auch Buchstaben für die einzelnen Objekte bzw. Farben verwendet werden. Das Bereitstellen von Arbeitsblättern mit vorgezeichneten Figuren erleichtert das Lösen der Aufgaben. Das Arbeiten auf der enaktiven Ebene und auch auf der ikonischen Ebene ohne weitere Vorgaben ist aber eine notwendige Bedingung für ein erfolgreiches Verwenden von vorgefertigten Arbeitsblättern.

Zum Einstieg in das Lösen kombinatorischer Aufgaben sollten die Kinder die Aufgabe erhalten, durch Probieren mit den bereitgestellten Objekten Möglichkeiten zu finden. Ein systematisches Vorgehen oder das Finden aller Möglichkeiten wird dabei noch nicht verlangt. Wenn die Anzahl der Möglichkeiten sechs oder mehr beträgt, zeigt sich im Unterricht schnell, dass durch unsystematisches Probieren nicht alle Möglichkeiten gefunden werden oder auch solche, bei denen Lösungsvorschläge doppelt vorkommen. Dies kann dann zum Anlass genommen werden, systematischer vorzugehen. In einigen Fällen wird es Schüler in der Klasse geben, die von selbst auf Ideen zu solchen Vorgehensweisen kommen.

In empirischen Untersuchungen mit Kindern 3. Klassen, die noch keine Erfahrungen mit kombinatorischen Aufgaben im Unterricht hatten (Hoffmann 2003; Höveler 2014), entwickelten die Kinder zahlreiche unterschiedliche Ideen zum Finden von Möglichkeiten. Es zeigten sich aber auch erhebliche Probleme beim Finden aller Möglichkeiten sowie von Strategien zum systematischen Vorgehen. Nur wenige Schülerinnen und Schüler kamen von allein auf Möglichkeiten der Produktbildung. Bei denen ihnen vorgelegten Testaufgaben waren allerdings auch zahlreiche Aufgaben dabei, die eine Division durch die Anzahl gleicher Möglichkeiten oder Fallunterscheidungen erforderten. Aufgrund dieser Forschungsergebnisse sollte nach einigen Aufgabenstellungen zum Probieren möglichst bald ein Übergang zum systematischen Probieren erfolgen.

Eine Möglichkeit zum Finden eines systematischen Vorgehens sind Aufgaben zur Zahlbildung. Wenn die Aufgabe darin besteht, aus den Ziffern 1, 2 und 3 alle möglichen

1 Bastel den Streifenschieber von der Umschlagseite.

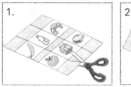

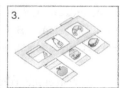

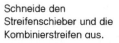

1. Schneide den Streifenschieber und die Kombinierstreifen aus.

2. Schneide entlang der Linie die Schlitze in den Streifenschieber. Lass dir helfen.

3. Ziehe die Kombinierstreifen so durch die Schlitze im Schieber, dass die Bilder zu erkennen sind.

Abb. 4.6 Streifenschieber (aus *Denken und Rechnen,* Arbeitsheft *Daten, Häufigkeit und Wahrscheinlichkeit Klasse 1/2*, S. 44; mit freundlicher Genehmigung von © Westermann Gruppe. All Rights Reserved)

dreistelligen Zahlen zu bilden, könnten Kinder selbstständig auf die Idee kommen, zuerst die Hunderterstelle festzuhalten und dann die Zehner- und Einerstelle systematisch zu variieren. Auf diese Weise würden sich folgende Möglichkeiten ergeben: 123, 132, 213, 231, 312, 321.

Diese Strategie des Festhaltens von allen Objekten bis auf eines, dass dann alle Fälle durchläuft, wird als „Tachometer-Zählprinzip" bezeichnet (Hoffmann 2003, S. 44). Die Bezeichnung geht offensichtlich auf einen Übersetzungsfehler zurück. Die Strategie wurde von English (1991) „odometer strategy" (S. 460) genannt. Im Deutschen bedeutet „odometer" aber „Kilometerzähler" und nicht „Tachometer". Ein Tachometer ist ein Geschwindigkeitsmesser, der die Geschwindigkeit eines Fahrzeugs analog oder digital anzeigt. Auf einem Tachometer ist zwar oft ein Kilometerzähler eingebaut, der aber dann nicht als Tachometer bezeichnet wird. Das Prinzip müsste also in korrekter Übersetzung als „Kilometerzähler-Zählprinzip" bezeichnet werden.

Eine weitere Möglichkeit zum Finden systematischer Vorgehensweisen ist die Verwendung von sogenannten **Streifenschiebern** (Warnke 2015). Jeder Streifen enthält die bildliche Darstellung der Elemente einer Menge und wird als **Kombinierstreifen** bezeichnet. Die Möglichkeiten der Kombination aller Elemente lassen sich systematisch gewinnen, wenn alle Streifen bis auf einen festgehalten werden und nur dieser variiert wird. Rechnerisch können diese Aufgaben nach Einführung der Multiplikation durch Anwendung des Kreuzproduktes gelöst werden. Die Schieber und die Streifen müssen durch die Kinder dabei selbst hergestellt werden, wozu es Vorlagen in geeigneten Arbeitsheften gibt (vgl. Abb. 4.6).

Mit den Streifenschiebern können Aufgaben zum Entnehmen von Objekten aus mehreren Mengen modelliert werden. In der Aufgabe von Abb. 4.6 geht es um die Möglichkeiten zum Befüllen einer Brotdose. Es können damit aber auch alle Aufgaben gelöst werden, die mit der Produktregel bearbeitet werden können. Wenn es z. B. um die möglichen Reihenfolgen von drei Büchern im Regal geht, werden drei Streifen mit je drei Büchern benötigt.

Wenn ein Buch mit einem Streifen eingestellt ist, kann es dann auf den weiteren Streifen nicht mehr verwendet werden.

Eine weitere Idee ist die Verwendung einer „Kombiniermaschine" (Schoy-Lutz 2011). Die Anordnung besteht aus bis zu drei Kreisscheiben, auf denen bis zu fünf Objekte kreisförmig angebracht sind. Durch Drehen der Scheiben lassen sich analog zu einem Streifenschieber Kombinationen aus den Elementen der Mengen erzeugen.

4.5.2   Unterrichtsvorschläge

Bauen von Häusern aus zwei Teilen
Bei diesem Beispiel können die Möglichkeiten mit einfachen Mitteln enaktiv hergestellt und alle realitätsnah (es gibt genügend Bausteine von jeder Sorte) nebeneinander präsentiert werden. Damit jedes Kind selbst probieren kann, empfehlen wir, quadratische Notizblöcke oder quadratisches Faltpapier in drei unterschiedlichen Farben bereitzustellen (vgl. Abb. 4.8). Wichtig ist, dass es ausreichend Papier von der jeweiligen Farbe gibt. Es eignet sich auch weißes Papier, wenn man den Schülern sagt, dass sie dieses farblich markieren sollen. Erfahrungen zeigen, dass es am besten ist, wenn man genau vorgibt, das Papier mit einem Kreuz oder einem Rechteck in den jeweiligen Farben zu markieren (vgl. Abb. 4.7). Außerdem sollten die drei Farben genau vorgegeben werden, da auch dies bei Schülern am Anfang zu Schwierigkeiten führen kann.

Abb. 4.7 Lösung einer Schülerin der 2. Klasse

Abb. 4.8 Lösung eines Schülers einer 2. Klasse

Die Schülerinnen und Schüler stellen nun zunächst aus dem Papier durch Falten und
Schneiden von jeder Farbe zehn Dreiecke her. Sie erhalten dann folgende Aufgabe: „Baut
Häuser, die aus einem Quadrat und einem Dreieck bestehen.“

Im Unterricht einer 2. Klasse zeigte sich, dass Schüler am Anfang völlig unstrukturiert
vorgingen und einfach planlos ausprobierten. Ein konkretes System war bei den allerwe-
nigsten Schülern zu beobachten und ist im Primarbereich ohne weitere Vorbereitung auch
nicht zu erwarten. Es gab auch einige Kinder, die ein Haus mit gleichfarbigen Bauteilen
herstellten. Andere haben nur auf die Farben geachtet und z. B. ein Haus aus einem roten Dreieck und einem gelben Quadrat als dasselbe angesehen wie ein Haus aus einem
gelben Dreieck und einem roten Quadrat. Nur wenige Schüler hatten zu Beginn alle neun
Möglichkeiten gefunden, so wie die Schülerin, deren Lösung Abb. 4.7 zeigt. Sie ist systematisch vorgegangen.

Bei der anschließenden Verwendung von farbigem Papier fanden mehr Kinder durch
Probieren alle neun Möglichkeiten. Wenige gingen dabei systematisch vor, so wie der
Schüler, dessen Lösung die Abb. 4.8 zeigt.

Abb. 4.9 Lösung der Aufgabe mit einem Streifenschieber

Bei allen Erprobungen der Aufgabe durch Probieren ohne vorherige Instruktionen zu einem systematischen Vorgehen fand die Mehrzahl der Schülerinnen und Schüler nicht alle Lösungen oder es kamen einige doppelt vor. Dadurch konnten sie aber gut motiviert werden, nach Möglichkeiten für ein systematisches Vorgehen zu suchen. Die Aufgabe mit ihren neun Möglichkeiten erwies sich für den Einstieg in das Probieren als angemessen, sie ist weder zu leicht noch zu schwer.

Um vom planlosen Probieren zum strukturierten Probieren überzugehen, bietet es sich an, die Kinder aufzufordern, die gefundenen Möglichkeiten zu sortieren. Die Kinder sollten allein auf die Idee kommen, dass man entweder alle Häuser mit gleichfarbigen Quadraten oder gleichfarbigen Dreiecken zusammenstellt.

Eine weitere Möglichkeit zum Erarbeiten eines systematischen Vorgehens ist die Verwendung eines Streifenschiebers. Er kann anhand dieser Aufgabe eingeführt werden. Jedes Kind sollte mithilfe einer Bastelanleitung (s. Abb. 4.6) selbst einen Streifenschieber und zwei Kombinierstreifen herstellen. Ein Streifen enthält drei farbige Quadrate und der zweite Streifen drei farbige Dreiecke. Dann sollte erklärt werden, wie damit alle Möglichkeiten erzeugt werden können. Bei der Erprobung im Unterricht fanden nach der Phase des Probierens alle Schülerinnen und Schüler alle Möglichkeiten und stellten sie systematisch dar. Die Möglichkeiten wurden von den Kindern zeichnerisch dargestellt, da im Streifenschieber jeweils nur eine Möglichkeit sichtbar ist (vgl. Abb. 4.9).

Lokomotiven und Waggons zusammenstellen

Eines der ersten Anwendungsbeispiele kann das Zusammenstellen aus farbigen Lokomotiven und Waggons sein. Diese klassische, in vielen Lehrbüchern zu findende Aufgabe (bzw. analoge Varianten) eignet sich vor allem für den Anfangsunterricht zum Finden

Abb. 4.10 Lösung eines Erst-
klässlers

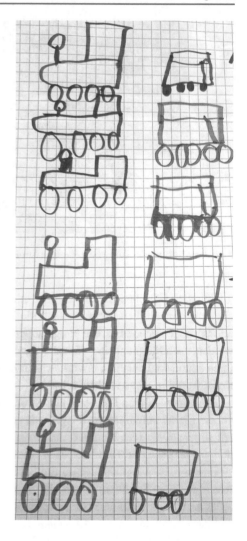

aller Möglichkeiten und ein langsames Hinführen zum systematischen Probieren. Bei diesem Beispiel ist eine enaktive Herstellung der Möglichkeiten nicht sinnvoll, da es in der
Realität nur eine Lokomotive und einen Waggon von jeder Farbe gibt. Die Möglichkeiten
sollten deshalb zeichnerisch hergestellt werden. Dies erfordert allerdings einen größeren
Aufwand, da die Kinder die Lokomotiven und Waggons möglichst realistisch zeichnen
wollen, wie eine Erprobung in einer 1. Klasse ergab. Aufgrund der überschaubaren Anzahl von Möglichkeiten fanden mehrere Kinder alle Lösungen und gingen dabei teilweise
sogar systematisch vor (vgl. Abb. 4.10).

Abb. 4.11 Beispiele für dreisilbige Fantasietiere

Erfinden von Fantasietieren

Zunächst zerschneiden die Kinder Bilder von Tieren in zwei oder drei vorgegebene Teile, die mit den Silben des Tieres beschriftet werden. Wichtig ist es dabei Tiere auszuwählen, deren Namen aus gleich vielen Silben bestehen. Mithilfe der Bilder können die Kinder dann Fantasietiere zusammenstellen, die aus unterschiedlichen Teilen der zuvor ausgeschnittenen Tiere bestehen. Hierbei muss darauf geachtet werden, dass festgelegte Reihenfolgen eingehalten werden (z. B. Kopf–Rumpf–Beine), um ein vollständiges Tier zu bilden.

Im Unterricht fiel es den Kindern nicht schwer, mit den zweisilbigen Tieren Ente, Delfin und Löwe alle sechs Kombinationsmöglichkeiten zu finden.

Anschließend sollten Bilder der dreisilbigen Tieren Ameise, Krokodil und Papagei gelegt werden. Da es insgesamt 27 Möglichkeiten gibt, fiel es den Kindern schwer, den Überblick zu behalten, welche Teile bereits zusammengesetzt wurden (Beispiele in Abb. 4.11). Hierdurch entstanden viele Fehler durch Wiederholungen und Auslassungen.

Die Aufgabe wurde genutzt, um zur Arbeit mit Symbolen überzugehen. Dazu hat es sich als günstig erwiesen, mit den Silben zu arbeiten und daraus alle möglichen Tiernamen zu bilden.

Es wurde deutlich, dass die Kinder dann zielgerichteter arbeiteten und im Abschluss erkannten, welche Fantasietiere möglich sind (Abb. 4.12). Es ist eine Kombination beider dargestellter Wege zu empfehlen, um die verschiedenen Kombinationsmöglichkeiten auf vielfältigem Weg erlebbar zu machen. Eine Unterteilung in Kopf und Rumpf oder Kopf, Rumpf und Beine ermöglicht eine Binnendifferenzierung im Unterricht.

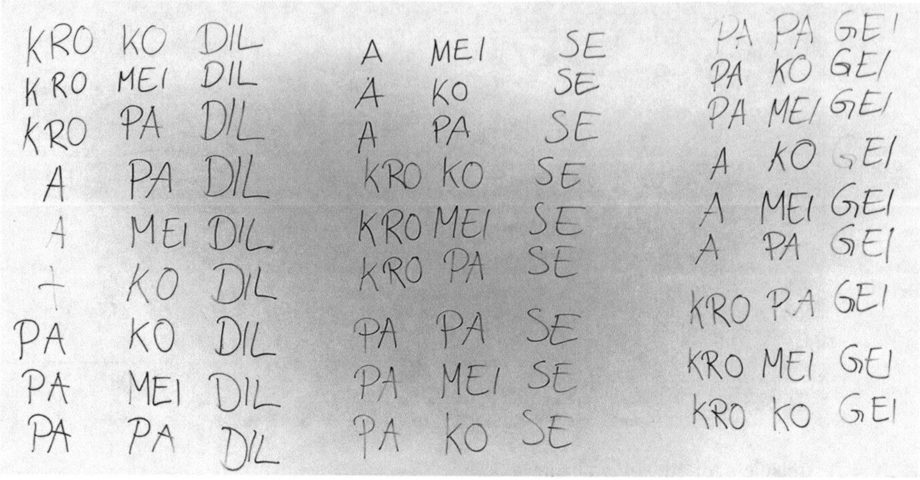

KRO KO DIL   A   MEI   SE   PA PA GEI
KRO MEI DIL   A   KO   SE   PA KO GEI
KRO PA DIL   A   PA   SE   PA MEI GEI
A   PA DIL   KRO KO   SE   A KO GEI
A   MEI DIL   KRO MEI   SE   A MEI GEI
A   KO DIL   KRO PA   SE   A PA GEI
PA KO DIL   PA PA   SE   KRO PA GEI
PA MEI DIL   PA MEI   SE   KRO MEI GEI
PA PA DIL   PA KO   SE   KRO KO GEI

Abb. 4.12 Systematisches Vorgehen zum Finden der Fantasietiere

4.6   Lösen kombinatorischer Aufgaben mit weiteren Methoden

4.6.1   Verwenden des kombinatorischen Aspektes der Multiplikation

Fachliche und fachdidaktische Grundlagen

Das Verwenden des kombinatorischen Aspektes der Multiplikation entspricht mathematisch der Anwendung des Kreuzproduktes von Mengen. Es führt direkt zur Lösung von Aufgaben, bei denen aus mehreren Mengen je ein Objekt entnommen werden soll. Die Grundidee zur Erarbeitung dieses Aspektes der Multiplikation kann für zwei Mengen so formuliert werden: „Jedes Element der einen Menge wird mit jedem Element der anderen Menge kombiniert." Diese Handlung lässt sich auf der enaktiven Ebene in folgender Weise ausführen:

- Auf einer Unterlage werden die Elemente der beiden Mengen, symbolisiert durch Figuren oder andere Objekte, fest einander gegenüber aufgestellt.
- Mit Gummiringen wird jede Figur mit jeder anderen verbunden. Für jede Verbindung sollte nach Möglichkeit eine andere Farbe verwendet werden.

Für größere Anzahlen der Elemente in den beiden Mengen ist diese Form der enaktiven Darstellung allerdings sehr übersichtlich. Bei drei und mehr Mengen ist eine Darstellung nicht mehr möglich. Es ist bei der Erarbeitung des Aspektes ausreichend, nur den Fall von zwei 2-elementigen Mengen (wie in der folgenden Aufgabe) zu verwenden und daraus neben der enaktiven auch eine ikonische und tabellarische Darstellung zu entwickeln.

Beispiel zur Anwendung des Kreuzproduktes

Mit den Kindern Arne, Ben, Clara und Dana soll für einen Wettbewerb ein Paar aus einem Jungen und einem Mädchen gebildet werden. Welche Möglichkeiten gibt es?

Die beiden Jungen und die beiden Mädchen lassen sich durch blaue bzw. rote Pinnwandnadeln, die auf eine leere Streichholzschachtel gesteckt werden, veranschaulichen (vgl. Abb. 4.13). Mit vier farbigen Gummifäden können dann alle Kombinationsmöglichkeiten enaktiv gebildet werden.

Auf der ikonischen Ebene kann eine schematische Darstellung analog zur gegenständlichen Veranschaulichung verwendet werden (vgl. Abb. 4.14).

Eine Darstellungsform, die auch bei größeren Anzahlen verwendet werden kann, ist die tabellarische Darstellung in einer Kreuztabelle. Dabei werden die Elemente der beiden Mengen als Spalten- und Zeileneingänge verwendet und alle Kombinationsmöglichkeiten in die Tabelle eingetragen (s. Tab. 4.4).

Abb. 4.13 Gegenständliche Darstellung eines Kreuzproduktes

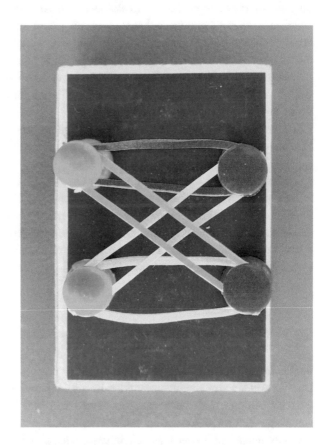

Abb. 4.14 Zeichnerische Darstellung eines Kreuzproduktes

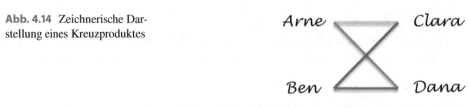

Tab. 4.4 Tabelle zum Kreuzprodukt

	Clara (C)	Dana (D)
Arne (A)	AC	AD
Ben (B)	BC	BD

Bei drei und mehr Mengen ist eine gegenständliche, zeichnerische oder tabellarische Darstellung nicht mehr möglich, da dann jeweils eine räumliche Darstellung erforderlich wird.

Der kombinatorische Aspekt der Multiplikation sollte für zwei Mengen nach Einführung dieser Rechenoperationen im Rahmen von Anwendungen behandelt werden. Zur Unterstützung des Grundgedankens, jedes mit jedem zu kombinieren, kann wieder der Streifenschieber eingesetzt werden. Er erlaubt eine Veranschaulichung der Bildung aller möglichen Kombinationen auch bei mehr als zwei Mengen.

Wenn im weiteren Unterricht noch die Produktregel eingeführt wird, kann auf den Spezialfall des Kreuzproduktes verzichtet werden, da sich diese Aufgaben auch in einfacher Weise mit der Produktregel lösen lassen.

Zu den Aufgaben, die direkt mit der Anwendung des Kreuzproduktes gelöst werden können, gehören:

- Es ist die Anzahl der Wege von einem Ort A über einen Ort B zu einem Ort C zu bestimmen, wenn die Anzahl der Wege zwischen jeweils zwei Orten bekannt ist.
- Bei mehreren gegebenen Vorspeisen, Hauptgerichten und Nachspeisen soll die Anzahl der daraus zusammenstellbaren Menüs ermittelt werden.
- das Zusammenstellen von Lastzügen aus einer Zugmaschine und einem Anhänger
- das Bekleiden von Personen oder Figuren bei gegebenen Anzahlen von unterschiedlichen Kleidungsstücken

4.6.2 Verwenden von Baumdiagrammen

Fachliche und fachdidaktische Grundlagen

Das Verwenden von Baumdiagrammen ist ein Hilfsmittel sowohl zum Lösen kombinatorischer Aufgaben als auch zum Berechnen von Wahrscheinlichkeiten bei mehrstufigen Vorgängen wie dem Werfen zweier Würfel oder dem Entnehmen von zwei Bonbons aus einer Schachtel. In der Wahrscheinlichkeitsrechnung werden die Pfade des Baumdiagramms mit den entsprechenden Wahrscheinlichkeiten beschriftet, und die Wahrschein-

Tab. 4.5 Beispiele für Baumdiagramme

Formulierung aus der Aufgabenstellung	Folge von Handlungen/Entscheidungen
Kinder *überlegen* sich eine Reihenfolge von drei Spielen	Sie müssen sich *überlegen/entscheiden*, was sie als erstes, was als zweites und als letztes spielen
Es sollen zwei Kinder *ausgewählt* werden	Es wird erst das erste Kind und dann das zweite Kind ausgewählt
Eva will eine Hose und ein T-Shirt *anziehen*	Sie *zieht* sich erst eine Hose und dann ein T-Shirt an. (Die Reihenfolge kann auch vertauscht werden.) Sie *entscheidet* sich zuerst für eine Hose und dann für ein T-Shirt

lichkeiten für zusammengesetzte Ergebnisse werden mit sogenannten Pfadregeln berechnet. Daher werden Baumdiagramme in der Wahrscheinlichkeitsrechnung teilweise auch als Pfaddiagramme bezeichnet. Während das Aufstellen von Baumdiagrammen bei kombinatorischen Aufgaben nur für kleine Anzahlen sinnvoll ist, können Baumdiagramme zum Berechnen von Wahrscheinlichkeiten in der Regel bei allen Aufgaben in der Schule eingesetzt werden. Deshalb ist das Arbeiten mit Baumdiagrammen in der Wahrscheinlichkeitsrechnung ein universelles Hilfsmittel zum Lösen von Aufgaben. Aufgaben zum Berechnen von Wahrscheinlichkeiten bei mehrstufigen Vorgängen sind Inhalt der oberen Klassen der Sekundarstufe I und kennzeichnen das zu erreichende Abschlussniveau für die mittlere Reife.

Zum Lösen kombinatorischer Aufgaben mit kleinen Anzahlen ist das Baumdiagramm ebenfalls ein universelles Hilfsmittel. Es können damit alle Aufgabentypen bearbeitet werden, wie aus den Beispielen 1 bis 6 im Abschn. 4.3 ersichtlich ist.

Das Arbeiten mit Baumdiagrammen ist eine Form des systematischen Probierens und entspricht so den Bildungsstandards zum Lösen kombinatorischer Aufgaben (vgl. Abschn. 4.1).

Das Aufstellen von Baumdiagrammen ist für beide Anwendungsbereiche eine anspruchsvolle Tätigkeit. Mit einem Baumdiagramm wird eine reale Situation modelliert. Dazu müssen die Strukturelemente dieser Situation erfasst und geeignet dargestellt werden. Es gibt viele Gemeinsamkeiten der geistigen Handlungen zum Aufstellen von Baumdiagrammen in der Kombinatorik und der Wahrscheinlichkeitsrechnung. Deshalb hat die Arbeit mit Baumdiagrammen beim Lösen kombinatorischer Aufgaben über den eigentlichen Zweck hinaus Bedeutung für den weiterführenden Unterricht und kann eine gute Grundlage für die Arbeit mit Baumdiagrammen in der Wahrscheinlichkeitsrechnung sein. Wir empfehlen deshalb, bei allen geeigneten Aufgaben die Kinder auch zum Aufstellen von Baumdiagrammen anzuregen.

Um ein Baumdiagramm aufzustellen, müssen die Schülerinnen und Schüler den komplexen Vorgang in der Aufgabenstellung in eine Folge von Handlungen oder Entscheidungen zerlegen. Dazu ist es günstig, sich die Realisierung eines konkreten Beispiels vorzustellen und dabei zu fragen, welche Handlungen nacheinander auszuführen sind (Tab. 4.5). Dabei können sie sich am verwendeten Verb in der Aufgabenstellung orientieren. Wenn es z. B. darum geht, einen Turm aus zwei Bausteinen zu bauen, können sie sich das Bauen eines Turms vorstellen und erkennen, dass zuerst ein Baustein hingelegt und dann ein zweiter darübergelegt werden muss. Anstelle von Handlungen können sie sich auch überlegen, welche Entscheidungen nacheinander getroffen werden müssen. Beim Bauen eines Turms muss entschieden werden, welcher Baustein als Erster ausgewählt wird und welcher als Zweiter.

Ein Baumdiagramm kann von links nach rechts oder von oben nach unten gezeichnet werden. Beide Darstellungsformen haben Vor- und Nachteile. Beim Zeichnen von links nach rechts ist mehr Platz zum Aufschreiben der Texte für die Möglichkeiten vorhanden, da sie untereinandergeschrieben werden können, während sie beim Zeichnen von oben nach unten nebeneinander stehen. Ein Nachteil der Anordnung von links nach rechts ist, dass sich das Baumdiagramm nach rechts stark auffächern kann und bei einem ungünstigen Beginn Platzprobleme entstehen können. Beim Zeichnen von oben nach unten entstehen meist keine Platzprobleme, wenn man oben mittig auf der Seite mit dem Baumdiagramm beginnt. Für das Aufschreiben der Möglichkeiten müssen dann Abkürzungen eingeführt werden. Das Zeichnen von unten nach oben, was dem Charakter eines Baumes am ehesten entsprechen würde und teilweise auch vorgeschlagen wird (Kütting 1994b), muss unten auf einer leeren Seite mittig begonnen werden.

Zur Erarbeitung des Aufstellens von Baumdiagrammen sollte eine Aufgabe zum Entnehmen von Objekten aus mehreren Mengen, die bisher mit dem Kreuzprodukt gelöst wurde, verwendet werden.

Erfahrungen bei der Einführung von Baumdiagrammen zeigen, dass es Kindern schwerfällt, Verständnis für den ersten Verzweigungspunkt im Baumdiagramm zu entwickeln. Sie beginnen sofort damit, die Möglichkeiten bei der ersten Entscheidung aufzuschreiben und dann, davon ausgehend, die Möglichkeiten für die zweite Entscheidung durch Striche zu kennzeichnen.

Um den ersten Verzweigungspunkt im Baumdiagramm zu motivieren, kann gesagt werden, dass dieser der ersten Entscheidung entspricht, die zu treffen ist. Konsequenterweise muss dann auch bei den weiteren Verzweigungen im Baumdiagramm ein Punkt gezeichnet werden. Dies haben wir bei den Baumdiagrammen in den Abb. 4.1, 4.2, 4.3, 4.4 und 4.5 ebenfalls beachtet (vgl. z. B. Abb. 4.1). Im späteren Unterricht können dann zur Vereinfachung die Punkte ab der zweiten Entscheidung weggelassen werden.

Um das Problem des Treffens von Entscheidungen durch Handlungen zu verdeutlichen, haben wir Baumdiagramme durch Schnüre und Papierkärtchen auf dem Fußboden dargestellt (Abb. 4.15). Die Kinder sollten dann ein solches Baumdiagramm vom obersten Entscheidungspunkt an durchlaufen und jedes die Entscheidung verbalisieren, die zu treffen ist.

Wir haben die Kinder weiterhin angeregt, die verschiedenen Entscheidungen farblich zu unterscheiden. Einige haben die Entscheidungen auch in Textform ausgedrückt (Abb. 4.16).

Einige Kinder haben in unseren Unterrichtsversuchen die Baumdiagramme pfadweise erstellt, d. h., sie haben einen Pfad bis zum Ende fertiggestellt, bevor sie mit den

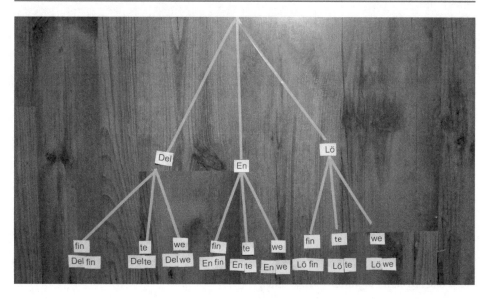

Abb. 4.15 Gegenständliches Baumdiagramm zur Bildung von Tiernamen aus zwei Silben

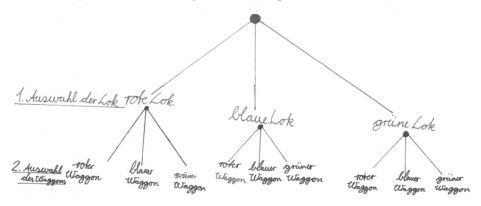

Abb. 4.16 Baumdiagramm eines Zweitklässlers mit Markierung der Entscheidungen

nächsten Pfad begannen. So erhielten sie im Ergebnis ihrer Arbeit auch ein vollständiges Baumdiagramm, in dem teilweise die Pfade parallel untereinander standen. Ein
solcher Lösungsweg ist durchaus möglich, die Kinder sollten aber darauf orientiert werden, stufenweise vorzugehen, d. h. jede Entscheidung vollständig zu bearbeiten, bevor zur
nächsten übergegangen wird.

Wenn zur Unterstützung den Kindern vorgefertigte Arbeitsblätter zum Ausfüllen bzw.
Ergänzen gegeben werden, ist durch die Vorgabe des Baumdiagramms schon ein Teil der
Lösungsüberlegungen vorweggenommen. Deshalb sollten solche Arbeitsblätter erst in ei-
ner späteren Phase zum Einsatz kommen.

4.6.3 Verwenden von Zählregeln

Fachliche und fachdidaktische Grundlagen
Eine explizite Behandlung aller Zählregeln bzw. ihre bewusste Verwendung beim Lösen
kombinatorischer Aufgaben ist aufgrund der komplexen Struktur der Zählregeln für die
Primarstufe nicht geeignet. Es ist lediglich sinnvoll, die Produktregel einzuführen, wobei
folgende Einschränkungen und Bedingungen beachtet werden sollten:

- Die Regel wird nur bei solchen Aufgaben verwendet, bei denen die Voraussetzungen
  für ihre Anwendung gegeben sind, d. h., es gibt keine Mehrfachzählungen und die Anzahl der Entscheidungsmöglichkeiten ist auf jeder Stufe stets gleich. Damit ist es nicht
  erforderlich, die Bedingungen zur Anwendung der Produktregel zu thematisieren.
- Die Produktregel wird in enger Verbindung mit dem systematischen Probieren und
  Anwenden von Baumdiagrammen verwendet. Sie kommt immer dann zum Einsatz,
  wenn die Anzahl der Möglichkeiten zu groß ist, um alle systematisch zu erfassen bzw.
  in einem Baumdiagramm darzustellen.

Dies setzt voraus, dass die Lehrperson in der Lage ist zu erkennen, welche Aufgaben
sich mit der Produktregel lösen lassen und welche nicht. Dazu kann die im Abschn. 4.3
angegebene Orientierungsgrundlage zum Lösen kombinatorischer Aufgaben verwendet
werden.

Bei der Formulierung einer Handlungsvorschrift zum Anwenden der Produktregel ist es
möglich, entweder auf das Aufstellen einer Entscheidungsfolge oder einer Handlungsfol-
ge zu orientieren. In Anlehnung an die Bezeichnung „Stufen" bei mehrstufigen stochastischen Vorgängen wird auch von einer Stufung gesprochen. Nach Hefendehl-Hebeker und
Törner (1984, S. 248) ist zur Anwendung der Produktregel die Organisation der Aufga-
bendaten in Form eines Stufenablaufs notwendig. Dazu sollten sich die Schüler an der
Dynamik natürlicher Handlungsabläufe orientieren. Selter und Spiegel (2004, S. 292)
sprechen von einem Entscheidungsprozess, der in mehrere voneinander unabhängige Stufen zerlegt werden kann. Im Arbeitsheft *Daten, Häufigkeit und Wahrscheinlichkeit* des
Westermann Verlags (Kurtzmann et al. 2017) soll eine Folge von Entscheidungen aufgestellt werden. Bei Kurtzmann und Sill (2014, S. 78) sowie Kurtzmann (2015, S. 20) wird
auf das Angeben eine Folge von Handlungsschritten orientiert.

Die Verwendung der Formulierungen „Stufung" bzw. „Stufen" halten wir für die Primarstufe für weniger geeignet, da es sich um allgemeine Begriffe handelt, die keine
konkreten Orientierungen vermitteln. Es ist günstiger, von „Handlungen" oder „Entscheidungen" sprechen, womit auch eine Analyse der Aufgabe nahe am Sachverhalt erfolgen
kann. Die Orientierung auf „Handlungen" hat den Vorteil, dass damit an das Aufstellen
von Baumdiagrammen angeknüpft wird. Ein Nachteil ist, dass Kinder zu viele Handlungen berücksichtigen können. So lässt sich etwa das Anziehen eines Kleidungsstücks durch
die beiden Handlungen „Auswahl" und „Anziehen" des Kleidungsstücks beschreiben. Mit
der Orientierung auf eine Folge von Entscheidungen ist diese Gefahr geringer, da bei der

entsprechenden Handlung nur eine Entscheidung zu treffen ist. Wir schlagen vor, keine konsequente Trennung beider Aspekte vorzunehmen, sondern je nach Sachverhalt von „Handlungen" oder „Entscheidungen" zu sprechen. Dies wurde in den Beispielen 1 bis 6 (Abschn. 4.3) beachtet. Wir halten es weiterhin für sinnvoll, wenn die Schülerinnen und Schüler zuerst eine der gesuchten Möglichkeiten anhand einer Folge von Entscheidungen bestimmen.

Wir schlagen folgende Orientierungsgrundlage für Schülerinnen und Schüler zum Anwenden der Produktregel in vereinfachter Form vor:

Orientierungsgrundlage zum Anwenden der Produktregel
1. Ich überlege, welche Entscheidungen ich nacheinander treffen muss, um eine der Möglichkeiten zu erhalten.
2. Ich bestimme die Anzahl der Möglichkeiten bei jeder einzelnen Entscheidung.
3. Ich berechne das Produkt der Anzahlen.

4.7 Bemerkungen zu anderen Unterrichtsvorschlägen

Wollring (2015b) schlägt einen neuen Zugang zum Lösen von kombinatorischen Aufgaben in der Grundschule vor, indem die Anzahlen durch Handeln mit konkreten Gegenständen für typische Kontexte, die er „Referenzmodell" ernennt, ermittelt werden. Als Referenzmodelle schlägt er Vögel auf Drähten, Eiskugeln in Eiswaffeln, Türme aus farbigen Steinen und Nester mit farbigen Eiern vor. In diesen Modellen sollen jeweils vier kombinatorische Grundmuster (Permutationen mit und ohne Wiederholung, Kombinationen mit und ohne Wiederholung) beispielhaft verdeutlicht werden. Anstelle der betreffenden Formeln für die Grundmuster, was in der Grundschule ohnehin nicht möglich ist, sollen den Schülern Tabellen gegeben werden, die sie sich aufgrund der Struktur der Zahlen in den Tabellen einprägen sollen. Dabei sollten die Parameter n und k höchstens 4 sein.

Das Vorgehen ist gut geeignet, um anhand der Beispiele den Schülern die wichtige Frage bei kombinatorischen Aufgaben bewusst zu machen: „Was sehen wir als gleich an, was als verschieden?" (Wollring 2015a, S. 8) Problematisch ist allerdings, dass eine Übertragung von den Referenzmodellen auf andere kombinatorische Aufgaben stets gesonderter Überlegungen bedarf, dass das Einprägen von Zahlentabellen mit den zugeordneten Mustern sehr aufwendig ist und ein wichtiger Aufgabentyp, die Auswahl von Objekten aus verschiedenen Grundmengen (z. B. Anzahl von Menüs), nicht enthalten ist. Kombinationen mit Wiederholung kommen zudem bei Anwendungsaufgaben selten vor.

Für die Referenzmodelle „Türme aus farbigen Bausteinen" (k-Permutationen) und „Tüten bzw. Nester aus farbigen Bausteinen" (Kombinationen) beschreibt Wollring (2015a) ein mögliches Vorgehen im Unterricht zum manuellen Herstellen aller Möglichkeiten mithilfe von farbigen Papierquadraten. Gruppenweise wird jede Möglichkeit damit gelegt und einzeln aufgeklebt. Alle Möglichkeiten werden dann systematisch geordnet und auf ein Plakat der Größe 50×70 cm geklebt. Am Ende ergibt sich auf dem Plakat eine strukturierte Übersicht über alle Möglichkeiten. Dabei sind verschiedene Strategien der Anordnung und damit auch der Erzeugung der Möglichkeiten umsetzbar, auf die der Autor aber nicht im Einzelnen eingeht. Das Vorgehen ist sehr stark auf das Lösen der einzelnen Aufgaben konzentriert – auf eine Verallgemeinerung von Strategien, die auch für andere Fälle anwendbar sind, wird nicht eingegangen. Problematisch erscheint der immense Vorbereitungsaufwand für eine einzelne Unterrichtsstunde. Es sind bei zehn Teams für das Lösen einer Aufgabe etwa 1000 farbige Quadrate erforderlich, die am Ende der Stunde nach dem Aufkleben nicht mehr weiterzuverwenden sind.

Analyse von Begriffen und Zusammenhängen

5

5.1 Der Begriff „Zufall"

► Im Stochastikunterricht kommt man nicht an dem Wort „Zufall" vorbei. Es tritt in den Bildungsstandards für die Sekundarstufe I sogar in der Bezeichnung „Daten und Zufall" für die Leitidee zum Stochastikunterricht auf. In den Bildungsstandards für die Primarstufe ist dieses Wort in der Bezeichnung für die betreffende Leitidee zwar nicht enthalten, aber dann in der Wortkombination „Zufallsexperiment" zu finden. Doch auch unabhängig von zentralen Plänen muss sich jede Lehrkraft im Unterricht der Frage stellen können, was denn der Zufall ist. Die Antwort darauf ist nicht einfach zu geben, wie die folgenden Ausführungen zeigen werden. Der Begriff „Zufall" lässt sich nicht wie andere Begriffe definieren. In der Wahrscheinlichkeitsrechnung, die man manchmal als „Wissenschaft des Zufalls" bezeichnet, wird der Begriff aus mathematischer Sicht etwa zur axiomatischen Grundlegung der Wahrscheinlichkeitsrechnung nicht benötigt. Bezeichnend für die Bedeutungsvielfalt des Begriffs ist, dass es in anderen Sprachen wie dem Englischen, Französischen und Russischen mehrere Wörter gibt, die dem deutschen Wort „Zufall" entsprechen (Herget et al. 2005, S. 3).

Wir werden in diesem Abschnitt die unterschiedlichen Bedeutungen des Begriffs „Zufall" und damit gebildeter Wortkombinationen in der Umgangssprache und in Wissenschaften zusammenstellen. Dabei geht es sowohl darum, was als Zufall bzw. zufällig bezeichnet wird, als auch darum, was nicht als Zufall bzw. nicht als zufällig angesehen wird. Wir leiten aus der Analyse Schlussfolgerungen für die Verwendung des Zufallsbegriffs und damit gebildeter Wortkombinationen im Unterricht ab.

Die ausführlichen Darstellungen vieler Aspekte des Zufallsbegriffs erfolgen aus unserer Auffassung, dass in der Primarstufe Grundvorstellungen zu diesem Begriff ausgebildet werden und deshalb die Lehrpersonen besonders gründlich und tiefgehend diese Aspekte kennen sollten.

Am Ende des Abschnitts verdeutlichen wir an Beispielen, dass mit einer Prozessbetrachtung und dem Wahrscheinlichkeitsbegriff alle Bedeutungen des Zufalls-

© Springer-Verlag GmbH Deutschland, ein Teil von Springer Nature 2019
H.-D. Sill, G. Kurtzmann, *Didaktik der Stochastik in der Primarstufe*,
Mathematik Primarstufe und Sekundarstufe I + II,
https://doi.org/10.1007/978-3-662-59268-7_5

begriffs und seiner Wortverbindungen verständlich und eindeutig beschrieben werden können. Wir wollen damit zur Entmystifizierung des Begriffs „Zufall" beitragen.

5.1.1   Bedeutungen der Wörter „Zufall" und „zufällig"

Sowohl in der Umgangssprache als auch in den Naturwissenschaften, der Mathematik und der Philosophie besitzt der Zufallsbegriff eine große Anzahl von möglichen Interpretationen und Bedeutungen, die sich sogar teilweise widersprechen. Es ist deshalb nicht möglich und auch nicht sinnvoll, die Bedeutungen des Zufallsbegriffs auf wenige Aspekte zu beschränken. Alle im Folgenden dargestellten Auffassungen haben in bestimmten Kontexten ihre Berechtigung und können deshalb nicht als richtig oder falsch bezeichnet werden. Analysen und Ergebnisse empirischer Untersuchungen zum Zufallsbegriff bei Kindern und Jugendlichen findet man u. a. bei Piaget (1975), Sill (1993), Amir et al. (1999), Döhrmann (2004; 2005), Herget et al. (2005) und Batanero et al. (2005).

Es zeigt sich immer wieder, dass jeder Mensch, abhängig von seinen persönlichen Erfahrungen, seinen Kenntnissen, seiner Weltanschauung oder seinem wissenschaftlichen Arbeitsgebiet bestimmte eigene Vorstellungen von dem hat, was er als Zufall bezeichnet. Die Frage kann deshalb immer nur lauten, ob der jeweils betrachtete Aspekt des Zufallsbegriffs in einem konkreten Kontext nützlich oder eher problematisch ist. So kann etwa einem Menschen, der einen schweren Schicksalsschlag erlitten hat, der Glaube an die Vorherbestimmung allen Geschehens und damit die Ablehnung jeglichen Zufalls durchaus helfen, mit der aktuellen Situation besser zurechtzukommen.

Im Folgenden werden verschiedenen Bedeutungen der Wörter „Zufall" bzw. „zufällig" als adverbiale Bestimmung zusammengestellt. In stochastischen Situationen treten oft mehrere Bedeutungen gleichzeitig auf. Wir diskutieren sie aber zunächst einzeln und gehen auf Bezüge zu anderen Bedeutungen in der Regel nicht ein. Die Bedeutungsaspekte werden jeweils durch Beispiele illustriert, die teilweise aus Befragungen von Schülern und Studenten beiderlei Geschlechts stammen. In empirischen Untersuchungen zeigt sich immer wieder, dass die Grundvorstellungen zum Zufallsbegriff in allen Altersgruppen sehr ähnlich sind.

5.1.1.1   Zufall und irreversible Durchmischungen

Als einer der Ersten hat sich Jean Piaget auf der Basis empirischer Untersuchungen mit der Entwicklung des Zufallsbegriffs beim Kind beschäftigt. Seine Forschungen hatten großen Einfluss auf nachfolgende Arbeiten. Piaget (1975) stellt seine Betrachtungen zum Zufall in engen Zusammenhang mit irreversiblen Vorgängen. Der Prototyp des Irreversiblen in der Natur und damit des Zufälligen ist für ihn die Durchmischung materieller Elemente wie etwa die Vermischung zweier Gase, die Umwandlung von Energie in Wärme oder auch die Vermischung von roten und weißen Kugeln in einem Behälter. Um die Fähigkeiten von Kindern zur Erfassung von Durchmischungen zu untersuchen, hat Piaget Versuche durchgeführt, bei denen die Kinder die Durchmischung von acht weißen und acht roten Perlen, die zu Beginn getrennt waren, beim Kippen einer Schale vorhersagen sollten. Eine ausführliche Beschreibung des Versuchs findet man bei Kütting (1994b, S. 87). Piaget stellte fest, dass bei seinen Untersuchungen erst Kinder im Alter von 7–8 Jahren in der Lage waren, die Durchmischung vorherzusehen.

Piaget stellt weiterhin einen engen Zusammenhang des Zufallsbegriffs und des Wahrscheinlichkeitsbegriffs her. Das Erkennen von irreversiblen Durchmischungen ist Voraussetzung für Wahrscheinlichkeitsaussagen etwa beim Ziehen von Perlen aus Säckchen mit unterschiedlicher Zusammensetzung (Piaget 1975, S. 167). Auch hier müssen die Kinder erkennen, dass die Durchmischung der Perlen dazu führt, dass sich die Wahrscheinlichkeit für eine bestimmte Farbe nach den quantitativen Verhältnissen in dem Säckchen richtet. Dieser Gedanke von Piaget hat uns zu den Vorschlägen für Experimente zur Durchmischung angeregt (Abschn. 3.4.2.3).

5.1.1.2   Zufall und Determiniertheit, Kausalität sowie Schicksal

Die Frage, ob alles in der Welt vorherbestimmt ist oder auch der Zufall eine Rolle spielt, beschäftigt Menschen schon seit Jahrhunderten. Die Mathematiker Blaise Pascal (1623–1662), Jakob Bernoulli (1655–1705) und Pierre-Simon Laplace (1749–1827), die wesentliche Grundlagen der Wahrscheinlichkeitsrechnung geschaffen haben, vertraten die Ansicht, dass der Zufall nur Ausdruck unserer Unkenntnis ist und sich alles, was in Zukunft passiert, genau berechnen ließe. So schreibt Bernoulli: „Ganz gewiß ist es, daß ein Würfel bei gegebener Lage, Geschwindigkeit und Entfernung vom Würfelbrette, von dem Augenblick an, in welchem er die Hand verlässt, nicht anders fallen kann, als er tatsächlich auch fällt." (Bernoulli 1899, S. 73) Auf Laplace geht der Begriff „Laplace'scher Dämon" zurück, der mit folgendem Zitat im Zusammenhang steht: „Wir müssen ... den gegenwärtigen Zustand des Weltalls als die Wirkung seines früheren Zustandes und andererseits als die Ursache dessen, der folgen wird, betrachten. Eine Intelligenz, welche für einen gegebenen Augenblick alle Kräfte, von denen die Natur belebt ist, sowie die gegenseitige Lage der Wesen, die sie zusammensetzen, kennen würde, und überdies umfassend genug wäre, um diese gegebenen Größen einer Analyse zu unterwerfen, würde in derselben Formel die Bewegungen der größten Weltkörper wie die des leichtesten Atoms ausdrücken: Nichts würde für sie ungewiss sein und Zukunft wie Vergangenheit ihr offen vor Augen liegen." (Laplace 1996, S. 4) Diese Auffassungen werden heute als strenger Determinismus bezeichnet. Es gibt durchaus Schüler und Jugendliche, die eben solche Ansichten haben (Döhrmann 2004, 2005). Heute weiß man, dass es aus physikalischer Sicht auch theoretisch unmöglich ist, Ort und Zeit eines Teilchens genau vorherzubestimmen. Umgekehrt gibt es deterministisch bestimmte Systeme, die ein völlig regelloses, chaotisches Verhalten zeigen. Ihre Untersuchung ist unter anderem Gegenstand der Chaostheorie, deren Symbol das berühmte Apfelmännchen ist.

Im Unterschied zur Frage nach der Vorherbestimmbarkeit von zukünftigen Ereignissen beziehen sich Überlegungen zur Kausalität auf die Frage nach der Existenz von realen Ursachen für ein eingetretenes Ereignis. Erkennt man das allgemeine Kausalitätsprinzip an, so hat jedes Ereignis eine Ursache. Auf dieser Grundlage und unter Betrachtung von Ursache-Wirkungs-Ketten definierte Antoine-Augustin Cournot (1801–1877) den Zufall in folgender Weise: „Die Erscheinungen aber, welche durch ein Zusammentreffen oder durch eine Vereinigung mehrerer hinsichtlich der Kausalität voneinander unabhängiger Erscheinungen hervorgebracht werden, nennt man zufällige Erscheinungen oder Wirkungen des Zufalls" (Cournot 1849, S. 63). Eine Auffassung, der sich auch Piaget anschließt und von einer „Interferenz der Kausalreihen" spricht (Piaget 1975, S. 163).

Diesen Auffassungen entspricht die umgangssprachliche Formulierung, den Zufall als Schnittpunkt zweier Notwendigkeiten zu bezeichnen. Etwas Zufälliges ist danach stets kausal bestimmt. Es gibt also durchaus konkrete Ursachen für die Endlage einer Münze, die sich aus den konkreten Ausprägungen der Bedingungen ergeben, die Einflüsse auf den Wurf haben. Aber selbst wenn es rein technisch möglich wäre, nach dem Abwurf einer Münze alle physikalischen Eigenschaften zu bestimmen und noch vor dem Auftreffen auf den Tisch die Endlage zu berechnen, würde dies nichts an dem stochastischen Charakter der Situation ändern. Denn beim nächsten Wurf der Münze haben die physikalischen Eigenschaften wieder ganz andere Werte. Der stochastische Charakter würde sich nur ändern, wenn es gelänge, eine Maschine zu konstruieren, die die Münze immer genau unter den gleichen physikalischen Bedingungen wirft.

Diese Gedankengänge führen letztlich zu dem komplementären Verhältnis von Zufall und Notwendigkeit, das Gegenstand philosophischer Betrachtungen ist.

Die Auffassungen zum Zufall werden beeinflusst durch den Glauben an ein vorherbestimmtes Schicksal und damit verbundene besondere Fähigkeiten eines Menschen in stochastischen Situationen. Dabei spielen die Art der Religion und der Grad ihrer Ausprägung eine wichtige Rolle, wie Amir und Williams (1999) in ihren Befragungen von Kindern im Alter von 11–12 Jahren festgestellt haben. Sie ermittelten einen hohen Grad an abergläubischen Vorstellungen. Insgesamt glaubten 72 % der befragten Schüler, dass einige Menschen in Glücksspielen erfolgreicher sind als andere.

In einigen Publikationen werden die Begriffe „Schicksal", „Zufall" und „Kausalität" bzw. „freier Wille" eines Menschen nebeneinandergestellt (Amir und Williams 1999; Zawojewski et al. 1989). Das Schicksal bzw. die Vorherbestimmtheit legt nach dieser Auffassung das Ergebnis eines stochastischen Vorgangs fest, ohne dass Naturgesetze oder der Mensch darauf Einfluss haben. Der Faktor Zufall hat dabei nichts mit dem Schicksal zu tun und unterliegt keinen kausalen Zusammenhängen bzw. dem freien Willen eines Menschen. Andere Autoren (Warwitz 2009) subsumieren das Schicksal unter den Begriff „Zufall".

5.1.1.3 Zufall und Variabilität bei kausalen Zusammenhängen

Piaget sieht in der Entwicklung statistischer Methoden in den Naturwissenschaften, insbesondere in der Physik, die Berücksichtigung des Zufalls bei naturwissenschaftlichen Gesetzen. Neben der Erklärung etwa von Durchmischung als Interferenz von einzelnen Bewegungsvorgängen betrachtet er die Rolle des Zufalls auch bei der Anwendung von Modellen für reale Zusammenhänge. So hat nach seinen Worten etwa Newton bei der Entdeckung des Gravitationsgesetzes in vereinfachender Weise von der „unendlichen Komplikation aller wirklichen Bewegungen" (Piaget 1975, S. 174) abgesehen, d. h. den Zufall aus seinen Überlegungen ausgeklammert.

Diesem Gedanken von Piaget entspricht die Auffassung, Zufall als „Rauschen im System" anzusehen (Eichler und Vogel 2009; Engel 2010). So beschreibt Engel die Beziehungen zwischen Daten und Modellen u. a. durch folgende Gleichungen (Engel 2010, S. 222):

$$\text{Daten} = \text{Muster} + \text{Abweichung}$$
$$= \text{Signal} + \text{Rauschen}$$
$$= \text{Struktur} + \text{Zufall}$$

Eichler und Vogel übertragen diese Gedanken auch auf den Wahrscheinlichkeitsbegriff und geben dazu folgende Beziehung an (Eichler und Vogel 2009, S. 168):

$$\text{(objektive) Wahrscheinlichkeit} = \text{Muster} + \text{Rest}$$

Moore (1990) nutzt dieses Zusammenspiel von Mustern und Variabilität zur Definition von zufälligen Phänomenen: „Phenomena having uncertain individual outcomes but a regular pattern of outcomes in many repetitions are called random." (Moore 1990, S. 98)

Auf dieser theoretischen Grundlage basieren die Untersuchungen von Schnell (2014) mit Grundschulkindern zu einem Glücksspiel. Sie betrachtet den Zufall als eine zentrale Kategorie des Stochastikunterrichts in der Grundschule und bezieht sich dabei nur auf das Verhältnis von Muster und Variabilität, das aus mathematischer Sicht zum empirischen Gesetz der großen Zahlen führt.

Die Auffassungen, den Zufall mit der Variabilität zu verbinden, betreffen das Problem der modellhaften Beschreibung realer Zusammenhänge durch Funktionen, das Engel in seiner Monografie für Lehramtsstudierende *Anwendungsorientierte Mathematik: Von Daten zur Funktion* (2010) ausführlich darstellt.

Diesen Aspekt des Zufallsbegriffs findet man weiterhin im Rahmen der Beurteilenden Statistik beim Konzept der „nicht signifikanten (zufälligen) Abweichung". Grundideen dieses Konzeptes berühren auch den Stochastikunterricht in der Grundschule. Wenn eine Münze 20-mal geworfen wird, so kann man aus theoretischer Sicht erwarten, dass 10-mal „Kopf" und 10-mal „Zahl" erscheint. Von diesen zu erwartenden Werten weichen die Ergebnisse bei einer wiederholten Durchführung dieses Experiments etwa im Rahmen einer Schulklasse mehr oder weniger stark ab. Diese Abweichungen können nur mit den Mitteln der Beurteilenden Statistik quantifiziert und damit bewertet werden.

Es handelt sich aber nur um einen Aspekt des Zufallsbegriffs. Mit dem Aspekt der zufälligen Abweichung vom Erwarteten bzw. funktional Beschriebenen werden die Ursachen für die Abweichungen und damit die Bedingungen der betreffenden Vorgänge nicht weiter betrachtet und analysiert. Es muss weiterhin vorausgesetzt werden, dass der Vorgang oft unter gleichen Bedingungen wiederholt werden kann. Einzelne Vorgänge bleiben damit außerhalb dieser Sichtweise. Eine weitere Einschränkung ist, dass man nur metrische Daten unter diesem Aspekt untersuchen kann. Ein entscheidender Nachteil besteht zudem darin, dass bei Vorgängen, bei denen keine funktionalen Modelle möglich sind, der Gedanke einer zufälligen Abweichung nicht sinnvoll ist.

5.1.1.4   Zufall und Grad der Erwartung

Das Wort „Zufall" und – damit eng verbunden – die Wörter „Glück" oder „Pech" werden im Alltag immer dann verwendet, wenn etwas sehr Seltenes, also ein Ereignis mit sehr kleiner Wahrscheinlichkeit, eingetreten ist:

- „Zufall ist, wenn man 100-mal beim Schachspiel hintereinander gewinnt." Oder: „Zufall wäre, wenn ich morgen Millionär wäre." (Binner et al. 2012, S. 12)
- Auf die Frage: „Nenne ein Beispiel dafür, was zufällig passieren kann", erhielten Klunter und Raudies (2010) u. a. folgende Antwort: „Es kann eigentlich alles zufällig passieren, es kann mir auch heute noch ein Ziegelstein auf den Kopf fallen."
- Weitere Beispiele sind ein Hauptgewinn bei einem Glücksspiel, das Treffen von Personen, die man sehr lange nicht gesehen hat, ein Verkehrsunfall oder wenn zwei Menschen unabhängig voneinander das Gleiche tun.

Man spricht aber auch von Zufall, wenn der Grad der Erwartung zwar gering ist, es sich aber nicht um ein sehr seltenes Ereignis mit einer sehr kleinen Wahrscheinlichkeit handelt:

- „Zufall ist, wenn plötzlich die Ampel rot ist!" (Binner et al. 2012, S. 12)
- Wenn bei einem sportlichen Wettkampf ein Außenseiter gegen den Favoriten gewinnt, so sagt man, dass das Zufall war.
- Das Auftreten einer Sechs beim Wurf eines Würfels wird als Zufall bezeichnet.

Ist der Grad der Erwartung recht groß, das heißt, dass das Ereignis mit großer Wahrscheinlichkeit erwartet werden kann, wird sein Eintreten dagegen nicht als zufällig bezeichnet:

- Wenn bei einem sportlichen Wettkampf der Favorit gegen den Außenseiter gewinnt, so sagt man: „Das war zu erwarten." Oder: „Es ist kein Zufall".
- Schülern 3. Klassen wurde folgende Aufgabe gestellt (Wenau 1991):
  Kerstin und ihre Mutter haben sich nach der Arbeit um 16 Uhr vor dem Kaufhaus verabredet. Sie kommen Punkt 16 Uhr beide dort an. Kerstin begrüßt ihre Mutter: „Na, das ist ja ein Zufall, dass wir gleichzeitig hier sind." Stimmt das?
  8 von 15 Schülern sagten: „Nein, das ist kein Zufall, sie waren ja verabredet."

5.1.1.5   Zufall und Vorhersehbarkeit

Zwischen den Bedeutungen von „Zufall" und „Nichtvorhersehbarkeit" gibt es meist enge Beziehungen. Teilweise wird die Nichtvorhersehbarkeit sogar zur Erklärung des Begriffs Zufall verwendet.

- In dem Schulbuch *Mathe live 6* wird formuliert: „Immer wenn das Ergebnis einer Handlung nicht vorhergesagt werden kann, spricht man von einem Zufall." (nach Döhrmann 2004, S. 33)
- Als nicht vorhersehbar und damit als zufällig werden Naturereignisse wie ein Vulkanausbruch, ein Blitzschlag, ein Regenbogen und auch Ergebnisse von Glücksspielen bezeichnet.
- Bei sportlichen Ereignissen wie etwa einem Fußballspiel werden unabsichtliche, unvorhersehbare Ergebnisse als zufällig bezeichnet. So haben Sportwissenschaftler der Uni Augsburg ermittelt, dass etwa 44 % der Tore im Fußball zufällig entstehen, da ein Ball abgefälscht wurde, unkontrolliert vom Pfosten zurücksprang oder unfreiwillig vom Gegner vorgelegt wurde.

Wenn ein Ereignis zwar nicht vorhersehbar ist, aber von Personen geplant bzw. verursacht wurde, so wird es nicht als zufällig bezeichnet:

- Der Besuch von Tante Erna am Wochenende war nicht vorhersehbar. Es ist aber kein Zufall, dass Tante Erna kommt, denn sie wollte unbedingt die Familie wiedersehen.
- Ein Unfall ist auch für den Unfallverursacher in der Regel nicht vorhersehbar. Da der Unfallverursacher aber die Verkehrsregeln bewusst verletzt hat, wird der Unfall aus seiner Sicht nicht als Zufall bezeichnet.

5.1.1.6   Zufall und Rolle von beteiligten Personen

Wenn das Ergebnis eines Vorgangs eingetreten ist, an dem Personen beteiligt sind, und diese das Ergebnis nicht beeinflusst haben oder beeinflussen können, so wird es als zufällig bezeichnet:

- In einen Autounfall verwickelt zu werden, ist aus der Sicht des Unschuldigen zufällig. Siegbert A. Warwitz, ein Experte für die Verkehrserziehung von Kindern und Jugendlichen, stellt die Rolle des Zufalls ins Zentrum seiner Vorschläge für verkehrserzieherische Maßnahmen. Die Kinder sollen im Ergebnis seiner verkehrserzieherischen Maßnahmen erfahren, dass Unfälle äußerst selten Zufälle sind, sondern immer durch das Zusammentreffen mehrerer Auslöser, als Schnittpunkt einer Reihe ungünstiger Umstände und Fehlverhaltensweisen entstehen. Zufall bedeutet für ihn, „dass das Schicksal sich willkürlich Opfer sucht, dass wir keinerlei Einfluss auf die Geschehnisse haben, dass niemanden eine Schuld trifft, dass wir den Ereignissen hilflos ausgeliefert sind" (Warwitz 2009, S. 43).
- Wenn sich zwei Bekannte in der Stadt treffen, ohne sich vorher verabredet zu haben oder ohne zu wissen, dass der andere auch in der Stadt ist, so wird das Treffen als Zufall bezeichnet.

Wenn etwas eingetreten ist, woran Personen beteiligt sind, die das Ergebnis bewusst beeinflusst haben oder beeinflussen können, wird es nicht als zufällig bezeichnet:

- Wenn jemand einen Verkehrsunfall durch unvorsichtiges Verhalten verursacht hat, so wird dies aus Sicht des Verursachers nicht, aber aus Sicht des vom Unfall Betroffenen durchaus als Zufall bezeichnet. Ein und dasselbe Ereignis, hier ein Verkehrsunfall, wird also aus verschiedenen Sichten einmal als zufällig und einmal als nicht zufällig angesehen.
- Wenn ein guter Schüler sich auf eine Mathematikarbeit gründlich vorbereitet und dann eine gute Note erzielt, sagt man: „Das war kein Zufall", obwohl durchaus eine Wahrscheinlichkeit besteht, eine weniger gute Note zu erhalten.

5.1.1.7   Zufall und Gleichwahrscheinlichkeit

Man spricht vom Zufall, wenn es mehrere Möglichkeiten gibt, die gleich wahrscheinlich oder auch nur näherungsweise gleich wahrscheinlich sind. Teilweise wird auch die Formulierung „reiner Zufall" verwendet, wenn die Wahrscheinlichkeiten aller Ergebnisse eines Vorgangs gleich sind:

- Es ist Zufall, welches der möglichen Ergebnisse beim Münzwurf oder beim Werfen eines Würfels eintritt.
- Wenn zwei etwa gleich starke Mannschaften gegeneinander spielen, so ist es Zufall, welche Mannschaft gewinnt bzw. ob das Spiel unentschieden endet.

Dieser Aspekt des Zufallsbegriffs ist in der Mathematik Inhalt der Fachbegriffe **zufällige Auswahl** und **Zufallsstichprobe.** Diese Begriffe enthalten weiterhin den inhaltlichen Aspekt der Nichtbeeinflussbarkeit durch Personen. Man spricht nur dann von einer zufälligen Auswahl bzw. Zufallsstichprobe, wenn man das Ergebnis der Auswahl nicht beeinflussen kann. Dies wäre z. B. der Fall, wenn man beim Ziehen aus einem Behälter in diesen hineinsehen darf oder wenn dieser durchsichtig ist.

Da in der Mathematik der Aspekt der Gleichwahrscheinlichkeit sehr eng mit dem Zufallsbegriff verbunden ist, werden oft Untersuchungen zu den Vorstellungen von Schülern zum Zufallsbegriff am Beispiel von stochastischen Situationen mit gleich wahrscheinlichen Ergebnissen durchgeführt.

5.1.2   Zufallsbegriff in der Literatur zum Primarstufenunterricht

In der didaktischen Literatur zum Mathematikunterricht in der Primarstufe wird den Auseinandersetzungen mit dem Zufallsbegriff oft eine große Bedeutung beigemessen. Nach Ulm (2009) ist es ein Ziel der Grundschulmathematik, „bei den Schülern ein Grundverständnis für das Phänomen ,Zufall' zu erzeugen" (S. 10). Grassmann (2010) stellt das Wort „Zufall" als „fachlichen Hintergrund" ins Zentrum ihres Überblicks über zentrale Fachbegriffe des Gebiets „Zufall und Wahrscheinlichkeit" (S. 197). Schnell (2014) ordnet alle Überlegungen zum Stochastikunterricht in der Grundschule in die Erschließung des „Phänomens Zufall" ein.

Untersucht man die konkrete Verwendung des Begriffs Zufall in der betreffenden Literatur, so zeigt sich, dass in der Regel keine Aspekte des Begriffs unterschieden werden und nur allgemein vom „Zufall" gesprochen wird. Weiterhin kann man generell feststellen, dass als Vorschläge zur Behandlung des Themas „Zufall" nur Beispiele aus dem Glücksspielbereich bzw. dem Arbeiten mit Zufallsgeräten gebracht werden (Ahrens 2009; Breiter et al. 2009; Berther 2010; Grassmann 2010; Kleimann 1997; Schnell 2014; Ulm 2009; Vogel 2012). Typisch sind folgende Aussagen: „Beim Werfen eines Würfels ist es Zufall, welche der sechs Seiten des Würfels oben liegt." (Ahrens 2009, S. 17) „Was ist Zufall? Unter der mathematischen Brille betrachtet, denkt man hierbei an Experimente unter gleichen Bedingungen, beliebig oft wiederholbar mit nicht festgelegtem Ausgang." (Gasteiger 2007, S. 22) Selbst wenn in der Literatur zunächst die Verwendung des Wortes „Zufall" in alltäglichen Situationen angesprochen wird, erfolgt dann bei den konkreten Unterrichtsvorschlägen eine vollständige Beschränkung auf Situationen aus dem Glücksspielbereich (Büchter et al. 2005; Gasteiger 2007).

Es werden auch Aussagen zu sicheren, möglichen oder unmöglichen Ereignissen unter das Thema Zufall subsumiert. So schlägt Ulm (2009) vor, mit Schülern über Zufall zu reden, indem Begriffe wie „sicher", „möglich" oder „unmöglich" geschärft werden. Im Anschluss daran sollte die Frage aufgeworfen werden, was eigentlich im Leben vom Zufall abhängig ist.

Bei Wahrscheinlichkeitsvergleichen werden gelegentlich Steigerungen des Begriffs „zufällig" verwendet. So meint Ulm (2009), dass man manchmal ausdrücken möchte, ob ein Ereignis „zufälliger" ist als ein anderes. Eine solche wenig sinnvolle Sprechweise kann zur weiteren Verwirrung der Schülerinnen und Schüler beitragen.

Das Auftreten von Ergebnissen mit kleiner Wahrscheinlichkeit wird dem Zufall zugeschrieben, der nach Klunter et al. (2011, S. 74) „Gesetzmäßigkeiten außer Kraft setzen" kann. Es ist aber auch eine „Gesetzmäßigkeit" bei stochastischen Erscheinungen, dass sehr seltene Ergebnisse auftreten können und man sogar ihre Wahrscheinlichkeit bestimmen kann.

Konsequenzen für den Unterricht in der Primarstufe
Die vielfältigen und teilweise widersprüchlichen Bedeutungen des Wortes „Zufall" bei Kindern behindern aus unserer Sicht in erheblichem Maße eine Kommunikation im Unterricht zu diesem Thema. Wie auch Amir und Williams (1999) im Ergebnis ihrer Untersuchungen feststellten, stimmt die Mehrzahl der Kinder unterschiedlichen Auffassungen zu. Für ein Verständnis stochastischer Situationen ist die Verwendung des Zufallsbegriffs in den meisten Fällen nicht erforderlich und verhindert teilweise das Erkennen des stochastischen Charakters der Situation. Lediglich im Glücksspielbereich kann der dort verwendete Aspekt des Zufallsbegriffs als Ausdruck der Gleichwahrscheinlichkeit der Ergebnisse im Unterricht sinnvoll verwendet werden.

Im Unterschied zu vielen anderen Autoren schlagen wir deshalb vor, den Stochastikunterricht in der Primarstufe nicht auf Diskussionen zum Zufallsbegriff aufzubauen und dieses Wort möglichst selten zu verwenden. Wir stimmen in dieser Frage der folgenden

Ansicht von Gasteiger zu: „Für den Stochastikunterricht ist nicht in erster Linie entscheidend, ob man ein Ereignis eindeutig mit dem Etikett ‚Zufall' belegen kann oder nicht, sondern ob man über dieses Ereignis mithilfe stochastischer Überlegungen Aussagen zur Wahrscheinlichkeit des Eintreffens fällen kann" (Gasteiger 2007, S. 23). Im Anfangsunterricht sollten zunächst reichhaltige Vorstellungen zu stochastischen Situationen außerhalb des Glücksspielbereichs entwickelt werden, bei denen die Verwendung der Wörter „Zufall" und „zufällig" nicht notwendig und sinnvoll sind. Erst im weiterführenden Unterricht sollte man nach unseren Vorschlägen auch Beispiele aus dem Glücksspielbereich thematisieren. Dann kann in sinnvoller Weise von Zufall und zufällig gesprochen werden. Für diese Vorgehensweise sprechen auch die Befragungsergebnisse von Klunter und Raudis (2010) sowie Binner et al. (2012) zum Zufallsbegriff, bei denen von den Kindern nur sehr wenige Beispiele aus dem Glücksspielbereich genannt wurden. Das Wort „Zufall" ist bei Kindern eher mit überraschenden Ereignissen aus dem Alltag verbunden.

5.1.3   Zu den Begriffen „zufälliges Ereignis", „Zufallsexperiment" und „Zufallsgerät"

Wir wollen im Folgenden die Wortverbindungen „zufälliges Ereignis", „Zufallsexperiment (Zufallsversuch)", „Zufallsgerät" und „Zufallsgenerator" diskutieren und unsere Standpunkte zu ihrer Behandlung im Primarstufenunterricht formulieren und begründen.

Die Wortkombination **„zufälliges Ereignis"**, die nur gelegentlich in der Fachliteratur verwendet wird, sollte aus unserer Sicht im Unterricht der Primarstufe und auch der Sekundarstufe I möglichst vermieden werden, da die sehr unterschiedlichen individuellen Auffassungen vom Wort „zufällig" nicht nur im Umgang mit Daten, sondern auch im Rahmen des Arbeitens mit Wahrscheinlichkeiten zu inadäquaten Vorstellungen führen können. Hinzu kommt, dass das Wort „Ereignis" aufgrund seiner umgangssprachlichen Bedeutung weitere Verständnisschwierigkeiten beinhaltet. Als Ereignis wird im Alltag meist ein besonderes Vorkommnis, also ein Ergebnis mit kleiner Wahrscheinlichkeit bezeichnet. Der Begriff „Ereignis" ist ein Grundbegriff der Wahrscheinlichkeitstheorie. Er wird definiert als Teilmenge der Ergebnismenge eines ZufallsExperiments und kann auch als Aussage über die Ergebnisse bezeichnet werden.

Mit dem Begriff **Zufallsexperiment** ist eine Reihe von Problemen verbunden. Als eine Begründung für seinen Gebrauch in der Schule wird angeführt, dass es sich um einen Fachbegriff der Wahrscheinlichkeitstheorie handelt. Dies ist aber nicht der Fall, er wird beim axiomatischen Aufbau der Theorie nicht benötigt. Trotzdem tritt er in vielen Fachbüchern als theoretischer Begriff auf, um die Modellierung stochastischer Vorgänge zu beschreiben. Henze (2013) spricht von einem „idealen Zufallsexperiment" (S. 3). Oft wird allerdings, wie auch in vielen fachdidaktischen Publikationen und Schulbüchern, keine klare Trennung zwischen der Realebene und der Modellebene vorgenommen (vgl. Abschn. 1.4.2). So werden etwa als Beispiele für Zufallsexperimente reale Vorgänge wie das Würfeln, das Ziehen von Losen oder das Durchführen einer Umfrage angegeben. So verstehen Kütting und Sauer (2011) unter einem Zufallsexperiment „reale Vorgänge (Versuche) unter exakt festgelegten Bedingungen", wobei sie betonen, dass sich der Begriff „einer exakten Beschreibung entzieht" (S. 89).

Es wird als wesentliches Merkmal eines ZufallsExperiments in der Regel die beliebige Wiederholbarkeit unter gleichen Bedingungen genannt. Als erste Beispiele für Zufallsexperimente werden in der Fachliteratur dann vor allem Vorgänge aus dem Glücksspielbereich genannt, sodass der Eindruck entsteht, dass Zufallsexperimente als reale Vorgänge nur in diesem Bereich vorkommen. Der Anwendungsbereich der Wahrscheinlichkeitsrechnung erstreckt sich aber über fast alle Bereiche der gesellschaftlichen Realität. Auch das Frühstücken, der tägliche Gang zur Schule, der Unterrichtsverlauf, oder die Freizeitgestaltung gehören dazu. Die betreffenden Vorgänge wiederholen sich ebenfalls, aber natürlich nicht unter den genau gleichen, festgelegten Bedingungen wie beim Würfeln, woraus sich entsprechende Überlegungen zum Vergleich der Bedingungen ergeben.

Die verbreitete enge Auffassung zum Begriff „Zufallsexperiment" zusammen mit seiner Nennung in den Bildungsstandards ist aus unserer Sicht eine Hauptursache dafür, dass in der Primarstufe eine wesentliche Einschränkung der betrachteten stochastischen Situationen vorherrscht. Es werden vorrangig solche Vorgänge wie das Werfen von Gegenständen wie Würfeln, Münzen, Quadern oder sogar auch Reißzwecken, das Drehen von geeigneten Objekten oder das Ziehen aus Behältern betrachtet.

In einem der wenigen Beiträge, die sich auch mit Vorgängen im Alltag beschäftigen, schreibt die Autorin: „Hierbei sollte es zunächst nicht um Ereignisse in Zufallsexperimenten gehen, wie im Beschluss der Kultusministerkonferenz festgelegt, sondern um Aussagen, die den Alltag betreffen" (Spindler 2010, S. 34). In ihrer Untersuchung mit Zweitklässlern sollten die Kinder vorgelegte Aussagen bezüglich ihres Wahrscheinlichkeitsgrades auf einer vierstufigen Skala einschätzen. Darunter gab es auch Aussagen zu Ergebnissen stochastischer Vorgänge wie der Wetterentwicklung, dem Leben eines Fahrradschlauchs, dem Gang zur Schule oder dem Schlafen in der Nacht, die alle durch den theoretischen Begriff „Zufallsexperiment" in seiner weiten Bedeutung erfasst werden.

Ein weiteres Problem ergibt sich aus der Tatsache, dass der Begriff „Experiment" in den Naturwissenschaften einen klar umrissenen Inhalt hat. Experimente werden von Individuen geplant, durchgeführt und ausgewertet. Sie dienen zur Überprüfung von wissenschaftlichen Hypothesen. In Schulbüchern werden Zufallsexperimente oft als spezielle Experimente erklärt und gegenüber naturwissenschaftlichen Experimenten abgegrenzt. Der Fokus liegt dabei wieder auf Glücksspielsituationen. In stochastischen Anwendungen werden aber oft Situationen betrachtet, die man nicht als Experimente bezeichnen kann. Dies betrifft insbesondere alltägliche Situationen wie den Gang zur Schule, das Schreiben einer Mathematikarbeit oder die Entwicklung von Freizeitinteressen, aber auch ein normales „Mensch ärgere Dich nicht"-Spiel.

Bei dem Wort „**Zufallsversuch**", das teilweise anstelle von „Zufallsexperiment" oder synonym dazu verwendet wird, ist die Gefahr der Vermischung mit dem naturwissenschaftlichen Begriff „Experiment" zwar etwas geringer, aber das Wort „Versuch" hat auch die Bedeutung von Experiment – und ein Versuch ist immer an eine den Versuch ausführende Person gebunden. „Versuch" bedeutet aber auch eine einmalige Durchführung eines Vorgangs (ein Versuch im Weitsprung), was teilweise zur Unterscheidung von Versuch und Experiment führte.

Wir schlagen vor, eine klare begriffliche Trennung zwischen der theoretischen Ebene und der Realität vorzunehmen. Der Begriff „Zufallsexperiment" sollte auch in der Schule so verwendet werden, wie er in der Fachwissenschaft bei seinem gelegentlichen Auftreten erklärt wird. Zunächst einmal muss klar herausgestellt werden, dass es sich bei einem Zufallsexperiment nicht um ein reales Experiment, sondern um ein gedankliches Konstrukt handelt, das man auch als „Gedankenexperiment" bezeichnen kann. Bei diesem Gedankenexperiment ist eine Menge von Ergebnissen gegeben, die als Ergebnismenge bezeichnet wird. Im Folgenden beschränken wir uns auf abzählbare Ergebnismengen. Alle Ergebnisse haben eine bestimmte, in der Regel unterschiedliche Wahrscheinlichkeit, deren Summe den Wert 1 ergibt. Eine Durchführung des Experiments besteht darin, dass ein Element der Ergebnismenge zufällig ausgewählt wird. Zufällige Auswahl eines Ergebnisses bedeutet, dass alle Ergebnisse die gleiche Wahrscheinlichkeit haben, ausgewählt zu werden. Dieses Experiment kann in Gedanken beliebig, also unendlich oft wiederholt werden. Bei einer solchen Begriffsfassung macht es keinen Sinn, von Bedingungen des Experiments, von der Nichtvorhersehbarkeit der Ergebnisse oder auch von „einfachen" Zufallsexperimenten zu sprechen.

In der Ebene der realen Erscheinungen und auch in der Ebene der Realmodelle sollte der Begriff „stochastischer Vorgang" verwendet werden, der in der Modellebene durch den Begriff „Zufallsexperiment" erfasst wird. Wie schon an mehreren Stellen betont, halten wir es nicht für sinnvoll, in der Primarstufe bereits Begriffe aus der Ebene der theoretischen Modelle einzuführen bzw. ein System von Gedanken aus dieser Ebene bei verwendeten Wörtern auszubilden.

Mit Blick auf die Verwendungen des Begriffs „Zufallsexperiment" kann vermutet werden, dass die Autoren der Leitidee „Daten, Häufigkeit und Wahrscheinlichkeit" darunter einen Spezialfall stochastischer Situationen verstanden, nämlich Vorgänge aus dem Glücksspielbereich. Dazu ist festzustellen, dass zum einen Begriffe in zentralen Dokumenten eindeutig sein sollten und zum anderen diese Vorgänge nur einen kleinen Teil von stochastischen Situationen im Alltag der Kinder betreffen. Hinzu kommt, dass sich bei näherer Betrachtung diese Vorgänge aus inhaltlicher und formaler Sicht keineswegs als einfach erweisen. Dies haben wir an mehreren Stellen unseres Buches nachgewiesen.

Die in der didaktischen Literatur und in der Schule häufig verwendete Bezeichnung **Zufallsgerät** ist kein Fachbegriff der Wahrscheinlichkeitsrechnung. Darunter versteht man Objekte wie Münze, Würfel, Glücksrad oder Ziehungsbehälter (Urne), die bei stochastischen Vorgängen verwendet werden und mit denen man schnell Ergebnisse von Vorgängen unter gleichen Bedingungen erzeugen kann. Bei der Verwendung dieser Bezeichnung wird ebenfalls oft nicht deutlich genug zwischen einem realen Objekt und seinem theoretischen Modell unterschieden. Kann etwa auch das Zufallsgerät „Würfel" vom Tisch fallen oder „auf Kippe" liegen? In Schullehrbüchern werden solche ungültigen Versuchsausgänge meist nicht betrachtet. Es wird implizit davon ausgegangen, dass reale Zufallsgeräte kein außergewöhnliches Verhalten zeigen. Wir haben es bei unseren Experimenten mit Münzen aber nicht selten erlebt, dass bei einem gleichzeitigen Wurf von zehn Münzen eine hochkant liegen blieb.

Deshalb sollte auch in diesem Fall eine klare begriffliche Trennung zwischen der Ebene der realen Erscheinungen und der theoretischen Modelle vorgenommen werden und so schlagen wir Folgendes vor:

Es ist im Unterricht nicht erforderlich und sprachlich wenig sinnvoll, von „Zufallsgeräten" zu sprechen, wenn man die realen Objekte meint. Man kann sie direkt als Würfel, Münze usw. bezeichnen und als Oberbegriff das Wort „**Glücksspielgeräte**" verwenden, wie wir es in diesem Buch tun.

Wenn über reale Glücksspielgeräte auf der theoretischen Ebene in wissenschaftlichen Publikationen gesprochen werden soll, kann der Begriff „Zufallsgerät" auf der Modellebene verwendet werden. Dabei sollte dieser Begriff mit folgenden Merkmalen verbunden werden:

- Zufallsgeräte sind gedankliche Objekte.
- Beim Einsatz von Zufallsgeräten gibt es genau festgelegte Ergebnisse mit festgelegten Wahrscheinlichkeiten.
- Es gibt keine Bedingungen des Vorgangs, die die Wahrscheinlichkeiten der Ergebnisse beeinflussen.

Mit dem so gebildeten Begriff „Zufallsgerät" kann dann zwischen den realen Glücksspielgeräten und ihrer modellhaften Beschreibung unterschieden werden. Diese Unterscheidung ist im Unterricht ohne Einführung eines neuen Begriffs möglich, wenn man die genannten Merkmale als generelle, vereinfachende Voraussetzungen von Aufgabenstellungen mit Glücksspielgeräten auf der Ebene der Realmodelle vereinbart.

Um zwischen einem realen Vorgang mit einem Glücksspielgerät und einem Verwenden des entsprechenden Zufallsgerätes auf theoretischer Ebene zu unterscheiden, sei auf die Möglichkeit einer exakten Definition von Zufallsgeräten und Zufallsexperimenten mit diesen Geräten im mathematischen Sinne hingewiesen (Sill 2010). So lässt sich das Zufallsgerät *Würfel* definieren als ein Würfel im mathematischen Sinne, bei dem jeder der sechs Seiten genau eine der Zahlen 1 bis 6 zugeordnet ist. Das Zufallsexperiment *Würfeln* wird definiert durch die Ergebnismenge $\{1, 2, 3, 4, 5, 6\}$, wobei jedes Ergebnis die Wahrscheinlichkeit $\frac{1}{6} = 1,\overline{6}$ hat.

Es ist nicht möglich, das Zufallsexperiment *Würfeln* im Kopf tatsächlich auch durchzuführen, um Ergebnisse zu erhalten. Das menschliche Gehirn ist nicht in der Lage, eine zufällige Auswahl aus einer Ergebnismenge vorzunehmen. Ausgedachte Würfelergebnisse erfüllen nicht die Anforderungen an eine zufällige Auswahl, da z. B. nicht alle Ergebnisse oder auch Kombinationen von Ergebnissen in der Anzahl vorkommen, wie es bei einer zufälligen Auswahl zu erwarten wäre.

Deshalb wurden in der Mathematik Verfahren entwickelt, um mit möglichst hoher Genauigkeit eine zufällige Auswahl vorzunehmen. Diese Verfahren bestehen in der Erzeugung von sogenannten **Zufallszahlen** und werden als **Zufallszahlengeneratoren**, kurz **Zufallsgenerator** (Henze 2013, S. 148), bezeichnet. Es gibt physikalische Zufallszahlengeneratoren, die z. B. physikalische Effekte wie radioaktive Zerfallsprozesse verwenden, aber technisch sehr aufwendig sind. Deshalb wurden sogenannte **Pseudozufallszahlengeneratoren** entwickelt, mit denen Zufallszahlen durch ein algorithmisches Verfahren erzeugt werden. Diese sind z. B. in Taschenrechnern installiert und können häufig mit der Taste „Ran" (engl. random) abgerufen werden. Es gibt Testverfahren, um die Qualität von Pseudozufallszahlengeneratoren zu überprüfen, d. h. inwieweit die erzeugten ein- oder mehrstelligen Zufallszahlen „zufällig" entstanden sind. So wird z. B. bei einer sehr großen Anzahl von erzeugten Zufallszahlen überprüft, ob alle einstelligen Zahlen oder alle Zahlen mit zwei gleichen Ziffern im Rahmen bestimmter Schwankungsbreiten mit der gleichen Häufigkeit auftreten. Die „Zufälligkeit" der mit Zufallsgeneratoren erzeugten Zufallszahlen ist eine Eigenschaft ihrer Reihenfolge. Alle „Geheimnisse" des Zufalls sind in einer Tabelle mit Zufallszahlen verborgen, die z. B. in einigen Formelsammlungen enthalten ist.

Der Begriff „Zufallsgenerator" wird in der fachdidaktischen Literatur und in Schullehrbüchern teilweise synonym zum Begriff „Zufallsgerät" als Bezeichnung für bestimmte Objekte verwendet. Mit Blick auf die Verwendung dieses Wortes in der Fachwissenschaft sollte darauf in der Schule verzichtet werden. Die Begriffsverwirrung wird noch vergrößert, wenn von „asymmetrischen" Zufallsgeneratoren gesprochen wird, da das wesentliche Merkmal eines Zufallsgenerators ja gerade die Gleichwahrscheinlichkeit der Ergebnisse ist.

5.1.4 Beschreibung von Aspekten des Zufallsbegriffs mit einer Prozessbetrachtung und Wahrscheinlichkeitsaussagen

Im Folgenden soll an vier typischen Beispielen verdeutlicht werden, dass durch eine Prozessbetrachtung die aufgeführten Aspekte des Zufallsbegriffs in einheitlicher Weise analysiert und unter Verwendung von Wahrscheinlichkeitsaussagen beschrieben werden können, ohne dabei die Wörter „Zufall" oder „zufällig" zu verwenden. Dabei kommen zwei wesentliche Aspekte der Prozessbetrachtung zum Tragen: eine Orientierung auf das, was abläuft, sowie die Betrachtung eines einzelnen Vorgangs.

Häufig werden in der Literatur nur eingetretene Ereignisse untersucht und als zufällig oder nicht zufällig bezeichnet. Weiterhin werden in Situationen, bei denen es um die Wiederholung von Vorgängen geht, diese Vorgänge selbst nicht bestimmt und analysiert.

Beispiel 1: Mischen von Kugeln und Karten
Bei der Durchmischung von Perlen geht es um den Vorgang „Bewegung einer Perle im Behälter" mit dem Merkmal „Lage der Kugel im Behälter". Entsprechend der Anzahl der Perlen im Behälter laufen mehrere dieser Vorgänge gleichzeitig ab. Eine vollständige Durchmischung ist erreicht, wenn die Wahrscheinlichkeiten für alle möglichen Lagen

bei jeder Perle gleich sind. Werden wie in unserem vorgeschlagenen Experiment zuerst blaue und dann gelbe Perlen vorsichtig in den Behälter geschüttet (Abb. 3.28), so ist die Wahrscheinlichkeit, dass sich eine gelbe Perle weiter unten befindet, kleiner als die Wahrscheinlichkeit, dass sie weiter oben liegt.

Während es beim Mischen von Kugeln in einem Behälter noch relativ einfach ist, durch entsprechendes Schütteln oder Umrühren eine gleichmäßige Durchmischung herzustellen, ist dies für das Mischen von Karten durchaus ein anspruchsvolles Problem. Es gibt verschiedene Mischtechniken, von denen mehrfaches Riffeln zu einer guten Durchmischung führt und daher etwa in Spielcasinos angewendet wird.

Beispiel 2: Abweichungen vom erwarteten Wert
Wenn vom Zufall als „Rauschen im System" bzw. von signifikanten und nicht signifikanten Abweichungen gesprochen wird, handelt es sich immer um das wiederholte Ablaufen von stochastischen Vorgängen, z. B. um das wiederholte Werfen einer Münze. Ein stochastischer Vorgang wird durch Bedingungen beeinflusst, die bei allen Wiederholungen konstant sind (z. B. die verwendete Münze), und Bedingungen, deren Ausprägungen sich bei jeder Wiederholung ändern (z. B. die konkreten Abwurfdaten). Die bei jeder Wiederholung jeweils anderen Ausprägungen der variablen Bedingungen sind die Ursachen für das jeweils eingetretene Ergebnis.

Auf der Grundlage von Modellannahmen zu den konstanten und variablen Bedingungen kann man die zu erwartenden Häufigkeiten der möglichen Ergebnisse berechnen. Wird z. B. eine normale Münze geworfen, so kann man modellhaft annehmen, dass die Münze homogen und symmetrisch ist und damit beide Seiten physikalisch nicht unterscheidbar sind. Wird weiterhin vorausgesetzt, dass die Münze immer auf einer glatten Unterlage landet und dabei auf eine der beiden Seiten fällt, so wie ein Mensch die Münze wirft – durch den Abwurf wird also keine der beiden Seiten bevorzugt –, kann man als Realmodell annehmen, dass beide Seiten die gleiche Wahrscheinlichkeit von 0,5 haben. Aus diesen Voraussetzungen lassen sich dann mit dem mathematischen Modell der Binomialverteilung die Wahrscheinlichkeiten für die möglichen Anzahlen des Ergebnisses „Zahl" bei einer bestimmten Anzahl von Würfen sowie die erwartete Anzahl des Ergebnisses berechnen. Wird z. B. eine Münze 100-mal geworfen, so kann man erwarten, dass 50-mal „Zahl" fällt. Obwohl dies die wahrscheinlichste Anzahl ist, beträgt die Wahrscheinlichkeit für 50-mal „Zahl" nur etwa 8 %. Die Wahrscheinlichkeit, dass „Zahl" mindestens 40-mal und höchstens 60-mal fällt, beträgt aber 96,5 %. Alle Anzahlen kleiner als 40 und größer als 60 haben zusammen also nur eine Wahrscheinlichkeit von 3,5 %. Wenn ein solch seltenes Ereignis auftritt, also z. B. 39-mal „Zahl" fällt, spricht man von einer signifikanten Abweichung vom Erwartungswert 50. Da die Wahrscheinlichkeit für das Auftreten einer solchen Anzahl recht klein ist, wird dies als Indiz dafür angesehen, dass die Modellannahmen falsch sind. Im Fall des Münzwurfs könnte es bedeuten, dass beide Seiten nicht physikalisch gleich sind, da die Münze eventuell gefälscht ist oder nicht aus homogenem Material besteht. Signifikante Abweichungen sind aber keine unmöglichen Versuchsergebnisse und können deshalb auch bei richtigen Modellannahmen durchaus auftreten. Bei der Betrachtung von signifikanten Abweichungen geht es also letztlich um die Interpretation von Ereignissen mit kleiner Wahrscheinlichkeit. Es lassen sich aber nur Hypothesen über die tatsächlichen Verhältnisse aufstellen.

Die Überlegungen am Beispiel des MünzWurfs verdeutlichen, dass die Wiederholung von stochastischen Vorgängen zur Untersuchung von Abweichungen vom Erwartungswert mit zahlreichen inhaltlich und mathematisch sehr anspruchsvollen Problemen verbunden ist, die weit über das Verständnis von Primarstufenschülern und die zur Verfügung stehenden mathematischen Möglichkeiten hinausgehen. Wir empfehlen deshalb, auf solche Aufgabenstellungen in der Primarstufe möglichst zu verzichten.

Beispiel 3: Unfallgeschehen im Straßenverkehr
Zur Durchführung einer Prozessbetrachtung muss ein einzelner Vorgang im Straßenverkehr bestimmt werden, also z. B. „Herr Müller fährt Auto" oder „Ina geht zur Schule". Als Merkmal wird betrachtet, ob ein Unfall passiert. Ausprägungen des Merkmals könnten sein: kein Unfall, ein leichter Unfall, ein schwerer Unfall, ein sehr schwerer Unfall oder ein tödlicher Unfall. Der Vorgang wird beeinflusst durch solche Faktoren wie die Erfahrungen der am Unfall beteiligten Verkehrsteilnehmer, ihr Reaktionsvermögen in Gefahrensituationen, ihre Aufmerksamkeit, die Dichte des Straßenverkehrs oder das Verhalten der anderen Verkehrsteilnehmer. Entsprechend der Ausprägungen der allgemeinen Bedingungen bei Herrn Müller oder bei Ina gibt es für die angegebenen Werte des Merkmals bestimmte Wahrscheinlichkeiten. So könnten Schüler etwa formulieren, dass die Wahrscheinlichkeit, dass Ina einen Unfall auf dem Weg zur Schule hat, sehr gering ist, da sie diesen Weg schon oft gegangen ist, sehr aufmerksam und vorsichtig ist und es auf ihrem Schulweg nur wenig Verkehr gibt. Man kann über die Wahrscheinlichkeit sprechen, dass Herr Müller einen Unfall verursacht bzw. dass er in einen Unfall schuldlos verwickelt wird. Die Wahrscheinlichkeitsaussagen hängen von den Informationen ab, die man über die Fahrweise von Herrn Müller, den Verkehr auf seiner Straße, den Zustand seines Autos oder über andere Bedingungen hat. In allen Fällen ist das Wort „Zufall" nicht erforderlich.

Ein Problem ist allerdings, dass man zwar von einer Wahrscheinlichkeit für die Merkmalsausprägungen bei einem einzelnen Verkehrsteilnehmer sprechen kann, diese sich aber numerisch nicht bestimmen lässt. Man kann lediglich die Unfallrate einer Person ermitteln, indem man die Anzahl der Unfälle bezüglich eines bestimmten Fahrwegs ermittelt (z. B. Unfälle pro 10.000 km Fahrstrecke). Dabei muss es sich aber um vergleichbare Fahrstrecken handeln, man kann z. B. nicht Fahrten auf Autobahnen oder in Städten zusammenfassen.

Bei der Verkehrserziehung, zu der Warwitz (2009) sehr geeignete Vorschläge unterbreitet, geht es darum, Bedingungen des Vorgangs so zu ändern, dass die Wahrscheinlichkeit für einen Unfall geringer wird.

Beispiel 4: Auftreten von Mängeln oder Fehlern in Objekten
In einem Arbeitsblatt zum Zufallsbegriffs sollen die Schüler entscheiden, ob es sich bei dem Ereignis „eine neu gekaufte CD lässt sich nicht abspielen" um Zufall oder nicht

handelt (Gasteiger 2007, S. 27). Die Autorin stellt fest, dass es darauf keine eindeutige Antwort gibt, da auch der Kontext entscheidend ist (S. 23). Wenn man aus Sicht einer Prozessbetrachtung fragt, welche Vorgänge zu dem Ergebnis geführt haben bzw. mit ihm verbunden werden können, sind drei Antworten möglich. Zum einen kann der Vorgang der Herstellung der CD mit dem Merkmal „Abspielbarkeit" betrachtet. Weiterhin könnte der Vorgang „Abspielen der CD in einem CD-Spieler" betrachtet werden. Bei diesem Vorgang gehören die Qualität der CD, die Funktionsfähigkeit des Gerätes oder ein möglicher Kopierschutz zu den Einflussfaktoren. Der Situation am Nächsten kommt aber der Vorgang der Suche nach den Ursachen für die Nichtabspielbarkeit. Bei diesem Vorgang geht es um das Überprüfen von Hypothesen wie „die CD ist defekt", „der CD-Spieler ist defekt" oder „es gibt einen Kopierschutz". Bei allen Vorgängen können Wahrscheinlichkeitsaussagen zu den möglichen Ergebnissen getroffen werden.

5.2 Der Begriff „Wahrscheinlichkeit"

► Der Begriff „Wahrscheinlichkeit" ist ein Grundbegriff der mathematischen Disziplin „Wahrscheinlichkeitsrechnung". Nach vergeblichen Versuchen in der Geschichte der Wahrscheinlichkeitsrechnung, diesen Begriff explizit zu definieren, erfolgte erstmalig in einer Arbeit von A. N. Kolmogorov (1903–1987) aus dem Jahre 1933 seine Festlegung durch ein Axiomensystem. Damit ist das Wort „Wahrscheinlichkeit" in der Mathematik ein nicht definierbarer Grundbegriff. Erst in Anwendungen (Modellen) des Axiomensystems erhält er inhaltliche Bedeutungen.

Die Wahrscheinlichkeitsrechnung und die darauf aufbauende Theorie der Mathematischen oder Beurteilenden Statistik haben sich als Disziplinen mit einem sehr breiten Anwendungsfeld erwiesen. Der zentrale Begriff der Wahrscheinlichkeit besitzt deshalb zahlreiche inhaltliche Aspekte. Grundlegende Vorstellungen zu ausgewählten Aspekten sollten und können wie bei Grundbegriffen der Arithmetik und Geometrie bereits in der Primarstufe ausgebildet werden.

In diesem Abschnitt werden Aspekte des Wahrscheinlichkeitsbegriffs als notwendiges Hintergrundwissen von Primarstufenlehrpersonen diskutiert. Dabei wird sich zeigen, dass die Prozessbetrachtung stochastischer Situationen eine sinnvolle Unterscheidung von Aspekten ermöglicht.

5.2.1 Formale Aspekte des Wahrscheinlichkeitsbegriffs

Die Wahrscheinlichkeit wird in der Mathematik als ein Maß für die Abbildung einer Menge von Ergebnissen in eine Menge von reellen Zahlen im Intervall von 0 bis 1 definiert, die bestimmten Forderungen (Axiomen) genügen muss. Wahrscheinlichkeiten werden als Bruch oder Dezimalbruch angegeben.

In der Wahrscheinlichkeitsrechnung unterscheidet man zwischen den Begriffen „Ergebnis" und „Ereignis". Ein **Ereignis** ist eine Aussage über Ergebnisse eines Vorgangs. Ein mögliches Ereignis beim Werfen eines Würfels wäre z. B. die Aussage: „Die gewürfelte Augenzahl ist gerade."

Für die Bezeichnung der Wahrscheinlichkeit wird der Buchstabe P (lat. probilitas, engl. probability, frz. probabilité) verwendet. In der funktionalen Schreibweise wird in Klammern das Ereignis angegeben, dem die Wahrscheinlichkeit zugeordnet wird. Dabei kann das Ereignis in Worten oder als großer Buchstabe, der zur Abkürzung verwendet wird, angegeben werden. Bei der Angabe einer Wahrscheinlichkeit ohne Nennung des Ereignisses in Klammern wird ein kleines p benutzt. Dabei muss aus dem Zusammenhang hervorgehen, welches Ereignis gemeint ist.

Beispiel für die quantitative Angabe einer Wahrscheinlichkeit:

Die Wahrscheinlichkeit für das Ereignis „die gewürfelte Augenzahl ist gerade" beträgt beim Werfen eines idealen Würfels 0,5.

Schreibweisen:

- P(Die Augenzahl ist gerade.) $= 0{,}5$
- $P(A) = 0{,}5$; A: Die Augenzahl ist gerade.
- Es ist $p = 0{,}5$ für das Auftreten einer geraden Augenzahl beim Würfeln mit einem idealen Würfel.

Im speziellen Fall einer endlichen Menge von Ergebnissen, die alle die gleiche Wahrscheinlichkeit haben, kann die Wahrscheinlichkeit eines Ereignisses mithilfe der **Laplace-Formel** berechnet werden. Sie ist nach dem französischen Mathematiker Pierre-Simon Laplace (1749–1827) benannt, einem Begründer der Wahrscheinlichkeitsrechnung.

▶ **Laplace-Formel** Wenn ein Vorgang n mögliche gleich wahrscheinliche Ergebnisse hat und eine Aussage A über Ergebnisse dieses Vorgangs für m Ergebnisse zutrifft, so gilt:

$$P(A) = \frac{n}{m}$$

Man spricht verkürzt auch vom Quotient aus der Anzahl der günstigen durch die Anzahl der möglichen Ergebnisse.

Die Laplace-Formel wird in der Regel in der Orientierungsstufe nach der Behandlung von Brüchen eingeführt. Damit können dann insbesondere Wahrscheinlichkeiten für Vorgänge im Glücksspielbereich aus Modellannahmen über die Gleichwahrscheinlichkeit von Ergebnissen berechnet werden. So beträgt etwa die Wahrscheinlichkeit, beim Würfeln eine Fünf oder Sechs zu erhalten, ein Drittel, da es zwei günstige und sechs mögliche Ergebnisse gibt.

Probleme der Begriffe „Ergebnis" und „Ereignis"

In der Primarstufe ist es nicht erforderlich und auch nicht sinnvoll, den Begriff „Ereignis" zu verwenden. Mit diesem Wort verbindet man in der Umgangssprache ein besonderes Vorkommnis (ein historisches Ereignis oder ein Theaterstück war ein Ereignis, die Geburt eines Kindes ist ein freudiges Ereignis), während es in der Wahrscheinlichkeitsrechnung um keine besonderen Vorfälle geht, sondern lediglich um eine Zusammenfassung möglicher Ergebnisse (Abschn. 5.1.3).

Die Menge der Ergebnisse kann endlich, abzählbar oder überabzählbar sein. In der Primarstufe haben wir es hauptsächlich mit endlichen Ergebnismengen zu tun. Für das Drehen eines Glücksrades ist aber auch eine überabzählbare Menge von Ergebnissen als Modell möglich. Der Zeiger des Rades hält auf einem bestimmten Punkt des Randes. Die Menge der Punkte des Randes ist ein Beispiel für überabzählbare Ergebnismengen. Um in diesem Fall auch Wahrscheinlichkeiten berechnen zu können, verwendet man das Verhältnis der Länge eines Kreisbogens zum Umfang des Kreises. Da es sich um Maße von geometrischen Objekten handelt, spricht man in diesem Fall auch von **geometrischen Wahrscheinlichkeiten**. Man kann aber auch eine endliche Ergebnismenge als Modell verwenden, indem man die Kreislinie in gleiche Kreisbögen bzw. den Kreis in gleich große Sektoren einteilt. Dann kann die Wahrscheinlichkeit für einen Sektor als Verhältnis zur Gesamtzahl der Sektoren ermittelt werden.

In der Literatur und auch in Schulbüchern werden Aspekte des Wahrscheinlichkeitsbegriffs oft durch adjektivische Attribute zum Wort „Wahrscheinlichkeit" oder „Wahrscheinlichkeitsbegriff" zum Ausdruck gebracht. Man findet in entsprechenden Publikationen (z. B. Borovcnik 1992; Eichler und Vogel 2009; Hawkins und Kapadia 1984; Jones et al. 2007; Spandaw 2013; Wolpers 2002) u. a. folgende Bezeichnungen:

- Laplace-Wahrscheinlichkeit oder klassische Wahrscheinlichkeit,
- objektive Wahrscheinlichkeit,
- frequentistische, statistische oder empirische Wahrscheinlichkeit,
- subjektive, subjektivistische oder epistemische Wahrscheinlichkeit.

Weiterhin gibt es u. a. noch folgende Wortverbindungen:

- axiomatische, theoretische oder formale Wahrscheinlichkeit,
- prognostische Wahrscheinlichkeit.

Es ist aus unserer Sicht in der Schule und auch in der Didaktik nicht sinnvoll, von verschiedenen Wahrscheinlichkeitsbegriffen zu sprechen. Es gibt, entsprechend unserer Auffassung zum epistemologischen Status von Begriffen, nur einen Wahrscheinlichkeitsbegriff, der verschiedene Aspekte hat. Jene ergeben sich aus seinen Bedeutungen in verschiedenen Kontexten. Dies sind aber Metabetrachtungen, die kein Gegenstand des schulischen Stochastikunterrichts sein sollten. Im Unterricht sollte unserer Auffassung nach von Beginn an nur das Wort „Wahrscheinlichkeit" ohne weitere Zusätze verwendet werden. Wenn die Schüler im Laufe des Unterrichts mit den verschiedenen Bedeutungen dieses Wortes in entsprechenden Zusammenhängen vertraut gemacht werden, bildet sich bei ihnen ein System von Gedanken aus, das den Aspekten des Wahrscheinlichkeitsbegriffs entspricht.

5.2.2 Der objektive Aspekt des Wahrscheinlichkeitsbegriffs

Bei der objektiven Auffassung von Wahrscheinlichkeiten werden diese als physikalische Eigenschaften von Objekten bzw. als vorhandene Merkmalsausprägungen bei Personen angesehen. Die Wahrscheinlichkeiten existieren dabei unabhängig von Menschen, die sie bestimmen wollen. Aus Sicht der Prozessbetrachtung handelt es sich um Wahrscheinlichkeiten bei Vorgängen mit realen Objekten oder Personen.

Beispiele für Vorgänge mit einem objektiven Charakter der Wahrscheinlichkeiten

1. Beim Vorgang der Entstehung des Wetters gibt es für jeden Ort eine bestimmte Wahrscheinlichkeit, dass es dort am nächsten Tag regnen wird. Diese Wahrscheinlichkeit hängt von einer großen Anzahl von Einflussfaktoren ab. Die Wahrscheinlichkeit existiert unabhängig von den Bestrebungen der Meteorologen, die sie näherungsweise bestimmen.
2. Beim Schreiben der nächsten Mathematikarbeit existiert für den Schüler Arne eine bestimmte Wahrscheinlichkeit für ein sehr gutes Ergebnis, die sich aus seinen vorhandenen mathematischen Fähigkeiten, seiner Vorbereitung auf die Arbeit, den konkreten Anforderungen in der Arbeit und anderen Faktoren ergibt.
3. Wird ein Quader geworfen, so gibt es für jede der sechs Seiten eine bestimmte Wahrscheinlichkeit ihres Auftretens, die sich aus den physikalischen Eigenschaften des Quaders ergibt.

Weitere Beispiele für Vorgänge dieser Art sind die Beispiele B und C im Abschn. 1.4.3.

Oft wird die objektive Auffassung von Wahrscheinlichkeiten in Verbindung mit der Möglichkeit zur häufigen Wiederholung eines Vorgangs unter gleichen Bedingungen gebracht. Beispiele sind das Werfen eines Würfels oder die automatische Produktion von Maschinenteilen. Bei diesen Massenerscheinungen wird der objektive Charakter der Wahrscheinlichkeit von Ergebnissen wie das Auftreten einer Sechs oder die Fehlerquote in der Produktion besonders deutlich, da nach dem empirischen Gesetz der großen Zahlen (Abschn. 5.2.7.2) die Schwankungen der relativen Häufigkeit um einen festen Wert, also der Wahrscheinlichkeit des Ergebnisses, immer kleiner werden. Die Wahrscheinlichkeit wird in diesen Fällen als ein Maß für die Häufigkeit des Auftretens des betreffenden Ergebnisses gesehen.

5.2.3   Der subjektive Aspekt des Wahrscheinlichkeitsbegriffs

Wenn Wahrscheinlichkeiten als Vermutungen im Kopf von Personen entstehen, spricht man von einem subjektiven Charakter dieser Wahrscheinlichkeitsangaben. Die Wahrscheinlichkeiten hängen in diesen Fällen von den Kenntnissen der betreffenden Person ab, existieren also nicht objektiv und unabhängig vom menschlichen Denken. Aus Sicht der Prozessbetrachtung geht es in diesem Fall um eine zweite Art von Vorgängen, die Überlegungen von Personen. Zu den Bedingungen dieser Vorgänge gehören die fachlichen Kenntnisse der betreffenden Personen, ihrer Erfahrungen und geistigen Fähigkeiten, aber vor allem auch die ihr zur Verfügung stehenden Informationen über den realen Vorgang, zu dem sie sich Gedanken machen. Es können bei diesen Denkvorgängen zwei Typen von Überlegungen unterschieden werden.

Überlegungen zur Wahrscheinlichkeit der Ergebnisse von Vorgängen mit realen Objekten
Die Überlegungen richten sich in diesem Fall auf Vorgänge, bei denen die Wahrscheinlichkeiten von Ergebnissen einen objektiven Charakter haben. Es geht also um subjektive Schätzungen objektiver Wahrscheinlichkeiten.

Beispiele zur subjektiven Schätzung objektiver Wahrscheinlichkeiten

1. Die Vorhersagen von Meteorologen über das Wetter von morgen sind Ergebnisse ihrer Überlegungen, die auf zahlreichen Informationen und Resultaten von Modellrechnungen beruhen.
2. Der Schüler Arne kann auf der Grundlage seiner Kenntnisse über sich selbst und seiner Vermutungen über die Anforderungen in der nächsten Arbeit die Wahrscheinlichkeit schätzen, dass er ein sehr gutes Ergebnis erhalten wird.
3. Wenn ein Quader sehr oft geworfen wurde, kann man aus den relativen Häufigkeiten des Auftretens der einzelnen Seiten unter Beachtung der Symmetrieeigenschaften des Quaders Vermutungen über die Wahrscheinlichkeit der einzelnen Seiten anstellen. Je größer die Anzahl der vorgenommenen Wiederholungen des Vorgangs ist, umso genauer sind Schätzungen der Wahrscheinlichkeiten möglich.

Erhalten die Personen weitere oder genauere Informationen über den Vorgang, können sich ihre Schätzungen der Wahrscheinlichkeit ändern und sich dabei dem tatsächlichen, aber ihnen unbekannten Wert der Wahrscheinlichkeit annähern.

Die Mehrzahl unserer Beispiele zum Vergleichen und Schätzen von Wahrscheinlichkeiten erfordert subjektive Überlegungen von Schülern zu objektiven Wahrscheinlichkeiten.

Überlegungen zur Wahrscheinlichkeit eingetretener, aber unbekannter Ergebnisse oder Zustände

Auch diese Überlegungen richten sich auf Vorgänge mit realen Objekten oder Personen. Allerdings ist der Vorgang schon beendet und ein Ergebnis bzw. ein bestimmter Zustand ist eingetreten, dieses bzw. dieser ist aber der Person unbekannt.

Beispiele zur Schätzung der Wahrscheinlichkeit unbekannter Ergebnisse oder Zustände

1. Wenn Arne die Mathematikarbeit geschrieben hat, aber das Ergebnis noch nicht kennt, kann er Vermutungen darüber anstellen. Je nach seinen Fähigkeiten zur Selbsteinschätzung kommt sein Vermutung dem tatsächlichen Ergebnis nahe. Erhält er weitere Informationen, z. B. die Lösungen der Aufgaben, kann er seine Wahrscheinlichkeitsschätzung weiter verbessern.

2. Es wird ein Würfel verdeckt geworfen, sodass man das Ergebnis nicht sieht, und es soll die Wahrscheinlichkeit geschätzt werden, dass eine Sechs geworfen wurde. Ohne weitere Informationen würde eine Person eine Wahrscheinlichkeit von 1/6 angeben. Wird ihr gesagt, dass das Ergebnis eine gerade Zahl ist, so ändert sich ihre Wahrscheinlichkeitsschätzung auf den Wert 1/3. Erfährt sie weiterhin, dass das Ergebnis größer als 4 ist, kann sie sich sicher sein, dass eine Sechs gewürfelt wurde.

3. Wenn ein Kind Fieber bekommt, so ist das ein Zeichen für eine Erkrankung. Je nach den weiteren Symptomen sind für die Eltern bestimmte Erkrankungen mehr oder weniger wahrscheinlich. Eine größere Sicherheit über den Krankheitszustand ergibt sich erst nach Untersuchungen eines Arztes. Dessen Diagnose sagt aus, welche Krankheit er für am wahrscheinlichsten hält.

Mit der Zunahme von Informationen ändert sich auch bei diesen Überlegungen die Wahrscheinlichkeitsschätzung der betreffenden Person. Im Unterschied zur subjektiven Schätzung objektiver Wahrscheinlichkeiten wird sie sich aber immer sicherer, welches Ergebnis eingetreten ist, und die geschätzte Wahrscheinlichkeit nähert sich dem Wert 1.

5.2.4　Ermitteln von Wahrscheinlichkeiten

Man kann mithilfe von mathematischen Sätzen Wahrscheinlichkeiten aus bekannten Wahrscheinlichkeiten berechnen, aber am Ausgangspunkt aller Berechnungen müssen Wahrscheinlichkeiten auf andere Weise ermittelt werden. Für die Lösung dieses zentralen Problems der Anwendung der Wahrscheinlichkeitsrechnung wurden in der Phase der Entstehung dieser Disziplin im 17. und 18. Jahrhundert folgende Methoden verwendet (Gigerenzer und Krüger 1999):

- Überlegungen zu physikalischen Symmetrien
- Ausgehen von beobachteten Häufigkeiten
- Grade subjektiver Gewissheit

Diese drei Methoden spiegeln die genannten Aspekte des Wahrscheinlichkeitsbegriffs wider. Sie standen gleichberechtigt nebeneinander und wurden je nach Anwendungsgebiet verwendet.

Auch in der weiteren Entwicklung der Disziplin zeigte sich, dass es eine generelle mathematische Methode zur Ermittlung von Ausgangswahrscheinlichkeiten aufgrund des axiomatischen Charakters des Wahrscheinlichkeitsbegriffs nicht gibt. Anknüpfend an die drei Methoden aus der Geschichte der Wahrscheinlichkeitsrechnung gibt es folgende Möglichkeiten zur Ermittlung von Wahrscheinlichkeiten als Ausgangspunkte von Berechnungen:

Subjektive Schätzung der Wahrscheinlichkeit auf Grundlage von persönlichen Erfahrungen, Kenntnissen oder Vorstellungen

Die Wahrscheinlichkeit eines Ereignisses kann von einer Person auf der Grundlage von Kenntnissen dieser Person über Bedingungen des Vorgangs geschätzt werden. Unsere Vorschläge zur Ausbildung eines präformalen Wahrscheinlichkeitsbegriffs beruhen in der Mehrzahl auf solchen subjektbezogenen Schätzungen. Dabei kann es sich um die Schätzung von Wahrscheinlichkeiten künftiger Ergebnisse handeln, wie etwa die Wahrscheinlichkeit zum Würfeln einer Sechs oder für das morgige Wetter, aber auch um die Wahrscheinlichkeiten von bereits eingetretenen, aber unbekannten Ergebnissen wie etwa der Wahrscheinlichkeit für die Ursachen einer defekten Fahrradlampe.

Bestimmung der Wahrscheinlichkeit auf Grundlage von Modellannahmen

Der in der Schule am häufigsten genutzte Fall ist die Annahme einer Gleichverteilung, also der gleichen Wahrscheinlichkeit für alle möglichen Ergebnisse eines Vorgangs. Das prototypische Beispiel ist das Würfeln mit einem normalen Spielwürfel. Unter der Annahme, dass aufgrund des symmetrischen Aufbaus des Würfels die Wahrscheinlichkeit für das Auftreten der Augenzahlen gleich ist, kann die Wahrscheinlichkeit für eine bestimmte Augenzahl mithilfe der Laplace-Formel ermittelt werden. Weiterhin lassen sich aus dieser Modellannahme auch die Wahrscheinlichkeiten für weitere Ereignisse berechnen. Diese Methode ist erst ab der Sekundarstufe I anwendbar, da Kenntnisse zur Bruchrechnung erforderlich sind.

Bestimmung der Wahrscheinlichkeit auf Grundlage von Daten aus Beobachtungen oder von Experimenten zum wiederholten Ablauf des Vorgangs unter gleichen Bedingungen

Wenn es nicht möglich ist, über sinnvolle Modellannahmen zu Wahrscheinlichkeiten zu kommen, müssen diese auf der Grundlage von Daten näherungsweise bestimmt werden. In der Primarstufe können Vergleiche von Wahrscheinlichkeiten auf der Grundlage von Häufigkeitsverteilungen vorgenommen werden. Aus der absoluten Häufigkeit eines Ergebnisses, die im Rahmen einer statistischen Untersuchung ermittelt wurde, können Wahrscheinlichkeiten für abweichende Häufigkeiten geschätzt werden.

Bei Voraussetzung einer Wiederholung des Vorgangs unter genau gleichen Bedingungen lässt sich beweisen, dass mit zunehmender Anzahl von Wiederholungen die relative Häufigkeit des Ergebnisses im stochastischen Sinne gegen seine Wahrscheinlichkeit strebt (Gesetze der großen Zahlen,Abschn. 5.2.7.2). Ein dafür in der Schule oft verwendetes Beispiel ist das Werfen von nicht symmetrischen Objekten (z. B. eines Holzquaders) zur Bestimmung der Wahrscheinlichkeit für die verschiedenen möglichen Endlagen der Objekte. Da relative Häufigkeiten in der Primarstufe noch nicht berechnet werden können, sollten auch die betreffenden Experimente noch nicht durchgeführt werden.

5.2.5 Interpretieren von Wahrscheinlichkeiten

Neben den verschiedenen Möglichkeiten zur Ermittlung von Wahrscheinlichkeiten sollten Schülerinnen und Schüler im Stochastikunterricht auch mit Möglichkeiten zum Interpretieren der ermittelten Wahrscheinlichkeiten vertraut gemacht werden. Die im Folgenden vorgeschlagenen Interpretationsmöglichkeiten beruhen auf unserem Ansatz zur Berücksichtigung von objektivistischen und subjektivistischen Auffassungen durch die Betrachtung unterschiedlicher Arten stochastischer Vorgänge.

Aussagen zum zukünftigen Eintreten von Ergebnissen
Vor dem Ablauf eines Vorgangs können mithilfe von Wahrscheinlichkeitsangaben Aussagen über die möglichen Ergebnisse getroffen werden. Dieser prognostische Charakter von Wahrscheinlichkeiten sollte der Hauptzugang zum Wahrscheinlichkeitsbegriff in der Primarstufe sein. Mit der Wahrscheinlichkeitsaussage wird zum Ausdruck gebracht, wie sicher man sich sein kann, dass ein bestimmtes Ergebnis eintritt oder auch in welchem Maße man das Ergebnis erwarten kann. Diese Art der Interpretation einer Wahrscheinlichkeitsangabe kann als Grad der Sicherheit bzw. Grad der Erwartung bezeichnet werden.

Beispiele für Vorhersagen (Prognosen) künftiger Ergebnisse

1. In einem Wetterbericht wird angegeben, dass die Regenwahrscheinlichkeit für den nächsten Tag 95 % beträgt. Man kann daraufhin in dem Vorhersagegebiet mit ziemlicher Sicherheit mit Regen rechnen.
2. Vor dem nächsten Wurf eines Würfels wird eine Sechs benötigt. Auf der Grundlage der geschätzten oder bekannten Wahrscheinlichkeit für eine Sechs kann man sagen, dass man viel eher keine als eine Sechs erwartet.
3. Wenn Arne in den bisherigen Mathematikarbeiten nur gute und sehr gute Noten bekommen hat, kann man auch bei der nächsten Mathematikarbeit mit großer Sicherheit solche Ergebnisse erwarten.

Aussagen über ein eingetretenes und bekanntes Ergebnis
Nach Ablauf eines Vorgangs können auf Grundlage der bekannten oder geschätzten Wahrscheinlichkeit des Ergebnisses geeignete Aussagen formuliert werden, die zum Ausdruck

bringen, ob die Erwartungen erfüllt oder eher nicht erfüllt sind. Wenn eine Sechs gewürfelt wurde, kann man sagen, dass dies eher nicht zu erwarten war, und kann sich darüber besonders freuen. Würfelt man keine Sechs, so muss man darüber nicht besonders erstaunt sein und wird im nächsten Wurf auf mehr Glück hoffen.

Aussagen über ein eingetretenes, aber unbekanntes Ergebnis

Wenn das eingetretene Ergebnis eines stochastischen Vorgangs einer Person nicht bekannt ist, so kann diese durch eine Wahrscheinlichkeitsaussage zum Ausdruck bringen, wie sicher sie sich ist, ob ein bestimmtes Ergebnis eingetreten ist. Die dabei angestellten Überlegungen der Person beruhen auf ihren Kenntnissen über den Vorgang und auf Informationen, die sie zu dem eingetretenen Ergebnis erhält. Mit Zunahme weiterer Informationen kann sich die Person immer sicherer sein, welches Ergebnis eingetreten ist.

Vorhersagen der zu erwartenden Häufigkeit bei mehrmaligem Ablauf des Vorgangs unter gleichen Bedingungen

Wenn man den Vorgang unter gleichen Bedingungen mehrfach wiederholen kann, so sind Vorhersagen der zu erwartenden absoluten Häufigkeiten möglich. Wenn das Ergebnis die Wahrscheinlichkeit p hat und der Vorgang n-mal wiederholt wird, so ist der Erwartungswert für die Häufigkeit des Ergebnisses $n \cdot p$. Dies wird als Häufigkeitsinterpretation der Wahrscheinlichkeit bezeichnet. Die tatsächliche Häufigkeit kann von dem erwarteten Wert mehr oder weniger stark abweichen. Zum Beispiel kann eine Vorhersage für die Häufigkeit des Ergebnisses „Zahl" bei 30 Münzwürfen in folgender Form erfolgen: Es ist bei den 30 Würfen etwa 15-mal das Ergebnis „Zahl" zu erwarten, die Häufigkeit des Ergebnisses kann aber auch größer oder kleiner sein.

5.2.6 Wahrscheinlichkeiten und Chancen

In vielen Unterrichtsvorschlägen und auch in fachdidaktischen Publikationen (so etwa bei Fischbein et al. 1978) werden die Begriffe „Wahrscheinlichkeit" und „Chance" synonym verwendet. Dies ist im umgangssprachlichen Sinne zwar üblich, aber in fachlicher Hinsicht fehlerhaft. Beide Begriffe unterscheiden sich, haben aber auch eine Reihe von Gemeinsamkeiten. Solange es nur um den Vergleich von Gewinnchancen geht, was oft der Fall ist, entsprechen die Ergebnisse des Vergleichs dem Vergleich von Gewinnwahrscheinlichkeiten. Wenn aber von Chancen gesprochen wird und Wahrscheinlichkeiten gemeint sind, kommt es zu fachlichen Fehlern. Insbesondere können Chancen nicht auf einer Wahrscheinlichkeitsskala veranschaulicht werden.

Man versteht unter den **Chancen** (engl. odds) für das Eintreten eines Ereignisses A das Verhältnis der Wahrscheinlichkeit von A zur Wahrscheinlichkeit des Gegenereignisses. Die Chancen eines Ereignisses werden mit $O(A)$ bezeichnet:

$$O(A) = \frac{P(A)}{P(\overline{A})} = \frac{P(A)}{1 - P(A)}$$

Im Fall der Gleichverteilung entspricht diesem Verhältnis das Verhältnis der Anzahl der für A günstigen zur Anzahl der für A nicht günstigen Möglichkeiten. Chancen werden in der Regel als Verhältnis angegeben. Aus den Chancen für eine Ergebnis A kann die Wahrscheinlichkeit von A berechnet werden und umgekehrt.

Beispiele zum mathematischen Zusammenhang von Wahrscheinlichkeiten und Chancen

1. Beim Würfeln betragen für die Augenzahl 6 die Chancen 1 : 5, da es ein günstiges Ergebnis (die Augenzahl 6) und fünf ungünstige Ergebnisse (eine der Augenzahlen von 1 bis 5) gibt. Die Wahrscheinlichkeit für die Augenzahl 6 ist 1/6.
2. Betragen für ein Ergebnis A die Chancen 3 : 5, so gilt für seine Wahrscheinlichkeit

$$P(A) = 3/8.$$

3. Ist für ein Ergebnis A die Wahrscheinlichkeit $P(A) = 5/8$, so sind die Chancen für A gleich 5 : 3.
4. Bei einer Wahrscheinlichkeit von 0,514 für die Geburt eines Jungen beträgt das Chancenverhältnis von Junge zu Mädchen bei der Geburt etwa 1,06 : 1.

Die Chancen können also im Unterschied zur Wahrscheinlichkeit größer als 1 sein. Strebt $P(A)$ gegen 1, so strebt $O(A)$ gegen unendlich. Daraus ergibt sich, dass die Chancen nicht auf einer Wahrscheinlichkeitsskala dargestellt werden können, was in der Literatur aber zum Teil geschieht. So kann man auch nicht sagen, dass die Gewinnchance 50 % beträgt (Breiter et al. 2009, S. 27).

Es gibt folgende Gemeinsamkeiten und Unterschiede von Wahrscheinlichkeiten und Chancen (Abb. 5.1):

- Das Erwartungsgefühl für das Eintreten eines Ereignisses kann sowohl mit Wahrscheinlichkeiten als auch mit Chancen ausgedrückt werden.
- Wahrscheinlichkeiten werden als gemeine Brüche oder Dezimalbrüche von 0 bis 1 angegeben, Chancen als Verhältnis zweier natürlicher Zahlen. Chancen können beliebig groß werden.
- Das Divisionszeichen wird unterschiedlich verwendet. Bei Wahrscheinlichkeiten, die als gemeine Brüche angegeben sind, wird die Anzahl der günstigen durch die Anzahl aller möglichen Ergebnisse dividiert. Bei Chancen werden Anzahlen günstiger Ergebnisse für ein Ereignis und für das Gegenereignis einander gegenübergestellt. Der Nenner der entsprechenden Wahrscheinlichkeit für das Ereignis ist die Summe dieser beiden Anzahlen.
- Ist die Wahrscheinlichkeit eines Ereignisses klein bzw. groß, so sind auch die Chancen für dieses Ereignis klein bzw. groß.
- Gilt $O(A) = O(B)$, so ist auch $P(A) = P(B)$, d. h., bei gleichen Gewinnchancen sind auch die Gewinnwahrscheinlichkeiten gleich. Um zu beurteilen, ob ein Spiel fair ist, müssen also nur die Gewinnchancen der Spieler verglichen werden.

Abb. 5.1 Zusammenhang von Chance und Wahrscheinlichkeit

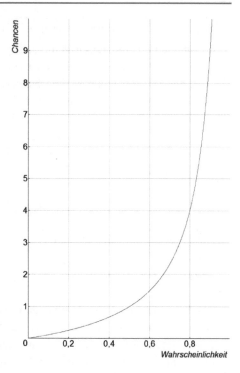

- Mit der Angabe von Chancen kann weiterhin ein multiplikativer Vergleich der Wahrscheinlichkeiten ohne Verwendung der Bruchrechnung vorgenommen werden. Die Chancen, dass man beim Werfen eines Würfels eine der Zahlen von 1 bis 5 bekommt, stehen 5 : 1. Keine Sechs zu würfeln, ist damit fünfmal so wahrscheinlich, wie eine Sechs zu bekommen.

Mit der Angabe von Chancen wie 1 : 1, 50 : 50 oder „fifty-fifty" wird oft der Mittelpunkt der Wahrscheinlichkeitsskala bezeichnet, dem die Wahrscheinlichkeit 1/2 entspricht. Dies ist aber fachlich nicht korrekt, da die Chancen den Wert 1 haben. Man kann nur sagen, dass der Wahrscheinlichkeit 1/2 die Chancen 1 : 1 entsprechen.

Generell kann aber mit der Angabe von Chancen die Wahrscheinlichkeit eines Ergebnisses durch ein entsprechendes Verhältnis quantitativ charakterisiert werden, ohne dass dazu der Bruchbegriff benötigt wird. Es ist außerdem einfacher, in einer realen Situation das Verhältnis von günstigen zu ungünstigen Ergebnissen zu erkennen als das Verhältnis der günstigen Ergebnisse zu allen Ergebnissen. Fischbein et al. (1978) haben Kinder im Grundschulalter nach Wahrscheinlichkeiten für das Ziehen einer schwarzen oder weißen Kugel aus einem Behälter gefragt. Dabei zeigte sich die Tendenz, dass die Kinder vom Verhältnis der schwarzen und weißen Kugeln, also von den Chancen ausgingen (S. 144).

Beispiele zur Anwendung von Chancen bei Gewinnspielen

1. Sind auf einem Glücksrad mit acht gleich großen Feldern drei rote und fünf grüne vorhanden und ist Rot die Gewinnfarbe, so kann ohne Verwendung von Brüchen festgestellt werden, dass die Chancen für einen Gewinn 3 : 5 stehen.
2. Umgekehrt kann die Aufgabe gestellt werden, das Glücksrad so zu färben, dass die Chancen für einen Gewinn 5 : 3 stehen.
3. In einem Behälter liegen schwarze und weiße Kugeln. Wenn du eine weiße Kugel ziehst, gewinnst du. Aus welchem Behälter würdest du ziehen? Begründe deine Entscheidung! (Neubert 2012, S. 95 f.)

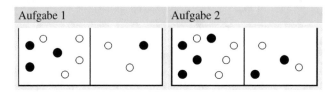

Bei der Aufgabe 1 können folgende Überlegungen angestellt werden: Für den linken Behälter stehen die Chancen für das Ziehen einer weißen Kugel 4 : 3, also etwa 1 : 1. Beim rechten Behälter sind die Chancen für das Ziehen einer weißen Kugel 2 : 1 und damit doppelt so groß wie für das Ziehen einer schwarzen Kugel. Also muss man diesen Behälter wählen.

Bei Aufgabe 2 ist erkennbar, dass die Chancen mit 4 : 4 und 2 : 2 in beiden Fällen gleich groß sind.

Ein Vergleich von Chancen ohne Verwendung der Bruchrechnung ist allerdings, wie bereits das Beispiel 3 zeigt, oft sehr anspruchsvoll. Dazu muss erkannt werden, dass Chancen gleich bleiben, wenn man die günstigen und ungünstigen Möglichkeiten mit der gleichen Zahl vervielfacht. Beim Vergleichen von zwei Chancenverhältnissen können folgende Fälle unterschieden werden (vgl. Neubert 2011):

a. Die Anzahl der günstigen und ungünstigen Möglichkeiten ist gleich. Dann sind die Chancen in jedem Fall 1 : 1. Beispiel: 1 : 1 = 4 : 4 = 9 : 9 usw.
b. Die Anzahl der ungünstigen Möglichkeiten ist in beiden Fällen gleich. Dann sind die Chancen für den Fall größer, bei dem es mehr günstige Möglichkeiten gibt. Beispiel: 5 : 2 > 3 : 2
c. Die Anzahl der günstigen Möglichkeiten ist in beiden Fällen gleich. Dann sind die Chancen für den Fall größer, bei dem es weniger ungünstige Möglichkeiten gibt. Beispiel: 5 : 2 > 5 : 3
d. Für einen Fall ist die Anzahl der günstigen Möglichkeiten größer als die Anzahl der ungünstigen Möglichkeiten, und für den zweiten Fall ist es umgekehrt. Dann sind die Chancen für den ersten Fall größer. Beispiel: 5 : 3 > 4 : 7

e. In beiden Fällen ist die Anzahl der günstigen Möglichkeiten größer als die der ungünstigen bzw. umgekehrt. Dann kann ein gemeinsames Vielfaches der ungünstigen
Möglichkeiten bestimmt und beide Chancenverhältnisse durch Vervielfachen mit diesem gemeinsamen Vielfachen dargestellt werden. Beispiele:

- 5 : 3 und 7 : 4. Ein gemeinsames Vielfaches der ungünstigen Möglichkeiten ist 12.
  Da 5 : 3 = 20 : 12 und 7 : 4 = 21 : 12, ist 7 : 4 > 5 : 3
- 3 : 5 und 4 : 7. Ein gemeinsames Vielfaches der ungünstigen Möglichkeiten ist 35.
  Da 3 : 5 = 21 : 35 und 4 : 7 = 20 : 35, ist 3 : 5 > 4 : 7.

Diesem Vorgehen beim Vergleichen von zwei Chancen entspricht das Vergleichen von
zwei Brüchen, das in der Orientierungsstufe behandelt wird.

Auch wenn mit dem Begriff „Chancen" eine Quantifizierung stochastischer Situationen möglich ist und eine Propädeutik der Bruchrechnung erfolgen kann, halten wir
die dessen Verwendung in der Primarstufe nicht für empfehlenswert. Die Anwendung
beschränkt sich auf Situationen im Glücksspielbereich und der Vergleich von Chancen
ist, wie dargestellt, sehr anspruchsvoll. Es kann weiterhin zu Verwechslungen zwischen
„Wahrscheinlichkeiten" und „Chancen" bei Schülerinnen und Schülern in der Sekundarstufe I kommen.

5.2.7 Wahrscheinlichkeit und Häufigkeiten

5.2.7.1 Absolute und relative Häufigkeiten

Man muss zwischen absoluten bzw. relativen Häufigkeiten als Kenngrößen von Daten
bei realen stochastischen Vorgängen sowie absoluten bzw. relativen Häufigkeiten bei Zufallsexperimenten auf der Modellebene unterscheiden. **Absolute Häufigkeiten**, auch kurz
„Häufigkeiten" genannt, sind immer Anzahlen, also natürliche Zahlen. Bei der Erfassung
von Daten bei realen Vorgängen geben sie die Anzahl der Merkmalsträger an, die eine bestimmte Ausprägung des betrachteten Merkmals haben. Bei Zufallsexperimenten auf der
Modellebene ist es die Anzahl des Auftretens eines bestimmten Ergebnisses bei Wiederholungen des GedankenExperiments.

Relative Häufigkeiten beziehen sich in der Realität auf den Anteil der Merkmalsträger an der Grundgesamtheit sowie in der Modellebene auf den Anteil der Ergebnisse
an der Anzahl der Wiederholungen. Absolute Häufigkeiten werden oft mit H und relative Häufigkeiten mit h bezeichnet. Relative Häufigkeiten können nicht in der Primarstufe
ermittelt werden, da noch keine gebrochenen Zahlen bekannt sind. Die Vorschläge von
Eichler (2018) zur Auswertung von Häufigkeitsverteilungen bei Würfelergebnissen und
Gummibärchen unter Verwendung relativer Häufigkeiten betreffen nur die Überlegungen
von Lehrpersonen.

Beispiele für absolute und relative Häufigkeiten

In einer 2. Klasse mit 26 Schülerinnen und Schülern ergibt sich nach einer Befragung, dass 17 Kinder mindestens ein Haustier haben. Man sagt, die (absolute) Häufigkeit der Kinder, die mindestens ein Haustier haben, beträgt 17. Zur Ermittlung der relativen Häufigkeit muss der Quotient 17 : 26 berechnet werden, was in der Primarstufe nicht möglich ist. Das Ergebnis der Division $17 : 26 = 0,6538\ldots$ ist eine Zahl, die die Kinder in der Primarstufe noch nicht kennengelernt haben.

Bei dem Zufallsexperiment *Würfeln* mit der Ergebnismenge $E = \{1, 2, 3, 4, 5, 6\}$ und der Wahrscheinlichkeitsverteilung $P(k) = 0,1\overline{6}$ für alle k aus E wird durch eine Simulation mit Zufallszahlen nach 5000 Wiederholungen eine absolute Häufigkeit der Zahl 6 von 838 ermittelt. Die relative Häufigkeit der Zahl 6 beträgt dann 0,1676 und der Betrag der Abweichung zur Wahrscheinlichkeit von $0,1\overline{6}$ ist 0,0009333.

5.2.7.2 Gesetze der großen Zahlen

Gesetze der großen Zahlen beschreiben Zusammenhänge zwischen stochastischen Kenngrößen wie der relativen Häufigkeit, der Wahrscheinlichkeit oder dem Erwartungswert bei einer großen Zahl von Wiederholungen eines stochastischen Vorgangs in der Realität bzw. eines ZufallsExperiments in der Theorie. Die Bezeichnung „große Zahlen" bezieht sich also nicht auf Ergebnisse des Vorgangs, sondern auf die große Zahl von Wiederholungen des Vorgangs. Im Englischen spricht man von „long runs", was dem Sachverhalt besser entspricht.

Die Gesetze der großen Zahlen sind Grenzwertsätze und beschreiben Zusammenhänge für eine gegen unendlich gehende Zahl von Wiederholungen. Es gibt verschiedene Gesetze, die sich in den Voraussetzungen und der Art der Konvergenz unterscheiden. Man kann also nicht von „dem" Gesetz der großen Zahlen sprechen.

Für die Schule ist vor allem das sogenannte **empirische Gesetz der großen Zahlen** von Bedeutung. Es bezieht sich auf reale Vorgänge und ist eine Erfahrungstatsache, die nicht mit mathematischen Mitteln bewiesen werden kann.

▶ **Empirisches Gesetz der großen Zahlen** Wenn ein realer Vorgang unter gleichen Bedingungen sehr oft wiederholt wird, werden die Schwankungen der relativen Häufigkeit eines Ergebnisses immer geringer. Die relative Häufigkeit kann nach einer großen Zahl von Wiederholungen als Näherungswert für die Wahrscheinlichkeit des Ergebnisses verwendet werden.

Die Wiederholbarkeit unter gleichen Bedingungen ist eine Voraussetzung, die oft nur angenähert erfüllt werden kann. Dies ist bei Glücksspielgeräten wie Münze und Würfel noch durchaus möglich, da die Abnutzungserscheinungen der Geräte und Unterlagen sehr gering sind. Bei allen anderen Vorgängen im Leben einer Schülerin oder eines Schülers, wie etwa dem Gang zur Schule, sportlichen Aktivitäten oder dem Schreiben von Arbeiten, lassen sich die Vorgänge nicht unter den genau gleichen Bedingungen wiederholen. Trotzdem werden auch zu diesen Vorgängen Daten erhoben und Wahrscheinlichkeiten ermittelt. Dazu müssen dann die Bedingungen der Vorgänge analysiert und in geeigneter

Weise Vorgänge mit vergleichbaren Bedingungen zusammengefasst werden. Man kann z. B. nicht die durchschnittlichen Weitsprungergebnisse von Kindern in einem Leichtathletikzentrum als Grundlage für Wahrscheinlichkeitsschätzungen von anderen Kindern im gleichen Alter verwenden. Auch bei Leistungserhebungen im Mathematikunterricht kann man nicht Schüler mit LRS, Dyskalkulie oder fehlenden bzw. geringen Sprachkenntnissen zusammenfassen. Noch viel weniger Möglichkeiten zur Wiederholung unter gleichen Bedingungen hat man bei solchen Vorgängen wie einem Fußballspiel oder der Diagnosetätigkeit eines Arztes.

Auf der theoretischen Ebene hat als Erster der Schweizer Mathematiker Jakob Bernoulli (1655–1705) einen Satz bewiesen, der dem empirischen Gesetz der großen Zahlen entspricht. Er hat dabei Vorgänge betrachtet, die nur zwei mögliche Ergebnisse haben und deren Wahrscheinlichkeiten sich bei Wiederholungen des Vorgangs nicht ändert. Diese Vorgänge werden nach ihm als Bernoulli-Vorgänge bezeichnet (Abschn. 5.3.2.2).

▶   **Gesetz der großen Zahlen von Jakob Bernoulli**   Eines der beiden Ergebnisse eines Bernoulli-Vorgangs habe die Wahrscheinlichkeit p. Es sei h_n die relative Häufigkeit des Ergebnisses bei n Wiederholungen des Vorgangs. Dann ist es sicher, dass der Abstand zwischen h_n und p kleiner wird als jede positive reelle Zahl, wenn n beliebig groß wird. Es gilt:

$$\lim_{n \to \infty} P(|h_n - p| < \varepsilon) = 1 \quad \text{für jede reelle Zahl } \varepsilon > 0.$$

Das Gesetz von Bernoulli ist ein Spezialfall eines allgemeineren Gesetzes zum Zusammenhang von Mittelwerten und Erwartungswerten und wird „Schwaches Gesetz der großen Zahlen" genannt (Henze 2013, S. 195; Kütting und Sauer 2011, S. 280).

Das Gesetz der großen Zahlen von Bernoulli gilt wie alle anderen Grenzwertsätze auf der theoretischen Ebene. Die im Gesetz genannten relativen Häufigkeiten sind keine empirischen Daten, sondern theoretische Werte, die mit mathematischen Mitteln nicht bestimmt werden können. Man kann nur mithilfe von Zufallszahlen (Abschn. 5.1.3) relative Häufigkeiten mit großer Genauigkeit ermitteln.

Im Folgenden beschränken wir uns auf Betrachtungen und Anwendungen des empirischen Gesetzes der großen Zahlen; wenn vom Gesetz der großen Zahlen gesprochen wird, ist immer das empirische Gesetz gemeint. Ein oft auftretendes Missverständnis bei der Interpretation des Gesetzes bezieht sich auf die Art der Annäherung von relativer Häufigkeit und Wahrscheinlichkeit bei einer immer größer werdenden Anzahl von Wiederholungen unter gleichen Bedingungen. Man findet in der Literatur teilweise folgende Formulierungen für das Verhalten der relativen Häufigkeit in langen Versuchsreihen:

- Die relativen Häufigkeiten eines Ergebnisses nähern sich seiner Wahrscheinlichkeit immer mehr an.
- Der Unterschied zwischen der relativen Häufigkeit und der Wahrscheinlichkeit wird immer geringer.

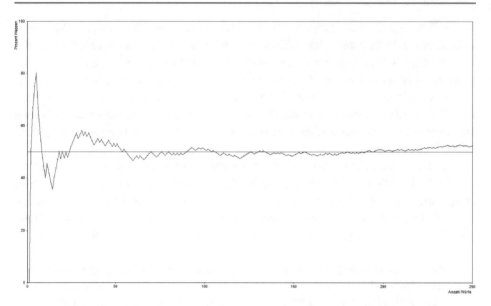

Abb. 5.2 Veränderung der relativen Häufigkeit des Ergebnisses „Wappen" im Verlauf von 250 Münzwürfen

Dahinter verbirgt sich die Fehlvorstellung, dass die Differenz zwischen den beiden Werten Schritt für Schritt immer kleiner wird, was etwa der Konvergenz einer Zahlenfolge gegen einen Grenzwert entspricht. Diese Fehlvorstellung spielte auch in der Geschichte der Wahrscheinlichkeitsrechnung eine Rolle. Der Mathematiker Richard Edler von Mises (1883–1953) definierte die Wahrscheinlichkeit als Grenzwert der relativen Häufigkeit. Dieser Versuch einer mathematischen Fundierung der Wahrscheinlichkeitsrechnung erwies sich aber dann als ein Irrweg. Auch durch Experimente mit langen Versuchsserien konnte man zeigen, dass die relative Häufigkeit nur mit einer bestimmten Wahrscheinlichkeit sehr dicht an der Wahrscheinlichkeit des betreffenden Ergebnisses liegt. Sie kann sich auch zeitweise wieder davon entfernen.

Abb. 5.2 zeigt die Veränderung der relativen Häufigkeit von dem Ergebnis „Wappen" bei 250 Münzwürfen. Es ist erkennbar, dass sich die relative Häufigkeit nach dem 200. Wurf wieder von dem Wert 0,5 entfernt.

In korrekter Weise muss man deshalb eine der folgenden Formulierungen verwenden:

- Die Schwankungen der relativen Häufigkeit um die Wahrscheinlichkeit werden immer geringer.
- Die relative Häufigkeit schwankt immer weniger um die Wahrscheinlichkeit.
- Die durchschnittliche Abweichung der relativen Häufigkeit von der Wahrscheinlichkeit wird immer geringer.
- Die relative Häufigkeit stabilisiert sich.

Bei der letzten, sehr häufig anzutreffenden Formulierung bleibt die Frage offen, was denn unter „Stabilisierung" genau zu verstehen ist. Um diesen Begriff zu erklären, kommt man nicht umhin, von den Schwankungen der relativen Häufigkeit um einen Wert zu sprechen.

5.3   Wahrscheinlichkeiten beim Umgang mit Glücksspielgeräten

5.3.1   Glücksspielgeräte im Stochastikunterricht der Primarstufe

Zu den Glücksspielgeräten gehören solche Objekte wie Münzen, Würfel, Tetraeder, 12er-Würfel oder auch die „Schweinewürfel" im Spiel „Schweinerei", Spielkarten, Glücksräder, Glückskreisel oder Ziehungsbehältnisse. Glücksspielgeräte sind auch ein Roulettespiel, das Ziehungsgerät für das Spiel „6 aus 49" oder Geräte in Spielcasinos wie der sogenannte „einarmige Bandit". Wir verwenden die Bezeichnung „Glücksspielgerät" für die realen Objekte und nicht die in der Literatur und Schullehrbüchern häufig benutzten Bezeichnungen „Zufallsgerät" oder „Zufallsgenerator". Diesen Sprachgebrauch haben wir im Abschn. 5.1.3 ausführlich begründet. Vorgänge mit Glücksspielgeräten können durch Modelle beschrieben werden, die elementare, nicht mehr zerlegbare Ergebnisse (Elementarereignisse) besitzen. Man kann zwei Arten von Glücksspielgeräten unterscheiden, je nachdem, ob im stochastischen Modell alle Elementarereignisse die gleiche Wahrscheinlichkeit oder ob sie zumindest teilweise eine unterschiedliche Wahrscheinlichkeit haben.

Glücksspielgeräte mit gleich wahrscheinlichen Ergebnissen
Zu dieser Art gehören die üblicherweise im Glücksspielbereich verwendeten Geräte wie Münze, Würfel, weitere platonische Körper, Spielkarten oder das Roulettespiel. Diese Glücksspielgeräte weisen oft eine symmetrische Form auf, um die Gleichwahrscheinlichkeit der Elementarereignisse zumindest näherungsweise zu gewährleisten. Wenn Objekte aus Behältnissen entnommen werden, müssen die Objekte die gleiche Form und Beschaffenheit haben.

Insbesondere beim Werfen von Objekten gibt es verbreitete Fehlvorstellungen gerade bei jüngeren Kindern über die Gleichwahrscheinlichkeit der Ergebnisse. Darauf wird im Abschn. 5.3.4 noch genauer eingegangen. Zur Überwindung dieser Fehlvorstellungen wird häufig vorgeschlagen, Experimente mit zahlreichen Wiederholungen des Vorgangs durchzuführen. Die Probleme dieser Experimente werden im Abschn. 5.3.2 genauer dargestellt. Eine weitere Möglichkeit zur Überwindung von Fehlvorstellungen zur Gleichwahrscheinlichkeit, auf die in der Literatur selten hingewiesen wird, ist die Anwendung des Prinzips vom unzureichenden Grund. Schon Laplace bewegte die Frage, wie man die angenommene Gleichwahrscheinlichkeit der elementaren, nicht mehr zerlegbaren Ergebnisse begründen kann. Er formulierte in diesem Zusammenhang das sogenannte **Prinzip vom unzureichenden Grund**, um die Anwendung seiner Vorgehensweise zur Berechnung von Wahrscheinlichkeiten (Laplace-Formel) zu gewährleisten. Dieses Prinzip besagt, dass man von der Gültigkeit der Gleichwahrscheinlichkeit ausgehen kann, wenn man keinen Grund hat, das Eintreten irgendeines der Ergebnisse des Vorgangs für wahrscheinlicher zu halten als eines der anderen.

Glücksspielgeräte, deren Ergebnisse eine unterschiedliche Wahrscheinlichkeit besitzen

Zu dieser Art von Glücksspielgeräten gehören die „Schweinewürfel" des Gesellschaftsspiels „Schweinerei", bei dem Schweinchen aus Plaste geworfen und für die Endlagen Punkte vergeben werden (Schnabel und Neubert 2017), sowie Wurfobjekte wie Quader, Legosteine, Riemer-Würfel oder Reißzwecken.

Wenn die Glücksspielgeräte Symmetrien besitzen wie etwa Quader, Legosteine oder Riemer-Würfel, ist ihr Einsatz zum Vergleichen von Wahrscheinlichkeiten noch einigermaßen sinnvoll. Durch die Betrachtung der Symmetrien der Objekte kann man begründet annehmen, dass die Wahrscheinlichkeiten für entsprechende Endlagen gleich sein müssen. Allerdings ist der Realitätsbezug des Werfens diese Objekte relativ gering, da es dazu kaum Spiele oder Anwendungssituationen gibt.

Noch realitätsferner ist das teilweise immer noch vorgeschlagene Werfen von Reißzwecken (Ulm 2009; Bütow 2012). Bereits Freudenthal hat 1975 diese Vorschläge sehr kritisch kommentiert: „Ein heutzutage viel abgeschriebenes Beispiel ist auch das Werfen eines Reißnagels. Ich weiß nicht, ob die Verfasser, die es empfehlen, es auch ausprobiert haben. Ich versuchte es einmal, aber nach einigen Versuchen und ein bisschen Nachdenken wurde mir klar, dass das Experiment von zu vielen unübersehbaren und unbeherrschbaren Faktoren abhängt, um aufschlussreiche Resultate zu liefern. (. . .) Es ist übrigens kaum nötig darauf hinzuweisen, dass dieses Zufallsexperiment selbst kaum motiviert und als Idee höchst naiv ist." (Zitiert nach Harten und Steinbring 1984, S. 42)

Zur angemessenen Verwendung von Glücksspielgeräten im Unterricht

Für die Behandlung stochastischer Situationen im Glücksspielbereich in der Primarstufe spricht, dass Spielsituationen zur Erfahrungswelt von Kindern im Grundschulalter gehören und Spielen an sich eine zentrale Tätigkeit dieser Kinder ist. Spiele haben weiterhin einen starken Aufforderungscharakter und sind motivierend (Gühmann 1989). Zu Glücksspielen lassen sich leicht Experimente durchführen und sinnvolle Hypothesen zu Ergebnissen aufstellen. Die Bedingungen der Vorgänge sind leicht kontrollierbar und können zielgerichtet verändert werden. Wir empfehlen deshalb, Beispiele aus dem Glücksspielbereich im Stochastikunterricht in der Primarstufe in angemessener Weise zu verwenden.

Die aktuellen Vorschläge in Unterrichtsmaterialien und in der didaktischen Literatur zum Umgang mit Wahrscheinlichkeiten in der Primarstufe beschränken sich allerdings fast ausschließlich auf den Glücksspielbereich, also z. B. auf das Werfen von Münzen oder Würfeln, dass Ziehen aus Behältern oder das Drehen von Glücksrädern. Eine Schwerpunktsetzung oder gar eine Beschränkung auf diesen Bereich halten wir aber aus folgenden Gründen *nicht* für sinnvoll:

- Die mit Wahrscheinlichkeitsüberlegungen verbundenen Spielsituationen sind im Alltag eines Schülers oder einer Schülerin von weit geringerer Bedeutung als die Anwendungen des Wahrscheinlichkeitsbegriffs, die wir in unseren Vorschlägen für den Unterricht in den Mittelpunkt stellen und die fast alle Bereiche seines bzw. ihres Alltags betreffen.
- Mit der Betonung des Glücksspielbereichs entsteht ein sehr einseitiges Bild von der Stochastik, was sich negativ auf den späteren Unterricht auswirkt. Wahrscheinlichkeiten werden von den Schülern dann vor allem mit dem Würfeln in Verbindung gebracht, man spricht in diesem Zusammenhang auch einer „Würfelbudenmathematik". Hinzu kommt, dass in den meisten Glücksspielsituationen die Gleichwahrscheinlichkeit von elementaren Ergebnissen vorausgesetzt wird, um dann unter Verwendung der Laplace-Regel Wahrscheinlichkeiten berechnen zu können. Glücksspielsituationen sind also in der Regel mit den sogenannten Laplace-Wahrscheinlichkeiten gekoppelt. Damit wird ein einseitiges Bild vom Wahrscheinlichkeitsbegriff vermittelt.
- Die Glücksspielsituationen und die damit in Zusammenhang stehenden Begriffe „Zufallsgerät" und „Zufallsexperiment" sind in der Wahrscheinlichkeitsrechnung Bestandteil der Ebene der theoretischen Modelle. Sie werden als Modelle für Vorgänge verwendet, die sich unter gleichen Bedingungen beliebig oft wiederholen lassen. Solche Vorgänge kommen außerhalb des Glücksspielbereichs in der Realität sehr selten vor.
- Bei der Beschäftigung mit Glücksspielsituationen entstehen in naheliegender Weise sehr häufig Fragen, die man mit den Mitteln des Mathematikunterrichts in der Primarstufe nicht oder nur in Ansätzen bearbeiten kann. Dazu gehören z. B. das Problem der Gleichwahrscheinlichkeit, das Verhalten der absoluten und relativen Häufigkeiten in langen Versuchsreihen oder auch das Problem der Augensumme beim Werfen mit zwei Würfeln.
- Zu Glücksspielsituationen gibt es zahlreiche Fehlvorstellungen von Kindern, die aus ihren persönlichen Erfahrungen mit solchen Situationen erwachsen. Zu diesen Fehlvorstellungen gehören die sogenannten animistischen Vorstellungen (Wollring 1994), die aus unserer Sicht einen entwicklungsbedingten Charakter haben. Die häufig anzutreffenden, oft sehr zeitaufwendigen Bestrebungen, solche Fehlvorstellungen zu überwinden, halten wir nicht für erforderlich (Abschn. 5.3.4).

Wir schlagen vor, erst im weiterführenden Unterricht Glücksspielsituationen in den Unterricht einzubeziehen, nachdem erste inhaltliche Vorstellungen zum Wahrscheinlichkeitsbegriff ausgebildet worden sind.

Bei dem Einsatz von Glücksspielen im Unterricht sollte beachtet werden, dass Kinder im Grundschulalter einen ausgeprägten Gerechtigkeitssinn haben (Penava 2017, S. 37). Man muss deshalb auch mit dem Unwillen der Kinder rechnen, wenn sie Spiele mit sehr ungleichen Gewinnchancen, etwa gegen eine „Bank", spielen (Schwarzkopf 2004).

In Glücksspielsituationen wird im Alltag oft von Zufall, Glück oder Pech gesprochen. Damit wird die nicht vorhandene Beeinflussbarkeit und Vorhersagbarkeit der Ergebnisse insbesondere im Fall symmetrischer Glücksspielgeräte zum Ausdruck gebracht. Aus fachlicher Sicht entspricht dies dem Modell der zufälligen Auswahl. Unter einer zufälligen

Auswahl eines Objektes aus einer Menge von Objekten wird eine Auswahl verstanden, bei der alle Objekte die gleiche Wahrscheinlichkeit haben, ausgewählt zu werden. Es ist deshalb sinnvoll, im Stochastikunterricht in Glücksspielsituationen Formulierungen unter Verwendung der Wörter „Zufall" und „zufällig" vorzunehmen. So könnte formuliert werden, dass es Zufall ist, welche Zahl gewürfelt wird oder auf welche Seite eine Münze fällt. Für alle anderen stochastischen Situationen empfehlen wir dies nicht (Abschn. 5.1.3).

Rolle des Erwartungswertes in Spielsituationen
Als ein Argument für die Verwendung von Glücksspielsituationen wird manchmal auch die Vorbereitung der Kinder auf Glücksspielangebote im Alltag genannt. Dabei wird allerdings oft nicht beachtet, dass es zur Beurteilung von Glücksspielen wie der Klassenlotterie oder dem Spiel „6 aus 49" nicht nur um die Gewinnwahrscheinlichkeiten geht, sondern dass auch die Erwartungswerte der Spiele betrachtet werden müssen. Der Erwartungswert eines Spiels (in Euro) ergibt sich aus der Summe der Produkte der Wahrscheinlichkeiten für die einzelnen Ergebnisse mit den Gewinnen (in Euro) für diese Ergebnisse. Der Erwartungswert gibt an, wie hoch der durchschnittliche Gewinn eines Spielers bei einem Spiel auf lange Sicht ist.

Gewinnwahrscheinlichkeit und Erwartungswert bei einem Glücksspiel
Aus einem Behälter mit vier grünen und zwei roten Kugeln wird zufällig eine Kugel ausgewählt. Anja bekommt 1 €, wenn eine grüne Kugel gezogen wird, und Ben erhält 3 €, wenn eine rote Kugel gezogen wird. Wer kann auf lange Sicht den größeren Gewinn erwarten?

Die Gewinnwahrscheinlichkeit für Anja beträgt $\frac{2}{3}$ und für Ben $\frac{1}{3}$. Der Erwartungswert des Gewinns beträgt für Anja $\frac{2}{3} \cdot 1\,€ = \frac{2}{3}\,€$ und für Ben $\frac{1}{3} \cdot 3\,€ = 1\,€$. Der Erwartungswert bezieht sich auf ein Spiel und ist der theoretische Wert für den mittleren Gewinn pro Spiel auf lange Sicht.

Den auf lange Sicht zu erwartenden Gewinn bzw. Verlust kann man auch mithilfe der Häufigkeitsinterpretation der Wahrscheinlichkeit in folgender Weise ermitteln: Wenn Anja und Ben 60 Spiele durchführen, gewinnt Anja im Schnitt 40 Spiele und erhält so 40 €. Ben gewinnt 20 Spiele und erhält im Schnitt 60 €. Diese Werte ergeben sich auch, wenn man die berechneten Erwartungswerte pro Spiel mit 60 multipliziert.

Der Erwartungswert ist für den Spieler bei allen öffentlichen Glücksspielen stets negativ, d. h., auf lange Sicht verliert man immer sein Geld. Die Erwartungswerte der Spiele lassen sich aber in der Regel für Außenstehende nicht berechnen. So stehen die Gewinne oft vor Beginn des Spiels nicht fest (z. B. bei „6 aus 49"), sondern werden erst nach einem Spiel in Abhängigkeit von der Anzahl der Teilnehmer und Gewinner ermittelt. Wettgesellschaften halten die Gewinnausschüttungen oft auch geheim.

Es ist weiterhin nicht so, wie oft angenommen wird, dass die Werbung mit hohen Gewinnwahrscheinlichkeiten Betrug ist. So beträgt etwa bei der Norddeutschen Klassenlotterie die Wahrscheinlichkeit dafür, mit einem Los mindestens einmal im Laufe der sechs

Ziehungen (Klassen) einen Gewinn zu bekommen, 54,65 %. Bei drei Losen steigt die Gewinnwahrscheinlichkeit auf 91,95 % und bei neun Losen beträgt sie bereits 100 %. Der Erwartungswert des Gewinns ist aber trotzdem nicht besser als beim Spiel „6 aus 49".

5.3.2 Experimente zur Wiederholung von Vorgängen mit Glücksspielgeräten

Es gibt viele Vorschläge und Erfahrungsberichte zur Wiederholung von Vorgängen mit Glücksspielgeräten, bei denen es sich oft um Glücksspiele mit bestimmten Gewinnregeln handelt. Bei einigen Vorschlägen geht es nur um das Spielen an sich, ohne dass zielgerichtet Fragestellungen vor dem Spiel und Schlussfolgerungen aus den Ergebnissen diskutiert werden. Wir sind der Auffassung, dass mit dem zeit- und materialaufwendigen Einsatz von Spielen im Unterricht vor allem Ziele in Bezug auf die stochastische Bildung verfolgt werden sollten. Experimente zu stochastischen Vorgängen können dazu einen Beitrag leisten. Dies setzt voraus, dass die Experimente auch als solche durchgeführt werden, d. h. dass dazu eine vorherige Hypothesenbildung, eine Versuchsplanung und eine Auswertung der Ergebnisse gehören (vgl. Eichler 2010).

Im Folgenden sollen zwei Arten von Experimenten diskutiert werden:

- Experimente, mit denen Wahrscheinlichkeiten und Verteilungen durch zahlreiche Wiederholungen eines Vorgangs bestimmt, verglichen bzw. nachgewiesen werden sollen (Abschn. 5.3.2.1), und
- Experimente, mit denen Eigenschaften von Häufigkeitsverteilungen nach einer geringen Anzahl von Wiederholungen bei bekannten Wahrscheinlichkeiten untersucht werden (Abschn. 5.3.2.2).

Wir wollen begründen, dass der Einsatz der ersten Art von Experimenten im Unterricht der Primarstufe wenig sinnvoll ist.

5.3.2.1 Experimente zu zahlreichen Wiederholungen eines Vorgangs

Experimente zu Wahrscheinlichkeiten

Es gibt in der Literatur eine Reihe von Vorschlägen und Erfahrungsberichten zu zahlreichen Wiederholungen eines Vorgangs (z. B. Berther 2010; Häring und Ruwisch 2012; Klunter et al. 2010; Penava 2017). Ein Anliegen diese Vorschläge ist, das empirische Gesetz der großen Zahlen propädeutisch zu behandeln. Dabei wird jedoch oft nicht beachtet, dass dieses Gesetz Aussagen zum Verhältnis von relativer Häufigkeit und Wahrscheinlichkeit beinhaltet, die nicht auf das Verhalten der absoluten Häufigkeiten übertragen werden können. So wird die Auffassung geäußert, dass die Gleichwahrscheinlichkeit zweier Ergebnisse in einer langen Versuchsreihe durch die Annäherung der absoluten Häufigkeiten deutlich wird. Während bei wenigen Wiederholungen noch große Unterschiede zwischen

	Anzahl der Würfe	Größter Unterschied	Durchschnittlicher Unterschied
Tab. 5.1 Betrag der Differenz von „Wappen" und „Zahl" bei Münzwürfen bei jeweils 100 Simulationen	50	24	5,4
	100	28	7,9
	200	48	8,4
	500	72	13,9
	1000	78	25,6
	5000	168	54,5

Die Simulationen erfolgten mit dem Programm VU-Statistik

den absoluten Häufigkeiten auftreten können, wird bei größeren Anzahlen, z. B. der Zusammenfassung der Ergebnisse aller Kinder in der Klasse, der Unterschied gering ausfallen.

Diese Auffassung trifft aber nicht zu, die Abweichungen werden nicht kleiner, sondern im Gegenteil immer größer. Auf diesen Unterschied im Verhalten von relativen und absoluten Häufigkeiten weisen Büchter und Henn (2007, S. 176) hin, eine Quelle, die oft als fachliche Grundlage in den betreffenden Publikationen genutzt wird.

Dieser Sachverhalt ist aus der Tab. 5.1 für das Beispiel des MünzWurfs erkennbar. Es kann bewiesen werden, dass beim Würfeln mit einer fairen Münze der Betrag der Differenz der Anzahlen der Ergebnisse „Wappen" und „Zahl" mit Wahrscheinlichkeit 1 auf Dauer jeden vorgegebenen Wert überschreitet (Lipkin 2003). Um diesen Sachverhalt zu verdeutlichen, haben wir mit dem Programm VU-Statistik das Würfeln simuliert und eine bestimmte Anzahl von Würfen jeweils 100-mal durchgeführt. Bei jeder der 100 Simulationen wurde am Ende der Wurfserie der Unterschied zwischen den Ergebnissen „Wappen" und „Zahl" ermittelt.

Die Zahl von 100 Simulationen ist nicht ausreichend, um verlässliche Ergebnisse etwa zum durchschnittlichen Wert der Differenz zu erhalten. Die grundlegende Tendenz der Zunahme des Unterschieds zwischen den absoluten Häufigkeiten von „Wappen" und „Zahl" wird aber deutlich.

Es ist also nicht sinnvoll, mit Kindern lange Münzwurfserien durchzuführen und darauf zu hoffen, dass sich die Ergebnisse von „Wappen" und „Zahl" immer mehr annähern. Es nähern sich dabei nur die relativen Häufigkeiten an, und diesen können in der Primarstufe nicht berechnet werden. Es ist auch nicht sinnvoll, die unterschiedlichen absoluten Häufigkeiten zu vergleichen und dem Kind zu suggerieren, dass diese ungefähr gleich seien. Dies ist wenig verständlich, da sonst in der Mathematik auf Genauigkeit der Ergebnisse geachtet wird (3 + 4 ist ja auch nicht „ungefähr 6 oder 8").

Um das Problem der relativen Häufigkeiten zu umgehen, gibt Schroeders (2015) eine Formulierung des Gesetzes der großen Zahlen ohne den Begriff der relativen Häufigkeit in folgender Form an: „Mit wachsendem Stichprobenumfang stabilisiert sich jedes Größenverhältnis der absoluten Häufigkeiten zweier Ereignisse eines Zufallsversuchs gegen einen bestimmten, von den Ereignissen abhängigen Wert." (S. 37) Auch bei dieser Formulierung müssen Verhältnisse gebildet werden, wenn auch nicht von absoluten Häufigkeiten zur Gesamtzahl der Wiederholungen, sondern von zwei absoluten Häufigkeiten. In seinem illustrierenden Beispiel (S. 37) nimmt Schroeders einen näherungsweisen multiplikativen Vergleich zweier Häufigkeiten vor, um Verhältnisbildungen zu umgehen. Bereits das Beispiel des einfachen Münzwurfs zeigt (vgl. Abschn. 5.3.2.1), dass die Differenzen zwischen den absoluten Häufigkeiten tendenziell immer größer werden, sodass die Bildung von Verhältnissen nicht zu umgehen ist. Damit ist auch dieser Zugang zum Gesetz der großen Zahlen für die Primarstufe nicht geeignet.

Als eine Möglichkeit der Verbindung von absoluten und relativen Häufigkeiten schlagen Eichler (2010) und Krüger et al. (2015) die gegenständliche Darstellung der absoluten Häufigkeiten vor. Eichler beschreibt ein Experiment, bei dem Kinder aus einem Stoffbeutel mit 100 Steckwürfeln, von denen 25 rot sind und einen Gewinn darstellen und die anderen 75 blau sind und für eine Niete stehen, 20-mal mit Zurücklegen ziehen sollen. Mithilfe weiterer vorhandener Würfel wird entsprechend den Ergebnissen der Ziehungen nach und nach eine Stange aus den Steckwürfeln in den passenden Farben zusammengesteckt. Nach der anschließenden Umsortierung der Würfel innerhalb einer Würfelstange können die Verhältnisse der absoluten Häufigkeiten der beiden Farben visuell erfasst werden. Zu beachten ist allerdings, dass eine Stange von 100 Steckwürfeln eine Länge von etwa 1,70 m hat. Bei 20 Streckwürfeln wären es nur 34 cm. Der gleiche Effekt kann aber auch mit Streifen erreicht werden, die 20 Felder haben und in denen die Ergebnisse von 20 Versuchen mit zwei möglichen Ergebnissen jeweils von einem Ende an eingetragen werden (Gasteiger 2011).

Bei Krüger et al. (2015) sollen die Schüler erst 50- und dann 250-mal eine Münze werfen und beim Ergebnis „Wappen" eine Münze auf einen Stapel legen. Nach Durchführung des Experiments können dann die Münzstapel verglichen werden. Durch die nebeneinanderstehenden Stapel der einzelnen Gruppen ist visuell erkennbar, dass die Schwankungen der Höhe bei den Stapeln zu den 250 Münzwürfen zwar absolut größer im Vergleich zu den Stapeln bei 50 Würfen, aber im Verhältnis zur Höhe der Stapel kleiner geworden sind.

Diese sehr materialintensiven Vorschläge, zu denen noch keine empirischen Erprobungen in der Primarstufe vorliegen, könnten Kindern erste Einsichten zur Verringerung der Schwankungen der relativen Häufigkeit vermitteln. Wir halten den Aufwand an dieser Stelle aber nicht für gerechtfertigt, dies sollte Gegenstand des Stochastikunterrichts in der Sekundarstufe I bleiben.

Hinter einigen Aufgabenstellungen und Formulierungen in der Literatur scheint die Fehlvorstellung zu stehen, dass die Wahrscheinlichkeit für die zu erwartende absolute Häufigkeit bei wachsender Zahl von Wiederholungen größer wird. Die zu erwartende absolute Häufigkeit ist der Erwartungswert der Verteilung. Es finden sich z. B. Formulierungen wie, dass „bei 6000 Würfen eines Würfels die Augenzahl 3 ungefähr 1000-mal auftreten sollte, dies aber nicht sicher sei". Dies ist tatsächlich überhaupt nicht sicher, denn die Wahrscheinlichkeit dafür beträgt lediglich $0{,}014 = 1{,}4\,\%$. Die Wahrscheinlichkeit, dass die absolute Häufigkeit dem Erwartungswert entspricht, wird mit wachsender Anzahl der Wiederholungen immer kleiner, wie unter Verwendung der Stirlingschen Nä-

Tab. 5.2 Wahrscheinlichkeit des Erwartungswertes und seine Häufigkeit bei jeweils 100 Simulationen

Anzahl der Würfe	Erwartete Anzahl von „Wappen"	Wahrscheinlichkeit für die erwartete Anzahl von „Wappen"	Häufigkeit der erwarteten Anzahl von „Wappen" in allen 100 Simulationen
50	25	0,1122	8
100	50	0,0796	10
200	100	0,0563	4
500	250	0,0357	2
1000	500	0,0252	1
5000	2500	0,0113	0

Die Simulationen erfolgten mit dem Programm VU-Statistik

herungsformel für $n!$ gezeigt werden kann. Diese Eigenschaft ist für das Beispiel des MünzWurfs in der Tab. 5.2 erkennbar.

Auch in diesem Fall zeigt sich also, dass lange Versuchsreihen mit dem Ziel, den Erwartungswert nachzuweisen, wenig Sinn machen, da sich die erwartete Anzahl immer seltener einstellt. Trotz der immer kleiner werdenden Wahrscheinlichkeit für den Erwartungswert hat er von allen anderen möglichen Werten für die Anzahl „Wappen" immer noch die größte Wahrscheinlichkeit. Um Vergleiche zwischen den unterschiedlichen Anzahlen der Würfe vorzunehmen, müssen prozentuale Betrachtungen angestellt werden. Wird z. B. berechnet, wie groß die Wahrscheinlichkeit ist, dass die Anzahl von „Wappen" um nicht mehr als 5 % vom Erwartungswert abweicht, ergibt sich, dass diese Wahrscheinlichkeit bei 50 Würfen 68 % und bei 5000 Würfen 100 % beträgt. Deshalb kann man sagen, dass die Werte bei 5000 Würfen dichter um den Erwartungswert liegen.

Experimente zu Wahrscheinlichkeitsverteilungen

Sehr häufig werden Experimente zum Werfen eines Würfels vorgeschlagen, mit denen die Gleichverteilung der Augenzahlen nachgewiesen werden soll. Dabei wird offensichtlich davon ausgegangen, dass sich mit wachsender Anzahl der Versuche die Häufigkeit der Augenzahlen immer mehr einer Gleichverteilung annähert. Wie aus der Tab. 5.3 hervorgeht,

Tab. 5.3 Unterschiede zwischen den Augenzahlen beim Würfeln bei 100 Simulationen

Anzahl der Würfe	Erwartete Häufigkeit jeder der Augenzahlen	Größter Unterschied der Anzahl der Augenzahlen	Durchschnittlicher Unterschied der Anzahl der der Augenzahlen
30	5	10	5,3
300	50	37	17,2
1500	250	81	38,7
3000	500	123	55,6

Die Simulationen erfolgten mit dem Programm VU-Statistik

werden analog zum Verhalten beim Münzwurf die Unterschiede zwischen den Augenzahlen aber immer größer. Zur Ermittlung der Simulationsergebnisse wurde jeweils 100-mal die betreffende Anzahl der Würfe durchgeführt und nach jeder Simulation der Unterschied der Augenzahlen ermittelt.

Ein Nachweis der Gleichverteilung der Augenzahlen durch die auftretenden absoluten Häufigkeiten in langen Versuchsreihen erweist sich also als wenig sinnvoll. Auch in diesem Fall müssten wieder die relativen Häufigkeiten der Augenzahlen berechnet werden, um das empirische Gesetz der großen Zahlen verdeutlichen zu können.

Problematisch ist auch der Nachweis der Gleichverteilung von Ergebnissen eines Vorgangs anhand von empirischen Daten. In diesem Fall ist die Gleichwahrscheinlichkeit eine Modellannahme, also eine Hypothese. Um diese Hypothese zu überprüfen, also um sie ablehnen oder nicht ablehnen zu können, ist es erforderlich, einen statistischen Test mit den ermittelten Daten durchzuführen. Ein dafür geeigneter Test ist der Chi-Quadrat-Anpassungstest. Dieser Test ist nicht Bestandteil des Stochastikunterrichts in der Schule. Ohne einen solchen Test können aber die Ergebnisse von Experimenten zu einer Wahrscheinlichkeitsverteilung nicht ausgewertet werden, wie die folgenden Beispiele zeigen.

Auswertung von Experimenten zur Gleichverteilung

Berther (2010) berichtet über ein Experiment mit selbst gebastelten Glückskreiseln mit sechs gleich großen Sektoren. In einer 6. Klasse ließ sie die Kinder die Kreisel erst 20-mal und dann 100-mal drehen.

Zu Beginn wurden in richtiger Weise Vermutungen über die zu erwartenden Ergebnisse geäußert. Für die meisten Schülerinnen und Schüler bestand kein Zweifel daran, dass symmetriebedingt jede Zahl gleichberechtigt auftritt, aber nur wenige konnten begründen, dass 20 Versuche zu wenig sind, um eine Voraussage zu machen. Das Erstaunen darüber, dass die Unterschiede zwischen den Zahlen bei 20 und auch bei 100 Versuchen (s. Tab. 5.4) beträchtlich sind, war sehr groß. In dem angegebenen Beispiel für 100 Drehungen war bei dem verwendeten Kreisel das Ergebnis 4 doppelt so häufig aufgetreten wie das Ergebnis 3.

Anschließend wurden die Ergebnisse zusammengefasst, sodass sich insgesamt 2021 Versuche ergaben (Tab. 5.4). Diese Verteilung wurde dann mit Erleichterung und Staunen zur Kenntnis genommen und als Nachweis der Gleichverteilung gedeutet. „Die Zahlen 1 bis 5 treten nun ausgeglichener auf, nur die Zahl 6 fällt aus dem Rahmen." (Berther 2010, S. 28)

Mit einem Chi-Quadrat-Anpassungstest kann allerdings festgestellt werden, dass die Hypothese einer Gleichverteilung $n = 100$ bei einer Irrtumswahrscheinlichkeit von

Tab. 5.4 Ergebnisse von Drehungen mit selbst gebauten Kreiseln

Kreissektor		1	2	3	4	5	6
Häufigkeiten	$n = 100$	19	15	12	24	15	15
	$n = 2021$	283	345	316	313	361	403

5 % nicht abgelehnt werden kann, während für $n = 2021$ bei einer Irrtumswahrscheinlichkeit von 0,1 % eine signifikante Abweichung von der Gleichverteilung besteht. Dies
könnte daran liegen, dass die Kreisel bei den 100 Versuchen eine gute Symmetrie be-
saßen, während viele Kreisel in der Klasse nicht symmetrisch waren. Es könnte auch
daran gelegen haben, dass die Kinder die Kreisel nicht korrekt gedreht haben.

Ein weiteres Problem bei Experimenten zur Wiederholung von Vorgängen ist die Wer-
tung von großen Abweichungen der Häufigkeiten vom Erwartungswert, wie das folgende
Beispiel zeigt. Geißler (2017) hat ihre Schüler selbst gebaute Glücksräder mit grünen und
weißen Sektoren 20-mal drehen lassen und dabei die Ergebnisse in Tab. 5.5 erhalten. In der
letzten Spalte der Tabelle ist die Wahrscheinlichkeit angegeben, dass dieses Ergebnis oder
ein Ergebnis, das noch weiter vom erwarteten Wert abweicht, eintritt. Zur Berechnung der
Wahrscheinlichkeit wurde die Binomialverteilung (vgl. Abschn. 5.3.2.2) verwendet.

Geißler vermutet, dass die abweichenden Ergebnisse zum einen darin begründet sind,
dass es schwierig ist, die gebastelten Glücksräder exakt symmetrisch zu erstellen, zum
anderen in der unsachgemäßen Handhabung der Glücksräder. So hat sie beispielsweise
beobachtet, dass „die unerwarteten Ergebnisse die Kinder erfreuten und sie diese durch
entsprechende Drehhandlungen noch verstärkten" (S. 32). Um ein Ergebnis werten zu
können, muss die Hypothese dahingehend überprüft werden, ob das ermittelte Ergebnis
mit der jeweiligen Wahrscheinlichkeit verträglich ist. Solche Hypothesentests sind Stoff
der Sekundarstufe II. Im konkreten Fall kann man Folgendes feststellen: Im ersten Versuch liegt eine hoch signifikante Abweichung vom erwarteten Wert vor, sodass die reale
Wahrscheinlichkeit für „grün", die sich aus der Art des Glücksrades sowie der Art seiner
Drehung durch die Kinder ergibt, nicht 0,125 sein kann. Im zweiten und vierten Versuch
sind die Wahrscheinlichkeiten für das Ergebnis zwar gering, aber man kann auf dieser
Grundlage die Hypothesen zu den Wahrscheinlichkeiten für „grün" nicht ablehnen. Im
dritten Versuch liegt die Wahrscheinlichkeit für die Abweichung mit 1,4 % unter der üblichen 5 %-Marke für eine signifikante Abweichung und die Versuchsergebnisse sprechen
deshalb dafür die Hypothese abzulehnen, dass die Wahrscheinlichkeit für „grün" in diesem Fall 0,25 betrug.

Tab. 5.5 Ergebnisse von Kindern bei 20 Drehungen von selbst gebastelten Glücksrädern mit acht
Feldern

Wahrscheinlichkeit für „grün"	Erwartungswert für „grün"	Ermittelte Anzahl „grün"	Wahrscheinlichkeit für das Ergebnis oder ein noch weiter abweichendes Ergebnis
0,125	2,5	11	$6,5 \cdot 10^{-6}$
0,825	17,5	19	0,267
0,25	5	10	0,014
0,5	10	7	0,131

Aus unserer Sicht sollten in der Primarstufe nur solche Inhalte Gegenstand des Unterrichts sein, deren fachliche Hintergründe von den Lehrpersonen beherrscht werden und die den Kindern in redlicher Weise verdeutlicht werden können. Unter diesen Voraussetzungen sind für den Primarstufenunterricht Experimente mit zahlreichen Wiederholungen eines Vorgangs *nicht* geeignet, insbesondere nicht

- zum empirischen Gesetz der großen Zahlen,
- zum Erwartungswert einer Wahrscheinlichkeitsverteilung,
- zum Nachweis oder der Überprüfung einer Gleichverteilung und
- zu Ergebnissen mit sehr kleiner Wahrscheinlichkeit, d. h. zu signifikanten Abweichungen vom Erwartungswert.

5.3.2.2 Experimente zu Eigenschaften von Häufigkeitsverteilungen bei bekannten Wahrscheinlichkeiten

Wenn man Experimente mit Glücksspielgeräten in der Primarstufe durchführen möchte, sollte im Unterschied zu den Experimenten in Abschn. 5.3.2.1 umgekehrt davon ausgegangen werden, dass die Wahrscheinlichkeiten der Ergebnisse bekannt sind. Solche Experimente sind allerdings nicht im Anfangsunterricht, sondern erst im weiterführenden Unterricht möglich, nachdem bereits inhaltliche Vorstellungen zum Wahrscheinlichkeitsbegriff ausgebildet wurden.

Es können dann die mit den Experimenten ermittelten absoluten Häufigkeiten bzw. ihre Verteilungen direkt untersucht werden. Ein ohnehin sehr schwieriger Bezug zu relativen Häufigkeiten ist nicht mehr erforderlich. Das Aufstellen, Darstellen und Untersuchen von Häufigkeitsverteilungen ist ein Bestandteil der Arbeit mit Daten, sodass Bezüge zu diesem Bereich des Könnens hergestellt werden können. Entsprechende Unterrichtsvorschläge haben wir im Abschn. 3.4.2.6 unterbreitet.

Wenn diese Vorschläge im Unterricht eingesetzt werden, sollte die Lehrperson die Wahrscheinlichkeiten der Ergebnisse, die wir in den Vorschlägen angegeben haben, selbst berechnen können. Die fachliche Grundlage dafür ist die **Binomialverteilung**, die wir im Folgenden vorstellen und ihre Verwendung an Beispielen erläutern.

Die Binomialverteilung ist ein Modell auf der theoretischen Ebene, mit der die Wahrscheinlichkeiten der Ergebnisse zahlreicher Wiederholungen realer Vorgänge beschrieben werden können. Die Vorgänge müssen dabei die folgenden Bedingungen erfüllen:

- Es werden bei dem Vorgang nur zwei mögliche Ergebnisse betrachtet.
- Bei jeder Wiederholung des Vorgangs bleiben die Wahrscheinlichkeiten dieser Ergebnisse gleich.

Es ist üblich, die Wahrscheinlichkeiten dieser beiden Ergebnisse mit p und q zu bezeichnen. Da $p + q = 1$ gilt, ist es ausreichend, wenn nur p angegeben wird.

Diese Vorgänge werden auch als Bernoulli-Vorgang nach dem Mathematiker Jakob Bernoulli (1655–1705) bezeichnet, der diese erstmalig mathematisch untersuchte und die Formel zur Berechnung von Wahrscheinlichkeiten fand.

Beispiele für Bernoulli-Vorgänge
- Werfen einer Münze; betrachtete Ergebnisse: „Kopf" oder „Zahl"
- Werfen eines Würfels; betrachtete Ergebnisse: eine Sechs oder keine Sechs
- Ziehen einer Kugel aus einem Behälter mit acht grünen, einer blauen und einer gelben Kugel; betrachtete Ergebnisse: Ziehen einer grünen Kugel oder Ziehen einer Kugel, die nicht grün ist

Bei einer gegebenen Wahrscheinlichkeit p, einer gegebenen Anzahl von Wiederholungen n kann man mit der folgenden Formel berechnen, wie groß die Wahrscheinlichkeit ist, dass das Ergebnis mit der Wahrscheinlichkeit p bei diesen Wiederholungen k-mal auftritt:

$$B(n; p; k) = \binom{n}{k} p^k (1 - p)^{n-k}$$

Dabei ist $\binom{n}{k}$ ein sogenannter Binominalkoeffizient, der wie folgt definiert ist:

$$\binom{n}{k} = \frac{n \cdot (n - 1) \cdot \ldots \cdot (n - k + 1)}{1 \cdot 2 \cdot 3 \cdot \ldots \cdot k}$$

Beispiele in der Praxis
Wenn eine Münze 10-mal geworfen wird, beträgt die Wahrscheinlichkeit, dass fünfmal das Ergebnis „Wappen" auftritt,

$$n = 10; \ p = 0{,}5; \ k = 5 \quad B(10; 0{,}5; 5) = \binom{10}{5} 0{,}5^5 (1 - 0{,}5)^5 = 0{,}246.$$

Wenn ein Würfel 6-mal geworfen wird, beträgt die Wahrscheinlichkeit, dass einmal eine Sechs auftritt,

$$n = 6; \ p = \frac{1}{6}; \ k = 1 \quad B\left(6; \frac{1}{6}; 1\right) = \binom{6}{1} \left(\frac{1}{6}\right)^1 \left(1 - \frac{1}{6}\right)^5 = 0{,}402$$

Wenn 20-mal aus einem Behälter mit acht grünen, einer gelben und einer blauen Kugel eine Kugel gezogen wird, beträgt die Wahrscheinlichkeit, dass 15-mal eine grüne Kugel gezogen wird,

$$n = 20; \ p = 0{,}8; \ k = 16 \quad B(20; 0{,}8; 16) = \binom{20}{16} 0{,}8^{16} (1 - 0{,}8)^4 = 0{,}218$$

Alle Wahrscheinlichkeiten einer Binomialverteilung und auch ihre grafische Darstellung lassen sich leicht mit dem Programm VU-Statistik berechnen bzw. darstellen, das in dem

Programmpaket „Mathematik interaktiv" enthalten ist. Bei den Unterrichtsbeispielen im Abschn. 3.4.2.6 sind die Verteilungen jeweils angegeben und werden mit den durch Simulation ermittelten prozentualen Häufigkeiten verglichen. Obwohl aufgrund der geringen Anzahl von Wiederholungen die ermittelten prozentualen Häufigkeiten von den Wahrscheinlichkeiten mehr oder weniger stark abweichen können, lassen sich mit den Experimenten doch erste Einsichten über wichtige Merkmale dieser Verteilungen erzielen.

Die empfohlenen geringen Anzahlen von Wiederholungen entsprechen der Tatsache, dass Kinder im Alltag auch meist nur eine recht geringe Anzahl von Wiederholungen erleben. Außerdem werden bei einer geringen Anzahl von Wiederholungen die überraschenden Resultate der Verteilungen besonders deutlich sichtbar.

Es lassen sich folgende Arten von geeigneten Experimenten unterscheiden, mit denen Beiträge zur Überwindung von Fehlvorstellungen geleistet werden können:

- Experimente zu kleinen Wahrscheinlichkeiten
- Experimente zu großen Wahrscheinlichkeiten
- Experimente zu Ergebnissen mit der Wahrscheinlichkeit 0,5
- Experimente zu zwei unterschiedlichen Gewinnwahrscheinlichkeiten

Möglichkeiten für den Einsatz im Unterricht zu allen vier Arten von Experimenten findet man im Abschn. 3.4.2.6.

Der verständnisvolle Umgang mit **kleinen Wahrscheinlichkeiten** spielt beim Treffen von Entscheidungen mit Mitteln der Beurteilenden Statistik eine große Rolle. Alle getroffenen Entscheidungen, etwa zur Zulassung von neuen Medikamenten, sind mit einer bestimmten Unsicherheit behaftet. Diese werden mit dem Begriff der „Irrtumswahrscheinlichkeit" erfasst. Als Irrtumswahrscheinlichkeiten werden meist 1 % oder 5 % verwendet. Zur Interpretation dieser Wahrscheinlichkeiten müssen immer Wiederholungen des Vorgangs, also die Resultate mehrfacher Medikamenten-Testreihen, betrachtet werden. Zum Verständnis dieser kleinen Wahrscheinlichkeiten gehören zwei Einsichten:

- Das betreffende Ergebnis (z. B. „das Medikament wirkt nicht") tritt so selten auf, dass es vernachlässigt werden kann.
- Es ist aber nicht auszuschließen, dass bei einer größeren Anzahl von Wiederholungen das Ergebnis durchaus eintritt.

Um ein erstes Gefühl für die Wirkung kleiner Wahrscheinlichkeiten zu vermitteln, schlagen wir Experimente mit sechs, acht oder zehn Ergebnismöglichkeiten vor, von denen das Auftreten einer Möglichkeit bei mehrfacher, maximal 10-facher Wiederholung des Vorgangs gezählt wird. Es kann dabei die Einsicht vermittelt werden, dass Ergebnisse, die sehr unwahrscheinlich sind, bei Wiederholungen durchaus auch mehrfach auftreten können.

Mit Experimenten zu **großen Wahrscheinlichkeiten** kann erlebt werden, dass auch sehr wahrscheinliche Ergebnisse nicht immer auftreten müssen. Auch hier sollten maximal zehn Wiederholungen des Vorgangs erfolgen.

Es gibt viele Vorschläge zu **Experimenten mit der Wahrscheinlichkeit 0,5**, etwa das Werfen von Münzen oder Wendeplättchen, mit denen der Wert 0,5 durch lange Versuchsserien nachgewiesen werden soll. Kinder können bei diesen Glücksspielgeräten leicht davon überzeugt werden, dass beide Ergebnisse gleichwahrscheinlich sind. Es gibt keine empirischen Belege über verbreitete Fehlvorstellungen zur Gleichwahrscheinlichkeit der Ergebnisse eines MünzWurfs, dafür aber Fehlvorstellungen zur Streuung der Häufigkeiten um den erwarteten Wert von der Hälfte der Anzahl der Wiederholungen bei einer geringen Anzahl von Wiederholungen, die auch hier maximal zehn betragen sollte.

Glücksspiele mit unterschiedlichen Gewinnwahrscheinlichkeiten für die Teilnehmer lassen sich meist schwer mathematisch modellieren. Penava (2017) hat folgendes Glücksspiel in einer Unterrichtsreihe erprobt: Vier farbige Spielsteine müssen in vier Schritten ein Ziel erreichen. Dazu wird ein Würfel verwendet, bei dem drei der Farben nur auf einer Fläche und die vierte Farbe auf drei Flächen auftreten. Eine Berechnung der Gewinnwahrscheinlichkeiten für die Spielsteine ist nur mit großem Aufwand möglich. Um die Berechnung zu umgehen, sind immer Simulationen möglich, die bei einer großen Anzahl von Wiederholungen zu brauchbaren Schätzungen der Wahrscheinlichkeiten führen. Dazu müssen aber oft spezielle Programme geschrieben werden. In selbst durchgeführten Simulationen lag die Wahrscheinlichkeit für die Farbe, die auf drei Flächen auftritt, bei etwa 80 %.

Um fachliche Schwierigkeiten zu umgehen, schlagen wir vor, dass nur Experimente zu Spielen durchgeführt werden, bei denen es lediglich zwei unterschiedliche Gewinnwahrscheinlichkeiten gibt, die sich leicht bestimmen lassen.

5.3.3 Entnehmen von Objekten aus Behältnissen

Fachliche Grundlagen

In der Wahrscheinlichkeitsrechnung spielen bei der Modellierung stochastischer Situationen sogenannte **Urnenmodelle** eine wichtige Rolle. Dabei handelt es sich wie beim Modell „Würfel" um ein „Handlungsmodell". Man stellt sich dabei einen Ziehungsbehälter vor, der in der Regel als „Urne" bezeichnet wird. In diesen Behälter werden in Gedanken Kugeln gelegt, z. B. mehrere rote und weiße. Die Farbe der Kugeln kann gleich (nur rote Kugeln) oder unterschiedlich sein (rote und weiße Kugeln). Dann werden Kugeln entnommen (gezogen), wobei es sich um eine, aber auch um mehrere Kugeln handeln kann. Die Entnahme ist eine zufällige Auswahl, d. h., alle Kugeln haben die gleiche Wahrscheinlichkeit gezogen zu werden. Um dies zum Ausdruck zu bringen, wird von einem undurchsichtigen Ziehungsbehälter gesprochen, in den während der Ziehung nicht hineingesehen werden darf, sowie von Kugeln, die durch Tasten nicht unterscheidbar sind. Trotz dieser sehr anschaulichen und auf die Realität bezogenen Sprechweisen darf nicht übersehen werden, dass es sich um ein Denkmodell handelt, d. h., die Urne, die Kugeln und das Ziehen von Kugeln sind ideale Objekte bzw. gedachte Handlungen. In vielen

Publikationen zum Stochastikunterricht wird dieser Unterschied zwischen den realen Objekten oder Handlungen und ihren gedanklichen Entsprechungen nicht deutlich.

Ein großer Vorteil des Urnenmodells besteht darin, dass sich damit jede rationale Wahrscheinlichkeit modellieren lässt. Soll z. B. die Wahrscheinlichkeit von 0,514 für die Geburt eines Jungen modelliert werden, so legt man (in Gedanken) 514 blaue und 486 rote Kugeln in den Behälter. Die Geburt eines Kindes mit dem Merkmal „Geschlecht" kann dann durch das Ziehen einer Kugel aus diesem Behälter modelliert werden.

Als typische Fälle bei der Ziehung von Kugeln werden das Ziehen einer Kugel ohne Zurücklegen in den Behälter, mit Zurücklegen sowie das gleichzeitige Ziehen mehrerer Kugeln (Ziehen auf einen Griff) unterschieden.

Vorschläge für die Primarstufe

Es gibt in der Literatur zahlreiche Vorschläge zum Arbeiten mit dem Urnenmodell in der Primarstufe. So haben Malmendier und Kaeseler (1985) in einer 4. Klasse ein allgemeines Urnenschema eingeführt und damit Sachverhalte modelliert. Sie unterscheiden dabei zufallsgleiche Urnen (S. 414), bei denen die Gewinnwahrscheinlichkeiten gleich sind, und verhältnisgleiche Urnen, die durch Vervielfachen der Anzahl der Kugeln entstehen. In dem Zusammenhang sprechen sie auch vom Gleichnamigmachen von Urnen. Nach ihren Ergebnissen hatten die Schülerinnen und Schüler größere Schwierigkeiten beim Erkennen der Verhältnisgleichheit und Zufallsgleichheit sowie dem Gleichnamigmachen von Urnen. Wir halten es nicht für sinnvoll, selbst erdachte Begriffsbildungen einzuführen, die dann weder im weiteren Mathematikunterricht noch in der Fachwissenschaft vorkommen.

Auf jeden Fall sollte die Bezeichnung „Urne" für den Ziehungsbehälter in der Primarstufe nicht verwendet werden. Das Wort „Urne" wird im Alltag neben der Bedeutung als Wahlurne vor allem als Bezeichnung für einen Behälter zur Aufbewahrung der Asche von Toten gebraucht. In beiden Bedeutungen wird aus der Urne nichts gezogen, sondern etwas hineingelegt. Die Fachbegriffe „Urne" und „Urnenmodell" sollten erst in der Sekundarstufe II im Interesse einer Studienvorbereitung eingeführt werden. In der Primarstufe können die konkreten Bezeichnungen wie Losbehälter, Kiste, Schachtel, Beutel oder allgemein Ziehungsbehälter verwendet werden.

Für die gegenständliche Veranschaulichung sind als Ziehungsobjekte Perlen, Steckwürfel, Plättchen aus Plaste oder Pappe sowie als Ziehungsbehälter undurchsichtige Schälchen, Schachteln oder Beutel geeignet. Die blinde Entnahme kann dadurch realisiert werden, dass den Kindern, die eine Ziehung vornehmen, die Augen verbunden werden.

Die Ziehung von Kugeln oder Perlen aus Schälchen oder Schachteln halten wir als Beispiel in der Primarstufe für besonders geeignet. Glücksspielsituationen mit Ziehungsbehältnissen sind Bestandteil des Alltags von Grundschulkindern. Dazu gehören solche Situationen wie das Verlosen von Preisen bei einer Tombola, das Auslosen von Personen für ein Spiel oder von Mannschaften für ein Turnier. Allgemein geht es in diesen Situationen stets um Losvorgänge. Durch die Möglichkeit der unterschiedlichen Zusammensetzung in den Ziehungsbehältern lassen sich Vergleiche und auch Schätzungen von Wahrscheinlichkeiten in einfacher Weise vornehmen. Damit wird gleichzeitig der Einfluss von Bedingungen auf die Wahrscheinlichkeit von Ergebnissen deutlich. Im Unterschied zu anderen Glücksspielgeräten sind kaum intuitive Fehlvorstellungen bei Grundschulkindern – mit Ausnahme des Problems der Durchmischung bei einer größeren Anzahl von Kugeln – bekannt. Wir schlagen deshalb vor, im weiterführenden Unterricht vor der Behandlung von Ziehungen aus Behältern mit vielen Kugeln ein Experiment zur Durchmischung vorzunehmen (Abschn. 3.4.2.3).

Beispiele für das zufällige Entnehmen von Objekten
Ein oft verwendetes Beispiel ist das Entnehmen von Socken aus einem Behälter oder aus einem dunklen Raum. Die Autoren versuchen damit offensichtlich einen Bezug zur Realität herzustellen, was durch entsprechende Rahmengeschichten unterstützt wird, etwa dass ein Kommissar in der Nacht zu einem Einsatz gerufen wird und im Dunkeln seine Socken von der Leine nehmen möchte. Nun ist es aber auch für Kinder in der Primarstufe wohl kaum vorstellbar, dass es kein Licht im Trockenraum gibt oder der Kommissar keine Taschenlampe besitzt.

Viel realistischer ist das Entnehmen von Losen aus Ziehungsbehältnissen wie einem Eimer oder einer Kiste. Ein realitätsnahes Beispiel ist auch die Verwendung des Spiels „Fische angeln", bei dem aus einem Kasten mit Fischen mithilfe einer Angel Fische herausgezogen werden sollen. Dies entspricht dem realen Angeln in einem Teich, bei dem auch näherungsweise von einer guten Durchmischung des Bestandes ausgegangen werden kann, wenn nicht gerade Raubfische geangelt werden, die sich vorrangig an bestimmten Stellen aufhalten.

Zur Darstellung der Ziehungsbehälter und deren Inhalt
In den Untersuchungen von Kollhoff et al. (2014) mit Bildern von Aquarien und schwimmenden Fischen zeigte sich, dass die Anordnung der Fische die Entscheidungen der Kinder beeinflusste, welche Ergebnisse als sicher oder unmöglich bezeichnet werden können. So sagte eine Schülerin, dass es in einem Aquarium mit 6 roten und 7 grünen Fischen sicher sei, einen grünen Fisch zu angeln, da mehr grüne Fische an der Oberfläche schwimmen (S. 217).

Bei der zeichnerischen Darstellung von Ziehungsbehältern sollte vermieden werden, dass durch die Darstellung einer bestimmten Lage der dargestellten Kugeln die Idee der zufälligen Auswahl verdeckt wird, wie es etwa in Abb. 5.3 der Fall ist. So ist es bei Be-

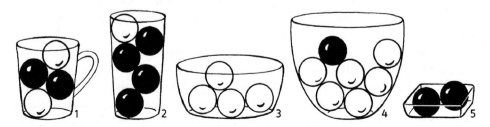

Abb. 5.3 Ungünstige Darstellung von Ziehungsbehältern mit Kugeln

Abb. 5.4 Geeignete Darstellung von Kugeln in Behältern (aus *Denken und Rechnen*, Arbeitsheft *Daten, Häufigkeit und Wahrscheinlichkeit Klasse 1/2*, S. 23, 26; mit freundlicher Genehmigung von © Westermann Gruppe. All Rights Reserved)

hälter 2 kaum vorstellbar, eine schwarze Kugel zu entnehmen, und bei Behälter 3 ist die Wahrscheinlichkeit für eine schwarze Kugel größer als 1/7.

Wenn eine zeichnerische Darstellung erfolgt, sollte es sich um eine flache Schale handeln, in der die Kugeln alle nebeneinanderliegen. Dies ist allerdings nur möglich, wenn die Anzahl der Kugeln nicht zu groß ist.

Bei einer größeren Anzahl von Kugeln sollte die Darstellung so erfolgen, dass die Kugeln nicht in ihrer wahren Lage im Behälter gezeichnet werden, sondern die Anzahl der Kugeln schematisch dargestellt wird. Diese Art der Darstellung kann als Markierung der Kugeln an der Wand des Behälters erfolgen. Beispiele dafür sind in der Abb. 5.4 zu finden.

5.3.4 Werfen von Objekten

Generelle Probleme
Zu den Objekten, die nach den Beiträgen in der Literatur im Unterricht der Primarstufe zum Werfen eingesetzt werden, gehören Münzen, Wendeplättchen, sechsseitige Würfel, weitere platonische Körper, „Schweinchenwürfel", Reißzwecken, Legosteine, Riemer-Würfel, Holzquader oder auch Nutellabrote (Ruwisch 2012).

Beim Werfen von Objekten ist immer eine Person beteiligt, die das Objekt auf eine Unterlage wirft. Das Wurfergebnis hängt von konkreten Ausprägungen der Abwurfbedingungen und der Unterlage ab. Die Wahrscheinlichkeit der möglichen Wurfergebnisse ergibt sich deshalb nicht allein aus den physikalischen Gegebenheiten des Wurfobjektes. Beim Abwurf spielt allerdings eine große Anzahl von Faktoren eine Rolle, etwa der Abwurfwinkel, die Abwurfhöhe, die Abwurfgeschwindigkeit oder der Drehimpuls, sodass sich aus dem Zusammenwirken dieser Faktoren in der Regel keine Bevorzugung einer bestimmten Endlage ergibt.

Dass dies nicht automatisch so sein muss, zeigt das Beispiel eines Jongleurs, der in der Lage ist, ein Objekt (z. B. eine Keule) so zu werfen, dass das Objekt in einer bestimmten Lage wieder in seiner Hand landet. Es wäre denkbar, dass es für einen Jongleur nach entsprechendem Training möglich ist, eine schwere Münze mit einem Durchmesser von

10 cm so zu werfen, dass sie viel häufiger „Kopf" zeigt. Noch deutlicher wird die Abhängigkeit der Wahrscheinlichkeit der Ergebnisse von den Abwurfbedingungen, wenn man an eine Maschine denkt, die immer mit den gleichen Einstellungen die Objekte wirft.

Die Beteiligung einer Person an dem Vorgang des Werfens und das mysteriöse Verhalten des Wurfobjektes vom Abwurf bis zur Landung könnten Ursachen dafür sein, dass gerade bei jüngeren Kindern viele intuitive Fehlvorstellungen mit dem Werfen von Objekten verbunden sind. Dies betrifft insbesondere das Werfen von Würfeln.

Aus diesen Gründen schlagen wir vor, auf das Werfen von Objekten im Anfangsunterricht möglichst zu verzichten und dies erst im weiterführenden Unterricht in geeigneter Weise einzusetzen.

Werfen von Münzen

Das Werfen einer Münze spielt im Alltag der Kinder eine recht geringe Rolle. Sie kennen es wahrscheinlich lediglich im Zusammenhang mit dem Treffen von Entscheidungen zu Beginn eines Fußballspiels. Wenn die Schülerinnen und Schüler ohnehin der Meinung sind, dass es nur auf das Glück ankommt, ist das Ergebnis eines Wurfs auch wenig überraschend. Die möglichen Ergebnisse des Vorgangs sind leicht erkennbar, es gibt keine sicheren oder unmöglichen Ergebnisse. Weiterhin gibt es keine realen Möglichkeiten, die Bedingungen beim Münzwurf so zu verändern, dass sich die Wahrscheinlichkeit der Ergebnisse ändert. Aus diesen Gründen ist das Werfen einer Münze wenig geeignet. Wir schlagen den Einsatz einer Münze lediglich vor, um die Streuung der Ergebnisse um den Erwartungswert bei einer kleinen Anzahl von Wiederholungen erleben zu lassen. Der Erwartungswert ist als Hälfte der Wurfanzahl leicht und in verständlicher Weise zu ermitteln.

Es gibt unterschiedliche Befunde in Bezug auf Fehlvorstellungen beim Münzwurf. Oft können Kinder die Wahrscheinlichkeit der Ergebnisse schon gut einschätzen. So berichtet Selmigkeit (2017) aus ihrem Unterricht in einer 3. Klasse, dass viele Kinder meinten, dass es beim Münzwurf nur auf das Glück ankommt, „weil es ja nur zwei Seiten gibt" (S. 45). Mit dem Wort „Glück" oder auch „Zufall" meinen die Kinder in diesen Fällen, dass alle Möglichkeiten gleich wahrscheinlich sind. Es gibt sogar Schülerinnen und Schüler, die in solchen Fällen die Abhängigkeit der Wahrscheinlichkeit von der Gestalt der Münze vermuten. So äußern einige Kinder etwa: „Wenn auf einer Seite mehr aufgedruckt ist, dann ist sie schwerer und dann ist doch klar, dass sie öfter unten landet" (Selmigkeit 2017, S. 45). Diese Unterschiede sind so minimal, dass sie nicht mit Experimenten in der Schule nachgewiesen werden können. Solche Vermutungen der Kinder sollten nicht zum Anlass für Experimente genommen werden, da man damit die Vermutungen weder belegen noch widerlegen kann.

Es gibt allerdings auch Befunde, die eine intuitive Nichtgleichwahrscheinlichkeit bei Kindern vermuten lassen. So berichten Malle und Malle (2003) von einer 12-jährigen Schülerin, die fest davon überzeugt war, dass „Wappen" bei ihr wahrscheinlicher ist, ohne dafür ein Argument angeben zu können. Eine solche Fehlvorstellung zu überwinden, ist in der Primarstufe kaum möglich. Dazu müssten lange Versuchsreihen durchgeführt und die relativen Häufigkeiten der Ergebnisse ermittelt werden. Das alleinige Verwenden von absoluten Häufigkeiten, das oft vorgeschlagen wird, ist, wie im Abschn. 5.3.2.1 gezeigt wurde, nicht ausreichend und kann aufgrund der immer größer werdenden Differenz der absoluten Häufigkeiten die Fehlvorstellung sogar noch bekräftigen.

Werfen eines Würfels

Das Werfen eines oder teilweise auch mehrerer Würfel ist gegenwärtig eine der meistverwendeten stochastischen Situationen in Schullehrbüchern und fachdidaktischen Publikationen. Ein Grund ist sicher die Tatsache, dass der Würfel immer noch das am häufigsten im Alltag von Kindern verwendete Glücksspielgerät ist. Dies spricht zunächst für eine Verwendung von Aufgabenstellungen zum Würfeln im Stochastikunterricht. Allerdings hat sich in vielen Untersuchungen herausgestellt, dass die mit Würfelspielen gesammelten Erfahrungen zu Fehlvorstellungen führen können, die wesentliche Hindernisse für die Verwendung dieser Situation im Stochastikunterricht darstellen. Zu solchen Fehlvorstellungen, die von Kindern und auch Erwachsenen vor der Behandlung der Wahrscheinlichkeitsrechnung sowie auch danach geäußert wurden, gehören folgende (Malle und Malle 2003, S. 55):

- Die Augenzahl 6 hat die wenigsten Chancen, gewürfelt zu werden. Als Begründung werden eigene Erfahrungen aus Glücksspielen angegeben.
- Die Augenzahlen 3 und 5 sind am leichtesten, die Augenzahlen 1 und 6 sind schwer zu erhalten. Begründungen sind, dass die Eins und die Sechs am Würfel genau gegenüberliegenden und die Zahlen 1 und 6 irgendwie ausgezeichnete Zahlen sind.
- Die Augenzahl 4 ist am leichtesten zu erhalten, weil sie so schön in der Mitte liegt.

Wollring (1994) hat bei seinen Untersuchungen mit Kindern im Vor- und Grundschulalter von ihm so bezeichnete „animistische Vorstellungen" konstatiert. Als animistische Vorstellung bezeichnet er die subjektive Auffassung, dass „sich im Entstehen der Versuchsergebnisse eines ZufallsExperiments ein Wesen mit Bewußtsein autonom äußert" (S. 30). Kinder glauben also z. B., dass ein Würfel ein beseeltes Objekt mit einem eigenen Willen ist. Sie beschwören Würfel, damit sie beim nächsten Mal ganz sicher eine Sechs zeigen (Ruwisch 2012). Wir sehen diese Vorstellungen als ein Merkmal des Entwicklungsstandes von Kindern in diesem Alter an. Zu ihrem Weltbild gehören in dieser Lebensphase anthropomorphe Auffassungen von Tierfiguren, Maschinen wie Autos oder Lokomotiven und anderen Gegenständen, die durch verbreitete Animationsfilme und Fernsehsendungen unterstützt werden. Mit zunehmendem Alter verschwinden diese Vorstellungen von allein, sodass es nach unserer Auffassung keiner besonderen Anstrengungen im Stochastikunterricht bedarf, die über die normale Beschäftigung mit Glücksspielsituationen hinausgehen.

Ein direkter Nachweis der Gleichwahrscheinlichkeit ist mit zahlreichen Problemen verbunden, wie im Abschn. 5.3.2.1 gezeigt wurde, und daher nicht zu empfehlen. Eine andere Möglichkeit, Kenntnisse und Einsichten zur Gleichverteilung auszubilden bzw. auch zu korrigieren, sind indirekte Vorgehensweisen, auf die bei den Unterrichtsvorschlägen eingegangen wird. Nach Klunter et al. (2011) nehmen die Fehlvorstellungen zur

Gleichwahrscheinlichkeit in Klasse 3 und 4 ab, sodass auch diese Fehlvorstellungen wahrscheinlich entwicklungsbedingt sind.

Eine Möglichkeit, mit Würfeln im Unterricht zu arbeiten, ohne dass dabei die Fehlvorstellungen zum Auftreten von bestimmten Augenzahlen eine Rolle spielen, ist die Verwendung von Würfeln mit farbigen Seitenflächen. Dann gehen die Kinder nach den Erfahrungen von Ruwisch (2012) und Penava (2017) eher unvoreingenommen an die Ergebnisse heran.

Insgesamt sprechen die genannten und oft manifesten Fehlvorstellungen gegen eine frühzeitige und ausgedehnte Verwendung von Würfeln im Stochastikunterricht der Primarstufe. Bei unseren Vorschlägen treten Aufgaben zum Werfen eines Würfels im Anfangsunterricht nur vereinzelt auf. Erst im weiterführenden Unterricht schlagen wir Experimente zum Vorgang des Würfelns vor, mit denen ein Beitrag zur Überwindung der Fehlvorstellungen geleistet werden kann.

5.3.5 Drehen von Glücksrädern oder Glückskreiseln

Auch beim Drehen von Glücksrädern oder Glückskreiseln ist eine Person am Vorgang beteiligt, die die konkrete Ausprägung der Einflussfaktoren beim Drehen des Glücksrades erzeugt. In diesem Fall sind es nur zwei Faktoren, die das Endergebnis beeinflussen: der aktuelle Stand des Glücksrades und der vermittelte Drehimpuls. Aber in der Regel ist es bei einem kräftigen Drehimpuls nicht möglich, dass durch das Handeln der Person bestimmte Ergebnisse wahrscheinlicher werden.

Glücksräder sollten stets in gleich große Sektoren eingeteilt werden, auch wenn benachbarte zu einem Feld zusammengefasst werden. Dies erleichtert den Vergleich von verschiedenen Einteilungen. Um das Anforderungsniveau nicht unangemessen zu erhöhen, sollten in der Regel zwei, aber nicht mehr als vier verschiedene Farben verwendet werden.

Für den Einsatz von Glücksrädern im Unterricht sprechen folgende Überlegungen:

- Es sind keine ausgeprägten Fehlvorstellungen für das Drehen von Glücksrädern bekannt.
- Es können in kurzer Zeit viele Wiederholungen des Vorgangs durchgeführt werden.
- Durch die unterschiedliche Markierung der Felder des Glücksrades lassen sich unterschiedliche Wahrscheinlichkeiten für eine Farbe realisieren. Damit kann die Abhängigkeit einer Wahrscheinlichkeit von den Bedingungen des Vorgangs verdeutlicht werden.
- Es lassen sich in einfacher Weise Umkehraufgaben bilden, indem eine Färbung der Felder bei einer gegebenen Wahrscheinlichkeitsverteilung vorgenommen werden soll.

Bei dem Einsatz von Glücksrädern im Unterricht sind folgende Probleme zu beachten:

- Glücksräder spielen im Alltag nur noch eine geringe Rolle. So berichtet Schwab (2017) aus ihrer Klasse, dass die Mehrheit der Schüler Glücksräder nicht kannte.

- Das Besorgen oder Herstellen von Glücksrädern mit möglichst variablen Einteilungen ist mit einigem Aufwand verbunden. Erfahrungen zeigen, dass ein Basteln von Glücksrädern mit Kindern nicht zu empfehlen ist, da sich die Symmetrie und auch die normalen Drehbedingungen nur schwer herstellen lassen. Geißler (2017) berichtet, dass ihre Schüler sogar Freude daran hatten, durch entsprechende Drehbewegungen möglichst viele Ergebnisse mit kleiner Wahrscheinlichkeit zu erzeugen. Es sollten deshalb industriell gefertigte Glücksräder eingesetzt werden, wie sie in der Wahrscheinlichkeits-Box von Häring und Ruwisch (2012) enthalten sind.

5.3.6 Probleme mehrstufiger Vorgänge

Es gibt eine große Anzahl von Unterrichtsvorschlägen, bei denen es um mehrstufige Vorgänge geht. Das bekannteste Beispiel ist das Werfen von zwei Würfeln und das damit verbundene Bestimmen der Augensumme oder des Augenproduktes. Für dieses Beispiel spricht, dass die Augensumme bei vielen Würfelspielen verwendet wird, nachgewiesenermaßen bei Kindern auf großes Interesse stößt und ein Beispiel für eine Nichtgleichverteilung ist.

Man kann aber nicht darüber hinwegsehen, dass es selbst für ältere Schülerinnen und Schüler sowie zum Teil auch für Erwachsene ein erhebliches Problem ist, beim Bestimmen der Augensumme auch die Reihenfolge der Summanden zu beachten. Sogar der berühmte Mathematiker Gottfried Wilhelm Leibniz (1646–1716) war der festen Ansicht, dass es für die Augensumme 3 nur eine Möglichkeit gebe. Erfahrungen aus dem Unterricht in der Sekundarstufe I beim Thema mehrstufige Vorgänge zeigen, dass viele Schülerinnen und Schüler ähnliche Schwierigkeiten beim Verständnis des Sachverhaltes haben (Krüger et al. 2015, 147 f.).

Die Untersuchungen von Fischbein et al. (1991) haben ergeben, dass über 60 % der befragten Kinder im Alter von 9 bis 11 Jahren die Ergebnisse (6; 6) und (5; 6) beim Werfen zweier Würfel bzw. (Kopf; Kopf) und (Kopf; Zahl) beim Werfen zweier Münzen für gleich wahrscheinlich halten (S. 553). Bei Schülern im Alter von 11 bis 14 Jahren erhöhte sich dieser Anteil sogar auf 80 % bzw. 90 % bei denen, die Stochastikunterricht hatten.

Prediger (2005) berichtet über eine konstruktivistische Lehr-Lern-Situation, in der zwei Studierende mit zwei elfjährigen Mädchen die Wahrscheinlichkeitsverteilung für die Augensummen erarbeiten wollten. Trotz vieler Bemühungen der Studierenden gelang es ihnen nicht, die Kinder zu den betreffenden Einsichten zu bringen.

Für Kinder in der Primarstufe dürfte es schwer zu verstehen sein, dass die Summen $1 + 2$ und $2 + 1$ getrennt gezählt werden müssen, obwohl sie nach dem Kommutativgesetz gleich sind. Häufig wird eine Additionstabelle mit 36 Feldern zur Erklärung verwendet, in der die Summe 3 zweimal auftritt. Der Widerspruch zur Tatsache, dass $1 + 2 = 2 + 1$ ist, wird damit aber auch nicht aus der Welt geschafft. Weiterhin gibt es Aufgabenstellungen wie die Bestimmung der Anzahl von Dominosteinen, bei denen ebenfalls mit einer Additionstabelle gearbeitet werden kann, in der nun aber alle Summen unterhalb der Diagonalen nicht mitgezählt werden. Weiterhin ist die hinter der Additionstabelle stehende Methode der Bildung des Kreuzproduktes der beiden Ergebnismengen nicht auf drei oder mehr Ergebnismengen übertragbar und wird auch nicht in den Sekundarstufen thematisiert. Das adäquate und allgemeine Modell sind mehrstufige Vorgänge, die mit Baumdiagrammen und Pfadregeln untersucht werden.

Bei vielen Unterrichtsvorschlägen werden zwei Würfel mit unterschiedlichen Farben verwendet. Damit lassen sich im Vergleich zum Würfeln mit zwei gleichfarbigen Würfeln z. B. die beiden Würfelergebnisse für die Augenzahl 3 optisch unterscheiden. Es bleiben aber auch bei diesem Vorgehen u. a. folgende Fragen offen. Die Farbe einer Zahl ist kein wesentliches Merkmal einer Zahl: Warum müssen dann beim Addieren der Augenzahlen die Farben unterschieden werden? Was ändert sich, wenn ich mit zwei gleichfarbigen Würfeln werfe und die Würfel nicht mehr unterscheiden kann? Untersuchungen zeigen, dass sich mit verschiedenfarbigen Würfeln die oben genannten Ergebnisse nicht verbessern lassen (Lecoutre und Durand 1988). Bei Weustenfeld (2007) gab es sogar Kinder, die beim Werfen zweier verschiedenfarbiger Würfel nun auch für (2; 2) zwei Möglichkeiten durch Vertauschen der Farben sahen.

In einigen Fällen herrscht die fehlerhafte Auffassung, dass es beim Werfen von zwei Wendeplättchen nur drei Möglichkeiten für das Ergebnis gibt, da beim gleichzeitigen Werfen der Plättchen die Reihenfolge der Farben keine Rolle spielen würde. In Wirklichkeit hat der Vorgang aber vier mögliche Ergebnisse. In empirischen Untersuchungen auch mit Erwachsenen, etwa beim Werfen zweier Münzen oder der Betrachtung von Familien mit zwei Kindern, hat sich gezeigt, dass wie im Fall der beiden Wendeplättchen nur drei mögliche Ergebnisse gesehen werden. Auch der Mathematiker D'Alembert (1717–1783) war dieser Ansicht.

Eine mögliche Ursache dieser Probleme könnte sein, dass nicht erkannt wird, dass das gleichzeitige Werfen mehrerer gleicher Objekte gleichbedeutend ist mit dem mehrfachen Werfen eines der Objekte. So kann, statt zwei Würfeln gleichzeitig zu werfen, auch ein Würfel zweimal geworfen werden. Die Gleichwertigkeit der beiden Vorgänge kann auch anschaulich demonstriert werden, indem eine Person zunächst in jede Hand einen Würfel nimmt und beide dann gleichzeitig wirft. Anschließend wirft sie die Würfel in jeder Hand jeweils nacheinander und schließlich würfelt sie zur Vereinfachung mit einem Würfel in einer Hand zweimal.

Allgemein empfehlen wir, Aufgaben zum gleichzeitigen Werfen mehrerer Objekte oder zur gleichzeitigen Entnahme von mehreren Objekten aus einem Behälter sowie andere analoge Aufgabenstellungen in der Primarstufe zu vermeiden. Als anspruchsvolle Aufgabe wäre aus unserer Sicht lediglich das zweimalige Werfen desselben Objektes oder das zweimalige Ziehen eines Objektes aus einem Behälter sinnvoll. Wegen des offensichtlichen Bedürfnisses nach Thematisierung des Problems der Augensumme haben wir einen entsprechenden Unterrichtsvorschlag unterbreitet, der die genannten Probleme umgeht (Abschn. 3.4.2.1).

5.4   Bemerkungen zu anderen Auffassungen und Bezeichnungen

Man findet in fachdidaktischen Publikationen und auch in Erfahrungsberichten von Lehr-kräften zahlreiche Formulierungen und Begriffsbildungen, die aus fachlicher und didak-tischer Sicht problematisch, unangebracht oder teilweise sogar fehlerhaft sind. Die Ursa-chen für die Häufung solcher Probleme zum Wahrscheinlichkeitsbegriff sehen wir einmal in den vielen Schwierigkeiten, die mit diesem anspruchsvollen Thema verbunden sind, dem Fehlen von Literatur zu grundlegenden Problemen und auch in den noch geringen Erfahrungen mit diesem Thema im Unterricht. Im Folgenden soll auf einige dieser Pro-bleme eingegangen werden, die wir in Publikationen gefunden haben.

Sicher angeregt durch die Formulierung in den Bildungsstandards „Wahrscheinlich-keiten von Ereignissen in Zufallsexperimenten vergleichen" (KMK 2005, S. 11) findet man häufig die Begriffe „Ereignis" und „Zufallsexperiment" in den Publikationen. Auf die Probleme im Umgang mit diesen Begriffen in der Primarstufe und die daraus resul-tierende Empfehlung, sie dort nicht zu verwenden, wurde bereits ausführlich eingegangen (Abschn. 5.1.3). Hier seien noch einmal einige problematische Formulierungen mit dem Wort „Ereignis" genannt, die in der Literatur zu finden sind:

- Es werden Gewinnchancen als „zufällige Ereignisse" bezeichnet. Eine Gewinnchance ist aber ein Verhältnis von Wahrscheinlichkeiten, das sich aus den Bedingungen des Vorgangs ergibt und damit keinen zufälligen Charakter hat.
- Die Formulierung „Ergebnisse zufälliger Ereignisse" ist für Schüler missverständlich. Dahinter steht sicher die Definition des Begriffs „Ereignis" als Teilmenge der Ergeb-nismenge. Dies könnte die Quelle für folgende problematische Formulierungen sein:
  - „Ein Ereignis tritt ein, wenn der Ausgang des Versuchs die Bedingungen des Ereig-nisses erfüllt."
  - „Die Kinder sollen erfahren und erkennen, dass es zufällige Ereignisse gibt, deren Ausgang nicht angegeben werden kann …"
- Es ist sicher, dass beim Würfeln eine der Augenzahlen 1, 2, 3, 4, 5 oder 6 auftritt, aber dies kann nicht als sicheres „Ergebnis", sondern nur als sicheres „Ereignis" bezeichnet werden.
- Die Bezeichnung „Eintrittserwartung eines Ereignisses" sollte nicht verwendet werden, da sie ebenfalls kein Fachbegriff ist und fehlerhafte Bezüge zum Fachbegriff „Erwar-tungswert", der in der Sekundarstufe I eingeführt wird, hergestellt werden könnten.
- Nicht günstig ist es ebenfalls, ein „Zufallsergebnis" als Bezeichnung für ein Elemen-tarereignis zu definieren.
- Man kann auch nicht von der „Gleichverteilung von Ereignissen" sprechen. Der Begriff „Verteilung" und damit auch „Gleichverteilung" bezieht sich immer auf Wahrschein-lichkeiten oder Häufigkeiten.

Folgende Erklärung des Begriffs „Zufallsversuch" wirft gleich mehrere Fragen auf: „Als Zufallsversuch bezeichnet man einen zufälligen Vorgang, welcher mindestens zwei mögliche Ergebnisse hat." Es wäre zu fragen, was denn ein „zufälliger Vorgang" ist und ob es auch zufällige Vorgänge gibt, die nur ein mögliches Ergebnis haben.

Es ist auch nicht günstig, in der Primarstufe andere Begriffsbildungen als in der Fachliteratur zu verwenden. So wird teilweise zwischen den Begriffen „Zufallsversuch" und „Zufallsexperiment" unterschieden und unter einem Zufallsexperiment eine mehrfache Wiederholung eines Zufallsversuchs verstanden. In der Fachwissenschaft werden in der Regel beide Begriffe synonym verwendet.

In mehreren Publikationen wird das Wort „Eintrittswahrscheinlichkeit" benutzt. Damit ist in der Regel die Wahrscheinlichkeit für ein Ergebnis gemeint, das beim künftigen Verlauf eines Vorgangs eintreten kann. Der Begriff wird aber auch generell synonym zum Begriff „Wahrscheinlichkeit" verwendet. Auf die Bezeichnung „Eintrittswahrscheinlichkeit" sollte in der Primarstufe aus folgenden Gründen verzichtet werden:

- Es handelt sich nicht um einen Fachbegriff der Wahrscheinlichkeitsrechnung und stellt deshalb eine überflüssige Belastung des Wortschatzes der Kinder dar.
- Die Bezeichnung wird in den Sekundarstufen in der Regel nicht verwendet.
- In dem Wort „Wahrscheinlichkeit" ist bereits der Gedanke enthalten, dass damit auch eine Aussage über ein künftiges Ergebnis gemeint sein kann.
- Es können aber auch Wahrscheinlichkeiten zu bereits eingetretenen und unbekannten Ergebnissen eines Vorgangs angegeben werden. In diesem Fall ist die Bezeichnung „Eintrittswahrscheinlichkeit" nicht passend.
- Sprachlich gibt es ebenfalls Probleme; denn wenn es eine spezielle Art von Wahrscheinlichkeiten gibt, die Eintrittswahrscheinlichkeiten heißen, dann müsste es auch noch andere spezielle Arten von Wahrscheinlichkeiten geben.

Es ist nicht sinnvoll zu definieren, dass die Einschätzung des Grades an Sicherheit als Eintrittswahrscheinlichkeit bezeichnet wird. Dadurch wird eine Vermengung zwischen der subjektiven Einschätzung einer Wahrscheinlichkeit und ihrer objektiven Existenz vorgenommen. Der Grad der Sicherheit oder das Erwartungsgefühl bezieht sich immer auf eine Person und ihre Einschätzung der Wahrscheinlichkeit für das Eintreten eines bestimmten Ergebnisses. Wenn die Wahrscheinlichkeit bekannt ist, wie etwa beim Werfen eines Würfels, so kann diese Wahrscheinlichkeit als Grad der Sicherheit bzw. Grad der Erwartung, mit der das Ergebnis eintreffen wird, interpretiert werden.

In einem Beitrag findet man die Bezeichnungen „empirische Häufigkeiten" und „theoretische Wahrscheinlichkeiten", die beide keine Fachbegriffe sind und aus folgenden Gründen nicht verwendet werden sollten. Bei Häufigkeiten handelt es sich in der Schule immer um Daten aus empirischen Untersuchungen oder Beobachtungen. Es wird nicht klar, ob es sich bei dem Begriff „empirische Häufigkeiten" um absolute oder relative Häufigkeiten handelt. Nach der Formulierung in dem Beitrag, dass sich die „empirischen Häufigkeiten" den „theoretischen Wahrscheinlichkeiten" immer mehr annähern, müsste es sich um relative Häufigkeiten handeln, aber es wurden in dem beschriebenen Unterricht nur absolute Häufigkeiten ermittelt. Wahrscheinlichkeiten haben immer einen theoretischen Charakter, es gibt keine „empirischen Wahrscheinlichkeiten", selbst wenn sie auf der Grundlage von relativen Häufigkeiten geschätzt wurden. Deshalb ist das Adjektiv „theoretisch" für den Begriff „Wahrscheinlichkeit" nicht sinnvoll.

Man sollte nicht die Wahrscheinlichkeit als „erwartete relative Häufigkeit" bezeichnen. Wenn man z. B. eine Münze sehr oft wirft, kann man nur erwarten, dass die relative Häufigkeit von „Wappen" in der Nähe der Wahrscheinlichkeit 1/2 liegt und dass die Schwankungen der relativen Häufigkeit um diesen Wert geringer werden. Nur im Ausnahmefall könnte auch eintreten, dass bei einer bestimmten Anzahl von Wiederholungen sogar der Wert 1/2 erreicht wird.

Die Betrachtungen zur geometrischen Form von Objekten, insbesondere zu ihren Symmetrieeigenschaften, und die daraus resultierenden Überlegungen zur Wahrscheinlichkeit von Ergebnissen beim Einsatz dieser Objekte in einem stochastischen Vorgang werden teilweise als „geometrischer Zugang" zum Wahrscheinlichkeitsbegriff oder sogar als „geometrische Wahrscheinlichkeit" bezeichnet. In Bezug auf die Flächenverhältnisse bei der Einteilung von Glücksrädern ist diese Bezeichnung berechtigt. Die Betrachtungen zur Größe der Seitenflächen von Würfeln und Quadern haben aber nichts mit dem Begriff der geometrischen Wahrscheinlichkeit (Abschn. 5.2.1) zu tun. Dies sieht man allein schon daran, dass sich aus den Verhältnissen der Größe der Seitenflächen eines Quaders nicht die Wahrscheinlichkeiten zum Auftreten einer der Flächen beim Wurf des Quaders ergeben.

Die häufige Verwendung von symmetrischen Glücksspielgeräten führt offensichtlich dazu, dass man den Wahrscheinlichkeitsbegriff generell mit dem Fall der Gleichwahrscheinlichkeit von Ergebnissen verbindet und etwa in folgender Weise definiert. Die Eintrittswahrscheinlichkeit eines Ereignisses ist gleich dem Quotienten aus der Anzahl der günstigen und der Anzahl der möglichen Fälle.

Der Wahrscheinlichkeitsbegriff wird oft mit Massenerscheinungen in Verbindung gebracht. Es ist zutreffend, dass sich gerade bei zahlreichen Wiederholungen eines Vorgangs über die Stabilisierung der relativen Häufigkeiten der Ergebnisse die dahinterstehenden Wahrscheinlichkeiten zeigen. Man kann aber auch in sinnvoller Weise bereits bei einem einzelnen Vorgang von der Wahrscheinlichkeit eines möglichen Ergebnisses sprechen, wie wir in diesem Buch an zahlreichen Beispielen belegt haben. Deshalb ist die Lösung von der Betrachtung einzelner Vorgänge zwar für bestimmte Überlegungen erforderlich, aber für das Verständnis des Wahrscheinlichkeitsbegriffs nicht notwendig. Man kann deshalb etwa nicht sagen, dass der Blick im Alltagsgeschehen oft auf wenige oder sogar einzelne Ereignisse gerichtet ist, die in keiner Weise repräsentativ für die Eintrittswahrscheinlichkeit sind.

Schulbücher und Arbeitshefte

Denken und Rechnen, Ausgabe Ost Westermann Schulbuchverlag Braunschweig

- 1. Schuljahr 2017
- 2. Schuljahr 2017
- 3. Schuljahr 2013
- 4. Schuljahr 2014

Denken und Rechnen, Arbeitsheft Daten, Häufigkeit und Wahrscheinlichkeit Westermann Schulbuchverlag Braunschweig

- 1./2. Schuljahr 2017
- 3. Schuljahr 2018
- 4. Schuljahr 2018

Eins zwei drei Cornelsen Verlag GmbH Berlin

- 1. Schuljahr 2011
- 2. Schuljahr 2012
- 3. Schuljahr 2013
- 4. Schuljahr 2014

Mathefreunde Volk und Wissen Verlag Berlin

- 1. Schuljahr 2015
- 2. Schuljahr 2015
- 3. Schuljahr 2016
- 4. Schuljahr 2017

Mathematikus Westermann Schulbuchverlag Braunschweig

- 3. Schuljahr 2008
- 4. Schuljahr 2008

© Springer-Verlag GmbH Deutschland, ein Teil von Springer Nature 2019
H.-D. Sill, G. Kurtzmann, *Didaktik der Stochastik in der Primarstufe*,
Mathematik Primarstufe und Sekundarstufe I + II,
https://doi.org/10.1007/978-3-662-59268-7

Nussknacker Ernst Klett Verlag GmbH Stuttgart

- 1. Schuljahr 2014
- 2. Schuljahr 2015
- 3. Schuljahr 2016
- 4. Schuljahr 2016

Rechenwege Volk und Wissen Verlag Berlin

- 1. Schuljahr 2011
- 2. Schuljahr 2011
- 3. Schuljahr 2012
- 4. Schuljahr 2012

Zahlenzauber Oldenbourg Schulbuchverlag München

- 1. Schuljahr 2016
- 2. Schuljahr 2016
- 3. Schuljahr 2017
- 4. Schuljahr 2017

Bisher erschienene Bände der Reihe Mathematik Primarstufe und Sekundarstufe I + II

Herausgegeben von
Prof. Dr. Friedhelm Padberg, Universität Bielefeld
Prof. Dr. Andreas Büchter, Universität Duisburg-Essen

Bisher erschienene Bände (Auswahl):

Didaktik der Mathematik

P. Bardy: Mathematisch begabte Grundschulkinder – Diagnostik und Förderung (P)

C. Benz/A. Peter-Koop/M. Grüßing: Frühe mathematische Bildung (P)

M. Franke/S. Reinhold: Didaktik der Geometrie (P)

M. Franke/S. Ruwisch: Didaktik des Sachrechnens in der Grundschule (P)

K. Hasemann/H. Gasteiger: Anfangsunterricht Mathematik (P)

K. Heckmann/F. Padberg: Unterrichtsentwürfe Mathematik Primarstufe, Band 1 (P)

K. Heckmann/F. Padberg: Unterrichtsentwürfe Mathematik Primarstufe, Band 2 (P)

F. Käpnick: Mathematiklernen in der Grundschule (P)

G. Krauthausen: Digitale Medien im Mathematikunterricht der Grundschule (P)

G. Krauthausen: Einführung in die Mathematikdidaktik (P)

G. Krummheuer/M. Fetzer: Der Alltag im Mathematikunterricht (P)

F. Padberg/C. Benz: Didaktik der Arithmetik (P)

E. Rathgeb-Schnierer/C. Rechtsteiner: Rechnen lernen und Flexibilität entwickeln (P)

P. Scherer/E. Moser Opitz: Fördern im Mathematikunterricht der Primarstufe (P)

H.-D. Sill/G. Kurtzmann: Didaktik der Stochastik in der Primarstufe (P)

A.-S. Steinweg: Algebra in der Grundschule (P)

G. Hinrichs: Modellierung im Mathematikunterricht (P/S)

A. Pallack: Digitale Medien im Mathematikunterricht der Sekundarstufen I + II (P/S)

R. Danckwerts/D. Vogel: Analysis verständlich unterrichten (S)

C. Geldermann/F. Padberg/U. Sprekelmeyer: Unterrichtsentwürfe Mathematik Sekundarstufe II (S)

G. Greefrath: Didaktik des Sachrechnens in der Sekundarstufe (S)

G. Greefrath: Anwendungen und Modellieren im Mathematikunterricht (S)

G. Greefrath/R. Oldenburg/H.-S. Siller/V. Ulm/H.-G. Weigand: Didaktik der Analysis für die Sekundarstufe II (S)

K. Heckmann/F. Padberg: Unterrichtsentwürfe Mathematik Sekundarstufe I (S)

K. Krüger/H.-D. Sill/C. Sikora: Didaktik der Stochastik in der Sekundarstufe (S)

F. Padberg/S. Wartha: Didaktik der Bruchrechnung (S)

H.-J. Vollrath/H.-G. Weigand: Algebra in der Sekundarstufe (S)

H.-J. Vollrath/J. Roth: Grundlagen des Mathematikunterrichts in der Sekundarstufe (S)

H.-G. Weigand/T. Weth: Computer im Mathematikunterricht (S)

H.-G. Weigand et al.: Didaktik der Geometrie für die Sekundarstufe I (S)

Mathematik

M. Helmerich/K. Lengnink: Einführung Mathematik Primarstufe – Geometrie (P)

A. Büchter/F. Padberg: Einführung in die Arithmetik (P/S)

F. Padberg/A. Büchter: Arithmetik/Zahlentheorie (P)

K. Appell/J. Appell: Mengen – Zahlen – Zahlbereiche (P/S)

A. Filler: Elementare Lineare Algebra (P/S)

H. Humenberger/B. Schuppar: Mit Funktionen Zusammenhänge und Veränderungen beschreiben (P/S)

S. Krauter/C. Bescherer: Erlebnis Elementargeometrie (P/S)

H. Kütting/M. Sauer: Elementare Stochastik (P/S)

T. Leuders: Erlebnis Algebra (P/S)

T. Leuders: Erlebnis Arithmetik (P/S)

F. Padberg/A. Büchter: Elementare Zahlentheorie (P/S)

F. Padberg/R. Danckwerts/M. Stein: Zahlbereiche (P/S)

A. Büchter/H.-W. Henn: Elementare Analysis (S)

B. Schuppar: Geometrie auf der Kugel – Alltägliche Phänomene rund um Erde und Himmel (S)

B. Schuppar/H. Humenberger: Elementare Numerik für die Sekundarstufe (S)

G. Wittmann: Elementare Funktionen und ihre Anwendungen (S)

P: Schwerpunkt Primarstufe
S: Schwerpunkt Sekundarstufe

Literatur

Ahrens, A.: Glück oder Mathematik? Grundschulmagazin (2), 17–19 (2009)

Amir, G.S., Williams, J.S.: Cultural influences on children's probabilistic thinking. Journal Math. Behav **18**(1), 85–107 (1999)

Batanero, C., Henry, M., Parzysz, B.: The nature of chance and probability. In: Jones, G.A. (Hrsg.) Exploring probability in school. Challenges for teaching and learning Mathematics Education Library, 40. S. 16–42. Springer, Boston (2005)

Bernoulli, J.: Wahrscheinlichkeitsrechnung. Dritter und vierter Teil. Ostwald's Klassiker der exakten Naturwissenschaften, 108. Wilhelm Engelmann, Leipzig (1899). Unter Mitarbeit von Übersetzt und hrsg. von R. Haussner

Berther, H.: Im Kreis gedreht. Stochastisches Denken bei Zehn-bis Zwölfjährigen aktivieren. Grundschule (5), 26–29 (2010)

Biehler, R., Frischemeier, D.: Förderung von Datenkompetenz in der Primarstufe. Lern. Lernstörungen **4**(2), 131–137 (2015)

Binner, E., Itzigehl, P., Schroeder, C., Schuster, R.: Gewagt ist gewonnen – dem Zufall eine Chance geben. Grundschulunterr./Math. (3), 8–12 (2012)

Bohrisch, G., Mirwald, E.: Zu Möglichkeiten des Einbeziehens von elementaren Aufgabenstellungen kombinatorischen oder stochastischen Charakters in die mathematische Bildung und Erziehung der Schüler unterer Klassen. Pädagogische Hochschule Erfurt, Erfurt (1988). Dissertation

Borges, R.: Ein Vorschlag zur Normung der Namen der kombinatorischen Grundbegriffe in DIN 1302. Prax. Math. **21**, 43–45 (1979)

Borges, R.: Die Begriffe der Kombinatorik in der Neuausgabe von DIN 1302. Prax. Math. **23**, 148–151 (1981)

Borovcnik, M.: Stochastik im Wechselspiel von Intuitionen und Mathematik. Lehrbücher und Monographien zur Didaktik der Mathematik, 10. BI-Wiss.-Verl, Mannheim (1992). http://www.gbv. de/dms/ilmenau/toc/016110897.PDF

Breiter, E., Pfeil, C., Neubert, B.: Das Thema „Zufall" im Mathematikunterricht der Grundschule. Sache – Wort – Zahl **37**(102), 27–38 (2009)

Bruner, J.S.: Der Prozess der Erziehung. Sprache und Lernen : internationale Studien zur pädagogischen Anthropologie. Berlin-Verl, Berlin (1970). Ins Dt. übertr. von Arnold Harttung

Büchter, A., Henn, H.-W.: Elementare Stochastik. Eine Einführung in die Mathematik der Daten und des Zufalls, 2. Aufl. Mathematik für das Lehramt. Springer, Berlin, Heidelberg (2007). http://site. ebrary.com/lib/alltitles/docDetail.action?docID=10186904.

Büchter, A., Hußmann, S., Leuders, T., Prediger, S.: Den Zufall im Griff? Stochastische Vorstellungen fördern. Prax. Math. **47**(4), 1–7 (2005)

Bütow, K.: Wie landet eine Reißzwecke? Grundsch. Math. (32), 24–27 (2012)

Cassel, D.: Was verstehn wir unter dem Erwartungswert? Stochastik Sch. **9**(1), 13–19 (1990)

Cohen, J., Hansel, M.: Glück und Risiko. Die Lehre von der subjektiven Wahrscheinlichkeit. Europäische Verlagsgesellschaft, Frankfurt am Main (1961)

Cordt, Sandra (2012): Entwicklung des Wahrscheinlichkeitsbegriffs im Mathematikunterricht der 2. Klasse unter Einbeziehung des Strukturmodells der Prozessbetrachtung. Hausarbeit im Rahmen der Ersten Staatsprüfung für das Lehramt an Grund- und Hauptschulen. Staatsexamensarbeit. Universität Rostock, Rostock. Institut für Grundschulpädagogik. Online verfügbar unter https://www.mathe-mv.de/publikationen/primarstufe/daten-haeufigkeit-und-wahrscheinlichkeit/, zuletzt geprüft am 19. Juli 2017.

Cournot, A.A.: Die Grundlehren der Wahrscheinlichkeitsrechnung : leicht faßlich dargestellt für Philosophen, Staatsmänner, Juristen, Kameralisten und Gebildete überhaupt. Leibrock, Braunschweig (1849)

Dietz, E.: Experimente zur Wahrscheinlichkeit. In: Plackner, E.-M., Postupa, J. (Hrsg.) Daten und Zufall in der Grundschule MaMutprimar – Materialien für den Mathematikunterricht, Bd. 1, S. 125–150. Franzbecker, Hildesheim (2015)

DMV, GAMM, GDM, KMathF, MNU: Mathematik in der Grundschule – Chaos in der Lehrerausbildung. Aufruf von DMV, GAMM, GDM, KMathF und MNU (2012). http://madipedia.de/images/f/fc/12-Aufruf_Grundschule.pdf, Zugegriffen: 26. März 2016

Döhrmann, M.: Zufall, Aktien und Mathematik. Vorschläge für einen aktuellen und realitätsbezogenen Stochastikunterricht. Texte zur mathematischen Forschung und Lehre, Bd. 35. Franzbecker, Hildesheim (2004)

Döhrmann, M.: Schülervorstellungen zum Begriff „Zufall". In: Graumann, G. (Hrsg.) Beiträge zum Mathematikunterricht 2005 Vorträge auf der 39. Tagung für Didaktik der Mathematik, Bielefeld, 28.2. bis 4.3.2005. S. 167–170. Franzbecker, Hildesheim (2005)

Eichler, A.: Daten und Zufall. In: Leuders, J., Philipp, K. (Hrsg.) Mathematik – Didaktik für die Grundschule, 3. Aufl. Didaktik für die Grundschule. S. 88–101. Cornelsen, Berlin (2018)

Eichler, A., Vogel, M.: Leitidee Daten und Zufall. Von konkreten Beispielen zur Didaktik der Stochastik. Springer-11777 /Dig. Serial. Vieweg+Teubner, GWV Fachverlage, Wiesbaden (2009) https://doi.org/10.1007/978-3-8348-9996-5

Eichler, K.-P.: Vermuten, dokumentieren und bewerten. Math. Differ. (3), 14–17 (2010)

Engel, A.: Propädeutische Wahrscheinlichkeitstheorie. Mathematikunterricht **12**(4), 5–20 (1966)

Engel, A.: Wahrscheinlichkeitsrechnung und Statistik, 1. Aufl. Klett-Studienbücher Mathematik, Bd. 2. Klett, Stuttgart (1976)

Engel, A.: Wahrscheinlichkeitsrechnung und Statistik, 1. Aufl. Klett-Studienbücher Mathematik, Bd. 1. Klett, Stuttgart (1983)

Engel, A., Varga, T., Walser, W.: Zufall oder Strategie? Spiele zur Kombinatorik und Wahrscheinlichkeitsrechnung auf der Primarstufe. Klett, Stuttgart (1974)

Engel, J.: Anwendungsorientierte Mathematik: von Daten zur Funktion. Eine Einführung in die mathematische Modellbildung für Lehramtsstudierende. Springer (Mathematik für Lehramt), Berlin, Heidelberg (2010)

English, L.D.: Young children's combinatoric strategies. Educ Stud Math **22**(10), 451–474 (1991)

Feldt-Caesar, N.: Konzeptualisierung und Diagnose von mathematischem Grundwissen und Grundkönnen. Eine theoretische Betrachtung und exemplarische Konkretisierung am Ende der Sekundarstufe II, 1. Aufl. s. l.: Springer Fachmedien Wiesbaden GmbH (Perspektiven der Mathematikdidaktik). Online verfügbar unter http://www.springer.com/;X:MVB, Wiesbaden (2017)

Fetzer, M.: Wie argumentieren Grundschulkinder im Mathemathematikunterricht? Eine argumentationstheoretische Perspektive. J Math Didakt **32**(1), 27–51 (2011). https://doi.org/10.1007/s13138-010-0021-z

Fischbein, E.: The intuitive sources of probabilistic thinking in children. Reidel, Dordrecht (1975)

Fischbein, E., Nello, M.S., Marino, M.S.: Factors Affect. Probabilistic Judgements Child. Adolesc. educational Stud. Math. **22**, 523–549 (1991)

Fischbein, E., Pampu, I., Minzat, I.: Einführung in die Wahrscheinlichkeit auf der Primärstufe. In: Steiner, H.-G. (Hrsg.): Didaktik der Mathematik. Wege der Forschung, Bd. 361. Wissenschaftliche Buchgesellschaft [Abt. Verl.], Darmstadt (1978), S. 140–160

Franke, M., Ruwisch, S.: Didaktik des Sachrechnens in der Grundschule, 2. Aufl. Spektrum, Akad. Verl. (Mathematik Primarstufe und Sekundarstufe I + II), Heidelberg (2010)

Friel, S.N., Curcio, F.R., Bright, G.W.: Making sense of graphs. Critical factors influencing comprehension and instructional implications. J. Res. Math. Educ. , 124–158 (2001)

Gasteiger, H.: Die Kunst des Mutmaßens. lernchancen (55), 22–27 (2007)

Gasteiger, H.: Wahrscheinlich unmöglich? Zufallsexperimente in Jahrgangstue 1. Grundschulmagazin (2), 13–16 (2009)

Gasteiger, H.: Sache – Wort – Zahl. Blind. Vertrauen Zahl. Ergebnisse (122), 23–28 (2011)

Gasteiger, H.: Dem Zufall auf der Spur. Grundschulmagazin (6), 39–47 (2012)

Gasteiger, H.: Daten im Blick. Grundschulmagazin (5), 7–11 (2014)

Geißler, A.: Glücksrad und Würfel. Mit kombinatorischen Überlegungen Grundfertigkeiten im Beurteilen von Gewinnwahrscheinlichkeiten entwickeln und vertiefen. Grundschulunterr./Math. (4), 31–36 (2017)

Gigerenzer, G., Krüger, C.: Das Reich des Zufalls. Wissen zwischen Wahrscheinlichkeiten, Häufigkeiten und Unschärfen. Spektrum Akad. Verl, Heidelberg (1999)

Grassmann, M.: „Mach doch eine Skizze!". Grundschule (5), 34–37 (2010)

Grassmann, M., Eichler, K.-P., Mirwald, E., Nitsch, B.: Mathematikunterricht, 3. Aufl. Kompetent im Unterricht der Grundschule, 5. Schneider Hohengehren, Baltmannsweiler (2014)

Graumann, G.: Mathematikunterricht in der Grundschule. Studientexte zur Grundschulpädagogik und -didaktik. Klinkhardt, Bad Heilbrunn/Obb (2002)

Grünewald, R.: Zur Einbeziehung von Elementen der Kombinatorik in den Mathematiklehrgang der zehnklassigen allgemeinbildenden polytechnischen Oberschule der DDR – Erfordernisse, mögliche Ziele und ein Realisierungsvorschlag. Dissertation. Humboldt-Universität Berlin, Berlin (1984)

Grünewald, R.: Schwierigkeiten mit der (statistischen) Wahrscheinlichkeit in den ersten Schuljahren. In: Stampe, E., Schulz, W., Müller, H., Stowasser, R. (Hrsg.) Berliner Tagung zur Didaktik der Mathematik Blossion am Wolziger See, 08.04.-12.04. S. 49–52. Humboldt-Universität Berlin, Berlin (1991a)

Grünewald, R.: Stochastik in den ersten Schuljahren Oder „Was Hänschen nicht lernt, lernt Hans nimmermehr". Math. Sch. **29**(9), 607–615, 619–623 (1991b)

Gühmann, I.: Die Wahrscheinlichkeit des Gewinnens am Glücksrad. Sachunterr. Math. Primarstufe **17**(12), 537–555 (1989)

Happel, C.: Von der ersten Strichliste zum komplexen Kreisdiagramm. Zur Planung, Durchführung und Darstellung von statistischen Erhebungen im Laufe der Grundschulzeit. Grundschulunterr./Math. (2), 23–25 (2016)

Häring, G., Ruwisch, S.: Die Wahrscheinlichkeits-Box Grundschule. Lehrerbegleitheft. Zufallsversuche durchführen und auswerten – Gewinnchancen einschätzen. Kallmeyer Lernspiele. Friedrich Verlag, Hannover (2012)

von Harten, G., Steinbring, H.: Stochastik in der Sekundarstufe I. Aulis, Köln (1984)

Härting, M.: Datensalat im Alltag. lernchancen (55), 34–43 (2007)

Hasemann, K., Gasteiger, H., Padberg, F.: Anfangsunterricht Mathematik, 3. Aufl. Mathematik Primarstufe und Sekundarstufe I + II. Springer Spektrum, Berlin, Heidelberg (2014)

Hasemann, K., Mirwald, E.: Daten, Häufigkeit, Wahrscheinlichkeit. In: Gerd Walther van den Heuvel-Panhuizen, M., Granzer, D., Köller, O. (Hrsg.) Bildungsstandards für die Grundschule:

Mathematik konkret. Mit CD-ROM, 7. Aufl. Lehrerbücherei Grundschule. S. 141–161. Cornelsen, Berlin (2016)

Hawkins, A.S., Kapadia, R.: Children's conceptions of probability ? A psychological and pedagogical review. Educ Stud Math **15**(4), 349–377 (1984). https://doi.org/10.1007/BF00311112

Hefendehl-Hebeker, L.: Der Begriff „Ereignis" im Stochastikunterricht. Stochastik Sch. **3**(2), 4–16 (1983)

Hefendehl-Hebeker, L., Törner, G.: Über Schwierigkeiten bei der Behandlung der Kombinatorik. Didaktik Math. **12**(4), 245–262 (1984)

Heitele, D.: Fragmente einer Geschichte der Wahrscheinlichkeitsdidaktik (insbesondere des Primarbereiches). Didaktik Math. (4), 296–306 (1977)

Henze, N.: Stochastik für Einsteiger. Eine Einführung in die faszinierende Welt des Zufalls Bd. 10. Springer Spektrum, Wiesbaden (2013)

Herget, W., Hischer, H., Richter, K.: Was für ein Zufall!? Einige Bemerkungen über einen wenig beachteten Kern der Stochastik. Universität des Saarlandes. Saarbrücken (Preprint/Fachrichtung Mathematik, Universität des Saarlandes, 140) (2005). http://scidok.sulb.uni-saarland.de/volltexte/2012/4507/pdf/preprint_140_05.pdf. Zugegriffen: 31.07.2019

Herzog, M., Ehlert, A., Fritz, A.: Kombinatorikaufgaben in der dritten Grundschulklasse. Darstellung, Abstraktionsgrad und Strategieeinsatz als Einflussfaktoren auf die Lösungsgüte. JMD **38**(2), 263–289 (2017)

Hilsberg, I.: Zur Aufnahme von Elementen der Stochastik in den Mathematikunterricht der zehnklassigen allgemeinbildenden polytechnischen Oberschulen der DDR. Dissertation. Humboldt-Universität Berlin, Berlin (1987)

Hilsberg, I.: Stochastik im Primarbereich der ungarischen Schule. In: Grünewald, R. (Hrsg.) Stochastik im Mathematikunterricht der unteren Klassen Kolloquium, Berlin, 04.2.1991. S. 15–26. Humboldt-Universität Berlin, Berlin (1991). Preprint, Nr. 91-18

Hilsberg, I., Warmuth, E.: Stochastik von Klasse 1 bis zum Abitur – ein Lehrgangsentwurf. Math. Sch. **29**(9), 595–606 (1991)

Hoffmann, A.: Elementare Bausteine der kombinatorischen Problemlösefähigkeit. Franzbecker, Hildesheim (2003). http://www.gbv.de/dms/hebis-darmstadt/toc/111226813.pdf.

Höveler, K.: Das Lösen kombinatorischer Anzahlbestimmungsprobleme. Eine Untersuchung zu den Strukturierungs- und Zählstrategien von Drittklässlern. Dissertation. TU Dortmund, Dortmund. Fakultät für Mathematik (2014). https://eldorado.tu-dortmund.de/bitstream/2003/33604/1/Hoeveler_Anzahlbestimmung.pdf, Zugegriffen: 26. Nov. 2018

Huber, P.J.: Stochastik und Zufall. Stochastik Sch. **35**(3), 20–23 (2015)

Inhelder, B., Piaget, J.: La Genèse des Structures Logiques Élémentaires Classifications Et Sériations.: Delachaux & Niestlé (1959)

Jäger, J., Schupp, H.: Curriculum Stochastik in der Hauptschule. Schöningh, Paderborn (1983)

Jänicke, R., Runzheimer, C.: Sammeln, Zählen und Notieren. Mit Strichlisten Zählergebnisse im Anfangsunterricht überschaubar und anschaulich darstellen. Grundschulunterr./Math. (2), 8–11 (2016)

Jones, G.A., Langrall, C.W., Mooney, E.S.: Research in probabaility. Responding zu classroom realities. In: Lester, F.K. (Hrsg.) Second handbook of research on mathematics teaching and learning. A project of the national council of teachers of mathematics, S. 909–955. Information Age Publ, Charlotte (2007)

Kinski, I.: Untersuchung über Möglichkeiten der Einführung eiens Teilcurriculums mit Inhalten der Stochastik im Mathematikunterricht der 5. und 6. Jahrgangsstufe. Dissertation. Ludwig-Maximilians-Universität, Fakultät für Psychologie und Pädagogik, München (1981)

Kleimann, H.: Zufall und Wahrscheinlichkeit. Grundschule (9), 52–54 (1997)

Klunter, M., Raudies, M.: „Das ist doch unmöglich!". Vorstellungen von Kindern zu Zufall und Wahrscheinlichkeit. Grundschule (5), 18–20 (2010)

Klunter, M., Raudies, M., Veith, U.: Daten, Zufall und Wahrscheinlichkeit. Unterrichtsideen zum Beobachten und Kombinieren für die Klassen 1 und 2. Dr. A,1. Praxis Impulse. Westermann, Braunschweig (2010)

Klunter, M., Raudies, M., Veith, U.: Daten, Zufall und Wahrscheinlichkeit. Unterrichtsideen zum Beobachten und Kombinieren für die Klassen 3 und 4. Dr. A,1. Praxis Impulse. Westermann, Braunschweig (2011)

KMK: Empfehlungen und Richtlinien zur Modernisierung des Mathematikunterrichts an den allgemeinbildenden Schulen. (1968). Fundstelle: Sammlung der Beschlüsse der Ständigen Konferenz der Kultusminister

KMK: Einheitliche Prüfungsanforderungen in der Abiturprüfung im Fach Mathematik (1975)

KMK: Bildungsstandards im Fach Deutsch für den mittleren Schulabschluss (2003a). https://www.kmk.org/fileadmin/Dateien/veroeffentlichungen_beschluesse/2003/2003_12_04-BS-Deutsch-MS.pdf

KMK: Bildungsstandards im Fach Mathematik für den Mittleren Schulabschluss(Jahrgangsstufe 10) (2003b). http://www.kmk.org/fileadmin/veroeffentlichungen_beschluesse/2003/2003_12_04-Bildungsstandards-Mathe-Mittleren-SA.pdf. Zugegriffen: 31.07.2019

KMK: Bildungsstandards im Fach Mathematik für den Primarbereich (Jahrgangsstufe 4), vom in der Fassung vom 15.10.2004 (2005). http://www.kmk.org/fileadmin/veroeffentlichungen_beschluesse/2004/2004_10_15-Bildungsstandards-Mathe-Primar.pdf. Zugegriffen: 31.07.2019

Kollhoff, S., Caluori, F., Peter-Koop, A.: Zur Erfassung sprachlicher Einflüsse beim stochastischen Denken. In: Wassong, T., Frischemeier, D., Fischer, P.R., Hochmuth, R., Bender, P. (Hrsg.) Mit Werkzeugen Mathematik und Stochastik lernen – Using Tools for Learning Mathematics and Statistics SpringerLink : Bücher. S. 209–221. Springer Spektrum, Wiesbaden (2014)

Krämer, W.: So lügt man mit Statistik. 1. Aufl. s.l.: Campus Verlag (2015). http://gbv.eblib.com/patron/FullRecord.aspx?p=4652579. Zugegriffen: 31.07.2019

Krauthausen, G., Scherer, P.: Einführung in die Mathematikdidaktik, 3. Aufl. Mathematik Primar- und Sekundarstufe. Elsevier Spektrum Akad. Verl., München (2007)

Krüger, K., Sill, H.-D., Sikora, C.: Didaktik der Stochastik in der Sekundarstufe I. Mathematik Primarstufe und Sekundarstufe I + II. Springer Spektrum, Berlin (2015) https://doi.org/10.1007/978-3-662-43355-3

Kunkel-Razum, K., Scholze-Stubenrecht, W., Wermke, M., Auberle, A. (Hrsg.): Duden, deutsches Universalwörterbuch, 5. Aufl. Dudenverlag, Mannheim (2003)

Kurtzmann, G.: Vom Baumdiagramm zur Produktregel. Kombinatorische Aufgabenstellungen rechnerisch lösen. Math. Differ. 6(1), 18–24 (2015)

Kurtzmann, G.: Häufigkeitsdiagramme erstellen und lesen von Anfang an. Schrittweiser Aufbau von Kompetenzen im Lesen und Erstellen von Häufigkeitsdiagrammen. Grundschulunterr./Math. (2), 4–7 (2016)

Kurtzmann, G., Altmann, S., Hentschel, U.: Denken und Rechnen, Arbeitsheft. Daten, Häufigkeit und Wahrscheinlichkeit 1/2. Denken und Rechnen. Westermann Schulbuchverlag, Braunschweig (2017)

Kurtzmann, G., Sill, H.-D.: Vorschläge zu Zielen und Inhalten stochastischer Bildung in der Primarstufe sowie in der Aus- und Fortbildung von Lehrkräften. In: Ludwig, M. (Hrsg.) Beiträge zum Mathematikunterricht 2012 Vorträge auf der 46. Tagung für Didaktik der Mathematik, Weingarten, 05.03.2012 bis 09.03.2012. Bd. 2, S. 1005–1008. WTM, Verl. für wiss. Texte u. Medien, Münster (2012)

Kurtzmann, G., Sill, H.-D.: Leitidee „Daten, Häufigkeit und Wahrscheinlichkeit". Fachliche und fachdidaktische Grundlagen mit Hinweisen für den Unterricht in der Primarstufe. Universität

Rostock, Rostock (2014). https://www.mathe-mv.de/fileadmin/uni-rostock/Alle_MNF/Mathe-MV/Publikationen/Primarstufe/Broschuere_2_Auflage.pdf, Zugegriffen: 8. Nov. 2018

Kurtzmann, G.S.: Entwicklung eines internetgestützten einjährigen Lehrerfortbildungskurses für Primarstufenlehrpersonen (igeL) „Daten, Häufigkeit und Wahrscheinlichkeit". WTM, Verlag für wissenschaftliche Texte und Medien, Münster (2017)

Kütting, H.: Synopse zur Stochastik im Schulunterricht – Aspekte einer Schulgeschichte. ZDM **13**, 223–236 (1981)

Kütting, H.: Beschreibende Statistik im Schulunterricht. BI-Wiss.-Verl., Mannheim (1994a). http://www.worldcat.org/oclc/64509307

Kütting, H.: Didaktik der Stochastik. BI-Wiss.-Verl, Mannheim (1994b). http://www.worldcat.org/oclc/64509467

Kütting, H., Sauer, M.J.: Elementare Stochastik. Mathematische Grundlagen und didaktische Konzepte Bd. 3. Spektrum Akad. Verl, Heidelberg (2011). http://www.worldcat.org/oclc/711835764

Lack, C., Sträßer, R.: Aufdecken mathematischer Begabung bei Kindern im 1. und 2. Schuljahr. Zugl.: Gießen, Univ., Diss., 2008, 1. Aufl. Vieweg + Teubner Wissenschaft. Vieweg + Teubner, Wiesbaden (2009)

Lange, W.: Zur Aufnahme von Elementen der Wahrscheinlichkeitsrechnung in den Unterricht. Durch Fußnoten ergänzter Wortlaut eiens Vortrages, der am 14. Februar 1967 auf der IV. Wissenschaftlichen Jahrestagung der Mathematischen Gesellschaft der DDR in der Sektion Unterricht und Ausbildung gehalten wurde. Math. Sch. **5**(12), 881–889 (1967)

de Laplace, P.-S.: Philosophischer Versuch über die Wahrscheinlichkeit, 2. Aufl. Ostwalds Klassiker der exakten Wissenschaften, Bd. 233. Deutsch, Frankfurt am Main (1996). (1814). Reprint

Lecoutre, M.-P., Durand, J.-L.: Jugements probabilistes et modeles cognitifs: etude d'une situation aleatoire. Educ. Stud. Math. **19**, 357–368 (1988)

Lietzmann, W.: Der Lehrstoff, 2. Aufl. Methodik des mathematischen Unterrichts, Bd. 2. Quelle & Meyer, Heidelberg (1953)

Lindenau, V., Schindler, M.: Wahrscheinlichkeitsrechnung in der Primarstufe und Sekundarstufe I. Mathematik in der Unterrichtspraxis. Klinkhardt, Bad Heilbrunn (1977)

Lindenau, V., Schindler, M.: Neuorientierung des Mathematikunterrichts, 1. Aufl. Studientexte zur Grundschuldidaktik. Klinkhardt, Bad Heilbrunn (1978)

Lipkin, L.: Tossing a fair coin. Coll. Math. J. **33**(2), 128–133 (2003)

Lüthje, T.: Das Gesetz der großen Zahlen. Grundsch. Math. (32), 20–23 (2012)

Malle, G., Malle, S.: Was soll man sich unter einer Wahrscheinlichkeit vorstellen? Math. Lehren (118), 52–56 (2003)

Malmendier, N., Kaeseler, P.: Stochastik in der Primarstufe. Bericht über eine Unterrichtsreihe. Sachunterr. Math. Primarstufe **13**(11), 413–421 (1985)

Mayer-Schönberger, V., Cukier, K.: Big Data. Die Revolution, die unser Leben verändern wird, 2. Aufl. Redline, München (2013). http://deposit.d-nb.de/cgi-bin/dokserv?id=4335922&prov=M&dok_var=1&dok_ext=htm

Moore, D.S.: Uncertainty. In: Steen, L.A. (Hrsg.) On the shoulders of giants: New approaches to numeracy, S. 95–137. National Academy Press, Washington, DC (1990)

Müller, G., Wittmann, E.C.: Der Mathematikunterricht in der Primarstufe. Ziele, Inhalte, Prinzipien, Beispiele, 3. Aufl. Didaktik der Mathematik. Vieweg, Braunschweig (1984)

Netto, E.: Lehrbuch der Combinatorik Bd. 7. BG Teubner, Leipzig (1901)

Neubert, B.: Gute Aufgaben zur Kombinatorik in der Grundschule. In: Ruwisch, S., Peter-Koop, A. (Hrsg.) Gute Aufgaben im Mathematikunterricht der Grundschule, 1. Aufl., S. 89–101. Mildenberger, Offenburg (2003)

Neubert, B.: Welcher Zufallsgenerator ist der Beste? Spielerisch-experimentelle Zugänge ermöglichen theoretische Überlegungen zu Kombinatorik, Zufall und Wahrscheinlichkeit. Grundschulunterr./Math. (4), 4–6 (2011)

Neubert, B.: Leitidee: Daten, Häufigkeit und Wahrscheinlichkeit, 1. Aufl. Mildenberger, K, Offenburg (2012)

Neumann, A.-L., Schwarzkopf, R.: Spielkontexte zm Zufall. In: Häsel-Weide, U., Nührenbörger,
M. (Hrsg.) Gemeinsam Mathematik lernen. Mit allen Kindern rechnen Beiträge zur Reform der
Grundschule, Bd. 144, S. 220–229. Grundschulverband e. V, Frankfurt am Main (2017)

Padberg, F., Benz, C.: Didaktik der Arithmetik. Für Lehrerausbildung und Lehrerfortbildung,
4. Aufl. Mathematik Primarstufe und Sekundarstufe I + II. Spektrum, Akad. Verl, Heidelberg
(2011)

Padberg, F., Büchter, A.: Einführung Mathematik Primarstufe – Arithmetik, 2. Aufl. Mathematik
Primarstufe und Sekundarstufe I + II. Springer Spektrum, Berlin (2015)

Panknin, M.: Kombinatorik, Wahrscheinlichkeit und Statistik für die Klassen 1-6. 2. Aufl. Kamps
pädagogische Taschenbücher, Bd. 60. Ferdinand Kamp, Bochum (1974). mit einer Aufgaben-
sammlung von Elard Klewitz und Gisela Wittjen

Penava, K.: Zufall und Wahrscheinlichkeit. Grundschulunterr./Math. (1), 33–37 (2017)

Piaget, J.: Gesammelte Werke. Die Entwicklung des Erkennens II. Das physikalische Denken,
1. Aufl. Gesammelte Werke, 9. Klett, Stuttgart (1975)

Pippig, G.: Aneignung von Wissen und Können-psychologisch gesehen, 1. Aufl. Verlag Volk und
Wissen, Berlin (1985)

Plackner, E.-M., Postupa, J. (Hrsg.): Daten und Zufall in der Grundschule. MaMutprimar – Materialien für den Mathematikunterricht, Bd. 1. Franzbecker, Hildesheim (2015)

Plackner, E.-M., von Schroeders, N. (Hrsg.): Daten und Zufall. MaMut – Materialien für den Mathematikunterricht, 1. Aufl. MAMUT, Bd. 3. Franzbecker, Hildesheim (2016)

Prediger, S.: Wenn man Schwein gehabt hat, kann man zwei Dreien kriegen. Fallbeispiel zu Über-
schneidungseffekten bei stochastischen Vorstellungen. In: Graumann, G. (Hrsg.) Beiträge zum
Mathematikunterricht 2005 Vorträge auf der 39. Tagung für Didaktik der Mathematik, Bielefeld,
28.2. bis 4.3.2005. S. 445–448. Franzbecker, Hildesheim (2005)

Radatz, H., Schipper, W.: Handbuch für den Mathematikunterricht an Grundschulen. Schroedel,
Hannover (1983)

Ruwisch, S.: Beschreibende Statistik. Grundschulunterr./Math. **6**(21), 40–43 (2009)

Ruwisch, S.: Wahrscheinlichkeit in der Grundschule? Möglich? Sicher! Grundsch. Math. (32), 40–
43 (2012)

Sachs, L.: Einführung in die Stochastik und das stochastische Denken, 1. Aufl. Deutsch, Frankfurt
am Main (2006)

Schipper, W., Ebeling, A., Dröge, B.: Handbuch für den Mathematikunterricht. Schroedel Westermann, Braunschweig (2003)

Schipper, W.: Zwei Leitideen der Bildungsstandards im Fach Mathematik für die Primarstufe Ihre
Entwicklung, Umsetzung und das Ringen um ihren Erhalt. Sache – Wort – Zahl **32**(70), 42–50
(2005)

Schipper, W.: Handbuch für den Mathematikunterricht an Grundschulen, 5. Aufl. Schroedel, Hannover (2016)

Schmidt, S.: „Es sind wahrscheinlich mehr grüne als weiße Steine im Beutel.". Kinder eines 3.
Schuljahres stellen aufgrund von Beobachtungen begründete Vermutungen an. Grundschulunterr./Math. (4), 20–23 (2017)

Schnabel, S., Neubert, B.: „Schweinereien" – Grundschüler untersuchen einen asymmetrischen Zufallsgenerator. Stochastik Sch. **37**(3), 25–29 (2017)

Schnell, S.: Muster und Variabilität erkunden. Konstruktionsprozesse kontextspezifischer Vorstellungen zum Phänomen Zufall. Dortmunder Beiträge zur Entwicklung und Erforschung des Mathematikunterrichts, Bd. 14. Springer Spektrum, Wiesbaden (2014)

Schnotz, W.: Wissenserwerb mit Diagrammen und Texten. In: Issing, L.J., Klimsa, P. (Hrsg.) Information und Lernen mit Multimedia und Internet, 3. Aufl. Lehrbuch für Studium und Praxis. S. 65–80. Beltz Psychologie-Verl.-Union; Beltz PVU, Weinheim (2002)

Schoy-Lutz, M.: „Mir hilft die Kombiniermaschine!" Kinder lösen selbstständig Aufgabenstellungen zur Kombinatorik und gelangen vom Pröbeln zum systematischen Probieren. Grundschulunterr./Math. (4), 22–28 (2011)

von Schroeders, N.: Daten und Zufall in der Grundschule. In: Plackner, E.-M., Postupa, J. (Hrsg.) Daten und Zufall in der Grundschule MaMutprimar – Materialien für den Mathematikunterricht, Bd. 1, S. 13–43. Franzbecker, Hildesheim (2015)

Schupp, H.: Sinnvoller Stochastikunterricht in der Sekundarstufe I. Math. Didact. **7**(4), 233–243 (1984)

Schwab, E.: Glücksspiele als Argumentationsanlass. Über Eintrittswahrscheinlichkeiten bei Glücksspielen mit Kindern einer zweiten Jahrgangsstufe sprechen. Grundschulunterr./Math. (4), 14–19 (2017)

Schwarzkopf, R.: Wer gewinnt? – Dem Zufall auf der Spur. Grundschulz. **18**(172), 32–36 (2004)

Selmigkeit, D.: Zufallsexperimente statistisch erfassen. „Mit einer Münze ist es einfach Glück!". Grundschulmagazin (1), 45–51 (2017)

Selter, C., Spiegel, H.: Elemente der Kombinatorik. In: Müller, G.N., Steinbring, H., Wittmann, E.C. (Hrsg.) Arithmetik als Prozess, 1. Aufl. Programm Mathe 2000. S. 291–310. Kallmeyer, Seelze (2004)

Sill, H.D.: Grundbegriffe der Beschreibenden Statistik. Stochastik Sch. **34**(2), 2–9 (2014)

Sill, H.-D.: Zum Zufallsbegriff in der stochastischen Allgemeinbildung. überarbeitete Fassung eines Vortrages auf der 25. Jahrestagung der GDM 1991 in Osnabrück. ZDM **25**(2), 84–88 (1993)

Sill, H.-D.: Zur Modellierung zufälliger Erscheinungen. Stochastik Sch. **30**(3), 2–13 (2010)

Sill, H.-D.: Inhaltliche Vorstellungen zum arithmetischen Mittel. Math. Lehren (197), 8–14 (2016)

Sill, H.-D.: Grundkurs Mathematikdidaktik. StandardWissen Lehramt, 5008. Ferdinand Schöningh, Paderborn (2018a). http://www.utb-studi-e-book.de/9783838550084

Sill, H.-D.: Zur Stochastikausbildung im Primarstufenlehramt. In: Möller, R., Vogel, R. (Hrsg.) Innovative Konzepte für die Grundschullehrerausbildung im Fach Mathematik, S. 71–94. Springer Spektrum, Wiesbaden (2018b)

Sill, H.-D., Kurtzmann, G.: Entwicklung und Erprobung einer internetgestützten einjährigen Lehrerfortbildung „Daten, Häufigkeit und Wahrscheinlichkeit" für Primarstufenlehrpersonen. In: Biehler, R., Lange, T., Leuders, T., Rösken-Winter, B., Scherer, P., Selter, C. (Hrsg.) Mathematikfortbildungen professionalisieren. Konzepte, Beispiele und Erfahrungen des Deutschen Zentrums für Lehrerbildung Mathematik Konzepte und Studien zur Hochschuldidaktik und Lehrerbildung Mathematik. S. 99–116. Springer, Wiesbaden (2018)

Spandaw, J.: Was bedeutet der Begriff „Wahrscheinlichkeit"? In: Rathgeb, M. et al. (Hrsg.) Mathematik im Prozess. Philosophische, Historische und Didaktische Perspektiven, S. 41–55. Springer, Wiesbaden (2013)

Spiegel, H.: Der Mittelwertabakus. Math. Lehren (8), 16–18 (1985)

Spindler, N.: Ist es wahrscheinlich, dass die Lehrerin auf dem Heimweg einen Unfall hat? Math. Differ. (3), 34–40 (2010)

Stecken, T.: Diagrammkompetenz von Grundschülern. Eine empirische Erhebung ; Entwicklung, Validierung und Auswertung eines Diagrammverständnistests auf Basis eines Kompetenzmodells für den Mathematikunterricht Bd. 4. WTM Verl. für Wiss. Texte und Medien, Münster (2013). http://SHAN01.HAN.TIB.EU/han/819553514.

Ulm, V.: Stochastik – Teil mathematischer Bildung. Grundschulmagazin (2), 8–11 (2009)

Ulm, V.: Stochastik in der Grundschule. Tagung der Regionalkoordinatoren von „SINUS an Grundschulen" in Augsburg am 11. Mai 2010. Universität Augsburg, Augsburg. Lehrstuhl für Didaktik der Mathematik (2010). http://www.sinus-an-grundschulen.de/uploads/media/Workshop_Ulm_Stochastik.pdf, Zugegriffen: 18. Nov. 2018

Varga, T.: Logic and probability in the lower grades. Educ Stud Math **4**(3), 346–357 (1972)

Vogel, R.: „weil ich größer bin . . . " – Kinder erklären Gewinnchancen. Grundsch. Math. (32), 16–19 (2012)

Wagner, K.: „Mir ist ein Zahn ausgefallen!". Daten erfassen und auswerten im Anfangsunterricht. Grundschulunterr./Math. (2), 14–16 (2016)

Walter, H.: Stochastische Fehlvorstellungen. In: Dörfler, W., Fischer, R. (Hrsg.) Stochastik im Schulunterricht 3 Internationalen Symposium fur Didaktik der Mathematik, 29. 9. bis 3. 10 1980. Bd. 3, S. 265–268. Hölder-Pichler-Tempsky, Wien (1981)

Walther, G., van den Heuvel-Panhuizen, M., Granzer, D., Köller, O. (Hrsg.): Bildungsstandards für die Grundschule: Mathematik konkret. Mit CD-ROM. Humboldt-Universität zu Berlin, 7. Aufl. Lehrerbücherei Grundschule. Cornelsen, Berlin (2016)

Warnke, K.: Aufgabencurriculum für die Kombinatorik in der Grundschule. Hausarbeit im Rahmen der Ersten Staatsprüfung für das Lehramt an Grund- und Hauptschulen. Universität Rostock, Institut für Schulpädagogik, Rostock (2015)

Warwitz, S.A.: Sind Verkehrsunfälle tragische Zufälle? Sache – Wort – Zahl **37**(102), 42–50 (2009)

Weinert, F.E.: Vergleichende Leistungsmessungen in Schulen – eine umstrittene Selbstverständlichkeit. In: Weinert, F.E. (Hrsg.) Leistungsmessungen in Schulen, 3. Aufl. Beltz-Pädagogik. S. 17–31. Beltz, Weinheim (2014)

Weiß, B.: Temperaturkurven. Ermitteln und Darstellen von Temperaturdaten in Abhängigkeit vom zeitlichen Verlauf. Grundsch. Math. (58), 14–17 (2018)

Wenau, G.: Zur Behandlung ausgewählter Aspekte des Zufalls- und Wahrscheinlichkeitsbegriffs in der Grundschule. Dissertation, Pädagogische Hochschule, Pädagogische Fakultät, Güstrow (1991)

Weustenfeld, W.: Die Augensumme zweier Würfel voraussagen: Alles nur eine Frage von Glück oder Pech? Stochastik Sch. **27**(3), 2–15 (2007)

Wild, C.J., Pfannkuch, M.: Statistical thinking in empirical enquiry. Int. Stat. Rev. **67**(3), 223–248 (1999)

Winter, H.: Erfahrungen zur Stochastik in der Grundschule (Klasse 1 – 6). Didaktik Math. (1), 22–37 (1976)

Winter, H.: Minimumseigenschaft von Zentralwert und arithmetischem Mittel. Math. Lehren (8), 7–8 (1985a)

Winter, H.: Mittelwerte – eine grundlegende mathematische Idee. Math. Lehren (8), 4–15 (1985b)

Winter, H., Ziegler, T.: Neue Mathematik. Schroedel, Hannover (1973). 6 Bände

Wollring, B.: Animistische Vorstellungen von Vor- und Grundschulkindern in stochastischen Situationen. JMD **15**(1/2), 3–34 (1994)

Wollring, B.: Concept Maps und Plakat-Verfahren. Herstellen kombinatorischer Muster in der Grundschule. Math. Differ. **6**(1), 6 (2015a)

Wollring, B.: Kombinatorik im Grundschulunterricht. Fachsystematische und fachdidaktische Betrachtungen. Math. Differ. **6**(1), 6–9 (2015b)

Wolpers, H.: Didaktik der Stochastik. Unter Mitarbeit von Stefan Götz, 1. Aufl. Mathematikunterricht in der Sekundarstufe II, 3. Vieweg, Braunschweig (2002). http://www.zentralblatt-math.org/zmath/en/search/?an=1014.00005

Zawojewski, J., Nowakowski, J., Boruch, R.F.: Romeo und Julia: Schicksal, Zufall oder freier Wille? Stochastik Sch. **9**(1), 33–40 (1989)

Zech, F., Wellenreuther, M.: Konstruktive Entwicklungsforschung. eine zentrale Aufgabe der Mathematikdidaktik. JMD **13**(2), 143–198 (1992)

Zelazny, G.: Wie aus Zahlen Bilder werden. Der Weg zur visuellen Kommunikation – Daten überzeugend präsentieren, 7. Aufl. Springer, Wiesbaden (2015) https://doi.org/10.1007/978-3-658-07452-4

Stichwortverzeichnis